電子工作のための PIC18F Q シリーズ 活[illegible]ブック

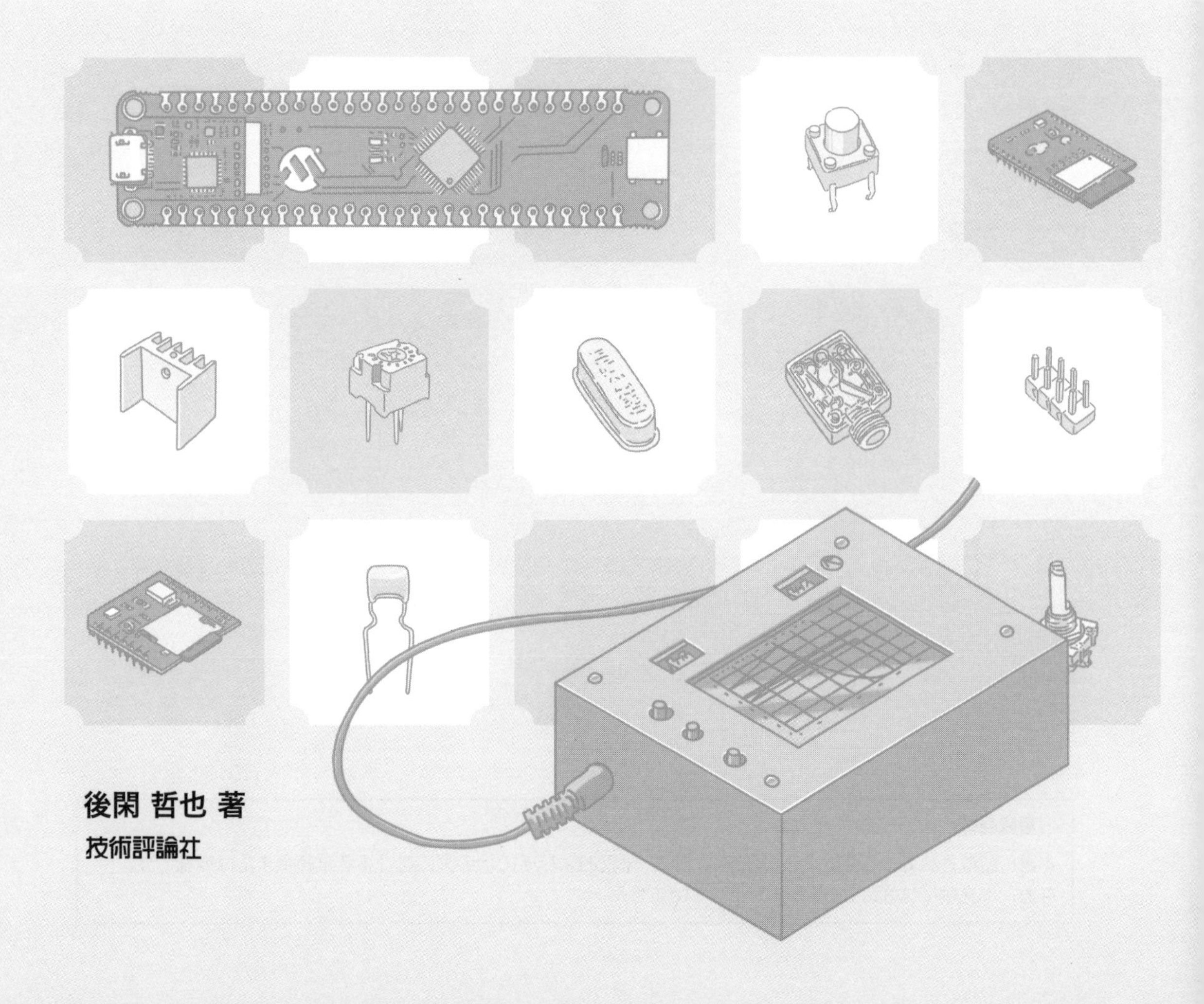

後閑 哲也 著

技術評論社

■ご注意

本書は、電気・電子・プログラミングなどの基本的な知識はお持ちの方を対象としています。

本書に記載された内容は、情報の提供のみを目的としています。本書の記載内容については正確な記述に努めて制作をいたしましたが、内容に対して何らかの保証をするものではありません。本書を用いた運用は、必ずお客様自身の責任と判断によって行ってください。これらの情報の運用の結果について、技術評論社および著者はいかなる責任も負いません。

本書記載の情報については、2022年2月現在のものを掲載しています。それぞれの内容については、ご利用時には変更されている場合もあります。

以上の注意事項をご承諾いただいた上で、本書をご利用願います。これらの注意事項をお読みいただかずに、お問い合わせいただいても、技術評論社および著者は対処しかねます。あらかじめ、ご承知おきください。

はじめに

マイクロチップ社のPIC18ファミリには久しく新製品がでていなかったのですが、この度Ｑシリーズということであらたな製品が発売されました。

このＱシリーズで、まず目を引くのがメモリ容量で、最大128kバイト(64kワード)という8ビットマイコンとしては最大級のサイズです。次に、最高64MHzというクロック周波数で、こちらも8ビットマイコンとしては最高速度の部類に入ります。内蔵周辺モジュールも多くの高機能モジュールが組み込まれ、さらにDMA(Direct Memory Access)で高速アクセスも可能となりました。この高機能な8ビットマイコンを使えば、より大規模なアプリケーションを組み込むことができますから、その可能性に期待が持てます。

これまで8ビットマイコンではちょっと荷が重くて実現が難しかったことが可能になり、個人でもマイコンによる製作可能な世界が拡がりました。

本書でも、この高機能な特徴を活かした作品を紹介しています。マイクロSDカードやＱＶＧＡサイズの大きなフルカラーグラフィック液晶表示器を使い、日本語フォントも組み込んでみました。

本書では、このPIC18 Ｑシリーズの内部構成の解説から始め、主要な内蔵周辺モジュールの使い方を、マイクロチップ社の市販の開発用ボードを使った実際の例で解説しました。これでどなたでも市販のハードウェアを使って試すことができます。

プログラム開発には、最新のコード自動生成ツールであるMCC (MPLAB Code Configurator) を使いましたので、グラフィカルな画面で設定するだけで、周辺モジュールの制御用関数を自動生成してくれます。これでレジスタの内容をデータシートでいちいち調べることなく、自動生成された関数を呼ぶだけで周辺モジュールを使いこなすことができます。この便利な世界を読者の方々にもぜひ体験していただきたいと思います。

本書の製作例では、できるだけ実用的なものということで、筆者自身が日頃これらの作品を使い続けられるものを前提として製作しました。読者の方々が、これらの作品をヒントにして、新たな作品にチャレンジしていただくきっかけとなれば幸いです。

末筆になりましたが、本書の編集作業で大変お世話になった技術評論社の藤澤 奈緒美さんに大いに感謝いたします。

2022年2月　　後閑 哲也

目次

第1章

Qシリーズの特徴

PIC18Fファミリの最新シリーズ、PIC18F Qシリーズの概要を説明します。高速で大容量メモリなので、大規模なアプリケーションにも対応できます。また豊富な内蔵周辺モジュールは使い勝手十分です。

1-1 PIC18F Qシリーズの特徴

PIC18Fファミリのマイクロチップ社のマイコン全体の中での位置付けは、図1-1-1のようになっています。図のように8ビットマイコンファミリの中の1つで、最上位ファミリとなっています。

●図1-1-1　マイコンファミリの構成

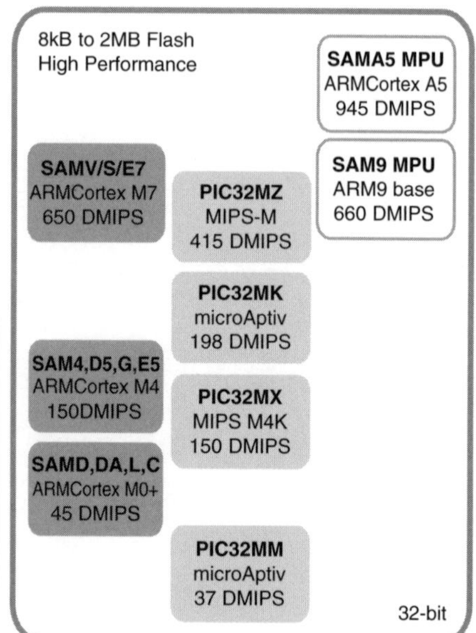

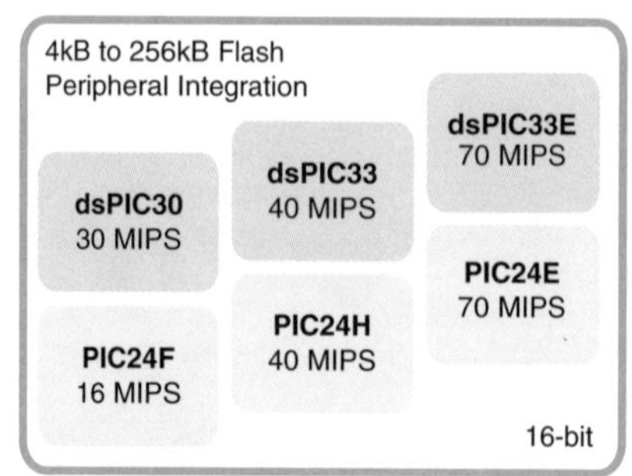

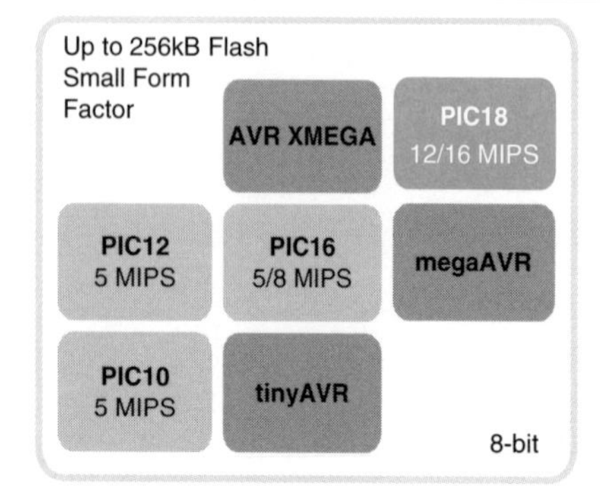

PIC18F Qシリーズは、これまでのPIC18Fから大幅にグレードアップしています。メモリ大容量化と速度アップにより、多くのアプリケーションでこれまでより高性能化できますし、できなかったことも可能としてくれます。

また、多種類のコアインデペンデント周辺モジュール*が実装されていて、プログラムレスでいろいろな動作をさせることもできるようになったため、高速で低消費電力な動作も可能になっています。

Core Independent Peripherals (CIP)

このQシリーズの特徴は次のようになっています。

❶ メモリ大容量化

最大128kBというフラッシュメモリと、最大13kBのRAMにより、大規模なアプリケーションでも使えるようになりました。

❷ クロック高速化とDMA*

DMA：Direct Memory Access
周辺とメモリ間で直接Read/Writeする機能でプログラムが介在しない。

最大64MHzというクロックで、62.5nsecという命令実行速度により、プログラム実行が高速化されたことと、周辺モジュールの動作も高速化されたことで、より高性能なシステムを構築できます。さらにDMAを使うことでプログラムレスの動作が可能で、より高速動作をさせることができます。

❸ ベクタ方式の割り込み

周辺モジュールごとに独立の割り込みベクタ*により、常に高速で一定の割り込み処理時間とすることができます。

周辺ごとに独立のジャンプテーブルで割り込み処理にジャンプする機能。割り込み要因識別が不要なので高速応答が可能。

❹ 高分解能のアナログモジュール

12ビット分解能で演算機能付きのADコンバータ、8ビット分解能のDAコンバータなど、より高性能なアナログ処理ができます。またオペアンプを内蔵したデバイスもあります。

❺ 高機能な通信モジュール

CANやCAN-FDモジュール、複数のUART/SPI/I²Cモジュールにより多様な通信に対応できます。さらにUARTモジュールはDMX、DALI、LIN*などのプロトコルに対応しており、プログラム作成負荷を大幅に軽減できます。

DMX：Digital Multiplex
DALI：Digital Addressable Lighting Interface
LIN：Local Interconnect Network

❻ 高分解能なPWMモジュール

16ビット分解能のPWMモジュールが内蔵され、2系統の独立のPWMが出力できるなど、より使いやすいものとなっています。

1-2 PIC18F Qシリーズの種類

PIC18F Qシリーズとして本書執筆時点でリリースされているデバイスは図1-2-1のようになっています。大きくQ10、Q40/41、Q43、Q83/84の4種類になっていて、それぞれにピン数とメモリサイズでさらにいくつかの種類に分かれています。

●図1-2-1　PIC18F Qシリーズの種類

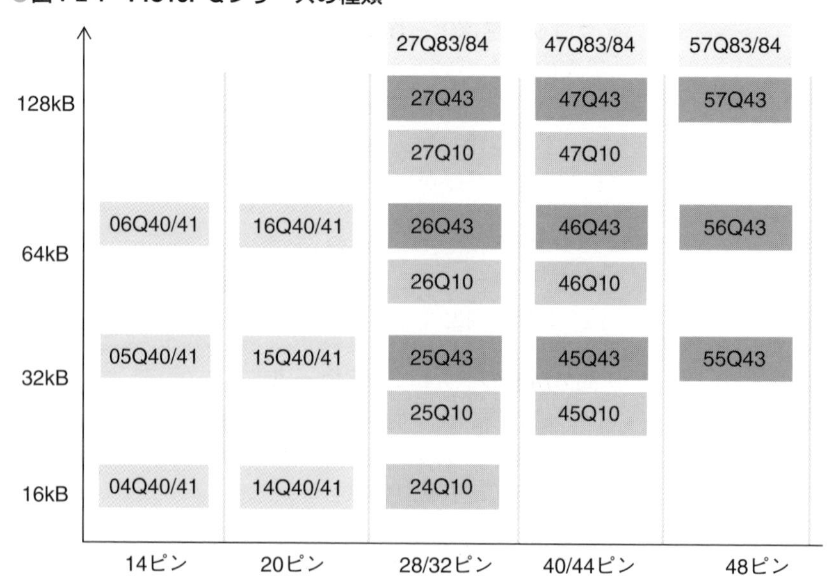

これらの4種類のシリーズの差異は表1-2-1のようになっています。

Q10シリーズが廉価版の位置付けで内部構成も少なく、性能も抑えられています。Q83/84シリーズが最高性能版でCAN*モジュール*が実装されています。Q4xシリーズが汎用で高性能なシリーズとなっています。本書ではこの中のQ43シリーズを使っています。

CAN：Control Area Network

Q83シリーズがCAN、Q84シリーズがCAN-FD

▼表1-2-1　PIC18Qシリーズの差異

項　目	Q10	Q40/Q41	Q43	Q83/84
ピン数	28/32/40/44	14/20	28/32/40/44/48	
クロック	64MHz			
ROM RAM	16kB ～ 128kB 1.2kB ～ 3.6kB	16kB ～ 64kB 1kB ～ 4kB	32kB ～ 128kB 1kB ～ 8kB	128kB 12.8kB
PWM	10bit × 2	16bit × 3	16bit × 3	16bit × 4
OpAmp	×	Q41のみ	×	×
CAN	×	×	×	CAN(Q83) CAN-FD(Q84)
NCO	×	1	3	3
ADC	10bit ADC^2	12bit ADC^2	12bit ADC^2	12bit ADC^3
DAC	5bit	8bit	8bit	8bit
UART UART(protocol)	2 ×	2 1	4 1	3 2
SMT	×	1	1	1
SPI I^2C	2	2 1	2 1	2 1

本書で使用しているQ43シリーズの仕様と内部構成は表1-2-2のようになっていて、高性能な周辺モジュールが豊富に実装されています。このため、アイデア次第でかなり高機能なアプリケーションを実現することができます。

全電圧範囲で64MHzの動作が可能になっているので、定電圧でも高速動作が可能です。パルス出力可能なモジュール（CCP、PWM、CWG、NCO）の種類が多く、シリアル通信対応のモジュール（UART、I^2C、SPI）も多くなっています。

▼表1-2-2　Q43シリーズの仕様と内部構成

項　目	実装内容	備　考
メモリ		
プログラムメモリ	32kB、64kB、128kB	デバイス選択
データメモリ	2kB、4kB、8kB	
データEEPROM	1kB	
ピン数	28、40、44、48ピン	
電源		
電源電圧	1.8V ～ 5.5V	低電圧品の区別なし
消費電流	Max 2.5mA　@16MHz Max 8.2mA　@64MHz Max 3.3μA　@Sleep	V_{DD}=3.0V

▼表1-2-2　Q43シリーズの仕様と内部構成（つづき）

クロック		
内蔵クロック	Max 64MHz	全電圧範囲で可能
外部発振	Max 16MHz × 4PLL	V_{DD}>2.5V
周辺モジュール		
入出力ピン	25、36、44ピン	デバイスピン数に依存
8bit Timer HLT付	3	High Limit Timer
16bit Timer	4	
16bit Dual PWM	3	
CCP	3	Capture/Compare/PWM
CWG	3	Complementary Waveform Generator
SMT	1	Signal Mesurement Timer
NCO	3	Numerically Controlled Oscillator
CLC	8	Configurable Logic Cell
12bit ADCC	24、35、43 ch	デバイスピン数に依存
8bit DAC	1	
CMP	2	Analog Comparator
ZCD	1	Zero Cross Detector
HVD	1	High-Low Voltage Detect
SPI	2	Serial Peripheral Interface
I^2C	1	Inter-Integrated Circuit
UART UART with Protocol	4 1	Universal Asynchronous Receiver Transmitter
DMA	6 ch	Direct Memory Access
WWDT	Y	Windowed Watch Dog Timer
16bit CRC	Y	Cyclic Redundancy Check
VI	Y	Vectored Interrupt
PMD	Y	Peripheral Module Disable
Temp	Y	Temperature Indicator

第2章
アーキテクチャ

最新シリーズのPIC18F Qシリーズのアーキテクチャに
関して、CPUやメモリなど主要なポイントを解説します。

2-1 CPUアーキテクチャ

2-1-1 CPUアーキテクチャ

データバスと命令バス（プログラムバス）が独立になっている構成のこと。対するのはフォンノイマンアーキテクチャ。

PIC18 QシリーズのCPUアーキテクチャは、他のPICマイコンと同じ改良型ハーバードアーキテクチャ*となっていて、簡易的に表すと図2-1-1のようになります。

●図2-1-1　PIC18のCPUアーキテクチャ

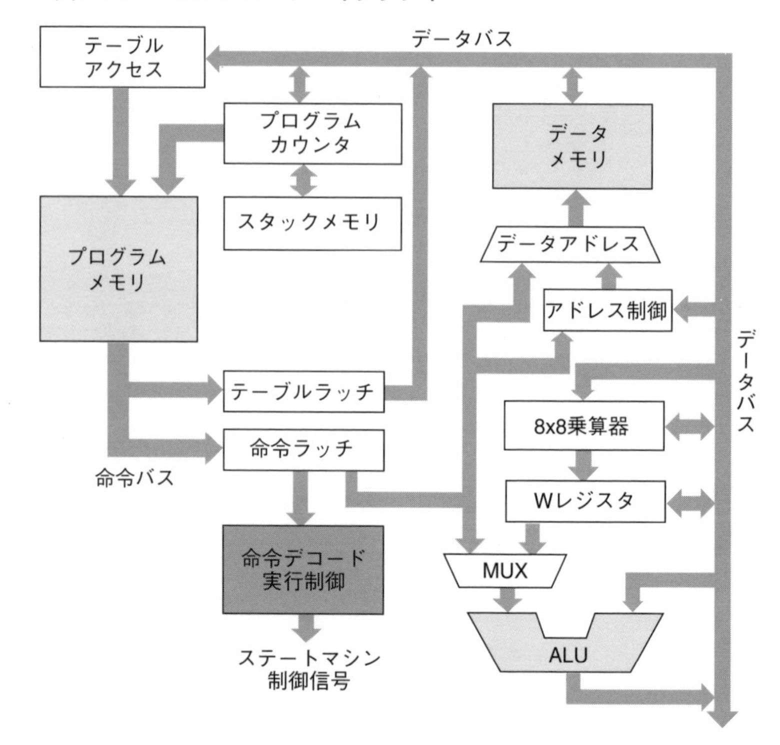

データメモリを分割している単位で、256バイト単位となっている。

アドレスを格納する専用レジスタを使って指定する方法。

主要な役割を果たすのが命令を格納するプログラムメモリとALU（算術演算ユニット）で、ここで命令が順に取り出され実行されます。命令実行時に使うデータはデータメモリから読み出しますが、そのときにデータの場所を指定するアドレスは、アドレス制御部でバンク設定*や間接アドレス設定*などから生成されます。

PIC18シリーズに特徴的なのは、**テーブルアクセス機能**で、これによりプログラムメモリの内容をデータとしてアクセスできるようになっています。また8ビットデータと8ビットデータの**乗算器**も実装されていて、掛け算や割り算の実行が高速化されています。

スタックメモリは、CALL命令によりサブ関数にジャンプするときや、割り込みによりジャンプする際の戻り番地を格納するメモリで、127個の保存ができます。

この図の各部の機能は表2-1-1のようになっています。

▼表2-1-1　PIC18のCPU内部ブロックの機能説明

名　称	機能内容／動作内容
プログラムメモリ (Program Memory)	プログラムそのものの命令を格納する記憶場所で、フラッシュメモリで構成されている。ここにプログラムを書き込むためには「PICプログラマ/デバッガ」という専用の道具が必要となる
スタックメモリ	サブルーチンや割り込みの戻り番地を格納しておくメモリで、先頭の内容のみ命令で読み書きできる
プログラムカウンタ(PC) (PC: Program Counter)	プログラムの実行を制御するカウンタで、このカウンタの内容がアドレスとなり、そのアドレスで指定されたプログラムメモリにある命令が、次に実行される命令となる。21ビット幅で2Mバイト*までのアクセスが可能
テーブルアクセス テーブルラッチ	プログラムメモリ(フラッシュメモリ)を直接バイト単位で読み書きする機能で、書き込みには時間を要する。読み出したデータはテーブルラッチに保存される
データメモリ (Data Memory)	データメモリは2つの領域に分かれている。1つは汎用のデータ格納エリアで、プログラム内で使う変数領域として使う。もう1つはSFR(Special Function Register)と呼ばれる内蔵周辺回路制御用のレジスタ。入出力ポートもこのSFRの1つとして定義されている(メモリマップドI/O)
アドレス制御	データメモリのアクセスには直接アドレッシングと間接アドレッシングがあり、それぞれの場合のアドレスを生成する。データメモリはバンクで分かれているので、バンク指定も必要とされる
乗算器	8ビットと8ビットのデータの乗算を実行するハードウェアで、高速で演算ができる
命令バス	命令データを運ぶ転送路で、16ビット幅となっている。この命令の中にデータアクセス用のメモリアドレスや定数データも含まれている
命令ラッチ 命令デコード、実行制御	プログラムカウンタが指すプログラムメモリ内の命令が読み出され、命令ラッチにセットされる。次にデコードされて命令の種類の解読と、各々に従った制御指示がなされる。命令ごとに異なる各種の制御や、ALUに演算指示をしたりすることで命令が実行される
MUXとALU (MUX：Multiplexer) (ALU: Arithmetic Logic Unit)	各命令の指示に従ってデータメモリとWレジスタの内容との演算がなされるところで、いわゆるコンピュータの中の計算機に相当する。演算結果は再度Wレジスタやデータメモリに格納される。また、演算結果は入出力ポートやタイマ、プログラムカウンタなどの周辺モジュール制御レジスタ内にも格納される
Wレジスタ (Working register)	演算をするときの一時保管に使うレジスタで、演算のときの中心となって働く。PICに1個だけ存在する
データバス	命令実行に関係するデータをあちこちに運ぶための転送路で、8ビットのデータを運ぶことができる

*命令は2バイト長のため1Mワードの範囲となる。

この内部構造の中で、次のようなステップで実行されます。

❶ 命令のフェッチ

まず、電源オンかリセットにより各構成部分がすべて初期化されます。プログラムカウンタも初期化により0となるため、次の時点からはプログラムはプログラムメモリの0番地から命令レジスタに取り出されることになります。したがって、プログラムは最初必ず0番地から実行開始されることになります。このプログラムメモリから命令を取り出すことを「フェッチ」するといいます。

❷ 命令の実行

次は、取り出された命令を解読し、命令の種類により決められた演算などを実行します。例えば加算命令であれば、ALU（算術演算ユニット）に加算の計算指示を出します。

❸ 演算データの転送

その演算に関連するデータは、データメモリからデータの通り道であるデータバスを経由して、読み出したり書き込んだりされます。ALUには、ワーキングレジスタ（Wレジスタ）の内容が図の左側から入力され、右側には、命令で指定されたデータメモリ内の値が読み出されセットされます。このWレジスタとデータメモリの両者の加算結果は、ALUの出力として現れます。

❹ 結果の転送、格納

このALUの演算結果の出力は、Wレジスタに上書きされるか、内部データバスを経由してデータメモリ内の指定アドレスの場所に上書きされます。

❺ 周辺回路の制御

命令で指定されたデータメモリのアドレスが入出力ポートや、タイマなどの特殊機能レジスタ（SFR）のアドレスの場合には、周辺回路内の各レジスタが使われることになり、実際の動作制御が行われます。このようにデータメモリと周辺回路の制御が、同じデータメモリのアドレス指定でできるようになっている方式をメモリマップドI/Oと呼び、PIC18の内部構成の特徴の1つです。

❻ 次の命令へ

この命令実行が完了すると、プログラムカウンタが自動的に＋2*され、次の命令が実行されることになります。このようにして順次命令が実行されることでプログラムが動作をします。

ただし、命令によっては、このプログラムカウンタ自身にデータを上書きするものがあります。これによって、プログラムカウンタが変更されると別のアドレスの命令が取り出されて実行されることになります。これがジャンプ命令の働きになります。

*ワード単位でカウントアップする。

2-1-2 命令の実行サイクルとパイプライン

PIC18の命令実行動作は大きく分けるとプログラムメモリから命令を「フェッチ」する動作と、その命令を「実行」する動作の2つに大きく分けられています。しかも、PIC18は「パイプライン構成」を採用していて、この2つの動作を並行して同時に行うことができるようになっています。この様子を図2-1-2に示します。前の命令の実行中に次の命令のフェッチを行うという「先読み」をしていることになります。

このパイプライン処理により、本来1つの命令の実行にはフェッチと実行という2サイクル*が必要なのですが、前の命令の実行中に次の命令のフェッチを同時に行うことで、結果的に各命令の実行時間は1サイクルで行うように見えます。これがPIC18の高速処理の秘訣で、命令の実行時間が1サイクルとなります。

命令の実行時間の単位を「命令サイクル」とか単に「サイクル」と呼ぶ。

しかし、ジャンプ命令や、分岐命令の場合でジャンプするときには、先読みが無駄になり、ジャンプ先の命令のフェッチをあらためてやり直すことが必要になるため、2サイクルを必要とします。さらに、PIC18 Qシリーズには2ワード長*と3ワード長の命令があるため、これよりやや複雑な実行手順となります。

PIC18のプログラムバスは16ビット幅であるためこれをワードと呼ぶ。多くの命令は1ワードで構成されているが、特別な命令で2ワードと3ワードのものがある。

●図2-1-2　PICの命令実行とパイプライン処理

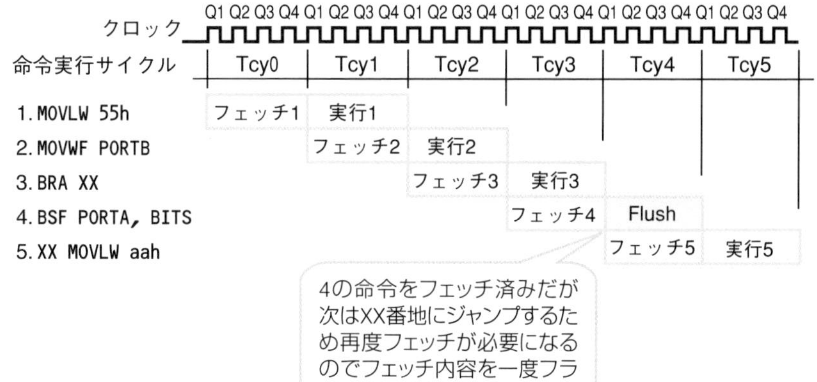

ここで命令の実行サイクルは、図2-1-3のようにQ1からQ4の4つのクロック*で構成されています。このクロックごとに内部ロジックの作業内容が決まっています。4クロック必要とすることから、命令サイクルはクロックの1/4の周波数となります。例えば64MHzの場合は16MHz（62.5nsec）が命令サイクル*速度となります。

マイコンのペースメーカとなる一定周波数のパルスのこと。発振器を使って生成するが、PICマイコンの場合発振器を内蔵している。

1ワード命令は62.5nsec、2ワード命令は125nsec、3ワード命令は187.5nsecとなる。

Q1では、命令のデコードを実行します。デコードを実行した結果、必要な内部ロジックに制御指令を出力し、命令のオペランド部*にあるデータメモリのアドレスラッチなどを行います。

命令の修飾部のこと。アドレスや定数データなどが含まれる。

Q2では、データのリードを実行します。命令のオペランド部のアドレスで指定されたデータメモリからデータを読み出し、データバスに載せます。

Q3では、命令の機能実行を行います。つまりALU部の動作を実行し、命令の種類に従った演算やコピーなどを実行します。結果はALUの出力としてデータバスに現れます。

演算実行結果のオーバーフローや正負のフラグ情報を保持するレジスタ。

Q4では、データのライトを実行します。ALUの出力として現れた結果をワーキングレジスタか、データメモリに書き込む作業を実行します。同時にSTATUSレジスタ*に結果のフラグも書き込みます。

クロックの4倍または8倍（ジャンプ命令の場合）の実行時間。

このようにして命令ごとに必要な処理が規則正しく実行されるので、**命令実行時間がすべて正確な命令サイクル単位の時間***となっています。

●図2-1-3　各サイクルのクロック

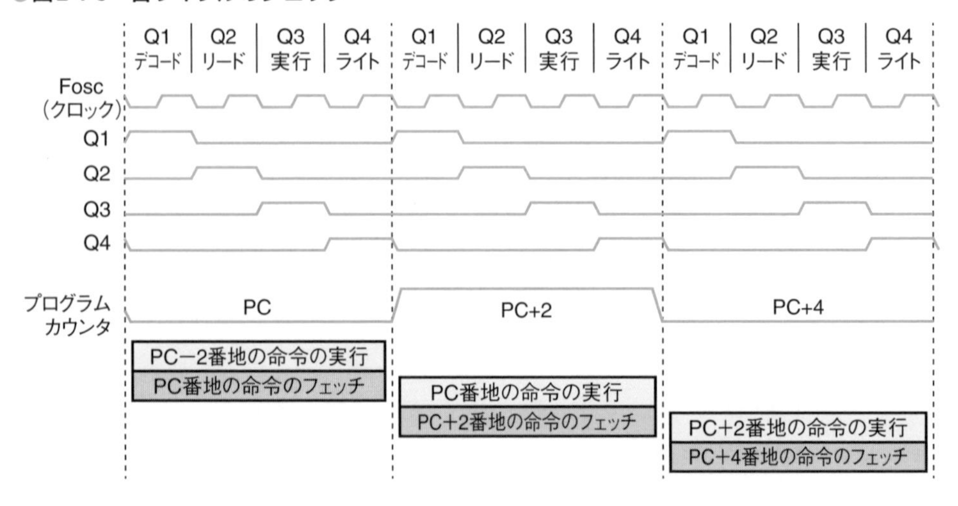

2-1-3 命令のアーキテクチャ

PIC18F Qシリーズの命令は、これまでのPIC18Fシリーズより強化されていますが基本は同じとなっていて、大きく次の5種類に大別されます。

①バイト処理命令
②ビット処理命令
③リテラル処理命令
④制御命令
⑤ジャンプ命令

これらの命令は図2-1-4のような構成となっています。ここで解説する命令はすべてアセンブラ命令となります。本書ではすべてC言語で扱うので、これらのアセンブラ命令の詳細については省略します。

●図2-1-4　PICの基本命令構成

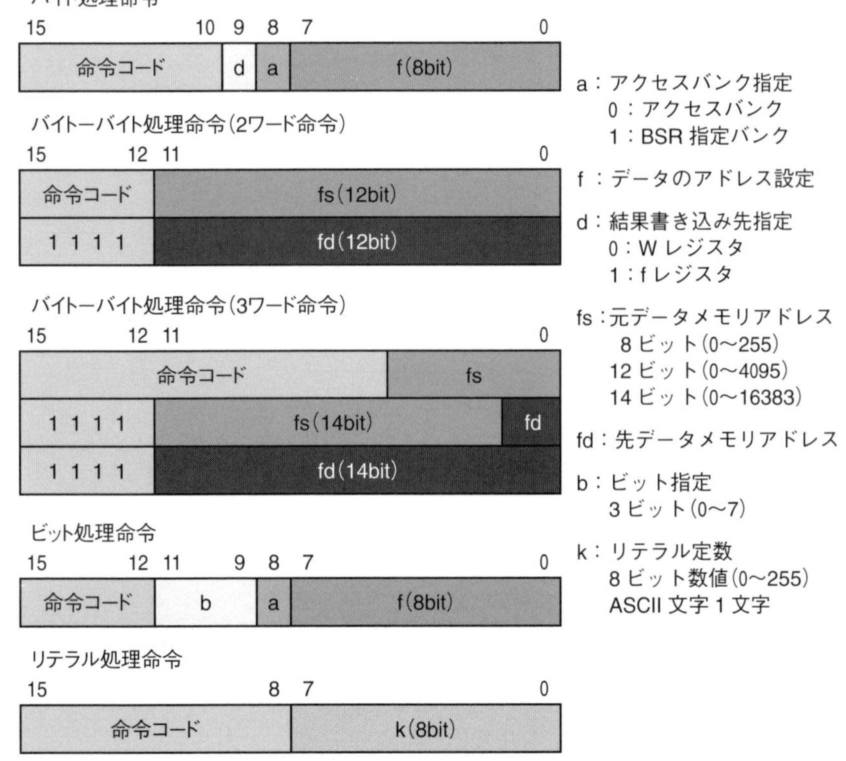

命令はすべて16ビット長を単位(1ワードという)として構成されており、これがプログラムメモリに順番に格納されます。

❶ バイト処理命令

演算が中心となる命令で、データメモリのf番地にあるデータが演算の対象となります。dビットは結果の格納場所を指定するビットで、格納先をWレジスタにするかデータメモリにするかを区別します。

ここで、データメモリの番地を指定する「f」は8ビットしかないので、直接指定できるデータメモリ範囲は、256番地までのデータということになります。つまりプログラムの変数としては最大256バイトしか使えないことになってしまいます。

これではちょっと不足する場合もあるので、「バンク*」という考え方を採用して、最大256×64個=16kバイトのデータメモリが指定できるように工夫しています。詳細は、PICのデータメモリ構造(2-2-3項)を参照してください。

256バイトを単位とする。最大64バンクまで拡張される。

このバイト処理命令に2ワード長命令と3ワード長命令*があり、データメモリ全エリア内の2つのデータの間の演算の際、両者を直接アドレス指定することができます。

PIC18F Qシリーズで新たに追加された。これで最大16kバイトのデータを直接指定できる。

❷ ビット処理命令

ビット演算の命令で、データメモリのf番地のデータのbビット目を対象とした演算を実行します。データとして使われるデータメモリは8ビットですから、3ビットのbでデータの8ビットがすべて指定できることになります。

❸ リテラル処理命令

定数kを演算の対象とします。この定数kは8ビットしかないので、8ビットで表現できる大きさのデータしか扱えません。つまり0から255までのデータしか扱えません。

❹ ジャンプ命令

図2-1-5のようにちょっと複雑な構成になっていて、メモリ使用量を少なくしながら効率よくジャンプできるようになっています。

このジャンプ命令には1ワード命令と2ワード命令があります。1ワードジャンプ命令も2ワードジャンプ命令も、定数nで指定されたアドレスへジャンプします。

2ワード命令の場合のnは、20ビットあるので、1Mワードすべてのアドレス空間のどこにでもジャンプできます。これにより、ミッドレンジ*のPICのような「ページ」の区切りがなくなり、全空間が1つのメモリ空間として扱えるようになりました。

PIC16Fシリーズに相当。
2kワードごとのページで区切られている。

1ワードのジャンプ命令の場合は、nは11ビットと8ビットの2種類があります。11ビットの場合には、直接ジャンプできる範囲は相対アドレス指定に変わっていて、現在位置から±1kワードの範囲にジャンプします。nが8ビットの場合には、やはり相対アドレスとなっていて、現在位置から±128ワードの範囲にジャンプします。

●図2-1-5 ジャンプ命令の構成

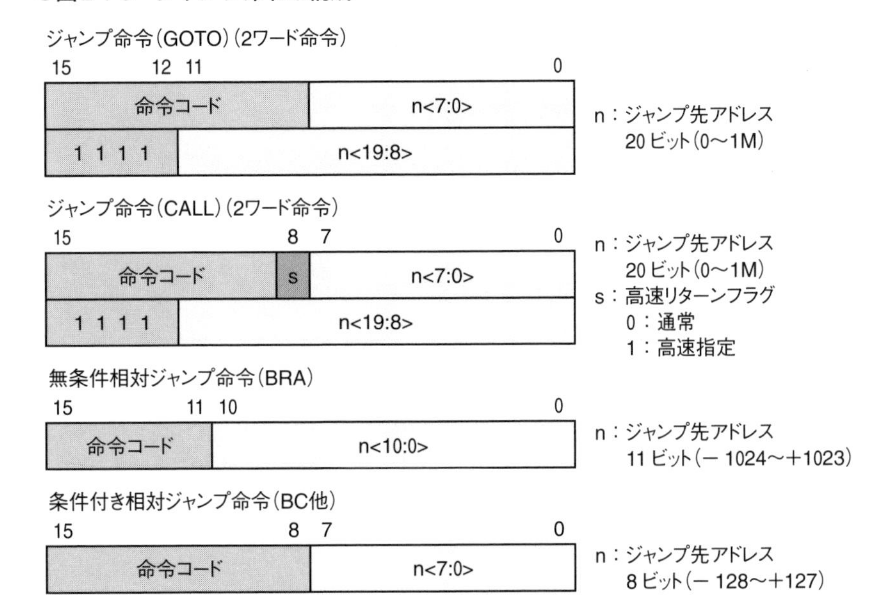

2-2 メモリアーキテクチャ

PIC18F Qシリーズの基本メモリには下記の4種類があります。それぞれの内部構成について解説します。

デバイス固有の情報で工場出荷時に書き込まれ、書き換えできない。

デバイスの動作モードを設定するエリアでプログラム書き込み時に一緒に書き込む。

バイト単位で書き換えができ、電気が無くなっても消えないメモリ。

①プログラムメモリ（フラッシュメモリ）
　－デバイス情報エリア*
　－デバイスコンフィギュレーションエリア*
②データメモリ
③スタックメモリ
④データEEPROMメモリ*（周辺モジュールとして第6章で扱う）

2-2-1 プログラムメモリ

型番の数値で区別されている。

プログラムメモリの構成は図2-2-1のようになっています。デバイスの種類*により「Program Flash Memory」のサイズが4種類に分かれていますが、それ以外は同じとなっています。ただしQ10シリーズは他と異なる部分があります。それぞれのエリアの内容は次のようになっています。

❶ Program Flash Memory

詳細は付録3を参照。

命令を格納するエリアで、型番により8kワードから64kワードまで4種類に分かれています。さらにコンフィギュレーションの設定*により、パーティション分けが可能で、次の3種類のブロックエリアに分割して使うことができます。

・アプリケーションブロック
　プログラム命令を格納するエリア
・ブートブロック
　ブートローダを格納するエリア
・ストレージブロック（SAF：Storage Area Block）
　データ格納専用のエリアで最後の128ワードを使う

メモリ内容が変わっていないことを検出するためのチェックワード。

❷ User ID

ユーザが任意に書き込めるエリアで、チェックサム*やデバイス番号などに使います。

内蔵クロック、ADコンバータ、定電圧モジュールなど。

❸ Device Information Area（DIA）

デバイス内蔵周辺*の較正値などが書き込まれていて、書き換え不可です。

●図2-2-1　プログラムメモリの構成

<table>
<tr><th rowspan="2">アドレス</th><th colspan="4">デバイス種別</th></tr>
<tr><th>PIC18Fx4Qxx</th><th>PIC18Fx5Qxx</th><th>PIC18Fx6Qxx</th><th>PIC18Fx7Qxx</th></tr>
<tr><td>00 0000h
～
00 3FFFh</td><td>Program Flash Memory
8kW（16kB）</td><td rowspan="2">Program Flash Memory
16kW
（32kB）</td><td rowspan="3">Program Flash Memory
32kW
（64kB）</td><td rowspan="4">Program Flash Memory
64kW
（128kB）</td></tr>
<tr><td>00 4000h
～
00 7FFFh</td><td rowspan="4">未実装</td></tr>
<tr><td>00 8000h
～
00 FFFFh</td><td rowspan="3">未実装</td></tr>
<tr><td>01 0000h
～
01 FFFFh</td><td rowspan="2">未実装</td></tr>
<tr><td>02 0000h
～
1F FFFFh</td><td>未実装</td></tr>
<tr><td>20 0000h
～</td><td colspan="4">User ID（8、32、256 word）</td></tr>
<tr><td>2C 0000h
～</td><td colspan="4">Device Information Area（DIA）</td></tr>
<tr><td>30 0000h
～</td><td colspan="4">コンフィギュレーションワード（12、10、35Byte）</td></tr>
<tr><td>38 0000h
～</td><td colspan="4">データ EEPROM（512Byte、1kByte）
（Q10 シリーズは 31 0000h から 256Byte か 1kByte）</td></tr>
<tr><td>3C 0000h
～</td><td colspan="4">Device Configuration Information
（Q10 シリーズにはない）</td></tr>
<tr><td>3F FFFCh
～</td><td colspan="4">Revision ID（2Byte）
Device ID（2Byte）</td></tr>
</table>

❹ コンフィギュレーションワード*

詳細は付録3参照。

クロック発振方法やウォッチドッグタイマ、メモリ保護などのデバイスの動作モードを設定するためのエリアで、プログラム書き込み時に一緒に書き込まれます。

❺ データEEPROMエリア

バイト単位で読み書き可能で、電気的に消去可能な不揮発性メモリで構成されています。電気がなくなっても内容が消えないので、アプリケーションで使う設定パラメータなどのデータ保存領域として使います。

❻ Device Configuration Information（DCI）

フラッシュメモリのイレーズサイズやピン数など、ブートローダが使う情報が格納されているエリアで、書き換え不可です。

❼ Device ID、Revision IDエリア

デバイスを特定するための情報エリアで、工場集荷時に書き込まれていて書き換えできません。プログラマ/デバッガがプログラムを書き込む際のデバイスチェック情報として使われます。

2-2-2 プログラムメモリの読み書き

プログラムメモリに命令を読み書きするには、通常はプログラマ/デバッガと呼ばれるツールを使います。しかし、これ以外に専用レジスタと命令を使ってプログラムメモリを読み書きすることもできるようになっています。

■ NVM

レジスタ操作でプログラムメモリの読み書きを可能にする機能が、**NVM**（Nonvolatile Memory Module）用として用意されている専用のレジスタ群です。これらを使って次のような機能を実行できます。実際のレジスタの使い方はデータシート*にプログラム例として記載されているので、そちらを参考にしてください。

* NVM-Nonvolatile Memory Moduleの章。

❶ ページ消去

プログラムメモリは128ワード単位のフラッシュメモリのページで構成されていて、消去はこのページ単位で行います。消去するページを指定*してからNVM用レジスタ*のページ消去コマンドをセットすることで実行されます。この消去コマンドは誤って消去することを避けるためロックがかけられているので、アンロックシーケンス*を行ってから実行する必要があります。

* NVMADRレジスタで設定する。
* この場合はNVMCON0とNVMCON1レジスタを使う。
* NVMLOCKレジスタを使う。

❷ ページ読み出し、書き込み

128ワードのページを一括で読み出す方法*で、NVM用レジスタのページ読み込みコマンドで実行できます。読み出したデータはデータメモリの最後のバンクのRAMバッファ*にコピーされます。

* NVMCON0とNVMCON1レジスタを使う。
* データメモリの項（2-2-3）を参照。

ページ書き込みでは、RAMバッファの128ワードを一括で書き込みます。書き込み中は命令の実行は中止されます。

この書き込みには、誤って書き換えてしまうことを避けるためロックがかけられているので、アンロックシーケンスを実行する必要があります。

❸ ワード読み出し、書き込み

1ワード（16ビット）を読み出すことがNVM用レジスタ*操作でできます。また、ワード書き込みは事前にページ消去したエリアにはレジスタ操作で可能です。しかし消去していない場合は、いったんページ読み込みで読み出したあと、そのページを消去し、RAMバッファの該当ワードを書き換えてからページ書き込みを行う必要があります。

* NVMCON0とNVMCON1レジスタを使う。

■ テーブルアクセス

プログラムメモリの読み書きにはもう1つの方法があります。それは次のテーブルアクセスという命令と、専用レジスタを使って行う方法です。

- Table Read（TBLRD）
- Table Write（TBLWT）
- TABPTR：3バイトで構成されたレジスタで、22ビットでIDエリアを含めたプログラムメモリの全アドレス空間をバイト単位*で指定できる
- TABLAT：1バイトで構成され、読み書き時のデータのバッファとなる

22ビットの最下位ビットが16ビット幅のプログラムメモリの上位バイトか下位バイトかを指定する。

これらの命令を使った場合、すべてバイト単位での動作になり、次のようになります。

❶ テーブルリード

この場合は簡単で、TABPTRで読み出したいプログラムメモリのバイトアドレスを指定してから、TBLRD命令を実行すれば、TABLATに読み出したデータが格納されます。

❷ テーブルライト

この場合は少し注意が必要です。まずTABPTRにアドレスを指定し、TABLATに書き込みデータをセットしてから、TBLWT命令を実行すると、TABLATにセットした書き込みデータが**RAMバッファ*の該当アドレス*に上書き**されます。

テーブルライトはRAMバッファへの書き込みのみでプログラムメモリへの書き込みは行わない。

TABPTRの最下位バイトのみが使われる。

このようにテーブルライトはRAMバッファしかアクセスしないので、事前にNVMレジスタを使って該当ページをページRAMバッファに読み出しておく必要があります。さらに、実際のプログラムメモリへの書き込みはTBLWT命令では実行されませんから、書き込みにはNVMレジスタを使ったページ書き込み操作が必要となります。

2-2-3　データメモリ

データメモリはバンク*で分割されているので、図2-2-2のようにちょっと複雑な構成になっています。PIC18F24/25Q10だけ配置が他と異なっていますが、その他は同じ配置となっています。

256バイト単位。

●図2-2-2　データメモリの構成

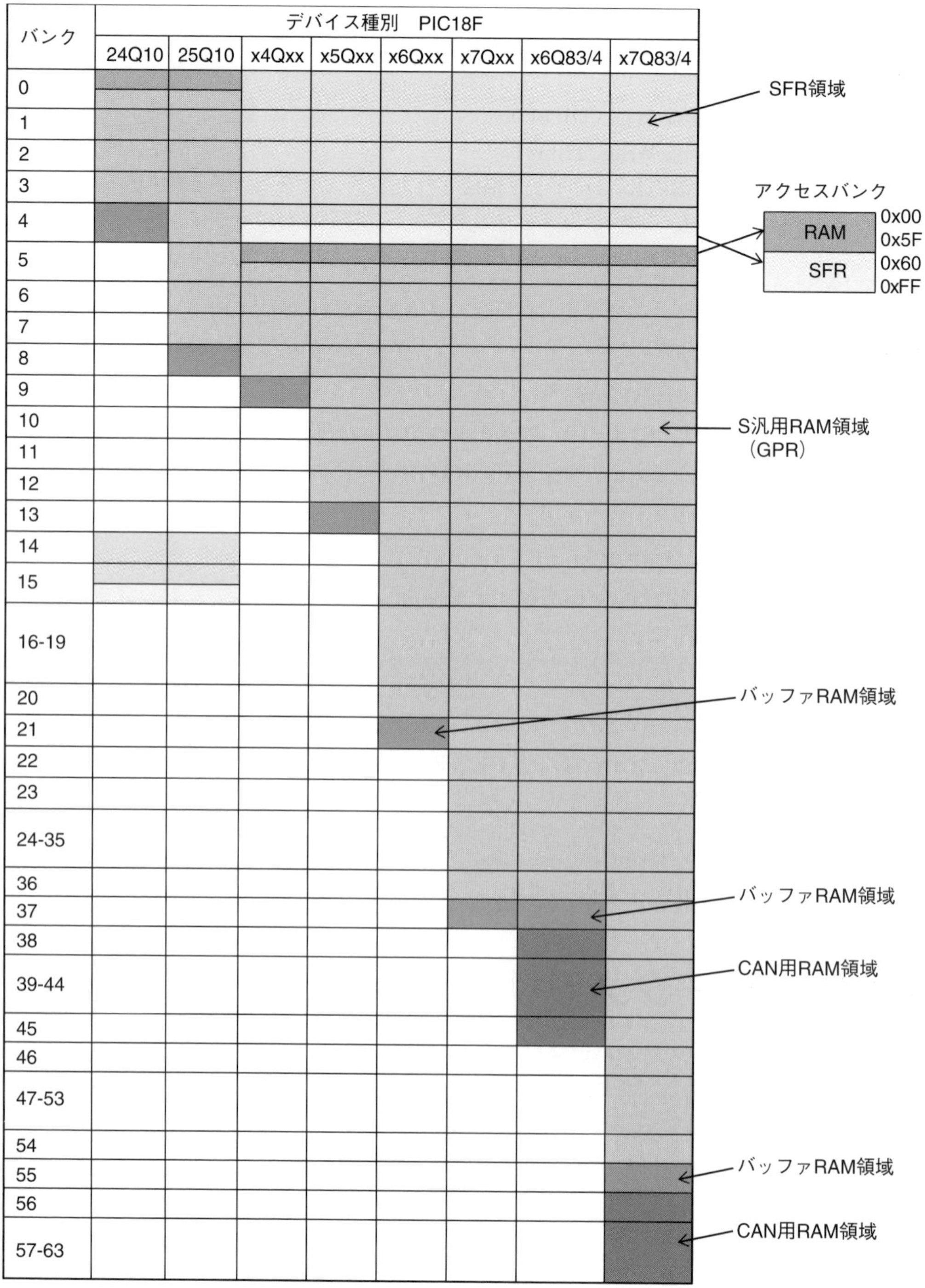

バンク
デバイス種別　PIC18F
24Q10
25Q10
x4Qxx
x5Qxx
x6Qxx
x7Qxx
x6Q83/4
x7Q83/4
0
1
2
3
4
5
6
7
8
9
10
11
12
13
14
15
16-19
20
21
22
23
24-35
36
37
38
39-44
45
46
47-53
54
55
56
57-63
SFR領域
アクセスバンク
RAM
SFR
0x00
0x5F
0x60
0xFF
S汎用RAM領域
（GPR）
バッファRAM領域
バッファRAM領域
CAN用RAM領域
バッファRAM領域
CAN用RAM領域

データメモリは命令のビット幅の制限*から、直接アドレス指定できるのは256バイトとなっています。このため、256バイトをバンクの単位として最大64バンクまで拡張できるようになっています。実際は図2-2-2のようにデバイスごとに実装容量は異なっていて、64バンクすべてというのはPIC16F18x7Q83/4シリーズだけとなっています。

*命令のアーキテクチャの節を参照。

また、図2-2-2のアドレスの若い方*は**SFR**（Special Function Register）と呼ばれる、内蔵周辺モジュールの制御用のレジスタの座席指定のエリアとなっています。実際に汎用として使えるデータメモリはSFR以降の番地の部分で、直接命令でアクセスする際には、**BSR**（Bank Select Register）でバンクを指定してから行う必要があります。このためアクセスが遅くなってしまうので、特定の範囲*だけを仮想の**アクセスバンク**として使えるようになっています。このアクセスバンクを使うときはBSRレジスタの設定を不要とすることで、高速アクセスを可能にしています。

*PIC18F24/25Q10だけは配置が異なる。

*SFRの128バイトと汎用エリアの128バイトだけをアクセスできる。

図でバッファ領域というのは、テーブルアクセス命令でフラッシュメモリを読み書きする場合に、ページ*を一括で扱うために用意された一時バッファメモリです。

*フラッシュメモリのページの単位が128ワード（256バイト）となっている。

2-2-4　アドレッシング方式

このデータメモリにデータを読み書きするためには、データのアドレスを指定する必要がありますが、その方法には、直接アドレス指定する方法と、間接的にアドレス指定する方法、3ワード命令で直接アドレス指定する方法の3通りがあります。

1 直接アドレス指定方式

バイト処理命令などで**データメモリの番地を直接指定する方式**で、図2-2-3のようにしてアクセスします。図2-2-3（a）の方法は、すべてのバンクのアクセスを可能にします。この場合、命令では256バイトしか指定できませんから、バンクを指定するために用意されているBSR（Bank Select Register）レジスタを併用します。つまりBSRレジスタでバンクを指定してから、命令でその中の場所を指定します。

図2-2-3（b）はアクセスバンクを指定する方法で、この場合は256バイトだけですから、直接命令で指定できます。この両者の切り替えは、命令のビット8の0か1で行われます。

●図2-2-3　直接アドレッシング

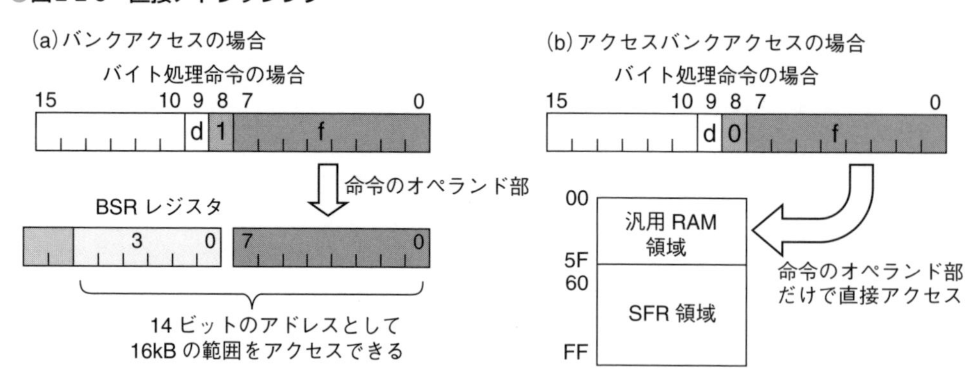

2 間接アドレス指定方式

データメモリの間接アドレッシングとは、**アドレス指定するレジスタを別に用意し、そのレジスタがアドレス指定するデータを、特定のアクセス用レジスタ（INDFn）を経由して間接的にアクセスする方法**です。

このアドレス指定用のレジスタは、**FSRn**（File Select Register）と呼ばれ、アクセス用レジスタは、**INDFn** レジスタと呼ばれています。それぞれのnには0、1、2の値を使うことができます。つまりレジスタが3個ずつ3組あり、3つの間接アドレッシングを同時進行させることが可能です。この関係を図で表すと図2-2-4のようになります。

●図2-2-4　間接アドレッシング

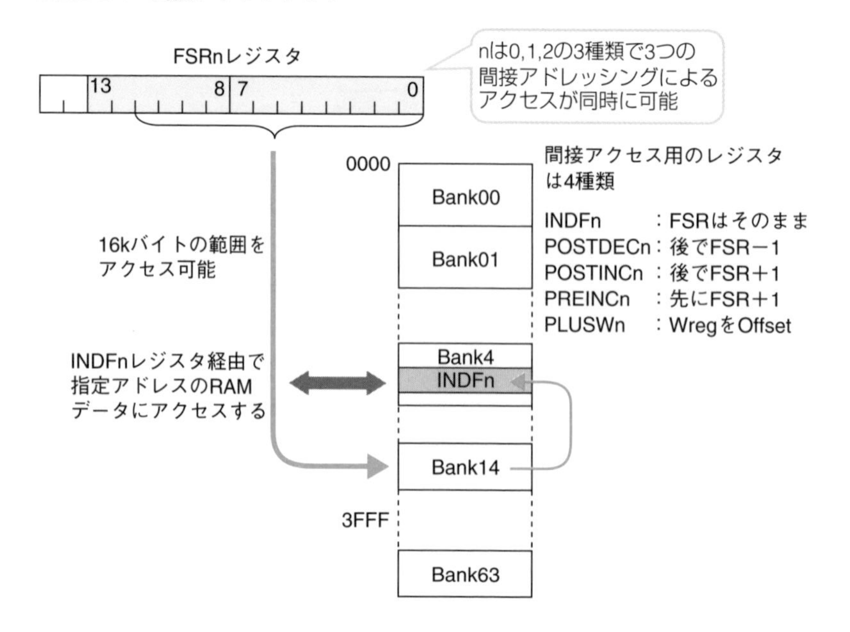

まず、FSRnレジスタは14ビット構成の3組となっており、下位8ビットはFSRnLレジスタ、上位6ビットはFSRnHレジスタの下位6ビットに対応しています（nは0、1、2の3種類）。このFSRnにセットした14ビットのアドレスで最大16kバイトのデータメモリ全範囲が指定できます。

そしてその指定された場所のデータメモリは、間接アクセス用レジスタ経由（INDFn）でアクセスします。つまり、INFDnレジスタに書き込めば、指定アドレスのデータメモリに書き込んだことになり、INDFnを読み出せば、データメモリから読み出したことになります。このようにINDFnレジスタ経由で間接的にアクセスすることから、間接アドレス方式と呼ばれています。

この間接アクセスを実行する命令には、次のような5種類があります。自動的にアドレスが増減されるので便利に使えます。

①INDFn　間接アクセス後　FSRnに変化なし
②POSTDECn　間接アクセス後　FSRn－1
③POSTINCn　間接アクセス後　FSRn＋1
④PREINCn　FSRn＋1してから間接アクセス
⑤PRUSWn　FSRn＋Wレジスタを間接アクセス（FSRnはもとのまま）
（nは0、1、2の3種類）

3 3ワード命令直接アドレス指定方式

命令アーキテクチャの節（2-1-3）を参照。

3ワード命令*では、アドレス部が14ビットあるので、16kバイトのデータメモリの全空間を直接アクセスできます。この命令を使えば、すべてのデータメモリエリアを使っても、バンク切り替えの必要がなくなります。その代わり、命令実行サイクルが3サイクル必要です。

2-2-5 デバイスコンフィギュレーション

コンフィギュレーションとは、デバイスが命令を実行する前にハードウェアとしての動作モードを決める設定のことで、これには次のような多くの項目が含まれます。デバイスシリーズにより項目の有無が異なるので、詳細はデータシート*で確認してください。

Device Configurationの章。

- クロック発振方式指定と周波数設定、クロック監視設定
- ウォッチドッグタイマの有効/無効設定、時間設定
- ブラウンアウト、電源オンタイマの設定
- 割り込み方式の指定（単一かベクタ方式か）
- 拡張命令の有効/無効設定
- スタックオーバーリセットの有効/無効設定
- メモリパーティション*の有効/無効設定

プログラムメモリの節（2-2-1）を参照。

・ プログラミング方法の指定（低電圧か高電圧か）
・ リセットピンの使い方（リセットか汎用入力か）
・ ゼロクロス検出モジュールの有効/無効設定
・ コードプロテクト、メモリ保護の有効/無効設定
・ CRCの多項式設定など関連設定（PIC18FxxQ83/84シリーズのみ）

あらかじめ決められた設定のこと。

第5章で解説するMCC（MPLAB Code Configurator）を使うと、コンフィギュレーションの設定は次の3項目だけで、残りはデフォルトの設定*のままで問題なく動作するようになっています。

・ クロック発振方式指定と周波数設定
・ ウォッチドッグタイマの有効/無効設定
・ プログラミング方法の指定（低電圧か高電圧か）

2-2-6 スタックメモリ

スタックメモリはCALLやRCALL命令でサブルーチンへジャンプするときと、割り込みを受け付けたときに、戻り番地を格納するためのメモリで、プログラムカウンタと同じ22ビット幅で127個格納できるようになっています。そしてRETURNやRETLW、RETFIE命令で戻る際にこのスタックに保存した戻り番地が使われます。

現在どこまでスタックを使っているかを示すポインタ。

スタックメモリの最新の格納位置のデータだけTOS（Top-Of-Stack）レジスタを使って読み書きすることができます。またPUSH、POP命令を使うと現在位置を示すSTKPTRレジスタ*の位置に現在のプログラムカウンタ（PC）の値を書き込んだり、取り出してPCに上書きしたりすることができます。この命令実行によりSTKPTRが増減します。

通常のスタックメモリの他に「Fast Register Stack」と呼ばれる1レベルだけのスタックメモリが3組あります。これは高速リターン用に用意されたスタックで、CALL FAST命令用の1個と、高速割り込みリターン用の2個があります。

●図2-2-5 スタックメモリの構成

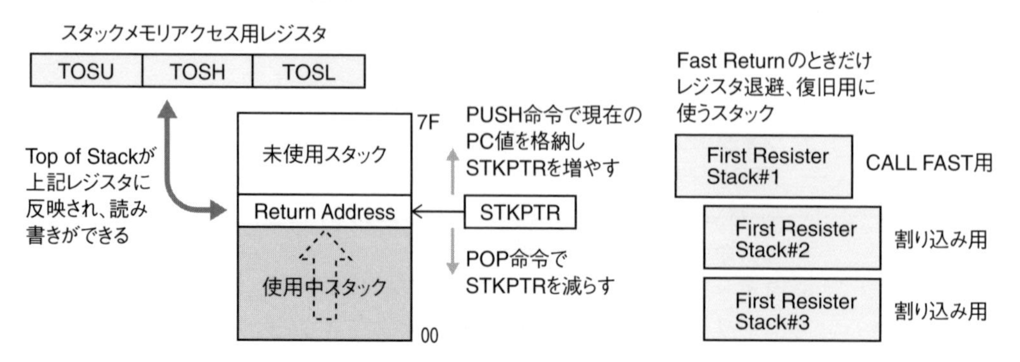

2-3 割り込みのアーキテクチャ

2-3-1 割り込みとは

マイコンを使う際には、割り込みが使えるかどうかでプログラム性能に大きな差ができます。割り込みを使うと圧倒的に高性能なプログラムが可能になります。その割り込みのメリットを解説します。

割り込みを使ったプログラムでは、図2-3-1のようなプログラム実行の流れになります。

●図2-3-1　割り込み処理プログラムの流れ

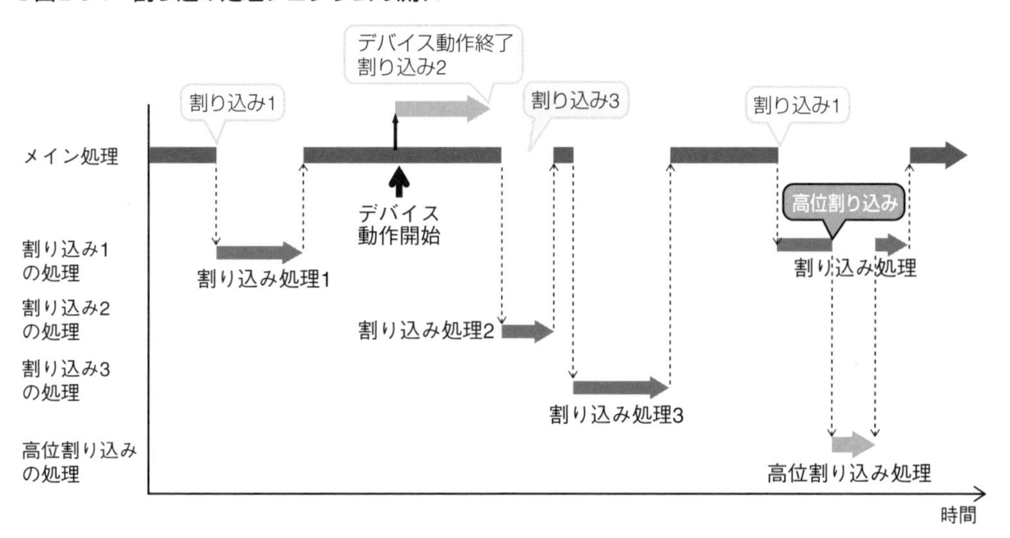

この流れでの割り込みのメリットは次のようになります。

❶ イベント発生に対する応答が高速で一定時間となる

ハードウェアで割り込み処理に分岐し、そこですぐ割り込み処理を実行できるので応答は高速で、一定の応答時間となります。

❷ デバイス等の処理待ち時間に他のことが実行できる

割り込み2のようにデバイス等の実行に時間がかかる場合、デバイス処理終了を割り込みで伝えるようにすれば、待ち時間にも他のことが実行できます。

これで、あたかも複数のことが同時に実行できているように見えます。

❸ 割り込み処理中は割り込み禁止となる

例えば割り込み処理2の実行中に、他の割り込み3が発生した場合はどのようになるかというと、割り込み処理中は全割り込みが禁止状態となり、割り込み処理完了で再度許可状態となります。したがって、割り込み3は、割り込み2の処理が完了してメインに戻った直後に受け付けられて割り込み処理3を開始することになります。したがって、割り込み処理は、できるだけ短時間に終了するようにするのが原則です。割り込み処理内で時間がかかるような処理が必要な場合は、フラグ*をセットするだけとし、実際の長時間かかる処理はメインの中でフラグをチェックすることで開始するようにします。

*プログラムの変数で0か1かで判定する。

❹ 多重割り込み処理が可能

PIC18 Qシリーズは高位割り込みと低位割り込みの2レベルの優先順位がつけられます。高位割り込みは、図のように低位割り込み実行中でも割り込むことができます。これによりどうしてもイベントにすぐ応答しなければならないような場合、これを高位割り込みとすれば、必ず一定時間で応答するようにできます。

このような処理を可能にするのが割り込みのメリットですが、**最も重要な割り込みのメリットは、プログラム構造が簡単になること**です。これを図2-3-2で説明します。

図2-3-2 (a) が割り込みを使わない場合のプログラム構成で、全体が1つのループになっています。ループになることで、イベントの発生位置により応答時間が一定ではなくなりますし、間に他のイベント処理が入るとさらに応答時間がばらついてしまいます。全体が大きなプログラムになってしまうのと、検出を高速にしようとすると、他のイベント処理中にも検出処理を挿入することが必要になり、より複雑な構成となってしまいます。

これに対し割り込みを使うと図2-3-2 (b) のような構成になります。メインの処理と割り込み処理という独立のプログラムとして構成され、割り込み処理へのジャンプと戻りは、割り込みのハードウェアで行われるので、互いに相手の処理時間とかイベント応答速度などを意識して作成する必要がなくなります。これによりそれぞれのプログラムは簡単で小さくできるので、全体の把握もしやすくなります。

●図2-3-2 プログラム構造の差異

(a)割り込みを使わないプログラム構成 (b)割り込みを使ったプログラム構成

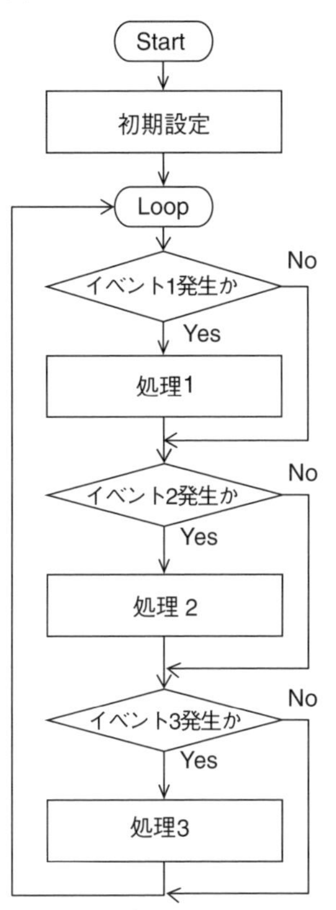

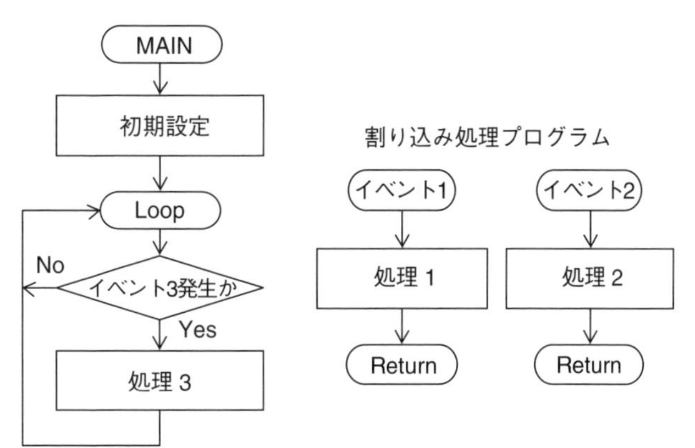

2-3-2 ベクタ割り込み

PIC18F Qシリーズには、これまでのHigh、Lowの2本だけの割り込みの他に、割り込み要因ごとに独立のジャンプ先を指定できるベクタ方式の割り込みが追加されています。このベクタ方式を追加した割り込みは次のような特徴を持っています。

IVT：Interrupt Vector Table

プログラムメモリ内。

- 割り込みベクタテーブル（IVT*）で割り込み要因ごとに区別される
- IVTのベースアドレスはプログラマブルで配置*を自由に指定できる
- 割り込み受付までの遅延が3命令サイクルに固定
- ベクタごとにHigh/Lowの2レベルの優先順位が設定できる
- レジスタ退避を2層レベルで処理する

このベクタ方式の割り込みでは、ベクタテーブルというジャンプ先を羅列したテーブルを使います。このテーブルは、IVTBASEレジスタでプログラムメモリ内の配置を指定でき、それぞれ2ワードの中に割り込み処理関数の先頭アドレスが格納されます。そしてベクタテーブルのサイズは81個分必要となるため、IVTBASE*＋0xA1までの空間を確保する必要があります。

ベクタ方式でなく従来の2レベルだけの割り込み方式を使う場合には、IVTBASE*レジスタが高位割り込み用のベクタになり、それに0x10だけ加えたアドレスが低位割り込みのベクタとなります。

ベクタテーブルは意図せずに書き換えられることを避けるため、書き込みロックをかけることができます。このロックのオンオフには特別なシーケンス*を実行する必要があります。

IVTBASEは偶数アドレスにする必要がある。

この場合のデフォルト値は0x00008番地となる。低位は0x000018番地。

データシートのVICの章を参照。

割り込みの優先順位は特に設定しなければベクタテーブルの並び順で若いアドレス側が高位となります。

割り込み優先順位はユーザが設定できるようになっています。優先順位としては高位、低位の2レベルだけとなっています。

高位割り込みは、低位割り込み実行中にも優先して割り込むことができるので、多重割り込み処理が可能です。

2-3-3 レジスタ退避と復旧

割り込み発生時には、そのときのプログラムカウンタ（PC）をスタックメモリに保存し、それ以外の特定のレジスタをシャドーレジスタに退避します。この退避には2層のレベルがあり、1つはメイン関数実行時の割り込み用の退避エリアで、もう1つは、低レベル割り込み処理実行中の高位レベル割り込み処理用です。

つまり低レベル割り込みは、メイン関数実行中に割り込んでいるのですでに退避を一度実行していることになり、これに高位割り込みが追加されると2層目の退避が実行されることになります。これらはすべて割り込み制御部でハードウェアにより実行されます。

PC以外にシャドーレジスタに退避されるレジスタは、STATUS、WREG、BSR、FSR0/1/2、PRODL/H、PCLATH/Lとなっています。シャドーレジスタには専用のレジスタ名があり、命令で直接読み書きができます。

2-4 DMAのアーキテクチャ

2-4-1 DMAとは

DMA：Direct Memory Access。

PIC18 Qシリーズでは、PIC18シリーズとして初めてDMA機能が追加されました。DMA*は、メモリとメモリ間、メモリと周辺モジュール間のデータ送受信をプログラムの介在なしに実行します。転送単位はバイト単位で、転送には2命令サイクルかかります。

1 PIC18QシリーズのDMAの機能

❶ 対象となるメモリ

- データメモリ（汎用エリア（GPR）と周辺制御用エリア（SFR））
- プログラムフラッシュメモリ（読み出しのみ）
- データEEPROM（読み出しのみ）

❷ 送り元と送り先のアドレスは次のいずれかを選択できる

- 固定アドレス（SFRの場合は固定となる）
- 転送後カウントアップ
- 転送後カウントダウン

❸ 転送バイト数は送り元、送り先独立に設定できる

送り元が送り先のN倍の場合、自動的にN回の転送を実行できます。つまり、UARTなどでメッセージをまとめて転送できるようになっています。

❹ 送り元、送り先のアドレスとバイト数は転送後自動的に再セットされる

終了トリガをセットしなければ繰り返し転送ができます。

❺ 送り元、送り先の転送バイト数で自動停止できる

つまりUARTなどで指定したメッセージのバイト数で転送終了できます。ただし自動停止の有効化を毎回セットする必要があります。

❻ トリガが選択できる

トリガ、終了トリガの両方とも、ソフトウェアか周辺モジュールの割り込み要因が使えます。

2 メモリアクセスの優先順位

DMAの転送とCPUの命令実行、割り込み処理の命令実行という3つのメモリをアクセスする処理には、優先順位がつけられるようになっています。この優先順位によるメモリアクセスは、「System Arbitration」というCPU機構

の中で処理されます。

0から7までの優先順位があり0が最優先。デフォルトはすべて7となっている。

デフォルトでは同じ最低のレベル*となっていますが、これをユーザが優先順位付けすることができます。この場合次のようなことが発生します。

❶ DMAの方が高い優先順位の場合

CPUの命令実行がDMA転送中は停止状態となります。したがって、DMAを連続で継続させるような使い方では、プログラム実行ができなくなります。最優先で短時間のDMA転送を行う場合には有効に使えます。

❷ CPUの方が高い優先順位の場合

例えばDMAでプログラムメモリをアクセスする場合には、ジャンプ命令やデータメモリをアクセスする命令などでプログラムメモリにアクセスしていない時間に転送が行われます。

またDMAでデータメモリ（SFRを含む）をアクセスする場合には、ジャンプ命令やワーキングレジスタを使う命令のようなデータメモリをアクセスしない時間にDMA転送が行われます。

この場合にはCPUのプログラム実行が影響を受けることがなく、プログラム実行時間が変わることがありません。

❸ すべて同じレベルの場合

この場合は、自動的に次の優先順位となります。

割り込み処理　>　メインの処理　>　DMA　>　SCANNER

CRC：Cyclic Redundancy Check メモリや通信データの誤りチェックを行うモジュール。

したがって、すべてのプログラム実行でメモリアクセスしていない時間にDMA転送が行われることになるので、プログラムの実行時間が影響を受けることはありません。ここでSCANNERとはCRC*モジュールと一緒になって、プログラムメモリの正常性をチェックする機能を果たす周辺モジュールです。

2-4-2 MCCによるDMAの使い方

MCC：MPLAB Code Configurator。周辺モジュールを使うために必要な初期化関数や制御関数を自動で生成してくれるツール。詳細は5章を参照。

解説用ハードウェアを使用、第6章を参照。

MCC*ではDMAもサポートしています。実際の例題としてメモリ内のメッセージを一定間隔でUART5により送信する場合のDMAの設定例*で説明します。

まずMCCでDMAの設定をどのようにするかを示したのが図2-4-1となります。図2-4-1（a）は送り元の設定で、GPRつまりデータメモリにあるMsgという変数から17バイトのデータを、アドレスをカウントアップして順番に読み出すという設定です。

図2-4-1（b）が送り先の設定で、UART5モジュールのSFRのU5TXBレジスタに常に1バイトずつ書き込み、転送トリガはU5TXレジスタが空になったという割り込みで、転送終了は送り元のデータカウンタが0になったときという設定となります。

●図2-4-1 MCCのDMAの設定例

(a) 送り元側の設定（データメモリから）

▾ DMA Settings

DMA Channels	Src Module	Src Region	Src SFR	Src VarName	Src VarSize	Src Address	Src Mode	Src Message Size
☑ DMA CHANNEL1	--NONE--	GPR		Msg	17	Enter Address0	incremented	17
		データメモリの指定		メッセージの先頭ポインタ	変数のサイズ		アドレスカウントアップ	メッセージのサイズ

(b) 送り先側の設定（UART5の送信へ）

▾ DMA Settings

Dst Module	Dst Region	Dst SFR	Dst VarName	Dst VarSize	Dst Mode	Dst Message Size	Start Trigger	Abort Trigger
UART5	SFR	U5TXB	DstVarName0	10	unchanged	1	U5TX	DMA1SCNT
モジュールの指定	SFRの指定	レジスタ名			アドレス固定	メッセージサイズ	転送トリガ	終了トリガ

この設定で実際に動かすプログラムがリスト2-4-1となります。このプログラムでは2秒間隔でカウンタの値をUART5で送信します。

メインループの最初でsprintf関数により送信するメッセージを生成し、DMAの終了トリガを再有効化してからDMAを開始しています。終了トリガ有効化ビット（AIRQEN）は転送終了により毎回リセットされてしまうので、転送前に再有効化してやる必要があります。これで17バイトごとに転送が終了するようになります。

これだけのプログラムで、自動的にUARTで繰り返し送信されるので、パソコンのTeraTermなどの通信ソフトで受信すれば、カウント値が1行ごとにカウントアップして表示されます。

リスト 2-4-1 DMAの例題プログラム

```
/************************************
 * DAMでUART送信
 *    UART5
 ************************************/
#include "mcc_generated_files/mcc.h"
#include <stdio.h>

uint8_t Msg[17];
uint16_t Counter;

/******* メイン関数 *********/
void main(void)
{
    SYSTEM_Initialize();
    /***** メインループ ***************/
    while (1)
    {
        sprintf(Msg, "¥r¥nCount = %6u", Counter++);
        DMAnCON0bits.AIRQEN = 1;
        DMA1_StartTransferWithTrigger();
        __delay_ms(2000);
    }
}
```

終了トリガの再設定

第3章
ハード設計法

PIC18F Qシリーズを使う上で、設計ガイドラインとなるハードウェア設計の際に注意すべきポイントについて解説します。

3-1 設計ガイドライン

PIC18 Qシリーズのデータシートには、設計ガイドラインとしていくつかの項目の注意事項が記載されています。ここではそれらについて説明します。

3-1-1 電源

電源供給方法に関するガイドラインは、図3-1-1のようになっています。

●図3-1-1　電源供給のガイドライン

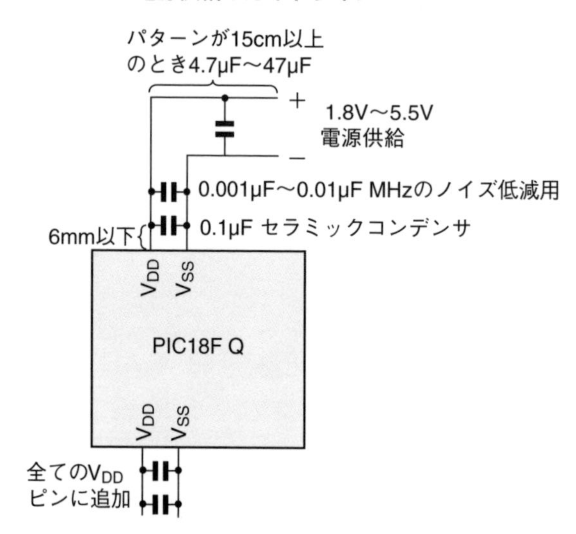

❶ 電源電圧範囲

PIC18F Qシリーズの電源は、1.8Vから5.5Vの範囲で自由となっています。これまでのPICマイコンでは、電源電圧が低くなるとクロック周波数の上限が抑えられる規格となっていましたが、このシリーズでは**全電源電圧範囲で64MHzという最高クロック周波数で使うことができます。**

❷ バイパスコンデンサ

すべての電源ピン(V_{DD})には、隣接するグランドピン(V_{SS})との間に、できるだけピンの近くに**バイパスコンデンサ**(**パスコン**)を配置するように指定されています。容量は0.1μF(10Vから20Vの耐圧)以上で、ESR*が小さく200MHz以上の共振周波数のセラミックコンデンサ*が推奨されています。

ESR：Equivalent Series Resistance 等価直列抵抗と呼ばれるコンデンサの内部インピーダンスのこと。

表面実装タイプのチップ積層セラミックコンデンサでよい。

表面実装のPICでは、その同じ基板面で、6mm以下の距離にコンデンサを配置し、さらにMHzオーダーのノイズを抑制するためには、上記バイパスコンデンサに並列に0.001μFから0.01μF程度のセラミックコンデンサを配置するよう推奨されています。

プリント基板のパターンでは、先にコンデンサに接続してからPICに接続するような配線とし、基板上の電源供給元との距離が15cm以上になる場合は、4.7μFから47μFのコンデンサを追加するよう推奨されています。

3-1-2 リセットピン

MCLR (Master Clear) ピンは外部リセット用とプログラム書き込み*用に使われます。このMCLRピン周りの回路は図3-1-2のようにします。

ICSP：In-Circuit Serial Programmingと呼ばれる。

最も簡単な例が図3-1-2 (a) で、10kΩの抵抗でプルアップしているだけです。この場合にはMCLRのピンをICSP用にも直接接続することができます。ただし、このICSP関連の配線はできるだけ短くすることが推奨されています。これはICSP動作で書き込む場合、かなり高い周波数*で動作させるので、信号ラインの影響をできるだけ少なくするためです。

数MHzで動作する。

図3-1-2 (b) は外部リセットスイッチを追加した例で、この場合も直接ICSPピンとして接続することができます。

電源ラインからのノイズによりリセットされるのを避けるためには、図3-1-2(c)や図3-1-2 (d) のようにコンデンサを追加します。スイッチには直列の抵抗を接続してコンデンサからの放電電流を制限*します。

抵抗がないと瞬時に大きな電流が流れるため、スイッチ接点が溶着する可能性がある。

●図3-1-2　リセットピンのガイドライン

(a)最も簡単な例

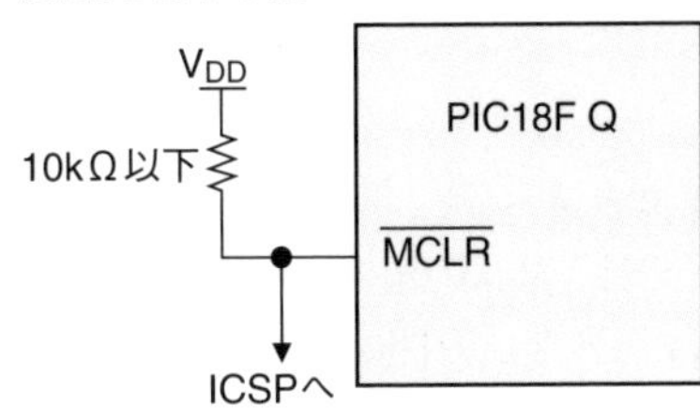

(b)リセットスイッチを追加した例

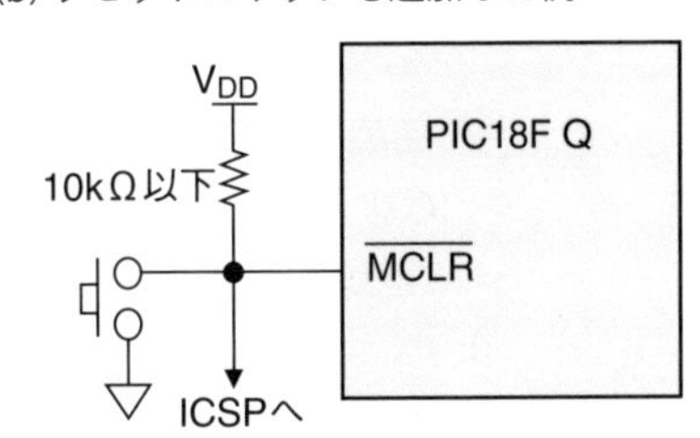

(c)ノイズフィルタを追加した例

ICSPはなし

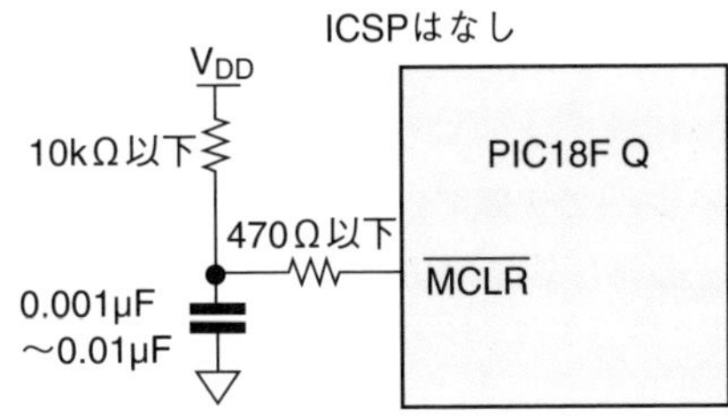

(d)ノイズフィルタとスイッチを追加した例

ICSPはなし

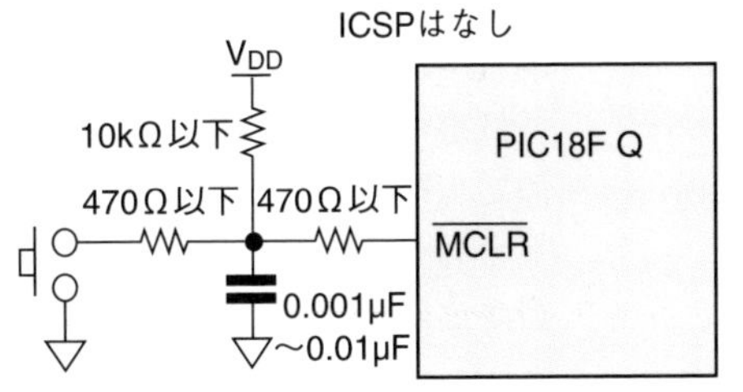

(出典：PIC18F27_47_57Q43 Data Sheet)

ただし、このようにコンデンサを追加した場合には、ICSP用として使うことができなくなる*ので、書き込み済みのPICマイコンを使う場合や、別の回路で書き込むような場合に使います。

この回路でICSPを行う場合には、コンデンサをジャンパなどで切り離せるようにする必要があります。

*コンデンサにより高い周波数が正常に伝わらなくなるため。

3-1-3 ICSP

ICSP（In-Circuit Serial Programming）とは、PICkit4やSNAPなどのプログラマ/デバッガでPICマイコンのフラッシュメモリにプログラムを書き込む方式のことです。その接続は図3-1-3のようにします。

●図3-1-3　ICSPの接続方法

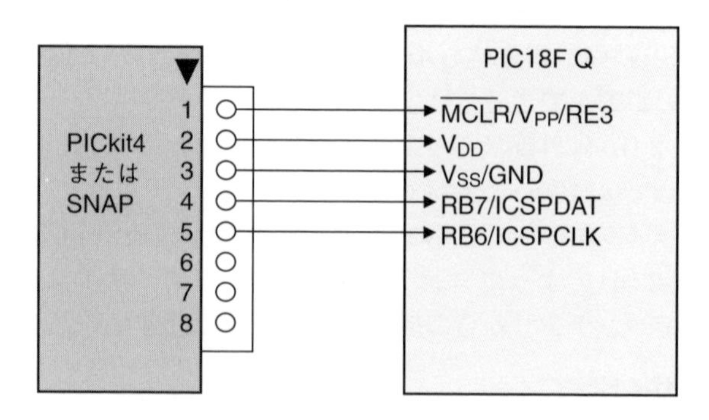

ここでの注意事項は次のようになっています。

❶ 高電圧書き込みモードでの耐圧

ICSPの書き込みモードには、「高電圧書き込み」と「低電圧書き込み（LVP）」の2種類があり、低電圧書き込みモードでは、V_{DD}の電源電圧だけで書き込みます。しかし高電圧書き込みモードでは、書き込み開始時にMCLRピンに最高9VのV_{PP}電圧*が一瞬加えられます。したがって他の回路とリセットを共用する場合には耐圧に注意が必要です。

*この電圧をトリガにしてPIC内部が書き込みモードに切り替わる。

❷ モードの切り替え

低電圧書き込みと高電圧書き込みの切り替えはコンフィギュレーションの設定で行います。フラッシュメモリのイレーズ状態では低電圧書き込みモードとなっておりこれがデフォルトです。高電圧書き込みモードには、高電圧書き込みモードでしかできません。

❸ MCLRピン

低電圧書き込みモードの場合には、MCLRピンを汎用入力ピン(RE3)にすることはできません。

❹ ICSP用ピンの共用

ICSPDATとICSPCLKピンを汎用入出力ピンとして共用する場合には、出力ピンとして使う場合は問題ありません*が、入力ピンとして使う場合には、他の回路からの出力がICSP動作を妨げないようにする必要があります。つまりICSP時にはハイインピーダンス状態となっている必要があります。

接続されている回路にも書き込み信号が出力されるので、それで問題ないようにしておく必要がある。

❺ 配線の注意

ICSP用のピンにはコンデンサを付加するのは厳禁です。ICSPの高速動作を妨げるので正常な書き込み動作ができなくなります。また同様の理由で、ICSP関連の配線はできるだけ短くする必要があり、15cm以下が推奨されています。

❻ 電源供給

ターゲットボードの電源は供給された状態で書き込みを行う必要があります。PICkit4は自身から電源を供給*できますが、50mAまでとなっています。SNAPには電源供給機能がありません。

MPLAB X IDEで出力を有効化する必要がある。

なお6、7、8ピンはPICマイコンの場合は未使用で、AVR/SAMファミリを使う場合か、JTAG方式*で書き込む場合に使用します。

Joint Test Action Groupの略。ICの検査、デバッグに使う接続方式。

3-2 クロック

3-2-1 クロック回路ブロック

PIC18F Qシリーズのクロック回路ブロックは、図3-2-1のようになっています。大きく外部と内蔵の2つの発振回路に分かれています。さらに外部発振は主と副の2つに分かれ、主発振回路には4逓倍のPLL回路*も追加されています。内蔵発振はLFINTOSC、MFINTOSC、HFINTOSCの3つで構成されています。それぞれについて説明します。

*Phase Locked Loopの略。入力と出力の位相を合わせながら周波数を整数倍にする回路のこと。

●図3-2-1 クロック回路ブロック

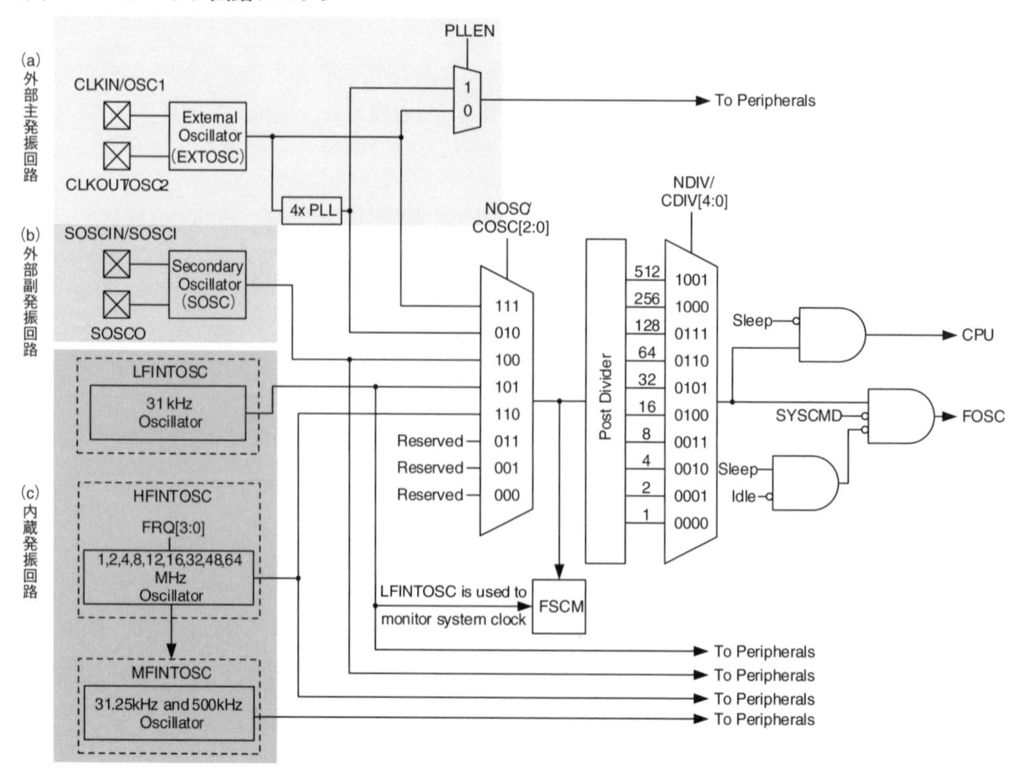

(出典：PIC18F27_47_57Q43 Data Sheet)

3-2-2 外部主発振回路と外部副発振回路

外部主発振回路では、外部にクリスタル発振子かセラミック発振子を接続して発振回路を構成します。外部副発振回路は32.768kHz*の決まった周波数のクリスタル発振子を接続して発振回路を構成します。

*2の15乗の値になっているのでカウントダウンが容易。

■ クリスタル発振子

クリスタル発振子は、周波数精度が高く(数十ppm以下)かつ安定な発振をします。したがってクリスタル発振は、高精度な速度でのシリアル通信が必要な場合、あるいは高精度な一定の時間を必要とする場合などに使います。

写真3-2-1はクリスタル発振子の代表的なもので、右側がHC-49U、真ん中がHC-49USと呼ばれるタイプです。HC-49USタイプの方が小型で、実装したときの部品の高さが低いので便利に使えます。左側は32.768kHzの時計用タイプです。この時計用のクリスタルはわずかな電流しか流せないので、外部主発振回路用に使うと電流が流れすぎて壊れることもあるため使えません。流れる電流の少ない外部副発振回路で使います。

●写真3-2-1 クリスタル発振子

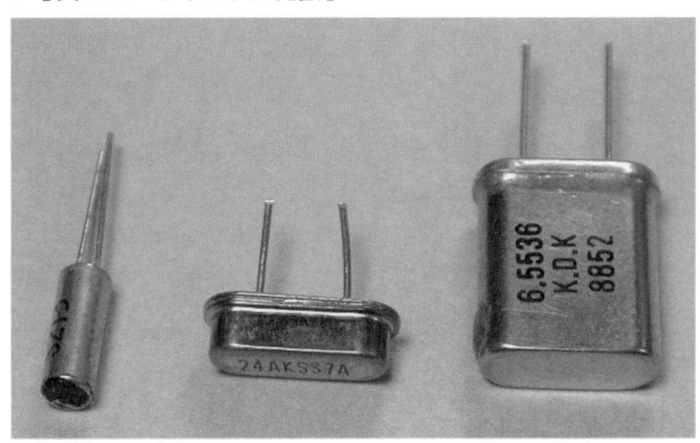

■ セラミック発振子

セラミック発振子の周波数変動誤差は0.5%程度なので、内蔵発振よりは高精度で、クリスタル発振より安いことがメリットです。写真3-2-2は代表的なセラミック発振子で、セラロックとも呼ばれています。セラロックは周波数によりサイズが異なっています。また、コンデンサ内蔵タイプもあります。コンデンサ内蔵タイプは写真のように3本足で、外付けの2個のコンデンサが不要になるのでスペースが少ないときに便利です。真ん中の足をグランドに接続します。

●写真3-2-2　セラミック発振子の外観

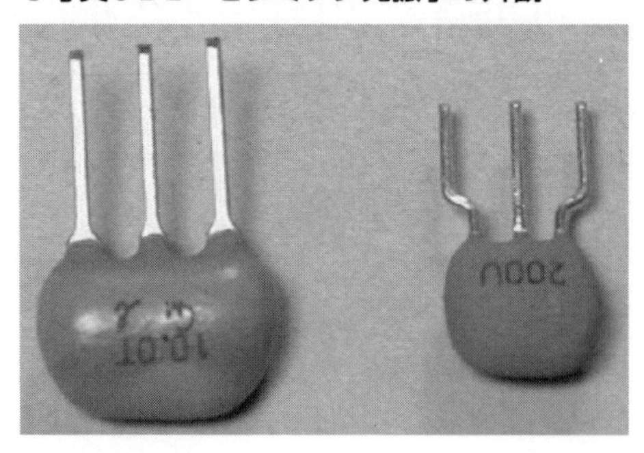

■ 推奨回路

クリスタル発振、セラミック発振の推奨回路は図3-2-2(a)、(c)のようになっています。C1、C2に使用する部品は、図3-2-2 (b) の表の範囲で発振周波数に合わせて最適なコンデンサの値を選ぶ必要があります。コンデンサの種類は一般的なセラミックコンデンサを使います。さらに、高い周波数のHSモードで、ATカットタイプのクリスタル振動子を使うときには、電流制限をするために図3-2-2 (a) のように数百Ωの抵抗Rs*を挿入します。

セラミック発振子の場合には、発振子に並列に抵抗Rp*を追加します。これにより安定な発振をさせることができます。

Rs* 値を厳密に決めるのは困難なので、発振子メーカに問い合わせる必要がある。

Rp* 多くの場合1MΩを使う。こちらも厳密にはメーカに問い合わせが必要。

■ 外部発振器

これ以外に図3-2-2 (d) のように内蔵発振回路を使わず、外部に発振器を付加して直接一定の信号を生成して供給することもできます。高精度な時計などを作る場合には、クリスタル発振子でも精度が不足してしまい要求の精度を満足しません。このようなときには、特別に高精度な発振器を使います。この場合発振器の出力電圧*に注意が必要で、場合によると間にレベル変換が必要になることもあります。

外部主発振回路を使う場合には、その周波数によりコンフィギュレーションの設定を表3-2-1のように設定する必要があります。この外部主発振回路には4逓倍のPLL回路があるので、4倍の周波数にすることができます。ただし、PLLの適用できる周波数範囲*は4MHzから16MHzとなっています。つまり4倍の16MHzから64MHzがPLLの出力範囲ということになります。

出力電圧* 1V以下の振幅の場合が多い。

周波数範囲* PLLで位相を合わせる（ロックする）ことができる周波数範囲。

●図3-2-2　外部発振回路

(a) クリスタル発振子の場合

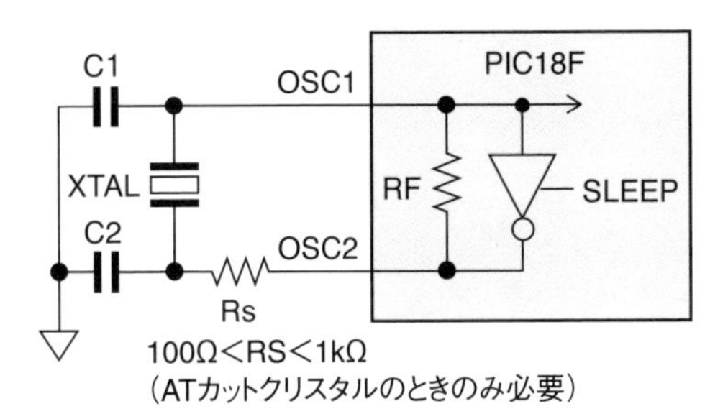

(b) クリスタル発振のC1、C2の推奨値

発振周波数	C1、C2の値
32.768kHz	15pF～22pF
2MHz～20MHz	15pF～33pF

(c) セラミック発振子の場合

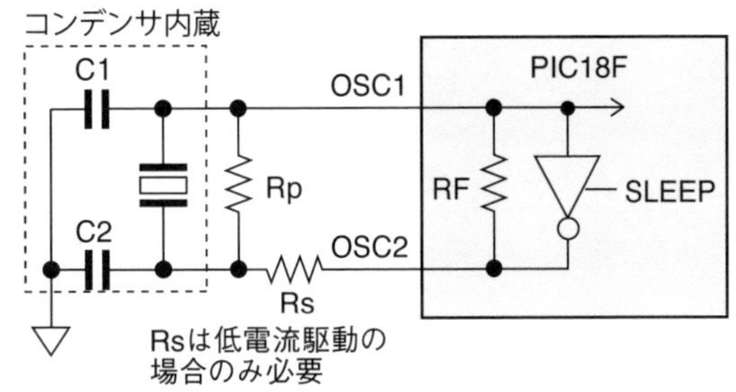

(d) 外部発振器の場合

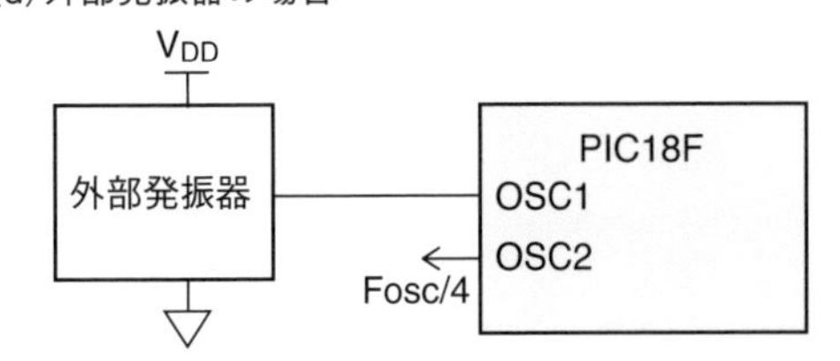

▼表3-2-1　クロックのコンフィギュレーションの設定

コンフィギュレーションの設定		周波数範囲	備　考
外部発振子	LP (Low Gain)	32kHz ～ 100kHz	
	XT (Medium Gain)	～ 4MHz	
	HS (High Gain)	～ 20MHz	
外部発振器	ECL (Low Power)	DC ～ 1MHz	
	ECM (Medium Power)	～ 16MHz	
	ECH (High Power)	～ 32MHz ～ 64MHz	V_{DD} ＞ 2.7V V_{DD} ≧ 2.7V

■ プリントパターン

データシートには、クリスタル発振子やセラミック発振子を接続して発振回路を構成する場合のプリントパターンの推奨例が記載されています。ここでは詳細を省略するので、データシートを参照*してください。

ポイントは、**回路部品をできるだけ発振回路用ピンの近くに配置することと、グランドパターンで発振回路周囲を囲うようにし、その中には基板のどの面にも他の回路パターンを通さないようにする**ということです。特に外部副発振回路は流れる電流がわずかなため、外部の影響を受けやすいので注意が必要です。

*データシートの「External Oscillator Pins」の項を参照。

3-2-3 内蔵発振回路

PIC18F Qシリーズの内蔵クロックには、表3-2-2のような3種類が用意されています。

▼表3-2-2　内蔵発振器の種類

略称	出力周波数	備考
HFINTOSC	1、2、4、8、12、16、32、48、64MHz	工場出荷時に較正済 精度：±2%（0℃〜60℃） ±5%（−40℃〜125℃）
MFINTOSC	500kHz、31.25kHz	
LFINTOSC	31kHz	

❶ HFINTOSC

基本のクロックとして使うことが多いクロックで、1MHzから最高の64MHzまで直接出力できます。この周波数は工場出荷時に較正されていますが、レジスタ設定*（OSCTUNE）によりわずかに変更することができます。このレジスタの値は0x00が±0で、0x01から0x1Fまでが周波数アップの方向、0x3Fから0x20*までが周波数ダウンの方向です。

OSCTUNEレジスタを使うことで±32段階で調整できる。

2の補数で設定する。

❷ MFINTOSC

500kHzと31.25kHzを生成する内蔵クロックで、HFINTOSCから分周して生成しています。HFINTOSCが異なっても同じ周波数を生成するようになっています。このクロックはシステムクロック*用にはあまり使われず、多くはタイマなどの周辺モジュール用のクロックとして使われます。これでタイマの時間を長くすることができます。

CPU用のクロック。

❸ LFINTOSC

31kHzを生成するクロックで、システムクロックにも、周辺モジュールにも使うことができます。このクロックはスリープ中も動作継続するため、次のようなモジュールのクロックとして使われています。

- パワーアップタイマ（PWRT）
- ウォッチドッグタイマ（WDT、WWDT）
- フェールセーフクロックモニタ（FSCM）

FSCMは図3-2-1の中央下側にあります。常時外部発振のシステムクロックの正常性を監視していて、万一停止した場合には割り込みを生成し、システムクロックがHFINTOSCに切り替わります。これでクロックが停止したときの緊急処理を実行することができます。

3-3 リセットとPOR、BOR

3-3-1 リセット

コンピュータのハードウェアは一般的に電源が投入されたときと、外部リセット信号が入ったときに内部回路をすべて初期状態にします。この初期状態とはどんな状態かというと、

命令実行開始番地を指定するカウンタ。

・プログラムカウンタ*は0番地
・内部で持っているコンピュータの状態、命令の実行結果状態などの状態はあらかじめ決められた状態に戻っている
・タイマや入出力ポートはあらかじめ決められた状態に戻っている
・割り込みはすべて禁止状態

という状態で、いわゆるコンピュータがすべての状態を初期化して何もしていない状態ということになります。これでわかるように、プログラムは常に0番地から実行開始となります。

PIC18F Qシリーズでリセットが発生する要因には次のような要因があります。

❶ プログラム書き込み終了によるリセット
このリセットにより書き込み終了後、自動的にプログラム実行が開始されます。
❷ リセット命令によるリセット
命令によるリセットです。
❸ 異常発生時のリセット
メモリアクセス違反、レギュレータ異常、コンフィギュレーション異常が起きたときリセットが発生し、例外処理を実行します。
❹ スタックメモリのオーバーフロー、アンダーフローによるリセット
スタックメモリが一杯でオーバーフローしたときや、スタックメモリに戻り番地がないのにリターン命令を実行したときのアンダーフローで発生するリセットです。
❺ 通常RUN状態でのMCLRピンによるリセット
強制リセットに当たるもので、リセットスイッチや外部からの信号などによる意図的なリセットです。

❻ RUN状態でのウォッチドッグタイマのタイムアップによるリセット

プログラム暴走などの異常状態を検出したときの自動リセットです。スリープ中はリセットではなくリスタート動作*となります。

スリープ命令の次の命令から実行を再開する。

❼ 電源ONリセット（POR）

これが初期スタートの基本ですが、パワーアップタイマ*などの条件が加わっています。

電源オン検出後、一定時間待ってからプログラム実行を開始させるためのタイマ。

❽ ブラウンアウトリセット機能によるリセット（BOR）

電源電圧低下検出による強制リセットで、電源の異常が考えられます。検出スレッショルド電圧が選択できます。

これらのリセットの条件は、図3-3-1のリセットの内部回路ブロックで確認できます。**パワーオンやブラウンアウトなどの電源に関連するリセットだけが特別な扱いになっている**ことがわかります。

●図3-3-1　リセット回路ブロック（PIC18FxxQ43の例）

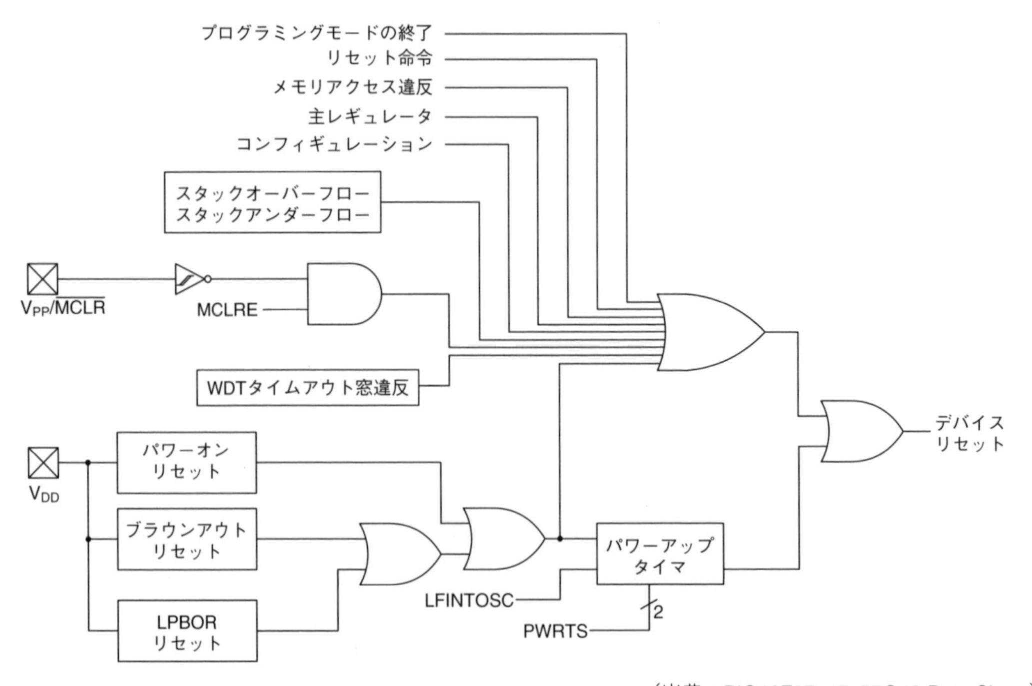

（出典：PIC18F27_47_57Q43 Data Sheet）

3-3-2 電源とリセット

一般的なマイクロコンピュータ関連で、解決が難しくて常にトラブルの種になるのは、電源がオンオフする瞬間の時と電源が瞬時低下したときです。PICマイコンにはこれらの問題を回避するため「スタートアップシーケンス」と「ブラウンアウトリセット」という機能が組み込まれています。

■ スタートアップシーケンス

電源がオンになったとき、自動的にPICマイコンが正常スタートするようにするには、電源が入ったとき確実にリセットがかかるようにすることが必要です。しかも、電源電圧が正常動作保証されている規定電圧になるまで継続してリセットがかかっていることが必要です。そうしないと、電源が安定な電圧に達するまでの短時間の間に、PICマイコンが不安定な動きをしたり、最悪の場合には電圧が正常になったあとでも起動しなかったりしてしまいます。

このような状態を避けるため、PICマイコンには電源が入ったときに図3-3-2のような**スタートアップシーケンス**が組み込まれています。さらにこのシーケンスはコンフィギュレーションの設定で、有効にするか無効にする*かを指定できるようになっています。

* 外部回路で制御する場合など。

図のように、**電源を投入後、電源電圧が規定電圧1.6Vを超えた時点で内部RESETが発生し、T_{PWRT}時間の間持続します**。これは標準で65msecです。一般の電源の出力電圧が安定な出力になるのは、これよりかなり短時間ですから、この間で電源電圧が確実に安定することになります。

またこの時間で、クロックが安定な発振状態になる時間も確保しています。クリスタル発振子やセラミック発振子による外部発振子の場合には、発振を始めるとき、すぐには安定な発振状態にはならず、徐々に発振振幅が大きくなって安定するという特性があるためです。この安定までの時間は長いものでも数msecなので、電源投入後65msecも経っていれば、発振回路は確実に安定な発振状態となっているはずです。

内蔵発振器や外部発振器によるクロックの場合は、この直後からCPUへのクロック供給を開始しますが、外部発振子の場合には、さらにクロック発振の確認のためクロックカウントを1024回実行します。この時間がT_{OST}です。ここで1024回カウントできないということは、正常にクロックが発振していない状態だということになるので、リセットをかけたままで停止状態とし、不安定な動作をしないようにしています。

このようにクロック回路の安定動作まで考慮に入れた**スタートアップシーケンスにより、いろいろな特性の電源に対しても確実なスタートができるようになっています**。これらの条件が整ったあと内部RESETがオフとなり、命令実行が0番地から開始されます。

●図3-3-2　スタートアップシーケンス

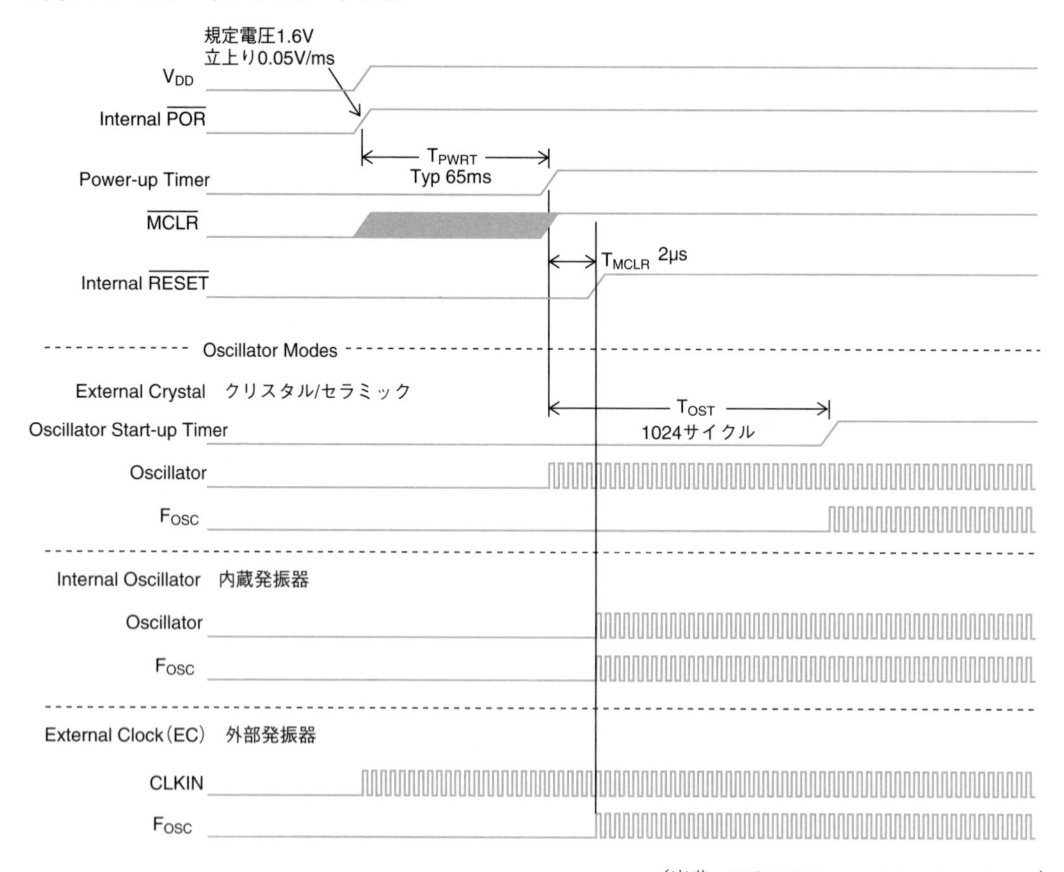

（出典：PIC18F27_47_57Q43 Data Sheet）

　このようなスタートアップシーケンスで安定動作を確保していますが、産業用の製品に使うときには、さらに安定確実な動作が要求されます。そのような場合には、外付けのリセットICを使います。

　このICを使うと、電源オン時により長い時間のMCLR信号を入れたり、外部からのリセット信号を優先的に扱って延長したりできます。

　また、リセットICは、常時電源低下の監視も一緒に行っているものが多く、電源がある一定値より下がると、自動的に一定時間リセット信号を出力して、PICを強制停止させて誤動作を防止する機能も合わせ持っているので、より安定した動作をさせることができます。

■ ブラウンアウトリセット

電源は、常時は一定の電圧で安定供給しています。しかし、例えば突然の停電とか、瞬時停電とかが発生したときには、電源の供給元である商用電源がなくなるわけですから、電源電圧降下や突然の断が起きます。

このようなときには、電源電圧は素直に0Vになるのではなく、何回か瞬時電圧低下したり、オフ／オンを何度も短時間に繰り返したりするなど不安定な状態となることがあります。このような場合の誤動作対策が最も難しく、トラブルを引起こす機会も多くあります。

このように、**PICマイコンが動作中に、突然電源が切れたり低下したりしたとき、確実にPICマイコンを止めることも重要**です。このためには、電源が降下する間に早めにリセットをかけて、PICマイコンが不安定な動作をして余計な信号を外部に出したりすることがないようにする必要があります。

PICマイコンには、この電圧監視回路が内蔵されており「ブラウンアウトリセット機能（BOR：Brown-out Reset）」と呼ばれています。

PICマイコンのBOR機能のシーケンスは図3-3-3のパターンAやBのようになっており、スレッショルド電圧より電圧が下がると内部的に強制リセット信号が出力されPICマイコンはリセットで停止します。このあと電源電圧がスレッショルド以上の電圧に戻ってからパワーアップタイマ（T_{PWRT}）のタイムアップ（65msec）後にリセットが解除され、プログラム実行が再スタートします。

電源の瞬断が続けて発生するような不安定なときには、電圧低下が連続して発生することがあります。そのようなときにはパターンCのように、いったん電圧が復旧後65msec以内に再度低下する現象が起きたときには、内部リセットは連続して出力されたままとなって、PICは停止状態を継続します。最後に電圧が復旧してから65msec後にリセットが解除されて再スタートします。

このブラウンアウトのスレッショルド電圧は、コンフィギュレーションビットで設定することができます。PIC18F Qシリーズでは、2.85V、2.7V、2.45V、1.9Vの4つの選択肢があるので、使う電源電圧に合わせて設定します。

さらにこのスレッショルド電圧には60mVのヒステリシスが設けられているので、電源電圧がスレッショルドぎりぎりの場合でも安定な動作をするようになっています。

●図3-3-3　ブラウンアウトリセット

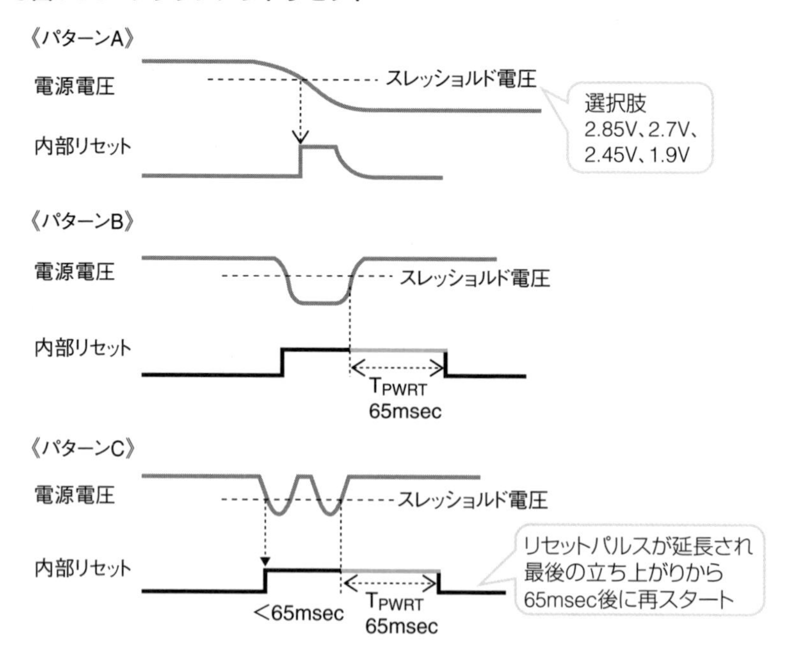

このBORもパワーアップシーケンス同様にコンフィギュレーションの設定で有効、無効を次の4つの条件で指定することができます。

- 常時有効とする
- スリープ中は無効とする
- プログラムで有効、無効を指定する
- 常時無効とする

BORにはもう1つ別のモジュールがあり、**LPBOR**（Low-Power Brown-out Reset）と呼ばれています。このLPBORは特に低消費電力動作するようになっていて、PICマイコンを極低消費電力で使う場合のBORとなっています。LPBORはスレッショルドが1.9Vのみとなっています。

3-4 入出力ピン

3-4-1 入出力ピンと関連レジスタ

PICマイコンは、プログラムで入出力が自由に設定できる入出力ピンを持っています。そしてこれらの入出力ピンを8ビット幅のレジスタに割り振って制御するため、8ピンごとにまとめて「**入出力ポート**」と呼んでいます。

例えばPIC18F2xQxxとPIC18F4xQxxの場合、図3-4-1のようなピン配置となっています。この図の中のRA0とかRB0とかRで始まる記号が入出力ピンの名称となり、RAx、RBxのようにAとかBとかが入出力ポートのまとまりになり、xは0から7までとなります。図で示したように、このPIC18F2xQxx*はポートAからポートCまであり、PIC18F4xQxxではポートA、B、C、D、Eまであることになります。

*MCLRピンをRE3ピンとして使うことも可能だがLVPでは不可となっている。

●図3-4-1　入出力ピンの名称

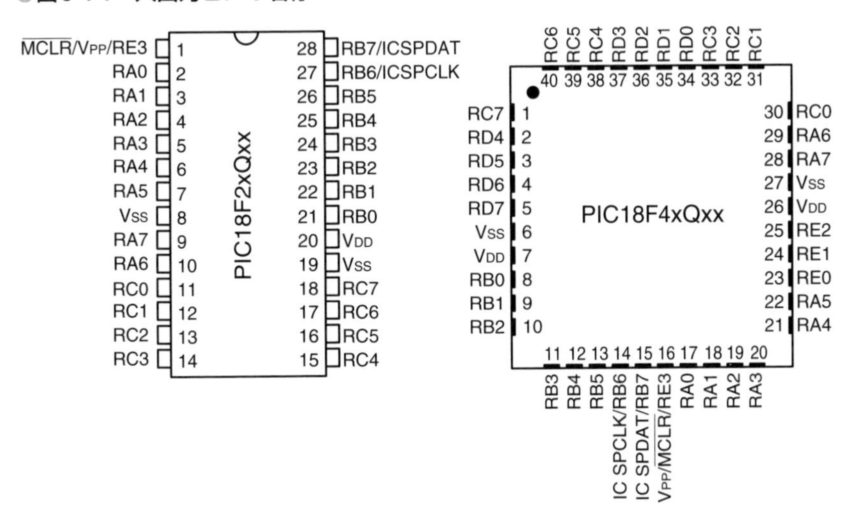

（出典：PIC18F27_47_57Q43 Data Sheet）

この入出力ポートの制御に関係する基本のレジスタには下記の4種類があります。レジスタ名のxは入出力ポートごとにA、B、C、・・・　となります。

- TRISxレジスタ　：入出力モードを設定する
- LATxレジスタ　：出力動作を行う

・ PORTxレジスタ　：入出力動作を行う
・ ANSELxレジスタ：アナログとデジタルの切り替え

これら4種のレジスタの関係は図3-4-2のようになっています。

ANSELxでアナログ入力かデジタル入出力かを切り替えます*。デジタルとした場合には、次のような動作となります。

リセット後はアナログ入力となっている。

TRISxレジスタがピンごとに入出力モードを設定するレジスタで、0と設定されたビットに対応するピンは出力モードになり、1と設定されたビットに対応するピンは入力モードになります。

実際にピンに入出力するレジスタが、LATxレジスタまたはPORTxレジスタとなります。出力動作はどちらで行っても全く同じとなりますが、入力動作は全く異なる結果となります。このため、**通常、出力はLATxレジスタで、入力はPORTxレジスタで行います。**

●図3-4-2　入出力ピンとレジスタの関係

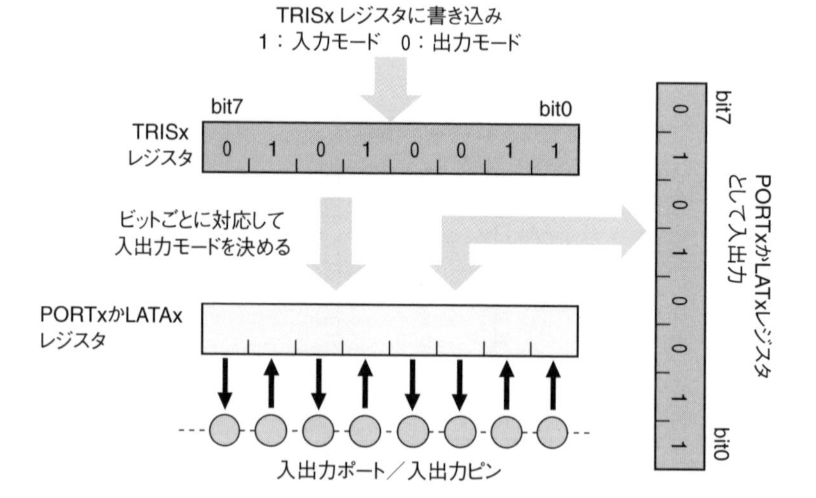

3-4-2　入出力ピンの内部回路構成

PICマイコンの入出力ピンの1ピン当たりの標準となる回路構成は図3-4-3のようになっています。基本的な動作は次のようになります。

デジタル動作の場合には、TRISxレジスタの「TRISx」信号が入出力のモードを決める信号で、1のときには入力モードに、0のときには出力モードになります。

入力モードのときには、出力ドライバがOFFとなって出力回路は無関係となり、入出力ピンの信号は、PORTxレジスタを読み出したとき生成される「Read

PORTx」信号のタイミングで入力されてData Bus経由で読み込まれます。

出力モードのときには、PORTxレジスタかLATxレジスタに書き込んだとき生成される「Write PORT」信号か、「Write LAT」信号のタイミングで、Data Busの1、0のデータが出力用Data Registerに保持されます。その出力が入出力ピンに出力ドライバ経由で出力され、データが1ならV_{DD}電圧が出力され負荷に電流を供給します。データが0なら出力電圧V_{SS}が出力され負荷から電流を吸い込みます。このように出力はPORTx、LATxいずれでも同じ動作をします。

デジタル入力の場合は、PORTxの場合は入出力ピンの状態を読み込みますが、LATxの場合はData Registerの状態を読み込みます。このためピンからの入力動作はPORTxレジスタでないとできません。このため、**慣習的に出力はLATxレジスタを、入力はPORTxレジスタを使います。**

各ピンはアナログ入力ピンにも使われ、アナログ選択信号「ANSELx」が1となるとデジタル入力回路が無効となり、アナログ周辺モジュールへの回路が有効となります。この場合、デジタル出力回路を有効とすると出力電圧でアナログ入力を打ち消してしまうので、**アナログ入力ピンとして使う場合には、TRISx信号を1として入力モードにする必要があります。**

すべての入出力ピンには、保護回路として図3-4-3のようにショットキーダイオードでプルアップダウンされています。このダイオードは最大50mAまで耐えられます。これで入力ピンは－0.3VからV_{DD}＋0.3Vの範囲で保護されます。

●**図3-4-3　基本の入出力ピン回路構成**

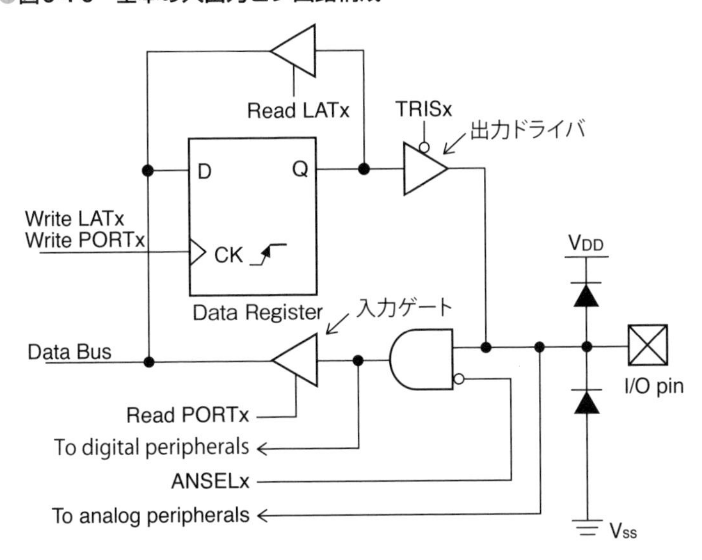

（出典：PIC18F27_47_57Q43 Data Sheet）

3-4-3 入出力ピンの電気的仕様

入出力ピンの電気的特性は表3-4-1のようになっています。入力／出力いずれの場合にもスレッショルドとなる電圧は、電源電圧であるV_{DD}によって値が変わるので、異なる電源で動作させるときには注意が必要です。

トランジスタや、他のICを接続する場合には、常にこのHigh/Lowの入出力電圧を意識する必要があります。

▼表3-4-1　入出力ピンのDC特性

L/H	項　目	最小値	最大値	V_{DD}範囲
絶対最大定格				
V_{DD}		－0.3V	6.5V	
MCLRピン		－0.3V	9.0V	
I/O Ports		－0.3V	V_{DD}＋0.3	
入力特性				
Low	I/O Ports　TTLバッファ	—	0.8V	4.5V ～ 5.5V
			$0.15V_{DD}$	1.8V ～ 4.5V
	I/O Ports　Schmitt Trigger		$0.2V_{DD}$	2.0V ～ 5.5V
	MCLR		$0.2V_{DD}$	
High	I/O Ports　TTLバッファ	2.0V	—	4.5V ～ 5.5V
		0.25 V_{DD}＋0.8		1.8V ～ 4.5V
	I/O Ports　Schmitt Trigger	0.8 V_{DD}		2.0V ～ 5.5V
	MCLR	0.7 V_{DD}		
他	Week Pullup電流	80μA	200μA	3.0V
出力特性				
Low	I/O ports	—	0.6V	3.0V I_{OL}＝10mA
High	I/O ports	V_{DD}－0.7V	—	3.0V I_{OL}＝6mA

表中で、入力がシュミットトリガ(Schmitt Trigger)タイプになっている入力ピンは、入力のスレッショルド電圧に1V以上のヒステリシス特性があり、電圧がゆっくりと変動する入力信号に対しても安定にHigh/Lowを検出できるようになっています。タイマでカウント動作をさせるような場合に、これを使えば外部の入力信号の立ち上がり、立ち下がりが遅い*ような信号でも正しくカウントさせることができます。

＊信号の変化途中で何回かカウントすることがあるような場合。

次に出力の場合のドライブ能力の仕様です。データシートでは出力ピンの最大定格のドライブ能力は表3-4-2のようになっています。

LEDなどの駆動には数mAで十分。

多くの電流が必要なデバイスを接続する場合には注意が必要。

バイパスコンデンサ。

この表から、1ピン当たり最大50mA*までドライブできますが、同時にドライブできるのは、電源供給電流の制限から250mA÷50mA＝5ピン以下ということがわかります。

さらに、PICマイコン全体の消費電力からみると、5V電源だとすれば、800mW÷5V＝160mAとなってさらに厳しい3ピンまでという条件になります。入出力ポート以外の消費電力も少しあるので、3ピンもちょっと厳しくなってしまいます。

このことも考え合わせた上で、入出力ピンの合計最大ドライブ電流*を考慮する必要があります。

また、同時に多くの電流をオンオフするような場合には、しっかりとしたグランドパターンで、パスコン*も十分に対策していないとPICマイコンそのものが誤動作することになってしまうので、注意が必要です。

▼表3-4-2　入出力ピンのドライブ能力

項　目	ドライブ能力	備　考
最大消費電力	800mW	パッケージ当たり
V_{SS}に流せる電流	350mA	－40℃～85℃
	120mA	85℃～125℃
V_{DD}に流せる電流	250mA	－40℃～85℃
	85mA	85℃～125℃
I/O Ports	±50mA	

第4章
プログラム開発方法

PIC18F Qシリーズのプログラムを開発する際の開発環境とその入手方法、さらにはインストール方法の説明をします。
また、開発の最初となるプロジェクトの作り方についても説明します。

4-1 開発環境

4-1-1 ソフトウェアツールの概要

本書執筆時点でマイクロチップ社から提供されているプログラム開発に必要なソフトウェアツールは図4-1-1のようになっていて、最下段のもの以外はすべてマイクロチップ社のウェブサイトから無料でダウンロードできます。

PICマイコンと旧アトメル社のAVR/SAMマイコン*の開発環境は、もともと別の会社だったため異なる環境でしたが、マイクロチップ社に統合されたことで、開発環境もマイクロチップ社の環境に統合されつつあります。しかし現在も併存していて、今後も両方を提供するとしています。

Atmel社を2016年に買収した。AVRは8ビットマイコン、SAMは32ビットマイコン。

●図4-1-1　ソフトウェアツールの種類

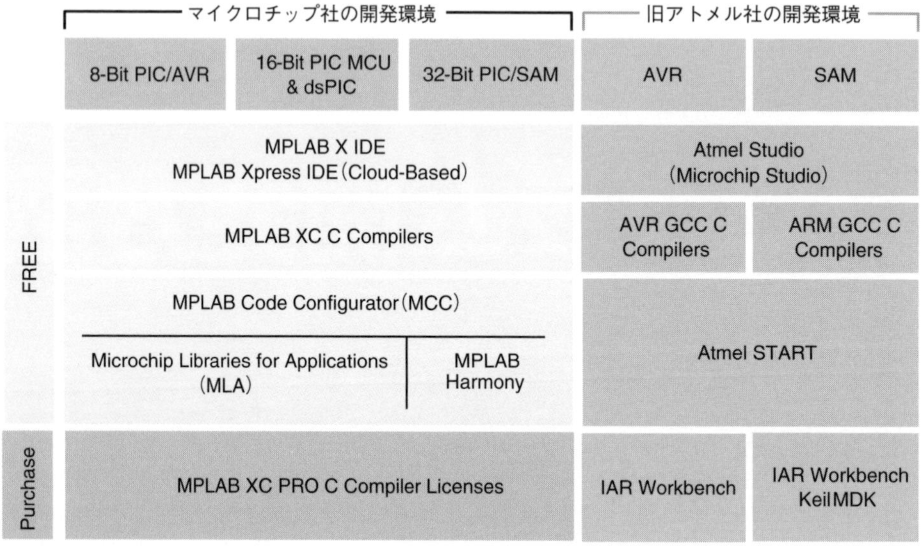

	マイクロチップ社の開発環境			旧アトメル社の開発環境	
	8-Bit PIC/AVR	16-Bit PIC MCU & dsPIC	32-Bit PIC/SAM	AVR	SAM
FREE	MPLAB X IDE MPLAB Xpress IDE (Cloud-Based)			Atmel Studio (Microchip Studio)	
FREE	MPLAB XC C Compilers			AVR GCC C Compilers	ARM GCC C Compilers
FREE	MPLAB Code Configurator (MCC)			Atmel START	
FREE	Microchip Libraries for Applications (MLA)		MPLAB Harmony	Atmel START	
Purchase	MPLAB XC PRO C Compiler Licenses			IAR Workbench	IAR Workbench Keil MDK

本稿では、この表中の「8-Bit PIC/AVR」の範囲が対象で、Windowsベース*とします。この図からソフトウェアツールとして必須なのは、MPLAB X IDEとMPLAB XC Cコンパイラで、本稿では、さらにコードの自動生成ツールであるMPLAB Code Configurator (MCC)を使います。

開発環境はWindows以外にLinuxでもMacでも使える。

これらのツールの概要を説明します。

1 MPLAB X IDE

MPLAB X IDEはIDE（Integrated Development Environment　統合開発環境）と呼ばれているソフトウェア開発環境です。どなたでも自由にダウンロードして使うことができますし、8ビットから32ビットまですべて共通で使える環境になっているので便利なものです。

このMPLAB X IDEの内部構成は、図4-1-2のように多くのプログラムの集合体となっています。全体を統合管理するプロジェクトマネージャがいて、これにソースファイルを編集するためのエディタと、できたプログラムをデバッグするためのソースレベルデバッガが用意されています。そのほかにPlug-inとして数多くのオプションが用意されています。MPLAB Code Configuratorもこの Plug-inの1つとして提供されています。

●図4-1-2　MPLAB X IDEの構成

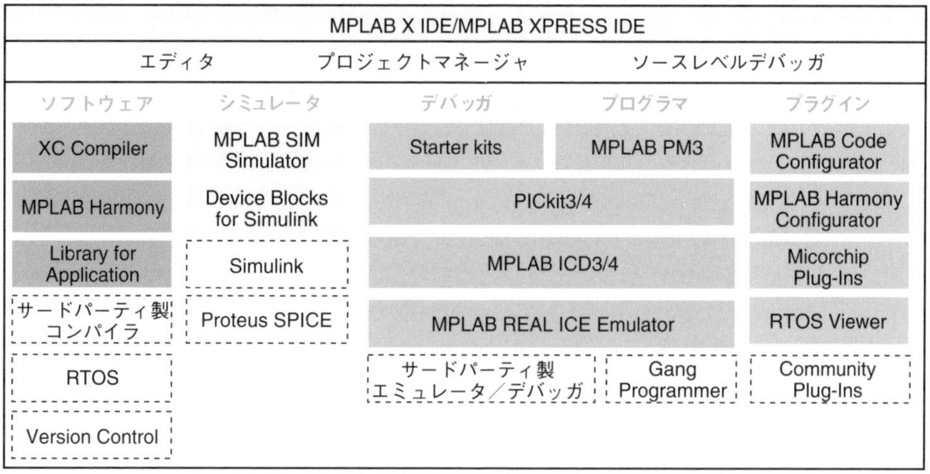

MPLAB X IDE/MPLAB XPRESS IDE
エディタ　プロジェクトマネージャ　ソースレベルデバッガ
ソフトウェア
XC Compiler
MPLAB Harmony
Library for Application
サードパーティ製コンパイラ
RTOS
Version Control
シミュレータ
MPLAB SIM Simulator
Device Blocks for Simulink
Simulink
Proteus SPICE
デバッガ
Starter kits
プログラマ
MPLAB PM3
PICkit3/4
MPLAB ICD3/4
MPLAB REAL ICE Emulator
サードパーティ製エミュレータ／デバッガ
Gang Programmer
プラグイン
MPLAB Code Configurator
MPLAB Harmony Configurator
Micorchip Plug-Ins
RTOS Viewer
Community Plug-Ins

2 Cコンパイラ

マイクロチップ社から提供されている、PICマイコン用のCコンパイラはMPLAB XC Suiteとして図4-1-3の種類が提供されています。8ビット用のMPLAB XC8と、16ビット用のMPLAB XC16、さらに32ビット用のMPLAB XC32/XC32++と、ファミリごとにそれぞれ独立したものとなっています。それぞれに無償版のFreeバージョンと有償版のPRO版とがありますが、この両者の違いは最適化機能*だけで、コンパイラ機能はいずれもすべて使うことができます。

生成されるコードを最少サイズにしたり、最速にしたりする機能。

●図4-1-3　XCコンパイラの種類

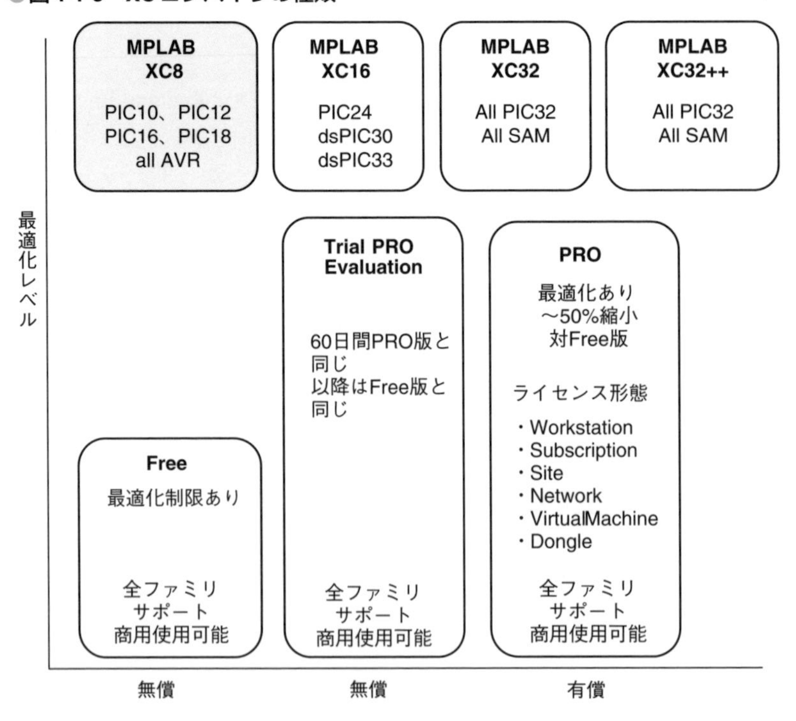

3 MPLAB Code Configurator（MCC）

8ビット/16ビットマイコンの周辺モジュールなどの設定をグラフィカルな画面で行えば、周辺モジュールの制御用の関数ライブラリを自動生成するツールです。このツールを使えば、面倒なコンフィギュレーションや周辺モジュールの設定を、グラフィック画面を使ってわかりやすい作業手順で行うことができます。さらにこの設定をするだけで、基本的な関数コードを自動で生成してくれます。FATファイルシステムやUSBスタックなどのミドルウェアや、タッチスイッチなどのライブラリも扱えるようになっています。

4-1-2　ハードウェアツールの概要

MPLAB X IDEででき上がったプログラムをPICマイコンに書き込んだり、実機デバッグをしたりするためには、プログラマ/デバッガというハードウェアツールが必要です。現在マイクロチップ社が用意しているツールには表4-1-1のようなものがあります。

▼表4-1-1 ハードウェアツールの種類と機能差異

機能項目	PICkit 3	PICkit 4	SNAP	MPLAB ICD3	MPLAB ICD4	MPLAB Real ICE
USB通信速度	フルスピード（12Mbps）	フルスピードまたはハイスピード（480Mbps）				
USBドライバ	HID			マイクロチップ専用ドライバ		
シリアライズUSB	可能（複数ツールの同時接続が可能）					
ターゲットボードへの電源供給	可能（Max 30mA）	可能（Max 50mA）	不可	可能（Max 100mA）	可能（Max 1A）*1	不可
ターゲットサポート電源電圧	1.8～5V	1.2～5.5V	1.4～5V	1.65～5V		
外部接続コネクタ	6ピンヘッダ	8ピンヘッダ	8ピンヘッダ	RJ-11	RJ1-451/RJ	RJ-45
JTAG対応（SAMファミリ対応）	×	○	○	×	○	×
過電圧、過電流保護	ソフトウェア処理			ハードウェア処理		
ブレークポイント	単純ブレーク			複合ブレーク設定可能		
ブレークポイント個数	1から3			最大1000 （ソフトウェアブレーク含む）		
トレース機能	不可					可能*2
データキャプチャ	不可					可能*2
ロジックプローブトリガ	不可					可能*2

*1：ACアダプタが必要
*2：トレースなどは、16/32ビットファミリのみ可能で、8ビットファミリは不可

PICkit 3とICD3は旧製品で、すでに販売も中止となっています。PICkit 4とSNAPと MPLAB ICD4が最新製品で、JTAG*による書き込みにも対応していて、AVRやSAMファミリの旧Atmel製品の書き込みもできます。

JTAG：Joint Test Action Groupの略。ICや基板の検査、デバッグをするために行うバウンダリスキャンテストの方法を規格化したもの。

PICkit 4かSNAPが安価で個人用に適しています。パソコンとの接続もUSBのハイスピード*で高速動作し、実機デバッグがストレスなくできるので、お勧めです。

480Mbpsという高速で動作するUSBの規格。

PICkit4はターゲットのボードに電源供給できますが、SNAPはできないというのが大きな差異です。ただ通常はボードに別途電源を供給しながら作業することが大部分ですので、実質的には差はないといってよいでしょう。

ICD 4がソフトウェア開発業務に適していて、電源供給能力も大きくなっています。

いずれの製品も書き込みの他に実機デバッグ*にも対応しているので、実機を動かしながら途中で停止させて、変数の内容を確認しながらデバッグをすることができます。

実際にPICマイコンを組み込んだ回路を動作させながらデバッグを行うこと。

4-1-3 評価ボード

マイクロチップ社は新しいデバイスを発売するときには、評価ボードと呼ばれる製品も一緒に発売します。これは新デバイスをとりあえずすぐ動かせるようになっているボードで、LEDやスイッチなど簡単な入出力デバイスが実装されています。

PIC18F Qシリーズにも、次のようないくつかの評価ボードが提供されています。

- PIC18F47Q10 Curiosity Nano Evaluation kit
- PIC18F16Q40 Curiosity Nano Evaluation kit
- PIC18F16Q41 Curiosity Nano Evaluation kit
- PIC18F57Q43 Curiosity Nano Evaluation kit
- PIC18F57Q84 Curiosity Nano Evaluation kit
- Curiosity High Pin Count Development Board
- Curiosity Nano Base for Click Boards

この中でCuriosity Nanoというボードは写真4-1-1のような外観に統一されたボードで、必要最小限の実装内容となっています。しかし、プログラマ/デバッガが一緒に実装されているため、**USBケーブルでパソコンに接続すれば直接書き込みとデバッグができる**ので便利に使えます。基板の両サイドに付属のヘッダピンを挿入して利用します。はんだ付けは不要です。

Curiosity Nano Base Boardというのは、写真4-1-2のような外観で、どのCuriosity Nano Boardも実装できるマザーボードとなっています。さらにClick Boardというセンサや通信モジュールなどのオプションボードが3個まで追加できるようになっています。

●写真4-1-1　Curiosity Nano Boardの例

●写真4-1-2　Curiosity Nano Baseの外観

セルビアのベオグラードにある会社。
https://www.mikroe.com/

Click Boardというのは、MikroElektronika*社が開発販売しているボードで、mikroBUSというピン配置を統一したソケットに挿入して使うオプションボードです。図4-1-4のようにセンサ、スイッチ、通信モジュールなど数多くの種類が用意されています。

●図4-1-4 Click Boardの例

https://www.mikroe.com/

本書でもPIC18F Qシリーズの基本的な周辺モジュールの動作説明に、写真4-1-3のようなClickボードを使います。写真左からWeather Click、WiFi ESP Click、microSD Clickとなっています。

●写真4-1-3 本書で使うClickボード

4-2 インストール

MPLAB X IDEはマイクロチップ社のウェブサイトからいつでも最新版が自由にダウンロードできます。またCコンパイラも同じページからダウンロードできるようになっています。本章では、このMPLAB X IDEとMPLAB XC8コンパイラの入手方法とインストール方法について説明します。

4-2-1 ファイルのダウンロード

MPLAB X IDEの入手には、まずマイクロチップテクノロジー社のウェブサイト（https://www.microchip.com）を開き、図4-2-1のトップページの上にあるメニューの［Tools and Software］をクリックし、ドロップダウンリストから［MPLAB X IDE］をクリックします。

●図4-2-1　マイクロチップ社のウェブサイト

これでMPLAB X IDEのページに移動したら、ページ中の［View Latest Downloads］のボタンをクリックすると、図4-2-2のようなダウンロードの選択ページとなります。ここで「MPLAB X IDE Windows」を選択し、適当なフォルダにダウンロードします。

●図4-2-2 マイクロチップ社のウェブサイト*

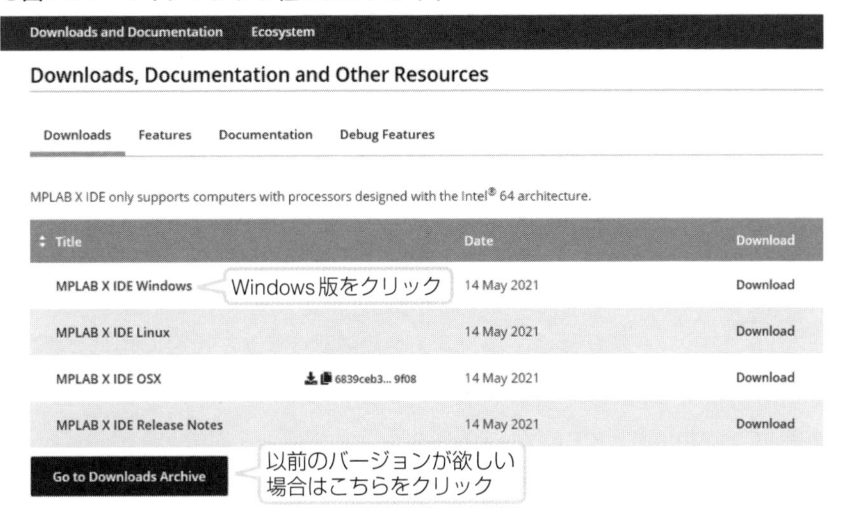

このページの下方にある「Go to Download Archive」をクリックすると、以前のバージョン のMPLAB X IDEがダウンロードできる。

次にMPLAB XC8のコンパイラもダウンロードします。同じ手順で［Tools and Software］→［MPLAB XC Compiler］→［View Download］ボタンクリックで図4-2-3のページとなるので、［Compiler Download］タブをクリックします。ここからWindows版「MPLAB XC8 Compiler vx.xx*」を選択し、適当なフォルダ内にダウンロードします。

バージョン番号で、最新のものをダウンロードする。

●図4-2-3 XCコンパイラのダウンロードページへ

Downloads, Documentation and Other Resources

Documentation　Compiler Downloads　Functional Safety Compiler Downloads　Compiler FAQs

Compilers

At this time M1 Mac® computers are *not* supported by any Microchip development tools. We are in the process of evaluating support. Watch this space for the latest developments.

Title	Date Published	Size
Windows (x86/x64)　XC8をクリック		
MPLAB® XC8 Compiler v2.32 SHA-256:4e38738bc2e19f27d4eb7469859a634951e4806cd8a5a8028459b2804d7455a4	2/18/2021	68.1 MB
MPLAB XC16 Compiler v1.70 SHA-256: 0a04017197d3086e652de08d74fa0d32f4cf7dc326a6faf70732833e938bd5c9	3/26/2021	102.5 MB
MPLAB XC32/32++ Compiler v3.01 SHA-256: 7f55ae8facb770de92f115fdd28b7cab81d12440efd1a8301dfa578f25b6de7a	6/2/2021	389.7 MB

これで必要なファイルのダウンロードが完了しました。早速インストールを開始します。

4-2-2 MPLAB X IDEのインストール

MPLAB X IDEのインストールから始めます。ダウンロードしたファイル「MPLABX-vx.xx-windows-installer.exe」をダブルクリックして実行を開始するだけです。v以下のx.xx部はバージョン番号ですので、最新版を使います。

実行を開始してしばらくすると図4-2-4のダイアログが表示されるので、最初はそのまま［Next］とします。次にライセンス確認ダイアログになるので、ここでは［I accept the agreement］にチェックを入れてから［Next］とします。

ここで1つ注意することがあります。**Windowsのユーザ名*に日本語を使っていると、インストールはできますが正常に起動できなくなるので、ユーザ名は半角英文字とする必要があります。**

パソコンを起動するときのユーザ名。

●図4-2-4　MPLAB X IDEのインストール

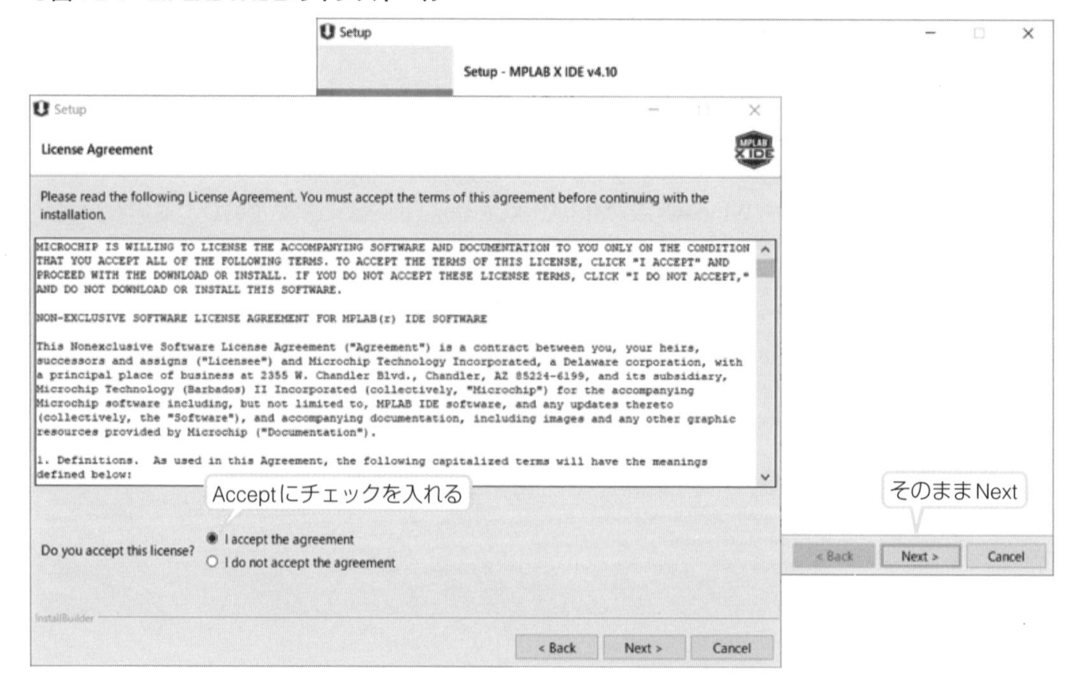

次に図4-2-5のダイアログでディレクトリの指定になります。ここではそのままで［Next］とします。ここで注意が必要なことは、**MPLAB X IDEを使う場合には、常にフォルダ名やファイル名には日本語が使えない**ということです。起動はできますが、あとからプロジェクトを作成したとき#include*でファイルが見つからないというエラーが出ることになります。

Proxy*の設定はお使いのネットワーク環境に合わせることになりますが、通常はNo Proxyで大丈夫です。

C言語でファイルを読み込むという意味。

セキュリティ対策用のゲートウェイ。一般の家庭には無いのでNo Proxyとする。

●図4-2-5　MPLAB X IDEのインストール

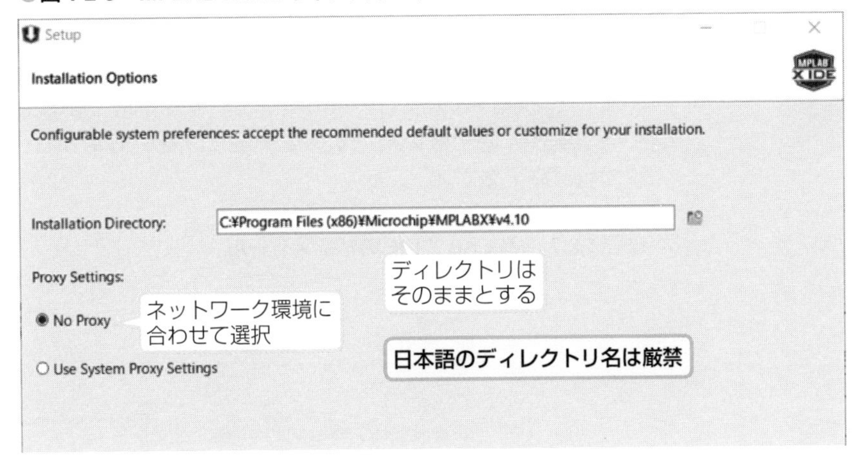

これで[Next]とすると図4-2-6のダイアログになります。ここではインストールするソフトウェアの選択とエラー情報収集の可否選択となります。通常はすべてにチェックを入れたままで[Next]とします。これでインストール準備完了ダイアログになるので、さらに[Next]とすればインストールが開始されます。

●図4-2-6　MPLAB X IDEのインストール

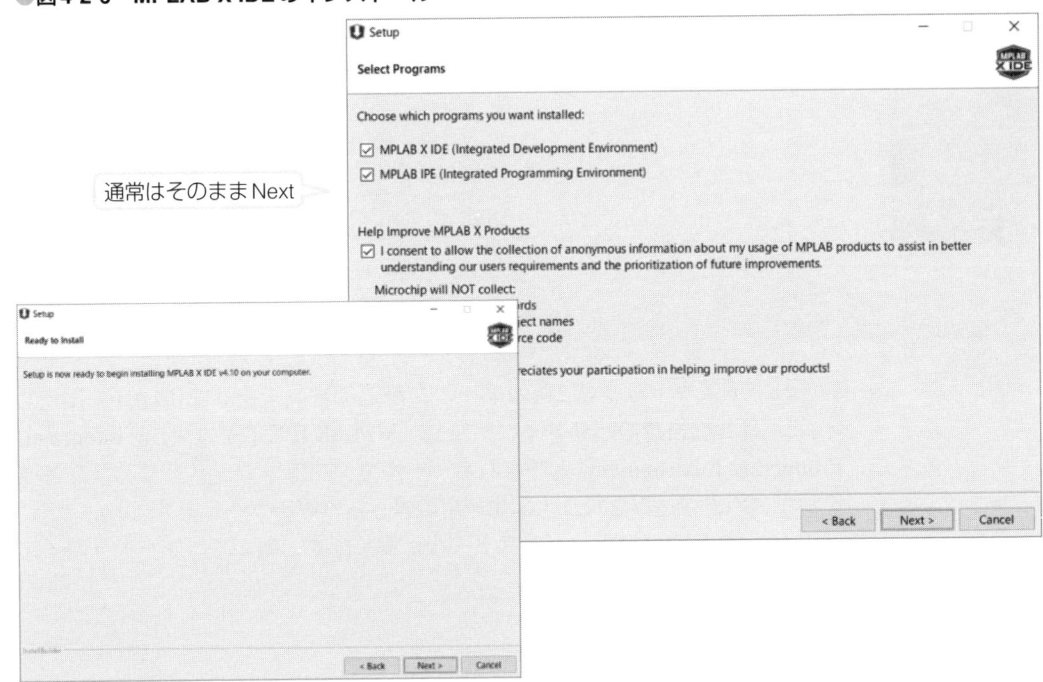

インストール実行にはしばらくかかりますが、この間図4-2-7のダイアログで進捗状況を表示しています。しばらくするとインストールが完了して完了ダイアログになります。

ここでは次のステップのためのウェブサイト呼び出しができるようになっていますが、必要ないのですべてチェックを外してから、[Finish]をクリックすれば完了です。

●図4-2-7　MPLAB X IDEのインストール

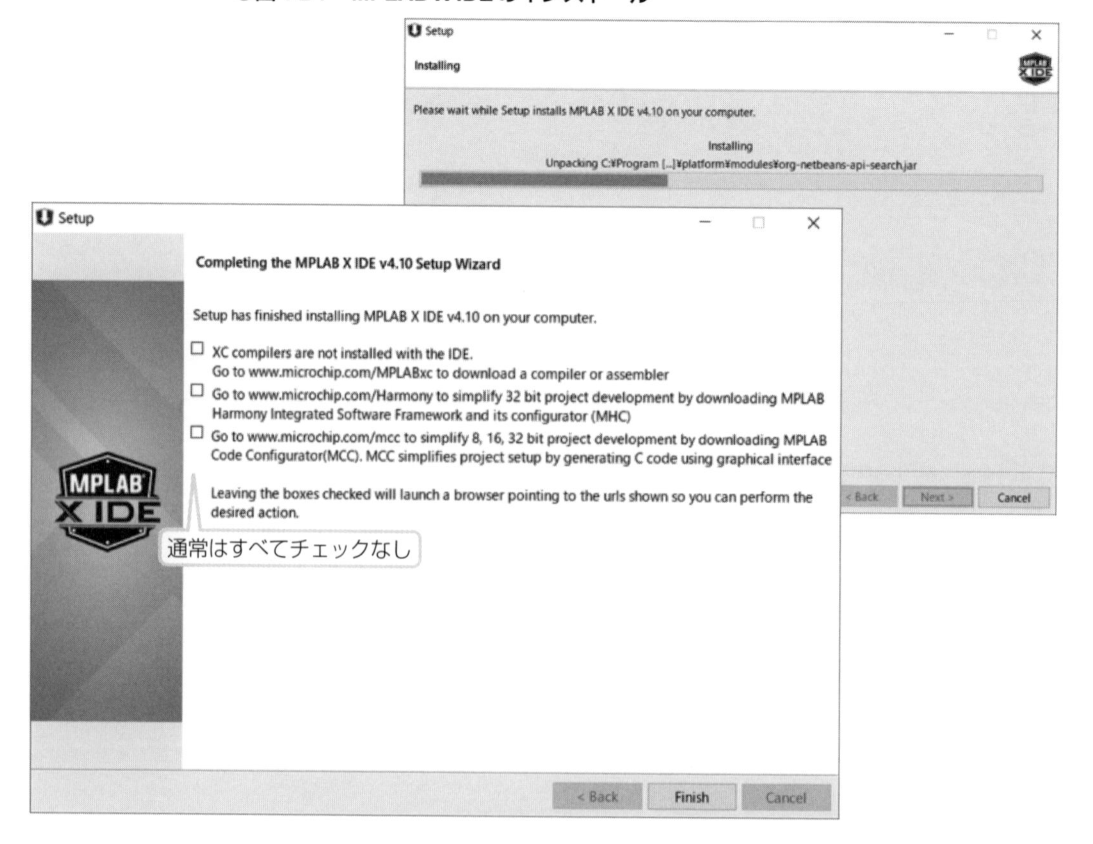

これでデスクトップに2個のアイコンが追加されます。「MPLAB X IDEアイコン」はIDE自身の起動アイコンです。「MPLAB IPEアイコン」は「Integrated Production Environment」と呼ばれるツールで、フラッシュメモリを含む各種デバイスの書き込みを行う工場生産用の書き込み専用ツールです。

以上でMPLAB X IDEのインストールは終了です。続いてコンパイラのインストールです。

4-2-3　MPLAB XC8コンパイラのインストール

次にMPLAB XC8 Cコンパイラをインストールします。ダウンロードしたファイル「xc8-vx.xx-full-install-windows-installer.exe」をダブルクリックして実行を開始します。vx.xxの部分はバージョン番号ですので、最新版をインストールします。

最初に図4-2-8のSetup開始ダイアログが表示されるので、ここはそのまま[Next]とします。これでライセンス確認ダイアログになるので、[I accept the agreement]にチェックを入れてから[Next]とします。

●図4-2-8　MPLAB XC8のインストール

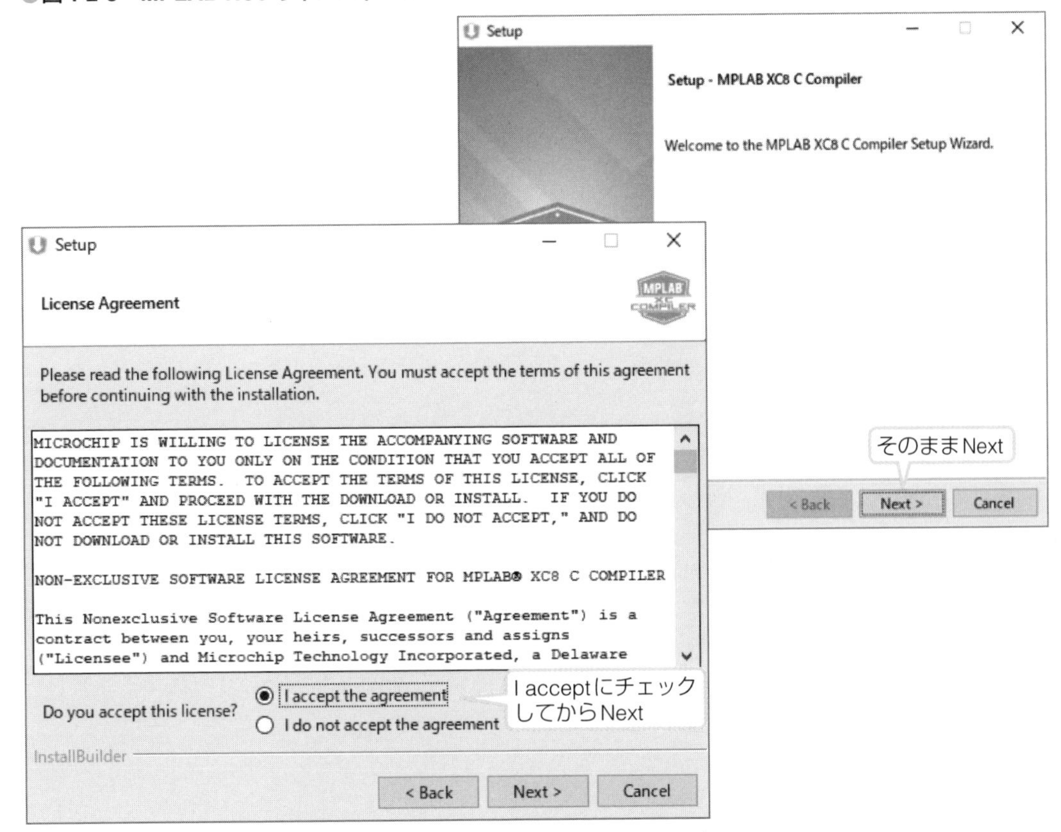

次に図4-2-9のライセンス選択ダイアログになります。本書ではフリー版としてインストールするので、チェックは[Free]のままで[Next]とします。PRO版を購入した場合は、ライセンス形態*にしたがってチェックを入れます。

次がインストールするディレクトリの指定になります。ここは変更せずそのままで[Next]とします。

*いくつかの形態がある。

●図4-2-9　MPLAB XC8のインストール

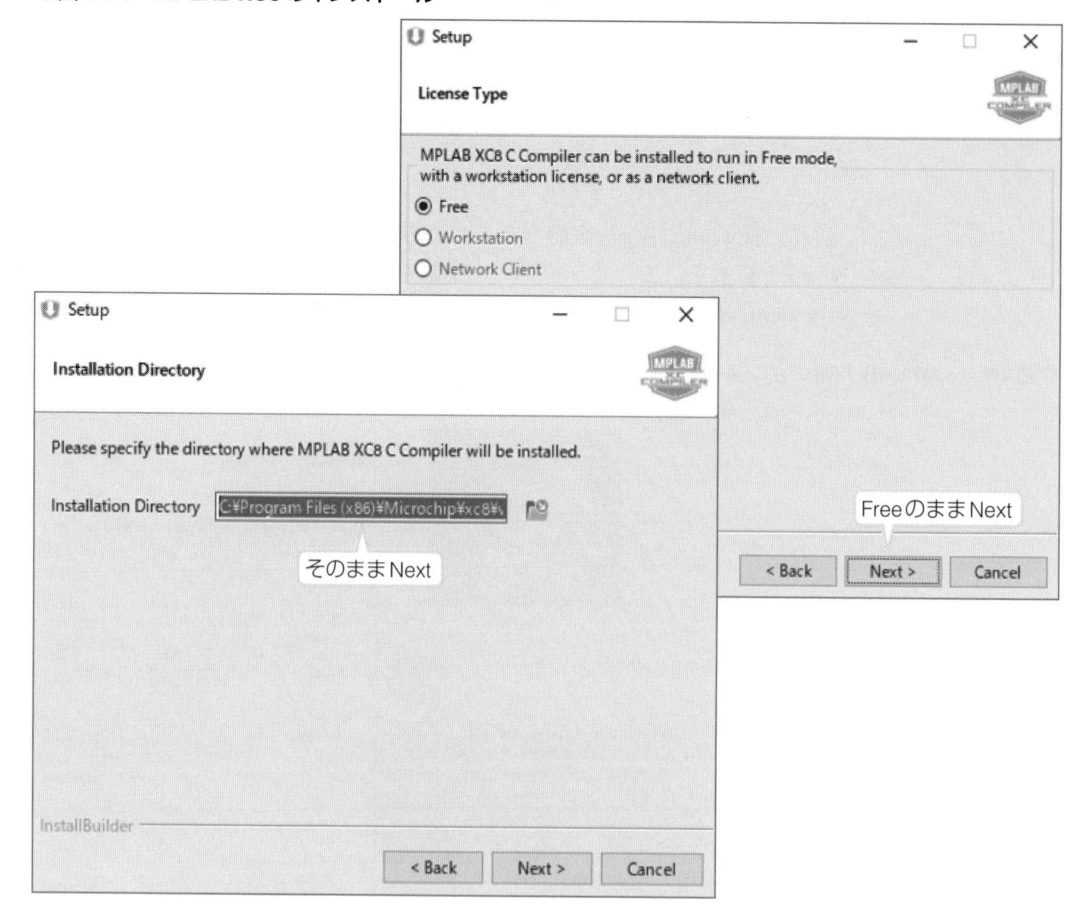

次に図4-2-10のパスなどの登録選択ダイアログになります。ここではすべてにチェックを入れてから[Next]とします。PIC18用の設定も含まれていますが、念のためチェックを入れておきます。

これで準備完了ダイアログになるので、そのまま[Next]とすればインストールを開始します。

●図4-2-10 MPLAB XC8のインストール

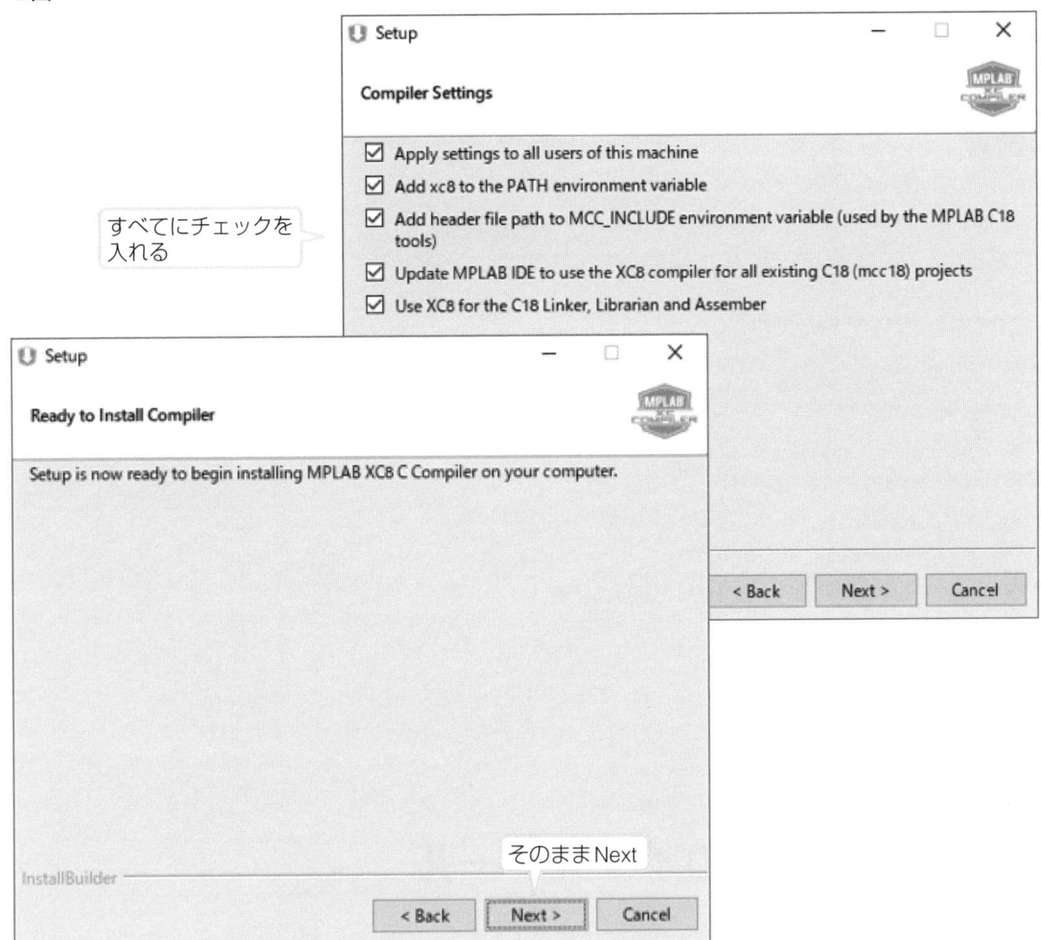

以上でインストールが開始され、図4-2-11進捗状況表示ダイアログが表示されます。インストールが終了したら[Next]をクリックします。これでライセンス登録ダイアログとなり、お使いのパソコンのMACアドレスが表示されます。このMACアドレスでライセンスが登録されますが、フリー版のため特に制約等はないので、そのまま[Next]とします。

これで完了ダイアログが表示されるので、[Finish]をクリックすれば完了です。

●図4-2-11　MPLAB XC8のインストール

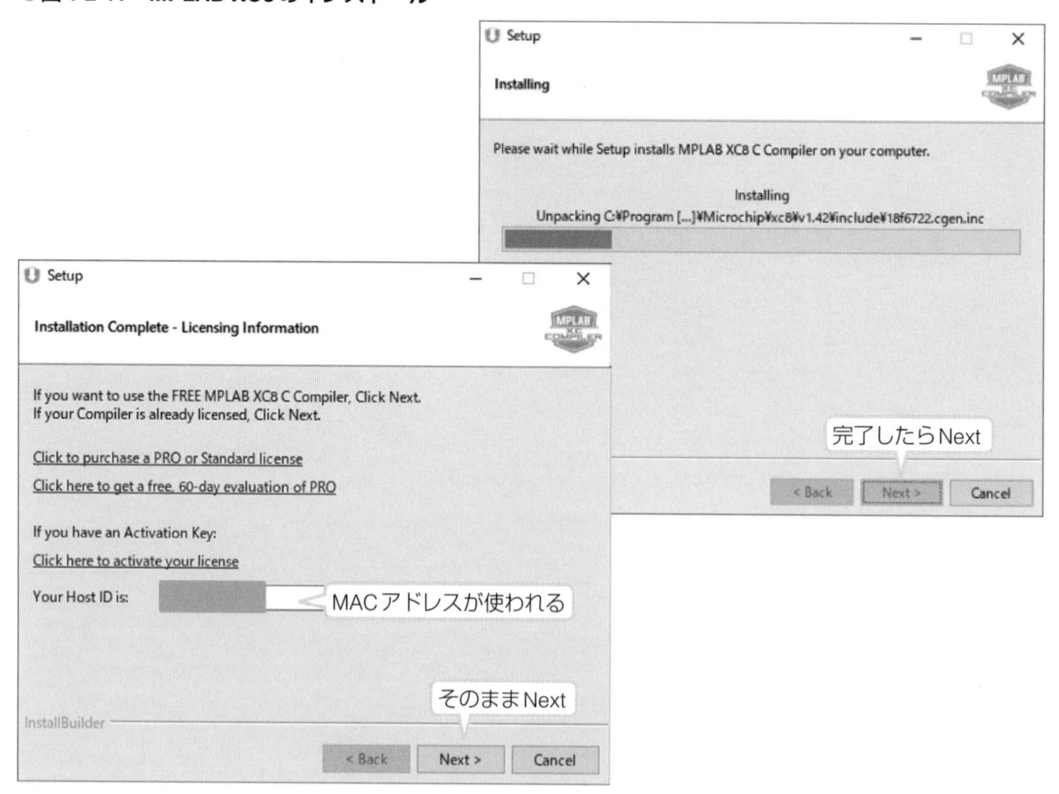

4-2-4　MCCのインストール

ここまでインストールが完了したら、Plug-inのMCCをインストールします。インストール時にはネットワーク経由で特定のバージョンを指定してダウンロードするので、インターネットに接続されていることが必要です。

MCCはかなり頻繁に更新が行われていて、メジャーバージョンアップすると互換性が失われてしまうことがしばしばです。

そこで本書では、特定のバージョンを指定して使うことにします。その手順を説明します。

まず、次のURLでマイクロチップのMCCのサイトを開きます。

https://www.microchip.com/mcc

このページの下の方にある図4-2-12のCurrent Download で　MCC Version 4.2.1を適当なフォルダ*にダウンロードします。このバージョンが更新されてしまっている場合は、隣のArchive DownloadからVersion 4.2.1を選択します。

*本書ではD:¥PIC18Qを使う。

●図4-2-12　MCCのダウンロードサイト

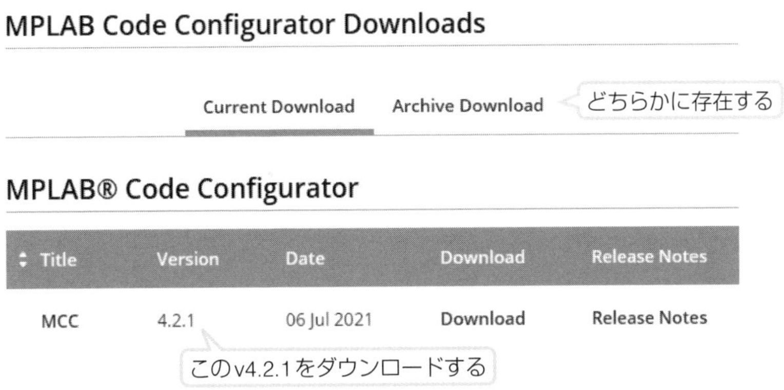

MPLAB Code Configurator Downloads

Current Download　Archive Download　どちらかに存在する

MPLAB® Code Configurator

Title	Version	Date	Download	Release Notes
MCC	4.2.1	06 Jul 2021	Download	Release Notes

このv4.2.1をダウンロードする

ダウンロードしたファイル「com-microchip-mcc-4.2.1.zip」を解凍します。これで「com-microchip-mcc-4.2.1」というフォルダの下に「com-microchip-mcc-4.2.1.nbm」というファイルが生成されます。これがMCCの本体です。

次に、これをPluginとしてインストールできるようにします。

MPLAB X IDEを起動します。起動後、MPLAB X IDEのメインメニューから図4-2-13のように、[Tools]→[Plugins]とします。

●図4-2-13　プラグインのインストール

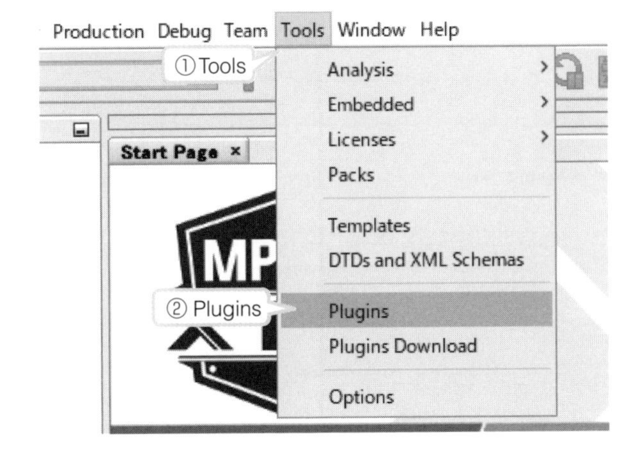

これで開く図4-2-14のダイアログで［Downloaded］タブを選択します。［Add Plugins］ボタンをクリックし、これで開くディレクトリダイアログで、ダウンロードした「com-microchip-mcc-4.2.1.nbm」を選択します。この結果、図のように「MPLAB Code Configurator」が選択された状態になります。右側の窓にプログラムの詳細が表示されるので、Version 4.2.1であることを確認後、左下の方にある［Install］ボタンをクリックすればインストール開始です。

●図4-2-14　MCCの選択

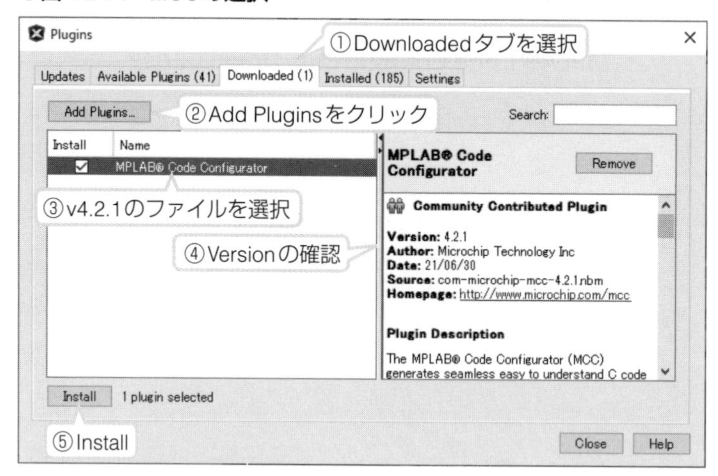

続いて図4-2-15の右側のダイアログになるので、そのまま［Next］とし、次は左側のダイアログになるので「I accept・・・」にチェックを入れてから［Install］ボタンをクリックします。これで実際のインストールが開始されます。

●図4-2-15　MCCのインストール

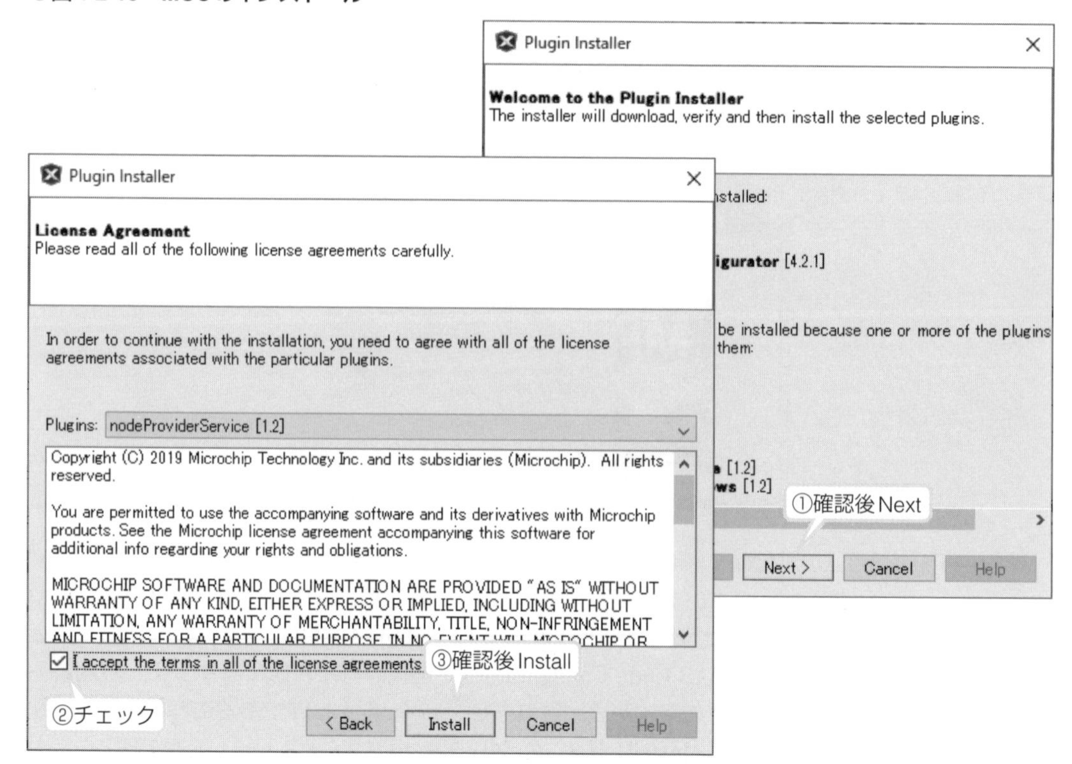

インストール中は図4-2-16左側のように、インストールの進捗がバーで表示され、100%になったあと、図4-2-16の右側のようにリスタートを促すダイアログになるので、ここでは[Restart Now]のまま[Finish]ボタンをクリックします。これで、MPLAB X IDEそのものがいったん終了し、再起動します。

●図4-2-16 MCCのインストール

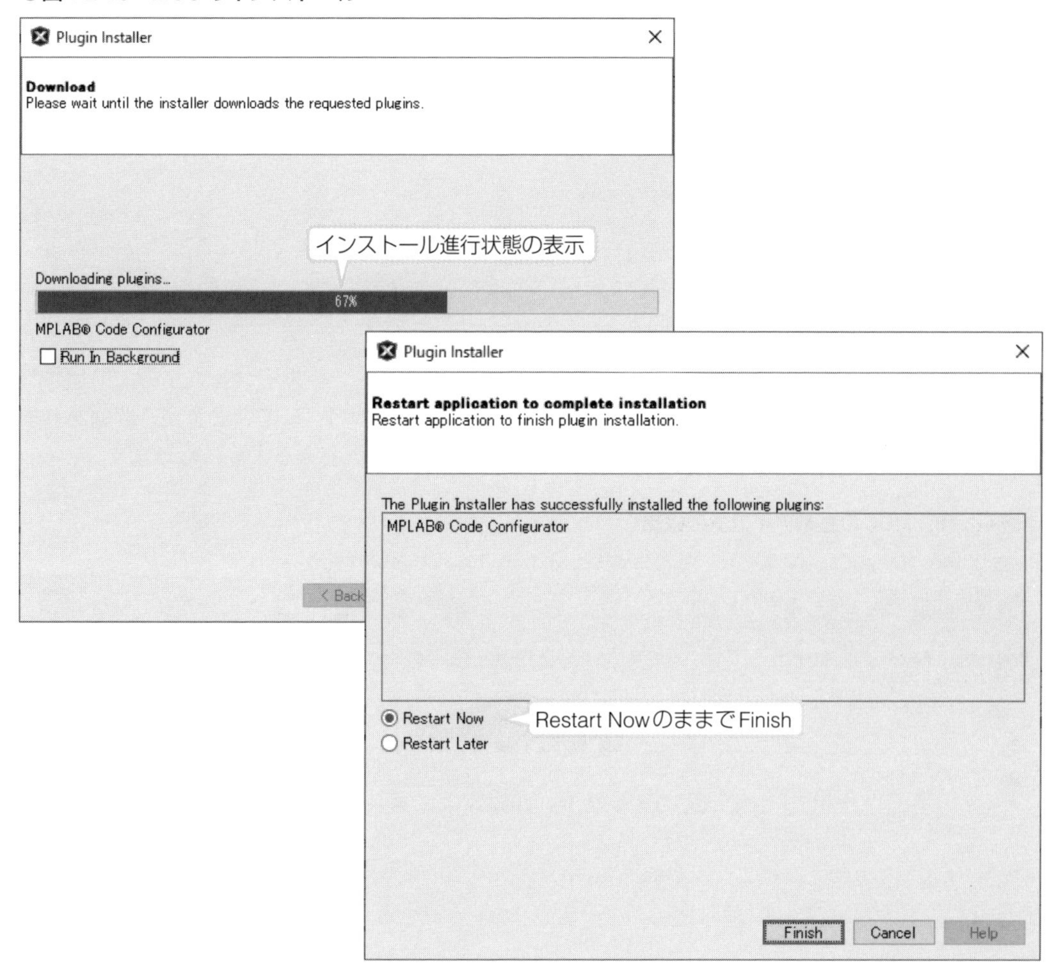

MPLAB X IDEが再起動すると図4-2-17のような「MCCを更新するか」というダイアログが表示されますが、ここは何もしないように右上の×をクリックしてダイアログを消します。**このダイアログはMPLAB IDEを起動するごとに毎回表示されますが、本書では固定のバージョンで使用したいので、常に無視してください。**

●図4-2-17　更新のダイアログ

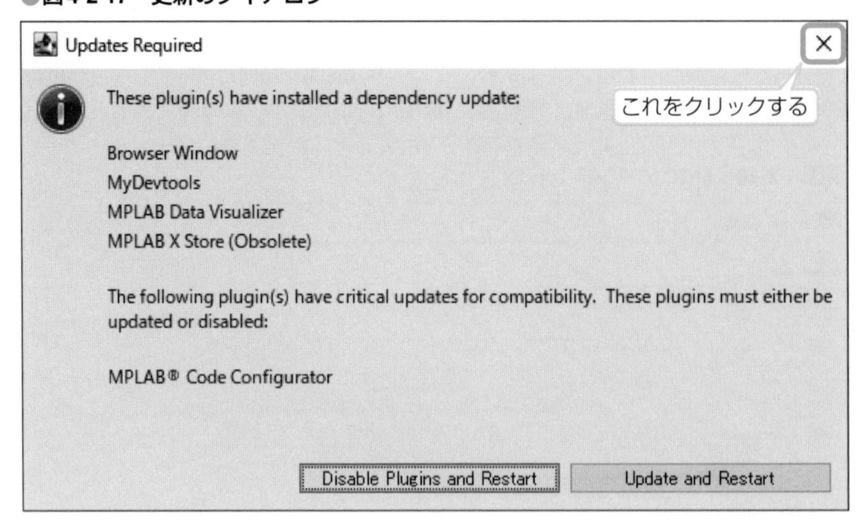

これで図4-2-18のようにMCCの起動アイコンがメインメニューに追加されているはずです。最初はアイコンがグレイアウト*していますが、問題ありません。プロジェクトを作成すると自動的に選択できるようになります。

*アイコンが灰色で選択できない状態のこと。

●図4-2-18　MCCの起動アイコンの確認

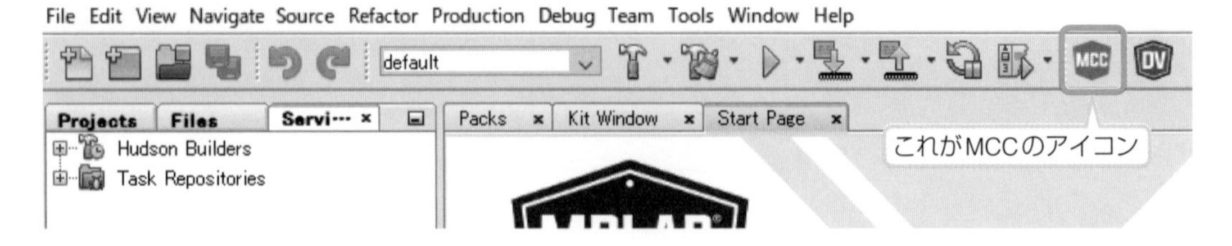

以上ですべてのインストールが完了です。

4-3 プロジェクトの作成

第5章以降では、解説用ハードウェアを使ってPIC18F Qシリーズの使い方を説明しますが、いずれも例題のプログラムを作成する最初の手順は、「プロジェクト」*を作成するという作業になります。

つまり、MPLAB X IDEでプログラム開発を行う場合には、プロジェクトという単位で管理され、このプロジェクト内に自動生成するファイル群を格納します。したがってプロジェクトごとにフォルダを分けると、プロジェクトの管理がしやすくなります。

すべての例題でこの作業が必要となるので、本章ではこのプロジェクトの作り方を最初に説明します。

*自動生成されるファイルなどを一括管理する単位で、本書ではプロジェクトごとにフォルダを分ける作成方法とする。

1 プロジェクト作成の準備

MPLAB X IDEではじめる前に、プロジェクトを格納するフォルダ*を先に作成しておくと進めやすく、管理しやすくなります。フォルダはファイルエクスプローラを使って通常の方法で作成します。本書では「D:¥PIC18Q」の下にフォルダを作成してすべてのプロジェクトのフォルダを作成し格納することにします。本章の例題プロジェクトは「D:¥PIC18Q¥LEDFlash」というフォルダに格納することにします。筆者はDドライブを使っていますが、これは読者が常にお使いのドライブで構いません。ただし、**フォルダ名には日本語は使えない*ので必ず英数字で作成してください。**

ここまで準備ができたらMPLAB X IDEを起動します。

*プロジェクトを作成するときに一緒に作成することもできる。

*フォルダ名だけでなく、パソコンのユーザー名にも日本語は使えない。間違いやすいのは「デスクトップ」で、これも日本語なので使えない。

2 作成するプロジェクト種別の選択

MPLAB X IDEのメインメニューから、[File]→「New Project」とすると図4-3-1のダイアログが開きます。ここからプロジェクト作成を開始します。

このダイアログでは左欄で[Microchip Embedded]を、右欄*で[Standalone Project]を選択して[Next]とします。これでPICマイコン用の標準プロジェクトの作成を指定したことになります。

*筆者は32ビットマイコン用にHarmonyを使っているので、図では最上段に32-bitという項が追加されているが、通常はこの項目はない。

●図4-3-1　プロジェクトの種別選択

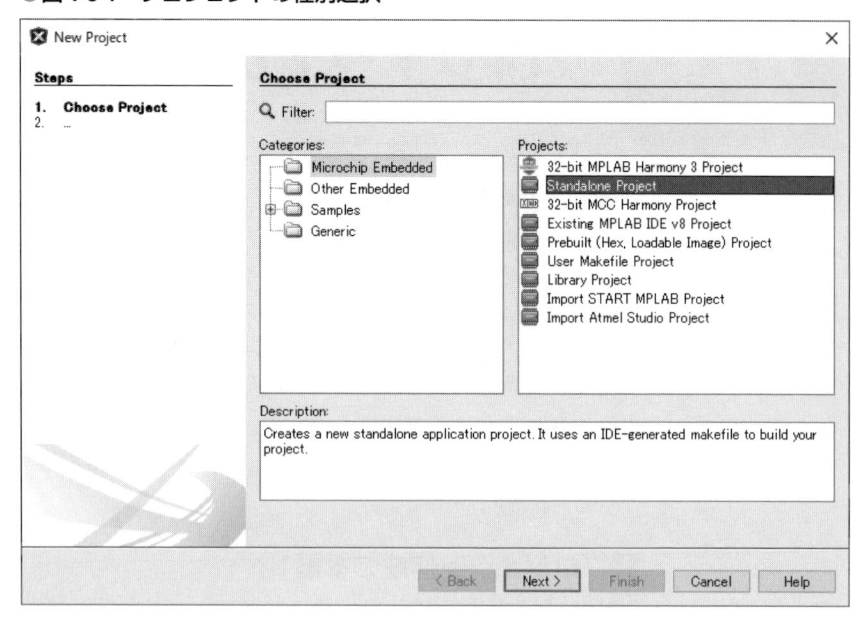

3 デバイスの選択

これで図4-3-2ダイアログが表示されます。

●図4-3-2　デバイスの選択ダイアログ

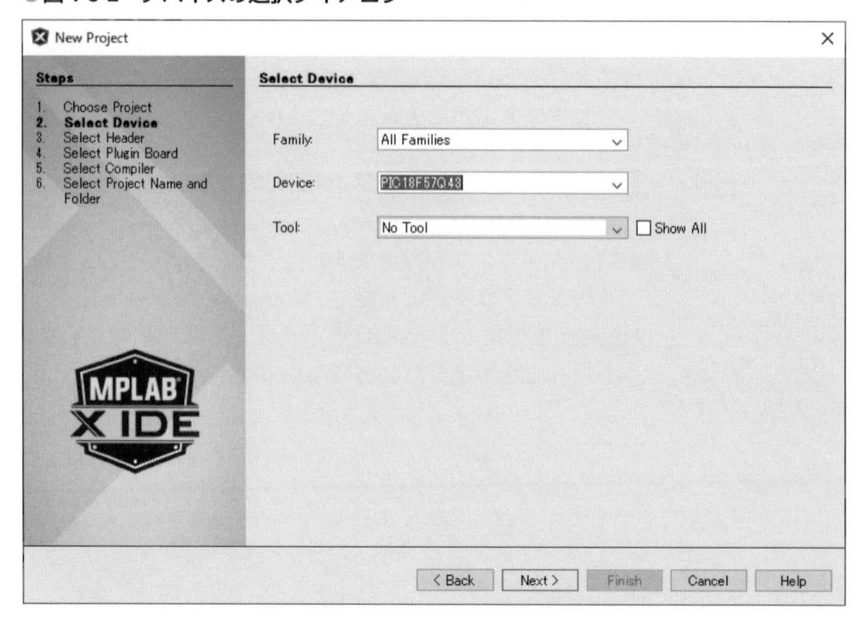

PIC18F Qシリーズではヘッダー（Header）やPlugin Boardが不要なので、4ステップで完了する。

解説用ハードウェアではPIC18F57Q43 Curiosity Nano Boardを使う。

この時点でダイアログの左側の欄に今後の作成ステップが表示されます。全部で6ステップ*であることがわかります。ここはプロジェクトに使用するPICマイコンのデバイス名を選択します。本書で使う解説用評価ボード*には、PIC18F57Q43が使われているので、[Device]欄でPIC18F57Q43と入力します。

[Tool]欄は、Curiosityボードをパソコンの USBに接続済の場合には、それが表示され追加できますが、未接続の場合は「No Tool」のままとします。

4 コンパイラの選択

次のステップは図4-3-3でコンパイラつまり言語の選択です。本書ではすべてXC8コンパイラを使ってC言語で作成するので、図のようにXC8 Compilerを選択してから[Next]とします。複数バージョンがインストールされている場合には最新バージョンの方を選択します。

●図4-3-3 コンパイラの選択

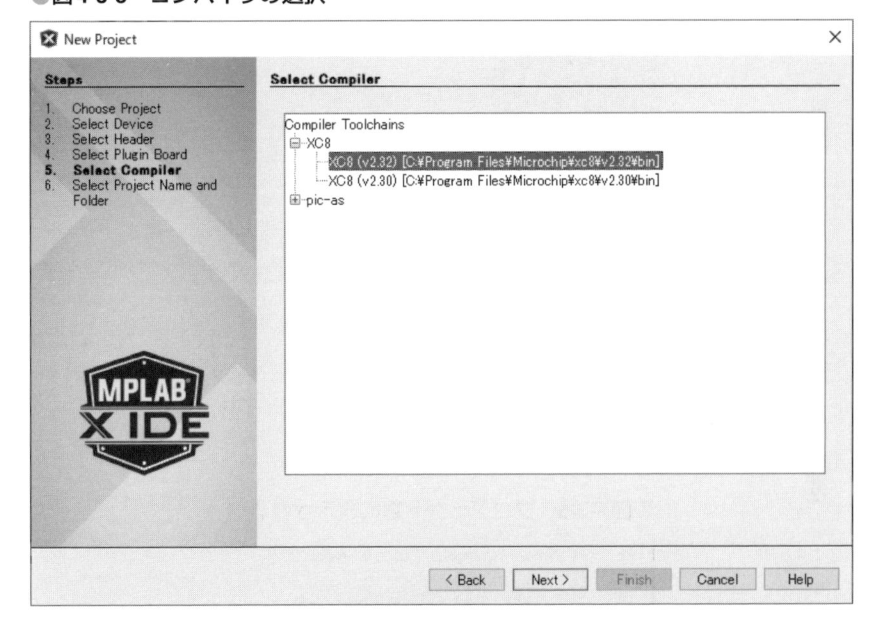

5 プロジェクト名とフォルダの指定

次のダイアログは図4-3-4で、ここでプロジェクトの名前と格納するフォルダを指定します。まずプロジェクト名を入力します。任意の名前にできますが、日本語は使えないので英文字とする必要があります。ここではフォルダ名と同じ「LEDFlash」というプロジェクト名としています。

次にフォルダを指定します。すでにあるフォルダの場合は[Browse]ボタンをクリックしてそのフォルダを指定します。フォルダが未作成の場合は、新規フォルダ名を直接入力すれば自動的にフォルダを作成し、その中にプロ

フォルダをここで新規作成することもできる。

プログラムそのものには日本語は使えないがコメントには日本語が使える。この場合注意が必要なことは、コメントでなくプログラム中に漢字のスペースを入れないようにすること。区別がつかないので原因を発見しにくいコンパイルエラーとなる。

ジェクトを生成します。ここではあらかじめフォルダを作成*しておいたので、「D:¥PIC18Q¥LEDFlash」フォルダを指定しています。

最後に文字のエンコードを指定し、日本語のコメント*が使えるように、[Shift-JIS] を選択してから [Finish] ボタンをクリックして終了です。

●図4-3-4　プロジェクト名とフォルダの指定

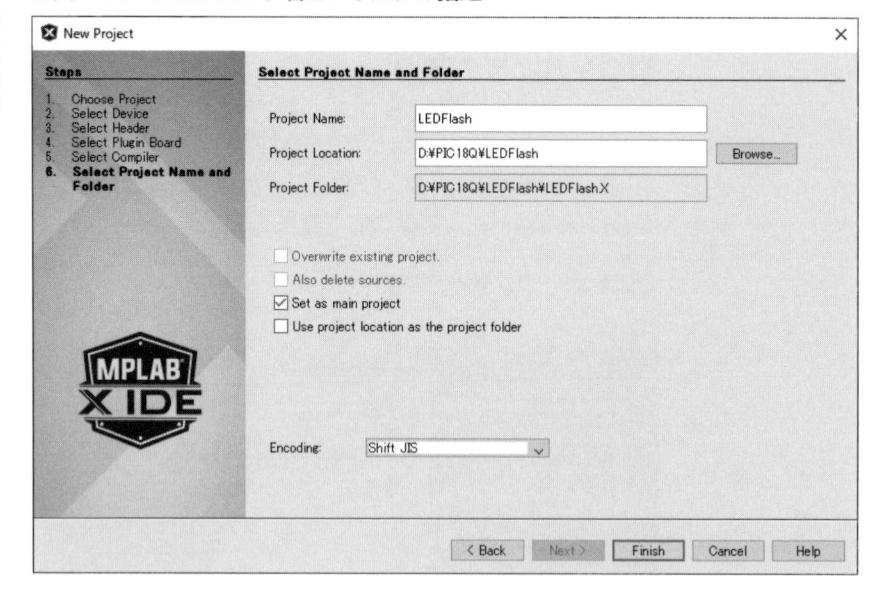

これでプロジェクトが生成され、図4-3-5のように画面の左端に [Project Window] が表示されるので、プロジェクトが生成されたことがわかります。ただし、ここで生成されたのは空のプロジェクトで、名前とフォルダだけのプロジェクトです。

●図4-3-5　プロジェクト窓に表示される

以上が、今後の例題のすべてに共通するプロジェクトの作り方になります。

第5章 MCCの概要

本書でのプログラム開発は、すべてMCC（MPLAB Code Configurator）というコード自動生成ツールを使って行います。本章ではこのMCCについての概要を説明します。

5-1 MCCとは

本書では、すべての例題プログラムの作成にMPLAB X IDEに加えて「MPLAB Code Configurator（MCCと略）」を使います。そこでまず、MCCとは何者で、どんな機能を果たすのかを説明します。

5-1-1 MCCとは

MPLAB X IDEには数多くのツールがプラグイン*として用意されています。そのプラグインの中に**MCC**という「コード自動生成ツール」があります。

MCCではグラフィカルな画面で周辺モジュールの機能を設定するだけで、周辺モジュールを使うために必要な初期化関数や制御関数を自動で生成してくれるので、面倒な周辺モジュールのレジスタ設定をする必要がなくなります。

さらにユーザアプリケーション作成では、これらの制御関数を使うことで効率よく作成できます。

MCCは初期のころからかなりのバージョンアップを重ねていて、画面構成がそれぞれのバージョンでかなり異なっています。本書では、MCC Ver4.2.1*を使っています。

*オプション機能を後から追加できるようにしたプログラムモジュール。

*最新ではないのでバージョンを指定してインストールする必要がある。

5-1-2 MCCの対応デバイス

本書執筆時点でMCC Ver4.2.1が対応しているPICマイコンは、およそ表5-1-1のようになっています。

▼表5-1-1　MCC Ver4.2.1が対応しているPICマイコン

シリーズ	ファミリ
PIC10/12	PIC10F32x、PIC12/16F75x、PIC12F1ファミリ
PIC16	PIC16F1ファミリ*
PIC18	PIC18F Kファミリ（PIC18F13/14K50を除く）、PIC18F Qファミリ
PIC24	PIC24EP GPファミリ、PIC24EP MCファミリ、PIC24F KA/KMファミリ、PIC24FJ GA/GB/GC/GL/GU/DAファミリ
dsPIC	dsPIC33EP GP/GS/MCファミリ、dsPIC33EV GMファミリ、dsPIC33CK/CHファミリ
PIC32	PIC32MM GPファミリ、PIC32MX1ファミリ、PIC32MX2/3ファミリ、PIC32MC4/5ファミリ

*PIC16F1xxxまたはPIC16F1xxxxの型番の総称、これ以前のPIC16Fはサポートされていないので注意。

最新かつ詳細なサポートデバイス情報については、MCCのウェブサイト(http://www.microchip.com/MCC)にある「Device Library」のファミリごとの「Release Notes」を参照してください。

5-1-3 MCCを使ったプログラミング手順

MCCを使った場合のプログラム作成手順は図5-1-1のようになります。

●図5-1-1 MCCを使ったプログラム作成手順

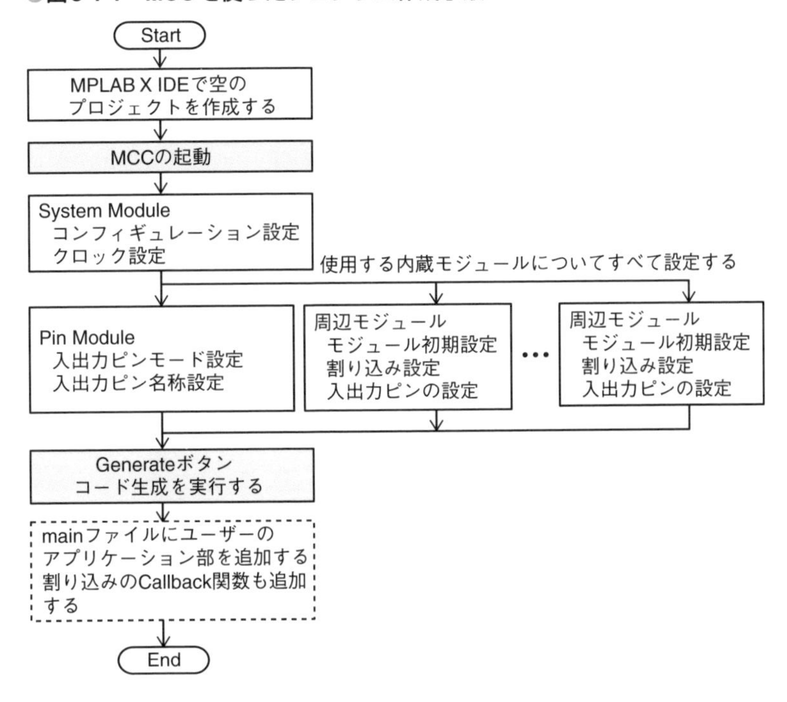

手順の詳細は次のようになります。

❶ 空のプロジェクトを作成する

MCCを使う前にMPLAB X IDEで空のプロジェクトを作成します。つまり、4-3節の「プロジェクト作成手順」に従ってプロジェクトを作成します。これでソースファイルが何もない空のプロジェクトができたことになります。

❷ MCCを起動する

図5-1-2のようにMPLAB X IDEのMCCのアイコン*を**1回だけクリック**してMCCを起動します。

* プロジェクトを作成するとグレイアウトが解消され選択できるようになる。

MCCの起動には時間がかかるので、ゆっくり待ってください。**起動前に再**

ダブルクリックもしないように要注意。

度MCCのアイコンをクリックすると、ハングアップして永久待ち状態になってしまうので、注意*してください。

●図5-1-2　MCCの起動

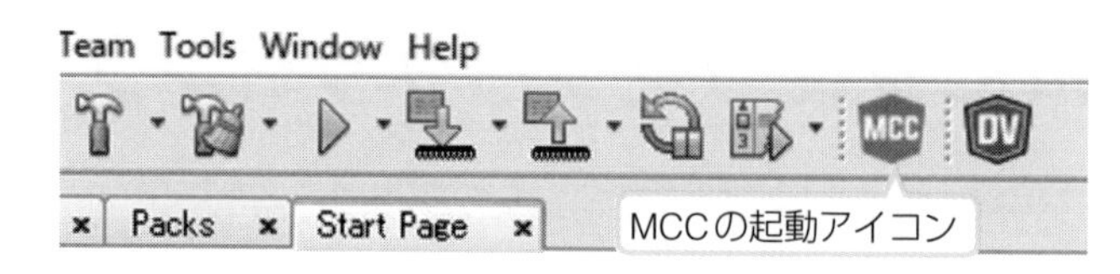

これで、図5-1-3のようなMCCの最初の画面になります。

●図5-1-3　MCCの起動後の画面

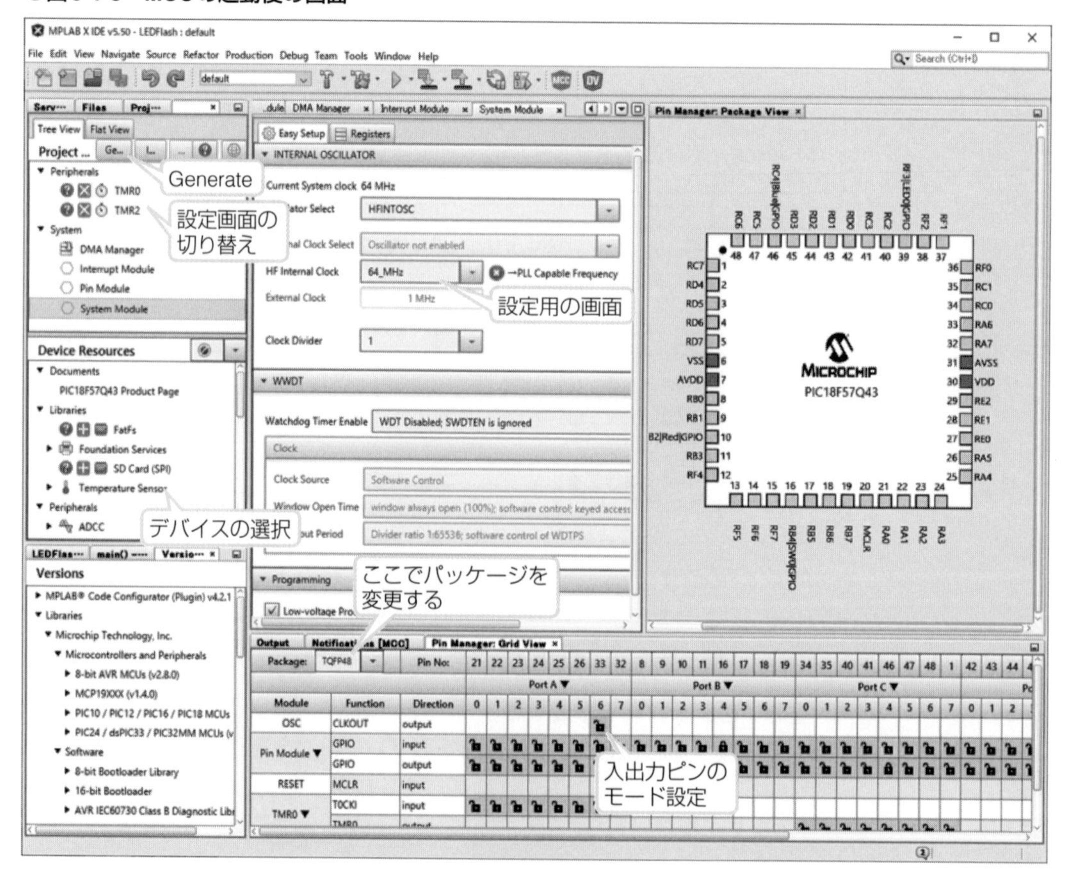

③ クロックとコンフィギュレーションの設定

最初の図5-1-3の設定画面では、クロックとコンフィギュレーションビットの設定となっているので、ここでクロックの発振方法とコンフィギュレーションビットの設定を行います。

④ 周辺モジュールの設定

使う周辺モジュールを左側の[Device Resources]の窓から選択すると、設定用画面が切り替わるので、そこで周辺モジュールごとの設定を行います。使う周辺モジュールすべてについて設定を行います。

周辺モジュールの設定には、入出力ピンの設定も含まれるので、画面下側にある[Pin Manager Grid View]の窓で設定を追加します。特にピンアサイン機能*を使っている周辺モジュールはこれを行わないと動作しません。

*周辺モジュールの入出力を任意のピンに割り付けできる機能。

さらに、左上の窓にあるPin Moduleで、入出力ピンのプルアップや状態変化割り込みの設定、さらに名称の設定などの詳細設定を行います。

⑤ Generateする

すべてのMCCの設定が完了したら、左上にある[Generate]ボタンをクリックします。これで、必要なコードがすべて自動的に生成されます。生成されたファイルはすべて、自動的にプロジェクトのフォルダ内に保存され、プロジェクトに登録されます。

⑥ アプリケーション部を作成する

生成されたmain.cファイルに、アプリケーションのコードを追加して、本来の機能を果たすプログラムとして完成させます。必要であれば、新たに関数を追加して作成することも問題ありませんし、他のライブラリなどの別ファイルを追加登録して作成しても構いません。

この手順でプログラムを作成します。以降で実際の例で解説していきます。

5-2 MCCの詳細

5-2-1 MCCの対応モジュール

MCCを使った場合、指定したデバイスの内蔵周辺モジュールのすべての設定を[Deice Resources]でできますが、周辺モジュール以外のものも対応できるようになっています。例えば本書で使うPIC18F Qシリーズでは、図5-2-1のように周辺モジュール以外に、多くのライブラリが用意されています。

●図5-2-1　PIC18F Qシリーズ用のMCC対応モジュール

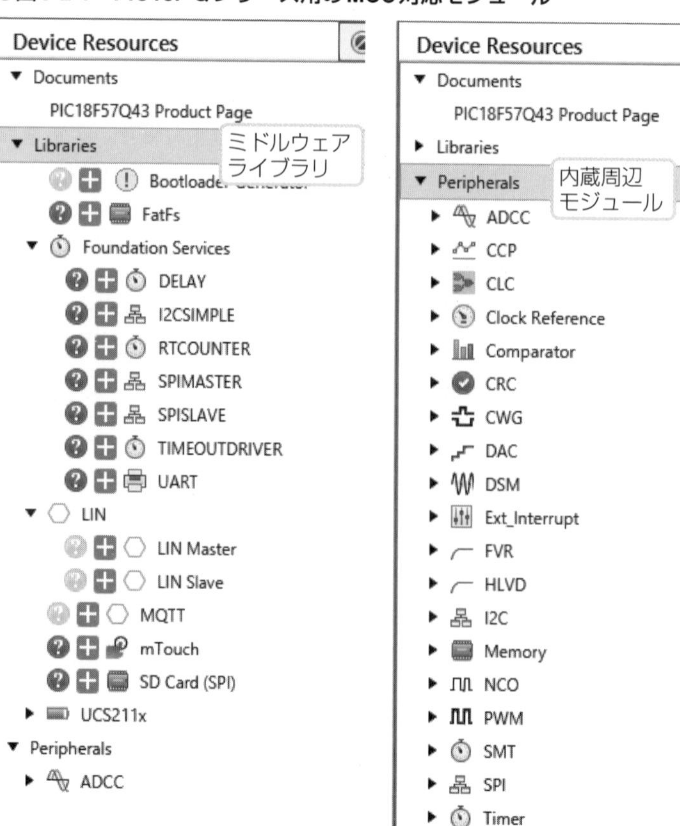

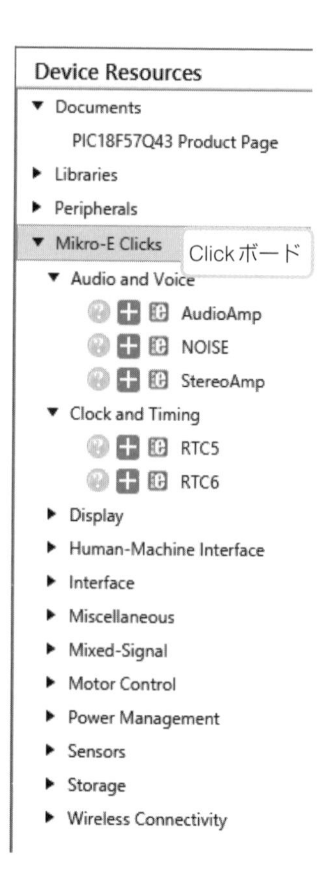

FATファイルシステムやブートローダなどのミドルウェアというべきライブラリと、MikroElektronika製のClickボード*用のライブラリも用意されています。

これらのライブラリを使うことで、プログラム作成時間を大幅に短縮することができます。特に周辺モジュールについては、データシートでレジスタの詳細を調べる必要がほぼなくなります。

本書では、全部の周辺モジュールについての使い方の解説をするのは紙数の関係で無理ですが、よく使うと思われる周辺モジュールのMCCの設定方法と、生成される関数の使い方を第6章で解説します。

さらにライブラリの使用例として、FATファイルシステムを使ってSDカードにファイルを保存したり読み出したりする製作例を第7章でいくつか紹介します。

mikroBUSという決まったレイアウトのソケットに挿入して使うサブボードで、センサや表示器、スイッチなど400種類以上の種類がある。

5-2-2 自動生成されるコード

MCCのグラフィック画面で設定した結果、自動生成されるコードは次のようなものになります。

- コンフィギュレーションビットの設定
- クロック発振方法の初期設定*
- 入出力ピンの入出力モードなどの初期設定
- ピン割り付け*の設定
- 周辺モジュールの初期化関数
- 周辺モジュール制御用関数
- 割り込み処理関数
- メイン関数のひな型
- ミドルウェアライブラリの処理関数

もともとはコンフィギュレーションビットの設定に含まれる。

周辺モジュール用の入出力ピンを自由に割り付けできる機能。

つまり、**プログラムの初期化と周辺モジュール制御用関数やミドルウェアのライブラリ関数がすべて自動生成される**ということです。

この他に作成が必要なのは、ユーザごとの実際の機能を実現する部分*で、メイン関数や独立に作成するサブ関数を使って追加します。

これで、PICマイコンを使う際の、煩わしい内蔵周辺モジュールのレジスタ設定作業から解放されるので、データシートをいちいち読む必要もなくなり、実際に必要なアプリケーション部の作成に専念することができます。

アプリケーション部と呼ばれる。

実際に6-2節の「LEDFlash」という例題で生成されるコードは図5-2-2のようになります。

周辺モジュールについては、周辺モジュールライブラリ関数ともいうべき関数群が自動生成されています。つまり、初期化関数と、実際に使うための制御関数、さらに割り込み処理関数も自動生成されています。

メイン関数(main.c)も自動生成され、生成された状態でコンパイルが完了するようになっています。しかし、**自動生成されるメイン関数の中身は初期化関数を呼び出しているだけのひな形ですので、この中にアプリケーションを記述追加する**ことになります。

●**図5-2-2 自動生成されたコード**

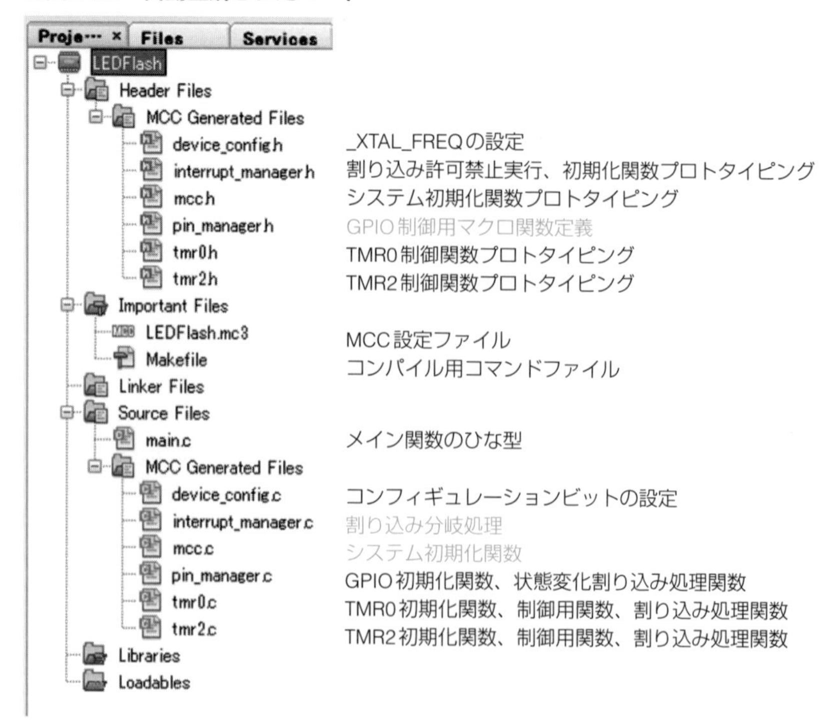

自動生成されたコードの中のHeader Fileでは、「pin_manager.h」が重要な役割を持っていて、GPIOを実際に制御するマクロ関数*が定義されています。これらのマクロ関数には、図5-2-3のようにMCCの[Pin Module*]で設定したピンの名称が使われます。これでGPIOのピン番号を意識することなく、実際の接続デバイスの名称で記述できるので、覚えるのも容易ですし、プログラムもわかりやすくなります。

簡単な記述でできる実行文に、別名を付与して分かりやすくしたもの。

GPIOのオプションを設定するための窓。

●図5-2-3 Pin Managerのマクロ関数

```
69  #define Red_TRIS                TRISBbits.TRISB2
70  #define Red_LAT                 LATBbits.LATB2
71  #define Red_PORT                PORTBbits.RB2
72  #define Red_WPU                 WPUBbits.WPUB2
73  #define Red_OD                  ODCONBbits.ODCB2
74  #define Red_ANS                 ANSELBbits.ANSELB2
75  #define Red_SetHigh()           do { LATBbits.LATB2 = 1; } while(0)
76  #define Red_SetLow()            do { LATBbits.LATB2 = 0; } while(0)
77  #define Red_Toggle()            do { LATBbits.LATB2 = ~LATBbits.LATB2; } whi
78  #define Red_GetValue()          PORTBbits.RB2
79  #define Red_SetDigitalInput()   do { TRISBbits.TRISB2 = 1; } while(0)
80  #define Red_SetDigitalOutput()  do { TRISBbits.TRISB2 = 0; } while(0)
81  #define Red_SetPullup()         do { WPUBbits.WPUB2 = 1; } while(0)
82  #define Red_ResetPullup()       do { WPUBbits.WPUB2 = 0; } while(0)
83  #define Red_SetPushPull()       do { ODCONBbits.ODCB2 = 0; } while(0)
84  #define Red_SetOpenDrain()      do { ODCONBbits.ODCB2 = 1; } while(0)
85  #define Red_SetAnalogMode()     do { ANSELBbits.ANSELB2 = 1; } while(0)
86  #define Red_SetDigitalMode()    do { ANSELBbits.ANSELB2 = 0; } while(0)
87
88  // get/set SWO aliases
89  #define SWO_TRIS                TRISBbits.TRISB4
90  #define SWO_LAT                 LATBbits.LATB4
91  #define SWO_PORT                PORTBbits.RB4
92  #define SWO_WPU                 WPUBbits.WPUB4
93  #define SWO_OD                  ODCONBbits.ODCB4
94  #define SWO_ANS                 ANSELBbits.ANSELB4
95  #define SWO_SetHigh()           do { LATBbits.LATB4 = 1; } while(0)
96  #define SWO_SetLow()            do { LATBbits.LATB4 = 0; } while(0)
97  #define SWO_Toggle()            do { LATBbits.LATB4 = ~LATBbits.LATB4; } whi
98  #define SWO_GetValue()          PORTBbits.RB4
```

Pin Moduleで設定した名称

対応するマクロ関数

5-2-3 システムの初期化

次に自動生成されるシステムの初期化の流れは図5-2-4のようになっています。

MCCにより「mcc.c」というファイルが自動生成され、ここにコンフィギュレーション設定*とシステム初期化関数が含まれます。メイン関数の最初で「SYSTEM_Initilize()」関数を実行すると、mcc.c内にあるこの初期化関数が、すべての周辺モジュールの初期化関数を呼び出して初期化のすべてを完了させるようになっています。したがって、ユーザは内蔵周辺モジュールに関する初期化では何も記述する必要がありません。

コンフィギュレーション設定はC言語プログラムの宣言部に配置される。

別途ユーザが追加したライブラリや外部デバイスに関する初期化を、「SYSTEM_Initialize()」関数のあとに記述追加すればよいことになります。

●図5-2-4　MCCで自動生成される初期化関数の関連図

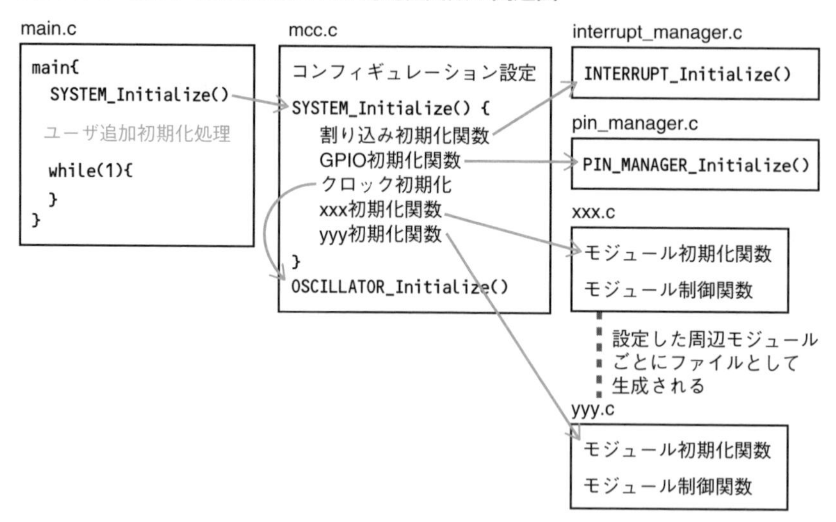

5-2-4　ユーザ記述追加

ユーザが実際のアプリケーションを記述追加するのは、メイン関数の中や新規に作成するサブ関数になります。このときの処理の流れは図5-2-5の実線部のようになります。

モジュールごとに自動生成されるファイルには、初期化関数だけでなく周辺モジュールを使うための制御関数も自動生成されます。メイン関数にアプリケーションを追加するときには、これらの制御関数を使います。これらの関数を使うことで、プログラミング作業を大幅に短縮することができます。

割り込みを使う場合の処理の流れは図5-2-5の点線のようになります。周辺モジュールで割り込みが発生すると、「interrupt_manager」が呼び出され、ここで割り込みの要因により分岐し、対応する周辺モジュールの割り込み処理関数を呼び出します。

モジュールの割り込み処理関数では、モジュールに必要な処理を実行したあと、あらかじめメイン関数の初期化部で定義されたユーザのCallback関数*を呼び出します。このCallback関数にユーザが割り込み時に処理すべき内容を記述します。したがってCallback関数では割り込みに関する特別な処理を記述する必要はなく、割り込み時にすべきことだけを記述すればよいようになっています。

*割り込み処理の中でユーザが追加記述する部分のみを切り出して作成した関数のこと。

●図5-2-5 ユーザ記述追加の流れ

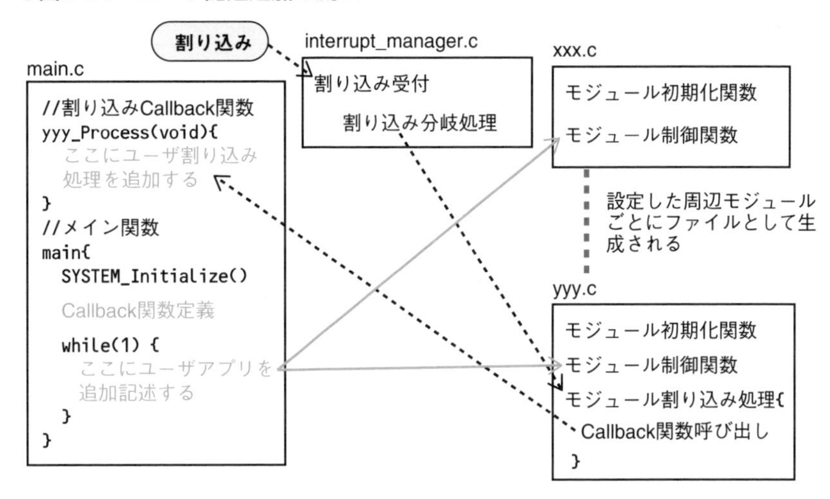

この割り込み処理の実際の記述を、タイマ2の割り込みの場合を例として説明します。これは6-2節の例題の「LEDFlash」の実際のプログラムとなります。

MCCの設定で割り込み周期が決まり、その周期ごとにタイマ2の割り込みが入ってきます。割り込みそのものはハードウェアで動作していますが、割り込みが入ったあとの処理の流れは図5-2-6のようになります。

割り込み処理の最初はMCCで自動生成されたinterrupt_manager.cで処理され、タイマ2の割り込みと判定されてtmr2.c内の割り込み処理関数（TMR2_ISR()）が呼び出されます。

tmr2.cの割り込み処理では、あらかじめユーザが定義したCallback関数（ユーザ処理関数のこと）を関数ポインタ*で呼び出します。これでmain.c関数にユーザが追加記述したタイマ2のCallback関数（TMR2_Process()）が実行されることになります。Callback関数が終了すると自動的にtmr2.cの関数に戻り、さらにここからinterrupt_manager.cの関数に戻ってから割り込みが入ったところに戻ることになります。

* 関数の先頭の実行命令のアドレスをポインタとして呼び出す方法。

こういう流れになっているので、Callback関数では、図の例のようにLEDの点滅制御だけというようにタイマ2の処理ですべきことだけ記述すればよいことになります。その代わりCallback関数実行中はすべての割り込み禁止状態のままですから、できるだけ短時間で処理が終わるようにする必要があります。

●図5-2-6　割り込み処理の実際の記述

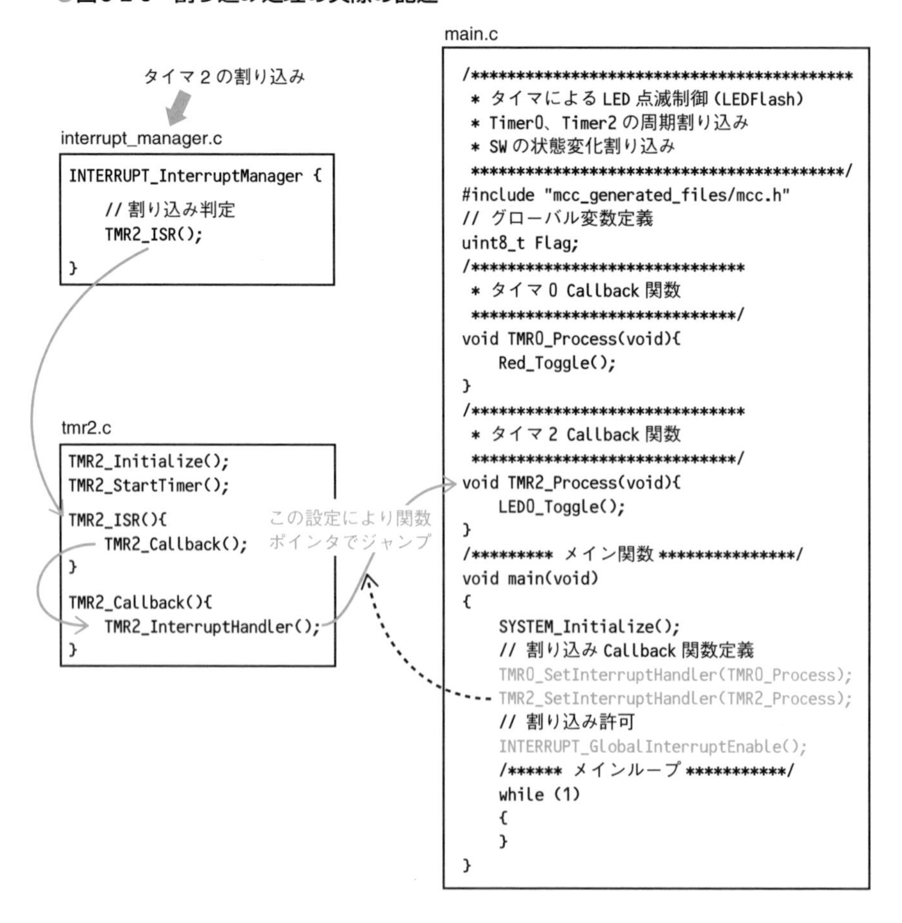

タイマ2の割り込み
interrupt_manager.c
INTERRUPT_InterruptManager {
// 割り込み判定
TMR2_ISR();
}
tmr2.c
TMR2_Initialize();
TMR2_StartTimer();
TMR2_ISR(){
TMR2_Callback();
}
TMR2_Callback(){
TMR2_InterruptHandler();
}
この設定により関数
ポインタでジャンプ
main.c
/**
* タイマによるLED点滅制御 (LEDFlash)
* Timer0、Timer2の周期割り込み
* SWの状態変化割り込み
**/
#include "mcc_generated_files/mcc.h"
// グローバル変数定義
uint8_t Flag;
/*****************************
* タイマ0 Callback関数
*****************************/
void TMR0_Process(void){
Red_Toggle();
}
/*****************************
* タイマ2 Callback関数
*****************************/
void TMR2_Process(void){
LED0_Toggle();
}
/********* メイン関数 ***************/
void main(void)
{
SYSTEM_Initialize();
// 割り込みCallback関数定義
TMR0_SetInterruptHandler(TMR0_Process);
TMR2_SetInterruptHandler(TMR2_Process);
// 割り込み許可
INTERRUPT_GlobalInterruptEnable();
/****** メインループ ***********/
while (1)
{
}
}

実際にMCCで生成されたtmr2.cのファイルの中を覗くと、割り込みに関係する部分は図5-2-7のような記述となっています。

最初のTMR2_ISR()関数がinterrupt_manager.cから呼び出される割り込み処理関数で、そこからTMR2_Callback()関数が呼び出されています。さらにここからTMR2_InterruptHandler()関数で実際のユーザ処理関数にジャンプします。

このジャンプ先の関数はTMR2_SetInterruptHandler(*function(void))関数で、パラメータfunctionで指定された関数が関数ポインタとして登録されジャンプします。関数ポインタとして記述すればよいので、パラメータ欄は関数名だけ記述すればよいことになります。

通常は自動生成された関数の内部を変更することはありませんが、TMR2_Callback()関数に記述追加してユーザ割り込み処理関数とすることもできます。

逆にユーザがCallback関数の定義をしなかった場合には、初期化の中でTMR2_DefaultInterruptHandler()関数がデフォルトのCallback関数として定義されているので、この関数が実行されます。この関数では何もしないので、何もしない割り込み処理として完了することになります。

●図5-2-7　tmr2.cの割り込み処理関連部詳細

interrupt_managerから呼ばれる関数

ユーザ処理関数の呼び出し関数

ここにユーザ処理部を追加記述しても良い

ここからユーザ処理に関数ポインタでジャンプする

ここでユーザが定義した関数を関数ポインタとして定義する

ユーザCallback関数がない場合に実行されるダミー関数

```
void TMR2_ISR(void)

    // clear the TMR2 interrupt flag
    PIR3bits.TMR2IF = 0;

    // ticker function call;
    // ticker is 1 -> Callback function gets called everytime this ISR executes
    TMR2_CallBack();
}

void TMR2_CallBack(void)
{
    // Add your custom callback code here
    // this code executes every TMR2_INTERRUPT_TICKER_FACTOR periods of TMR2
    if(TMR2_InterruptHandler)
    {
        TMR2_InterruptHandler();
    }
}

void TMR2_SetInterruptHandler(void (* InterruptHandler)(void)){
    TMR2_InterruptHandler = InterruptHandler;
}

void TMR2_DefaultInterruptHandler(void){
    // add your TMR2 interrupt custom code
    // or set custom function using TMR2_SetInterruptHandler()
}
```

以上のようにMCCで自動生成されたコードは、その内部を直接追加したり修正したりする必要はなく、生成された関数を使ってメイン関数内で記述することになります。

第6章 周辺モジュールの使い方

PIC18F Qシリーズには、多くの周辺モジュールが内蔵されています。本章では、その代表的な周辺モジュールについて、実際の製作例でその使い方を説明します。

すべてMCCを使う方法ですので、GUI画面による設定方法とその結果で生成される関数の使い方の説明となります。

6-1 解説用ハードウェアの概要

6-1-1 Curiosity Board

Curiosity Boardとは、マイクロチップ社が評価用に用意しているボードのシリーズです。PIC18F57Q43シリーズ用の評価ボードとしてマイクロチップ社から、図6-1-1のような「PIC18F57Q43 Curiosity Nano Evaluation Kit*」という小型のボードが提供されています。本書ではこの評価ボードをメインにして解説します。

以降「Curiosity Nano Board」と省略。

■ ボードの概要

このボードには写真のようにPICマイコン本体の他に、プログラマ/デバッガも一緒に実装*されているので、これだけでプログラムを書き込んだりデバッグしたりすることができます。

別途SNAPやPICkit4などのツールを用意する必要がない。

基板の両サイドにヘッダピンを実装しますが、この実装用の基板の穴が1ピンごとに互い違いにわずかにずれていて、ヘッダピンを挿入するだけで正常に接触します。これではんだ付けが不要になるようになっています。その代わり挿入には力が必要ですので、ヘッダピンを折らないように注意して挿入する必要があります。(付属のピンヘッダの短いほうをNano Boardに挿入します)。

●図6-1-1　PIC18F57Q43 Curiosity Nano Boardの外観

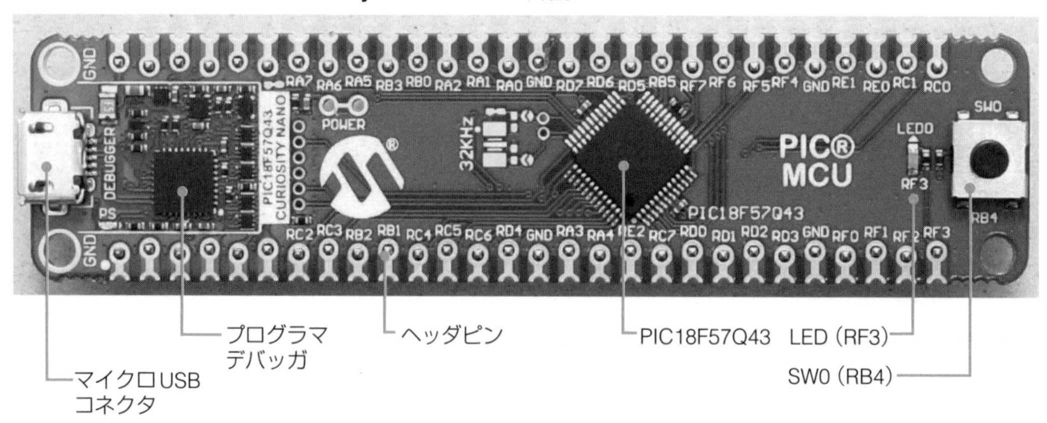

SW0とLED0という名称でSW0はRB4ピンにLED0はRF3ピンに接続されている。

以降「Base Board」と省略。

セルビアのベオグラードにある会社。
https://www.mikroe.com/

このCuriosity Nano BoardにはスイッチとLED*が1個ずつという最小限の周辺デバイスしか実装されていないので、これだけでいろいろ試して動かすというのは無理です。そこで、図6-1-2のような「Curiosity Nano Base for Click Boards*」というオプションボードを一緒に使います。

このBase BoardにはCuriosity Nano Boardが実装できるソケットと、mikroBUSという汎用のソケットが3個実装されています。このmikroBUSにはmikroElektronika*社製のClick Boardと呼ばれる多種類の拡張ボードが実装でき、いろいろ試すことができます。

●図6-1-2　Curiosity Nano Base Boardの外観

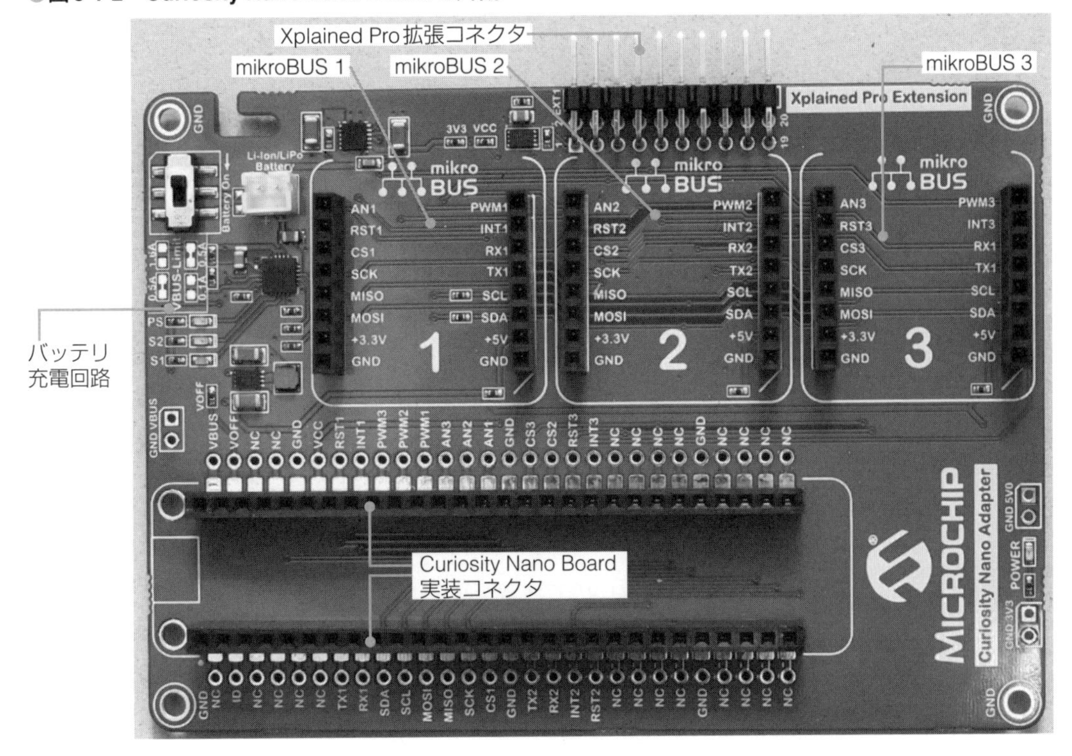

microSD Click：マイクロSDカード
Weather Click：複合センサ
WiFi ESP Click：Wi-Fiモジュール

本書では最終的に写真6-1-1のように3種類のClick Board*を実装して周辺モジュールの使い方を解説していきます。

●写真6-1-1　本書で使う構成

■内蔵モジュールと入出力ピン

mikroBUSごとに接続ピンが共通のものと異なるものがあるので注意する必要がある。

この実装とした場合に接続される内蔵モジュールと入出力ピン*は、図6-1-3のようになります。このBase BoardのmikroBUSでは使える内蔵モジュールと、それに接続される入出力ピンが決まっているので、このあとのすべての例題で必要となる情報です。

また、SPIとI^2Cモジュールは3個のmikroBUSソケットに同じモジュールが接続されているので、**SPIとI^2Cモジュールを使う場合には、いずれか1つのソケットしか使えないので**注意が必要です。UARTは2つまで使うことができますが、mikroBUS 1と3は同じUARTとなっているので、片方しか使えません。

●図6-1-3　mikroBUSの実装と接続モジュール

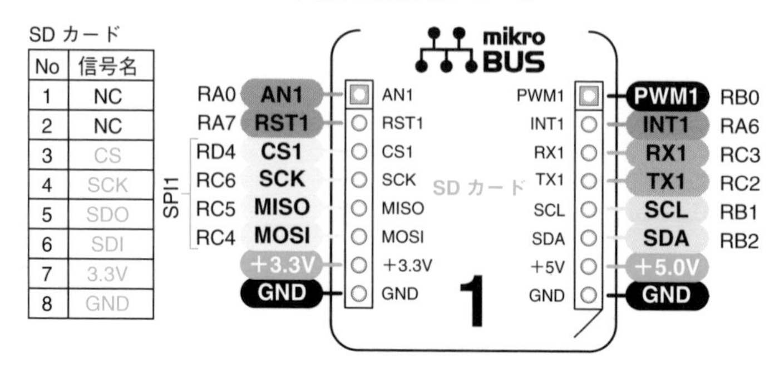

SD カード

No	信号名
1	NC
2	NC
3	CS
4	SCK
5	SDO
6	SDI
7	3.3V
8	GND

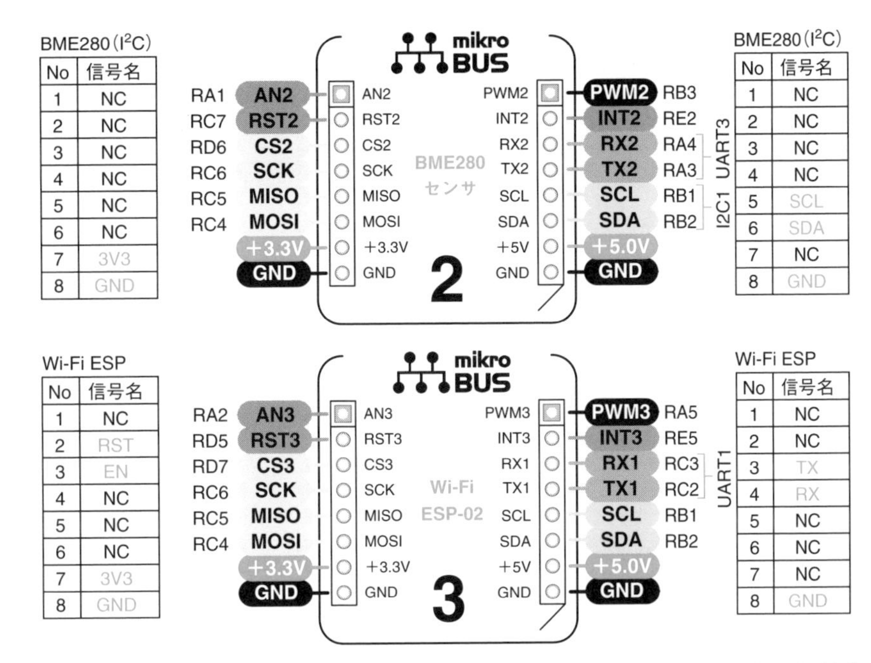

BME280 (I²C)

No	信号名
1	NC
2	NC
3	NC
4	NC
5	NC
6	NC
7	3V3
8	GND

BME280 (I²C)

No	信号名
1	NC
2	NC
3	NC
4	NC
5	SCL
6	SDA
7	NC
8	GND

Wi-Fi ESP

No	信号名
1	NC
2	RST
3	EN
4	NC
5	NC
6	NC
7	3V3
8	GND

Wi-Fi ESP

No	信号名
1	NC
2	NC
3	TX
4	RX
5	NC
6	NC
7	NC
8	GND

（図出典：Curiosity Nano Base for Click boards Hardware User Guide）

またCuriosity Nano Boardに実装されているプログラマ/デバッガは、USB経由でシリアル通信ができる機能も用意されていて、図6-1-4のようにUART5に接続されています。これでUART5モジュール*を使えば、パソコンと簡単にシリアル通信ができます。

*MCCでSTDIOとして設定すればprintf文が使える。

●図6-1-4　USBシリアルの接続ピン

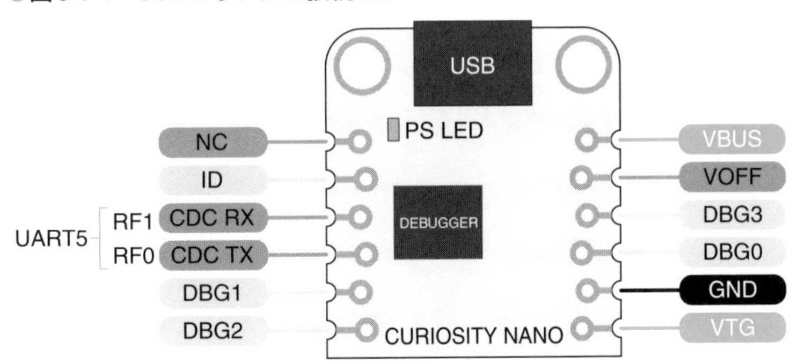

（出典：Curiosity Nano Base for Click boards Hardware User Guide）

以上を整理すると、Base Boardを使う場合、実装されているデバイスを使うときのピンは表6-1-1のようになります。

▼表6-1-1　Curiosity Nano Boardの入出力ピン

ピン	機　能
RB4	SW0　スイッチ
RF3	LED0
RF0	USB経由シリアル　TX
RF1	USB経由シリアル　RX

またBase Boardで、本書で使う入出力ピンと内蔵モジュールは表6-1-2のようになります。

▼表6-1-2　Curiosity Nano Base Boardの入出力ピン

<table>
<tr><th rowspan="2">ピン</th><th rowspan="2">機　能</th><th colspan="3">mikroBUS</th></tr>
<tr><th>1</th><th>2</th><th>3</th></tr>
<tr><td>RB1</td><td>I2C1　SCL</td><td rowspan="2">○</td><td rowspan="2">○</td><td rowspan="2">○</td></tr>
<tr><td>RB2</td><td>I2C1　SDA</td></tr>
<tr><td>RC2</td><td>UART1　TX</td><td rowspan="2">○</td><td rowspan="2">×</td><td rowspan="2">○</td></tr>
<tr><td>RC3</td><td>UART1　RX</td></tr>
<tr><td>RA3</td><td>UART3　TX</td><td rowspan="2">×</td><td rowspan="2">○</td><td rowspan="2">×</td></tr>
<tr><td>RA4</td><td>UART3　RX</td></tr>
<tr><td>RC4</td><td>SPI1　SDO</td><td rowspan="3">○</td><td rowspan="3">○</td><td rowspan="3">○</td></tr>
<tr><td>RC5</td><td>SPI1　SDI</td></tr>
<tr><td>RC6</td><td>SPI1　SCK</td></tr>
<tr><td>RD4</td><td rowspan="3">SPI1　CS</td><td>○</td><td>×</td><td>×</td></tr>
<tr><td>RD6</td><td>×</td><td>○</td><td>×</td></tr>
<tr><td>RD7</td><td>×</td><td>×</td><td>○</td></tr>
</table>

以上のような情報をもとに、以降の節で代表的な周辺モジュールの使い方を解説していきます。

6-2 タイマによるLED点滅制御

6-2-1 例題のシステム構成と機能

この例題では写真6-2-1のようにBase BoardのmikroBUS 3ソケットに2個の抵抗内蔵LED*を挿入して動作させます。またCuriosity Nano Boardに実装されているLED0とスイッチSW0も使います。これで各パーツは図中の表のようなピンに接続したことになります。

*内部に直列に抵抗が組み込まれたLEDで、標準は5V電源で動作となっているがここでは3.3Vで使う。

●写真6-2-1 例題のLEDの実装

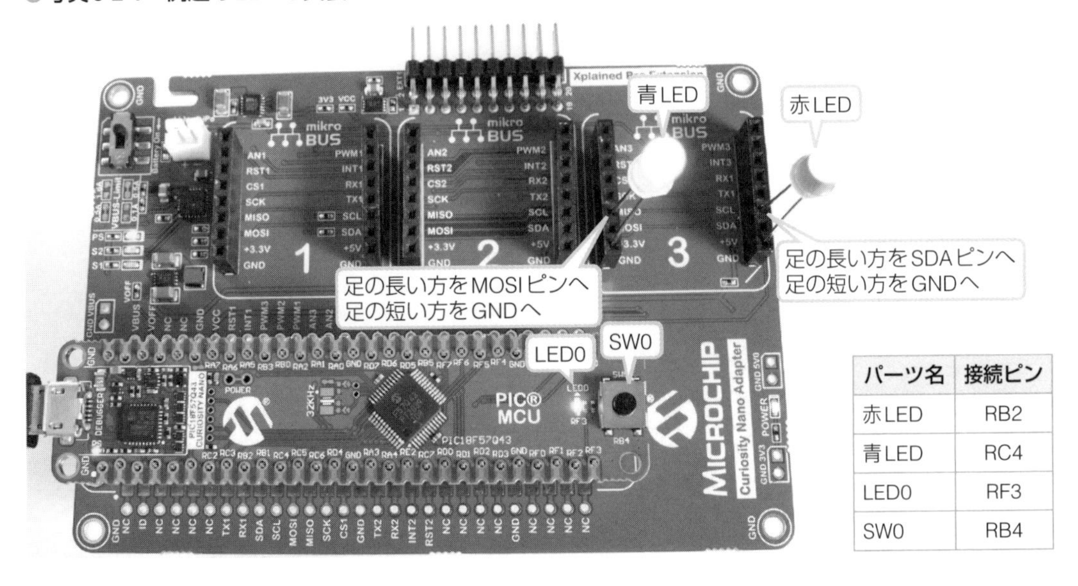

パーツ名	接続ピン
赤LED	RB2
青LED	RC4
LED0	RF3
SW0	RB4

この実装状態で例題は図6-2-1のような内部モジュール構成で、次のように各LEDを動作させることにします。プロジェクト名を「LEDFlash」とします。

①Timer0の1秒周期の割り込みで赤LEDを点滅させる
②Timer2の0.5秒か0.1秒周期の割り込みでLED0を点滅させる。
③SW0の状態変化割り込みでTimer2の周期を0.5秒と0.1秒で交互に切り替える

●図6-2-1　例題の内部システム構成

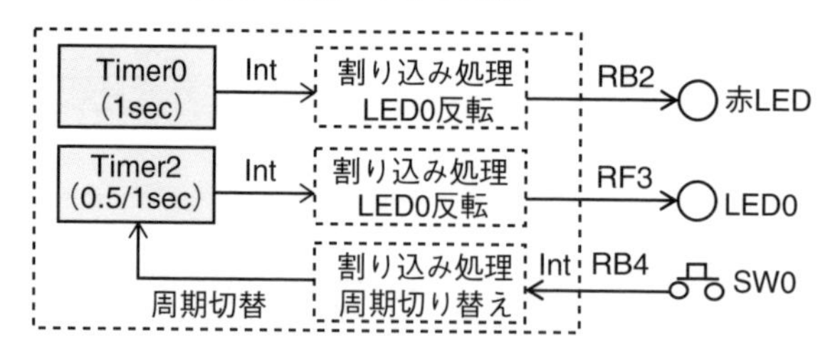

図6-2-1のモジュールについてMCCを使って設定する方法を説明します。また、最初の例題ですので、基本となるクロック設定を含めたコンフィギュレーションビットをMCCで設定する方法も説明します。

6-2-2　システムモジュールの設定

プロジェクトの作り方は第5章参照。フォルダは「D:¥PIC18Q¥LEDFlash」。

MPLAB X IDEでプロジェクト名を「LEDFlash」として作成*してからMCCを起動します。起動すると図6-2-2のようなMCCの画面となり、最初はSystem Moduleの設定画面になるので、ここでクロックとコンフィギュレーションビットの設定を行います。

●図6-2-2　MCCの起動時の画面構成

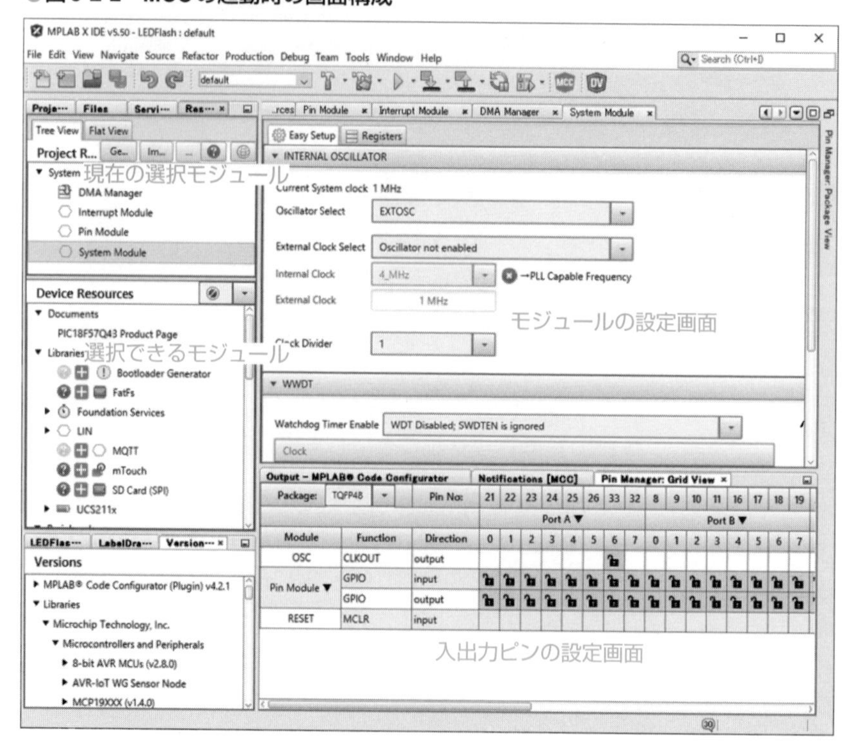

クロックの種類。
主外部発振：EXTOSC
4倍PLL付き：EXTOSC with 4x PLL
副外部発振：SOSC
高速内蔵発振：HFINTOSC
低速内蔵発振：LFINTOSC

クロックの設定*は図6-2-3のように、①［Oscillator Select］では内蔵クロックのHFINTOSCを選択し、②［HF Internal Clock］で最高周波数の64MHzを選択します。さらに③の［Clock Divider］では1を選択して最高周波数のままCPUクロックとして設定します。

●図6-2-3　クロックの設定

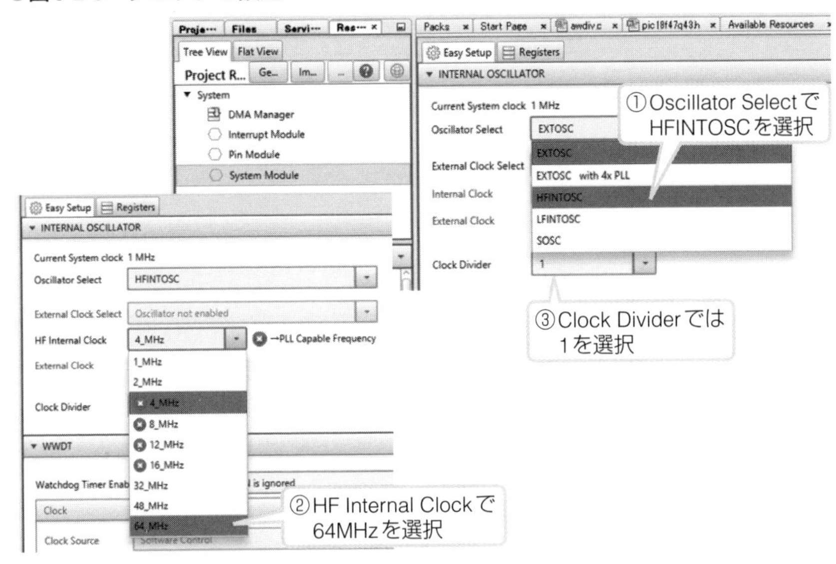

プログラム実行監視用タイマで通常はオフとする。停止できないシステムの場合にオンとする。オンとすると異常を検知すると自動的にリセットして再起動する。

電源電圧のみでプログラミングする方式。

続いてコンフィギュレーションビットの設定です。ここでは図6-2-4のように［Watch Dog Timer*］と［Low-voltage Programming*］だけを設定しますが、いずれもそのままの設定で問題ありません。

本書での以降の例題ではすべて同じように設定するので、以降の例題では設定方法の詳細は省略しています。

●図6-2-4　コンフィギュレーションビットの設定

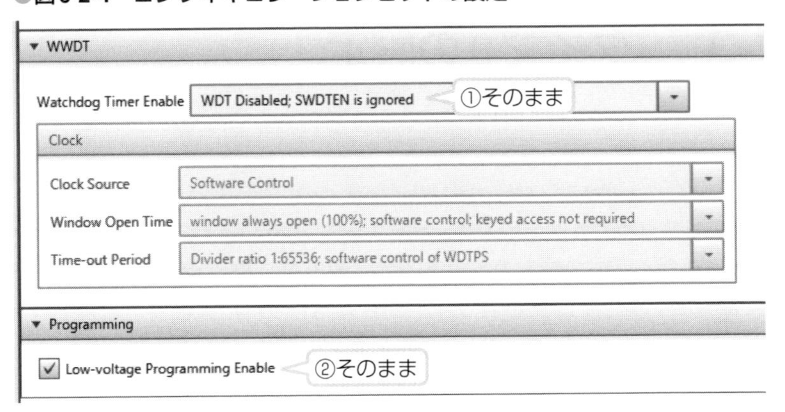

コンフィギュレーションビットの設定にはこの他に非常にたくさんの設定があり、これらは図6-2-5のように［Registers］タブの下で設定できます。しかし、多くの場合、既定の設定*のままで問題ありません。

下記のような使い方をする場合に設定変更が必要な場合がある。
- MCLRピンを汎用I/Oピンにする
- コードプロテクトをかける
- メモリ保護機能を有効にする
- BORの電圧を変更する

詳細は付録3を参照。

コンフィギュレーションの詳細は、付録3を参照してください。

●図6-2-5　他のコンフィギュレーションビットの設定

Easy Setup
Registers
System Module
①Registersタブをクリック
Register: CONFIG1　0x4
FEXTOSC　Oscillator not enabled
RSTOSC　HFINTOSC with HFFRQ = 64 MHz and CDIV = 1:1
Register: CONFIG2　0x2B
CLKOUTEN　CLKOUT function is disabled
CSWEN　Writing to NOSC and NDIV is allowed
FCMEN　Fail-Safe Clock Monitor enabled
PR1WAY　PRLOCKED bit can be cleared and set only once
Register: CONFIG3　0xF7
BOREN　Brown-out Reset enabled , SBOREN bit is ignored
IVT1WAY　IVTLOCKED bit can be cleared and set only once
LPBOREN　Low-Power BOR disabled

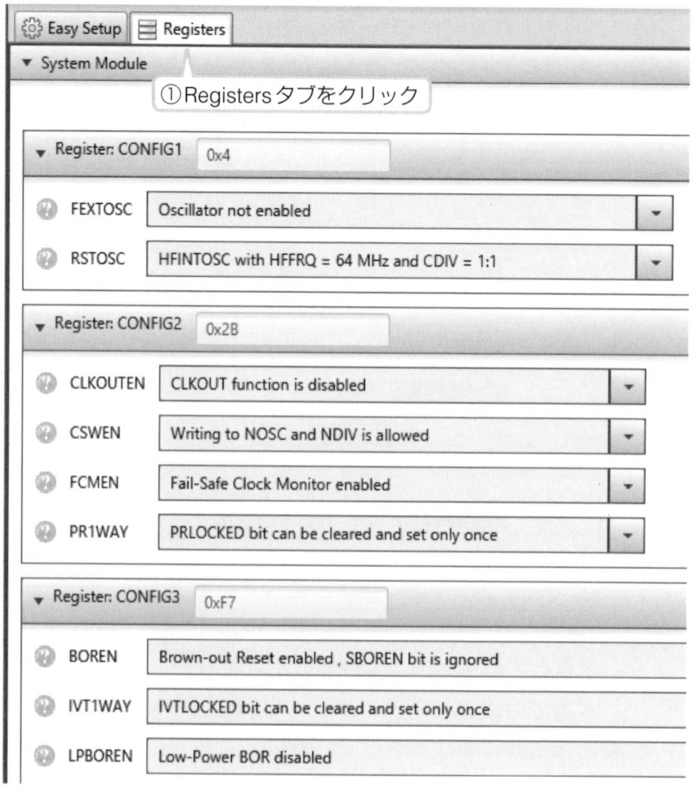

6-2-3　タイマ0の設定

最初はLEDを周期制御するためのTimer0の設定ですが、1秒周期のインターバルタイマとして設定します。

タイマ0の内部構成は図6-2-6のようになっています。タイマ0の本体はTMR0カウンタで8ビット幅と16ビット幅の2種類の構成ができます。これにパルスが入力されると＋1するアップカウンタとなっていて、16ビット幅の場合*はフルカウントからさらに1パルス入るとロールオーバーして0に戻りますが、そのときポストスケーラにオーバーフローパルスを出力します。このポストスケーラで指定された回数だけオーバーフローパルスが発生すると

8ビット幅の場合の動作はタイマ2と同じような動作となるので注意。

TMR0IFビットが1となって割り込み要因*となります。

割り込みが許可されていれば実際の割り込みとして動作する。

また、他の周辺モジュールにオーバーフロー信号を出力したり、TMR0ピンとして外部へパルス出力したりすることもできます。

パルス源となるクロックはいくつかのクロック源から選択ができ、さらにプリスケーラで分周されてからパルス源となります。このプリスケーラ値が1/1から1/32768と非常に大きな値で分周できるので、長時間のタイマ*とすることができます。さらにパルスは内部クロックに同期*させるか、させないかを選択できます。

クロックが64MHzのとき最長536秒まで可能。

内部クロックと同期させるとスリープ時に動作を停止する。

オーバーフローパルスが発生する時間間隔は、TMR0にあらかじめ値を設定することで時間を短縮する方向に調整します。この値がフルカウントまで進んで0に戻ったときに割り込み要因となるので、このレジスタへの書き込みは、割り込みごとに再設定する必要*があります。

この処理はMCCで自動生成される。

●図6-2-6 タイマ0の内部構成

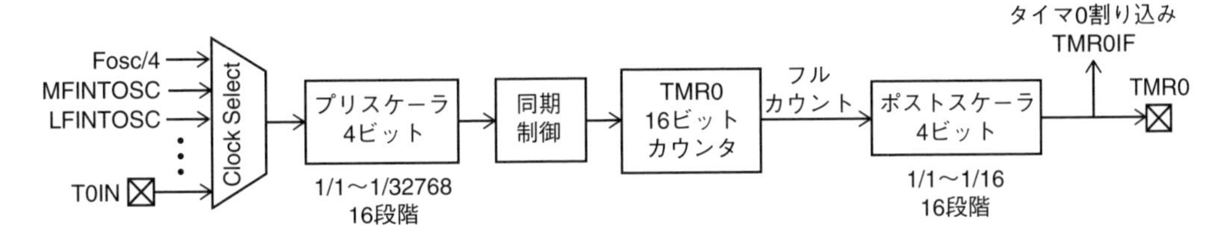

タイマ0のMCCの設定画面が図6-2-7となります。

●図6-2-7 タイマ0のMCCの設定画面

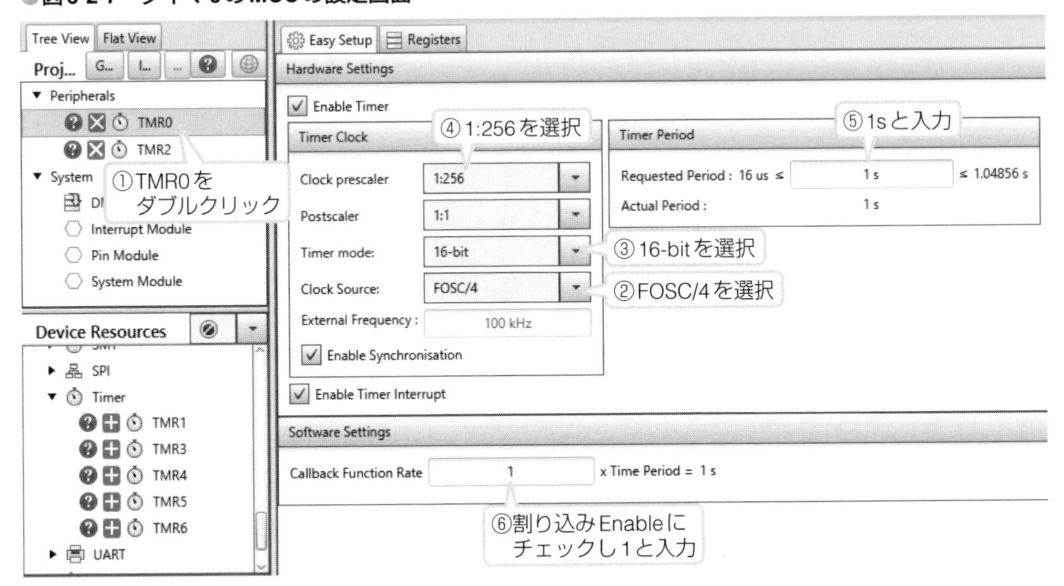

まず左側の［Device Resources］でTMR0をダブルクリックします。ここでは1秒周期の割り込みありとして設定するので、②［Clock Source］でFOSC/4を選択し、③16-bitを選択し、④［Clock prescaler］で1:256を選択します。これで右欄の時間が1秒まで設定できるようになるので、⑤の［Requested Period］で1sと入力します。最後に［Enable Timer Interrupt］のチェックを入れて割り込みを有効にして、［Callback Function Rate］欄*に1と入力すれば［Actual Period］が1sとなり、1秒周期の割り込みでCallback関数を呼び出すインターバルタイマとなります。

タイマだけでできない長時間の場合、ここに数値nを入力すればn倍の間隔でCallback関数が呼び出される。

6-2-4 タイマ2の設定

次にもう1つのタイマ2を0.5秒周期のタイマとして設定します。Timer2の内部構成は図6-2-8のようになっています。この構成はTimer4/6も同じです。

PIC18F QシリーズのTimer2/4/6には、外部リセット機能が追加され、HLT（Hardware Limit Timer）として高機能になっています。

このTimer2/4/6の特徴は、**周期レジスタ**と**周期コンパレータ**をもっていることで、これによりハードウェアで自動的に周期を生成するので、正確な周期が得られます。さらにタイマ2/4/6はCCPモジュール*の周期を決めるタイムベースとしても使われます。

6-3節参照。

外部リセットが追加された高機能タイマは、フリーランモードの他に、ワンショットモード*やモノステーブルモード*ができるようになっています。

単発パルス生成。

一定時間パルスが継続する。

タイマの本体は8ビットのカウンタTMRx*で、入力パルスによるアップカウンタです。パルス入力源はいくつかの選択肢から選ぶことができて、これにプリスケーラが接続されて最大128分周まで分周することができます。

xは2、4、6のいずれか。

このTMRxにコンパレータが接続されていて、常時周期レジスタTxPRと比較されています。そしてこの両者が一致するとタイマx一致出力として出力され、同時にTMRxが0にクリアされます。これで、図の下側グラフのようにTMRxは0からカウントを再開することになります。さらに再度TxPRと同じ値までカウントするとまた0に戻されます。こうして一定間隔でタイマx一致出力が出力されることになります。しかもこの間、ハードウェアだけで動作しているので、正確な一定間隔となります。

このタイマx一致出力には**ポストスケーラ**と呼ばれる分周器が接続されており、設定された回数の一致出力が出力されると、実際の割り込み要因となるTMRxIFビットがセット*されます。

割り込みが許可されていれば実際の割り込み信号となる。

図の中央上側の部分が外部リセット／ゲート機能で、いくつかの動作モードが設定できるようになっています。さらにリセット／ゲート信号源も多くの種類から選択できます。クロックとの同期の有効、無効も設定できるので、非同期でスリープ中にも動作ができます。外部リセットで強制停止できるのでHLT（High Limit Timer）とも呼ばれています。

この外部リセット付きタイマ2/4/6の動作モードは、基本は次のような3モードですが、それぞれがスタート、ストップ、リセットの方法により非常に多くの動作モード*に細分されます。

*さらに詳しい内容はデータシートを参照のこと。

- フリーランモード　　：基本の動作で、周期一致で割り込み要因を生成する外部リセットで周期をリセットできる。外部ゲート信号でクロックをゲートできる
- ワンショットモード　：TxPRとの一致でONビットがクリアされて停止する。外部パルスのエッジかレベルで開始停止が制御できる
- モノステーブルモード：ワンショットモードと同じでONビットがクリアされないので継続する。外部パルスのエッジでスタートできる

●図6-2-8　Timer2の内部構成

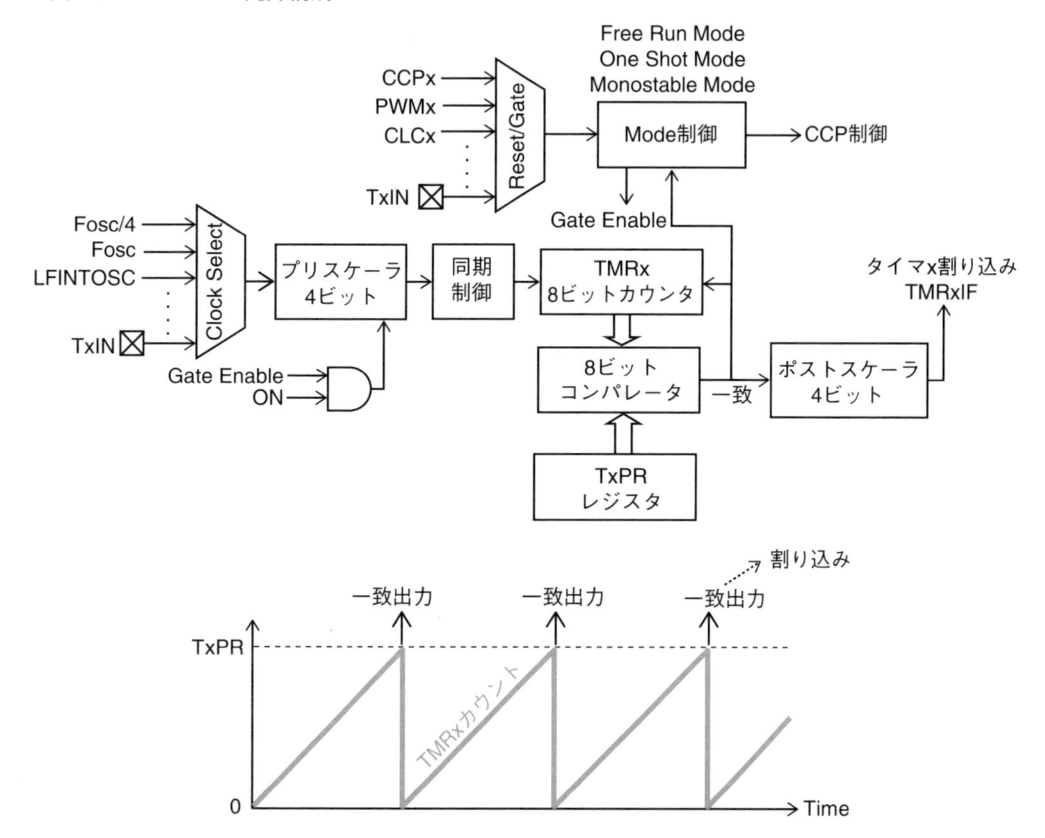

Timer2のMCCの設定画面が図6-2-9となります。ここでは例題用に500msec周期の割り込みを生成するフリーランモード(Roll over Pulse)としています。500msという長い周期を得るためクロックにはLFINTOSCを選択し、さらにプリスケーラを最大値の128に設定しています。[Timer Period]欄で500msと入力、割り込みをEnableにして[Callback Function Rate]で1と入力すれば500ms周期で割り込みを生成します。

●図6-2-9　Timer2のMCCの設定

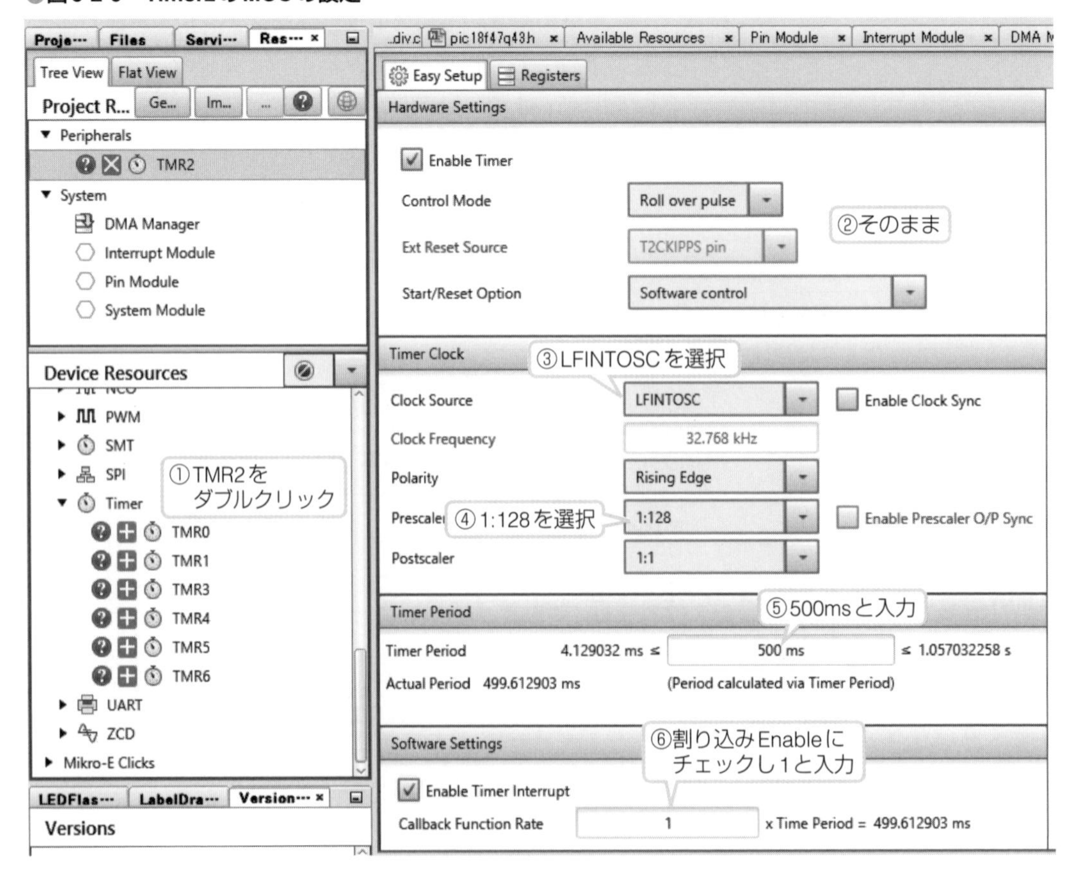

6-2-5　入出力ピンの設定

タイマの設定ができましたから、次にLEDとスイッチの入出力ピンの設定をします。この設定にはMPLAB X IDEの下側にある［Pin Manager Grid View］欄と［Pin Module］欄を使います。ここで図6-2-10のようにPin Managerで設定すれば入出力ピンを設定したことになります。

まず図6-2-1の表のピンに合わせて図6-2-10（a）のように［Pin Manager Grid View］欄でLEDとスイッチのピンをクリックします。LEDはGPIOの［output］欄で、スイッチはGPIOの［input］欄でクリックします。赤LEDはRB2、青LEDはRC4、LED0はRF3、SW0はRB4となります。

次に図6-2-10（b）のように［Project Resources］の［Pin Module］欄で各ピンに名称を入力*し、さらにSW0の右端の欄の「none」を「positive」に変更します*。これでこのSW0の信号がLowからHighに変化したときに状態変化割り込みが発生します。

* この名称でプログラムを記述できるようになる。

* none、negative、positive、anyのいずれか。negativeは立ち下がり、positiveは立ち上がり、anyは両方のエッジで割り込みを生成する。

●図6-2-10　入出力ピンの設定

(a) Pin Manager Grid Viewの設定

①Pin Managerタブを選択

②LEDとスイッチのピンをクリック

(b) Pin Moduleの設定

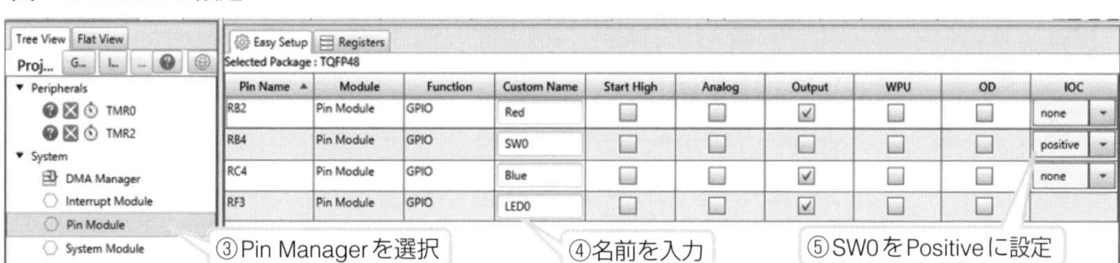

6-2-6 Generateしてコード生成

以上ですべてのMCCの設定が完了したので、[Generate]ボタンをクリックしてコード生成を実行します。このとき「Notification」の警告*ダイアログが出た場合には、MCCの設定のどこかに間違いがあるということなので、再度設定を見直します。

MPLAB X IDEの下側の欄にNotificationのタブがあり、そこにメッセージで表示される。

これで正常にコード生成が実行されれば、[Project]窓を開くと図6-2-11のようにコードが生成*されていることがわかります。

メイン関数のひな型も生成される。

●図6-2-11 Generationの実行

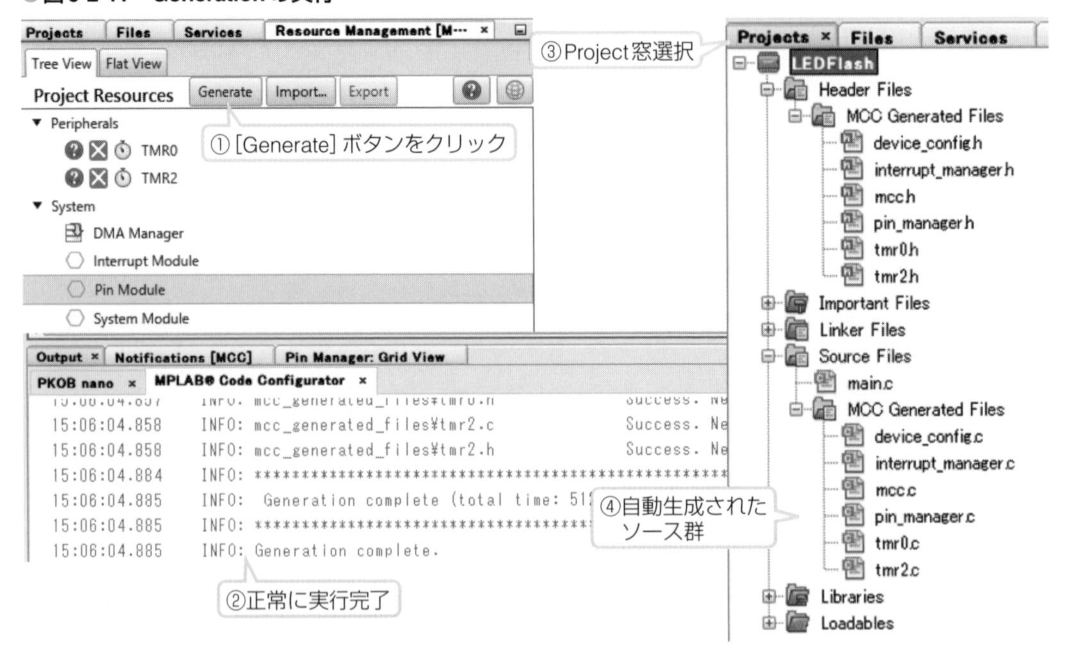

6-2-7 メイン関数の完成

メイン関数のひな型に、自動生成された各周辺モジュールの関数を使ってプログラムを完成させます。作成完了したメイン関数がリスト6-2-1となります。

割り込みはCallback関数を定義して、そのCallback関数を作成すれば自動的に割り込み処理関数として実行されます*。

Callbackを定義する関数名はtmr0.cなどの自動生成されたソースファイルの中を見ればわかる。

割り込みを使うので、割り込み許可の行のコメントアウトを削除して有効にします。

この例題の機能は割り込み処理だけで構成できるので、メインループには何もありません。

スイッチSW0でタイマ2の周期を変更していますが、Flag変数を用意して交互になるようにしています。また周期の変更にはT2PRレジスタの値を直接変更しています。この値は自動生成されたTMR2_Initialize()関数の中を見ればT2PRに120という値が設定されていることがわかります。これで0.5秒ですから、0.1秒にするには1/5にして24という値となります。

リスト 6-2-1　例題のプログラム（LEDFlash）

```
/*********************************************
 *  タイマによるLED点滅制御    (LEDFlash)
 *   Timer0、Timer2の周期割り込み
 *   SWの状態変化割り込み
 *********************************************/
#include "mcc_generated_files/mcc.h"
// グローバル変数定義
char Flag;
/******************************
 * タイマ0 Callback関数
 ******************************/
void TMR0_Process(void){
    Red_Toggle();
}
/******************************
 * タイマ2 Callback関数
 ******************************/
void TMR2_Process(void){
    LED0_Toggle();
}
/******************************
 * SW0 Callback関数
 ******************************/
void SW0_Process(void){
    if(Flag == 0){
        T2PR = 24;    // 100msec
        Flag = 1;
    }
    else{
        T2PR = 120;  //500msec
        Flag = 0;
    }
}
/********* メイン関数 *******************/
void main(void)
{
    SYSTEM_Initialize();
    // 割り込みCallback関数定義
    TMR0_SetInterruptHandler(TMR0_Process);
    TMR2_SetInterruptHandler(TMR2_Process);
    IOCBF4_SetInterruptHandler(SW0_Process);
    // 割り込み許可
    INTERRUPT_GlobalInterruptEnable();
    /****** メインループ ***********/
    while (1)
    {
    }
}
```

メイン関数を完成させたら、コンパイルを実行します。コンパイルはMPLAB X IDEのメインメニューのアイコンで実行します。

●図6-2-12　コンパイル実行制御アイコン

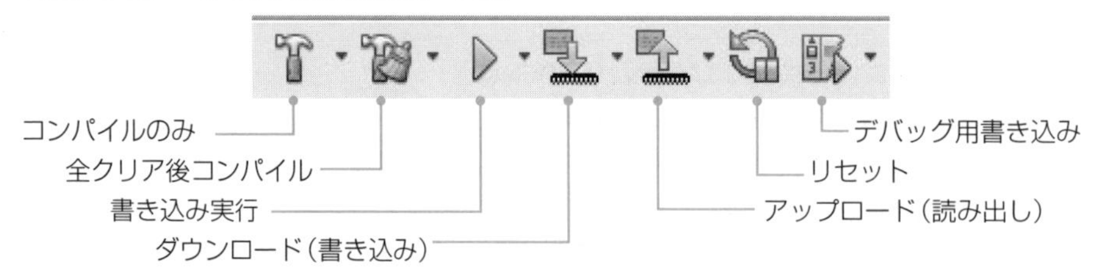

6-2-8 書き込み実行

コンパイルが正常にできたら、書き込んで実行します。

Curiosity Nano BoardのUSBコネクタとパソコンのUSBコネクタを接続すれば、書き込みの準備が完了です。このCuriosity Nano Boardにはプログラマ機能も実装されているので、直接パソコンと接続するだけで書き込みとデバッグができるようになっています。

書き込み手順は図6-2-13のようにします。まず、①[Program]アイコンで書き込みを開始します。すると「Tool not Found*」というダイアログで書き込み相手を指定するように促されるので、②でCuriosity Nanoを指定してOKとします。これで書き込みが開始され、しばらくすると③Outputの窓に「Programming Complete」と表示されれば完了です。

*プロジェクト作成時にNo ToolではなくCuriosityを選択していればこのダイアログは出ない。

これですでにプログラムの実行が開始されLEDが点滅しているはずです。SW0を押せば0.1秒の高速でLED0が点滅するようになります。以上でこの例題は完成です。

●図6-2-13　プログラムの書き込み

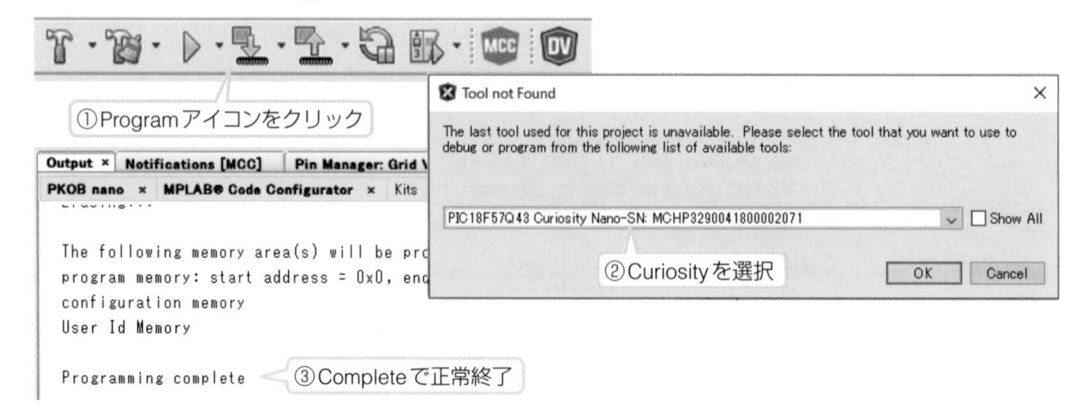

6-3 PWMによる調光制御

6-3-1 例題のシステム構成と動作

この例題では6-2節と同じ構成で、次のような機能を作成します。プロジェクトを「PWMCont*」とします。

*フォルダは「D:¥PIC18Q¥PWMCont」。

①PWM1のPWM制御で青LEDの調光制御をする。PWM1は16ビットPWMモジュールだが、デューティ分解能を11ビットとして動作させる*

*周期の周波数によってデューティ分解能が制限される。

② CCP3のPWM制御で赤LEDの調光制御する。CCP3はTimer4と協調動作としデューティ分解能は10ビット

③Timer1の10msec周期の割り込みでCCP3とPWM1のデューティ値を＋1する。デューティ値は0から2047の間でカウントアップ*し、2047を超えたら0に戻す

*CCP3はこの間で2回最大と最小デューティを繰り返すことになるので、青LEDが最小から最大になる間に赤LEDは2回調光制御される。

この機能を実現する内部構成は図6-3-1のようになります。

●図6-3-1　例題の内部構成

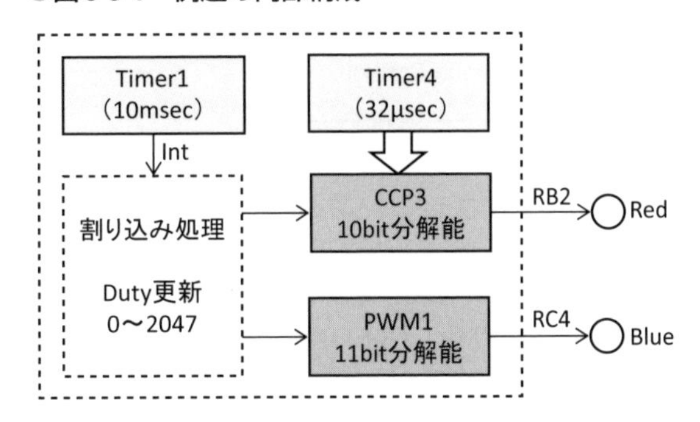

これらのモジュールについてMCCを使って設定する方法を説明します。基本となるクロック設定を含めたコンフィギュレーションビットをMCCで設定する方法は6-2節と同じなので、省略します。

6-3-2 PWM1の設定

PWMxモジュールはPWMパルスを出力するためのモジュールで、内部構成は図6-3-2のようになっています。選択されたクロックがプリスケーラで分周されたあと、16ビット幅のTimerカウンタに入力されカウンタがカウントアップします。このカウンタは常時PR、P1、P2の3つのレジスタと比較されていて、一致するとそれぞれの一致パルスがMode Controlに入力され、ここでモードに従って2本の出力ピンにパルスが出力されます。モードには多くの種類があり、多種類のフォーマットのパルスが出力できます。また、単純なタイマとしても動作させることができます。

●図6-3-2 PWMxモジュールの構成

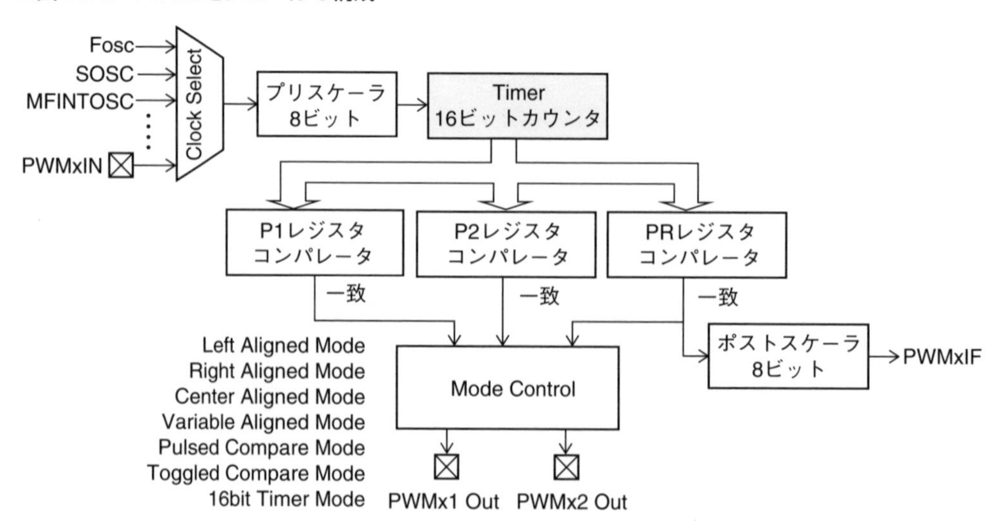

このモードによって出力されるパルスは図6-3-3のようになります。図のようにPWMx1_OutとPWMx2_Outの2つの出力は、モードによってそれぞれ独立のPWMパルスを出力する場合と、同じPWMパルスを出力する場合があります。

●図6-3-3　PWMxのパルス出力例（PR＝5　P1＝4　P2＝2）

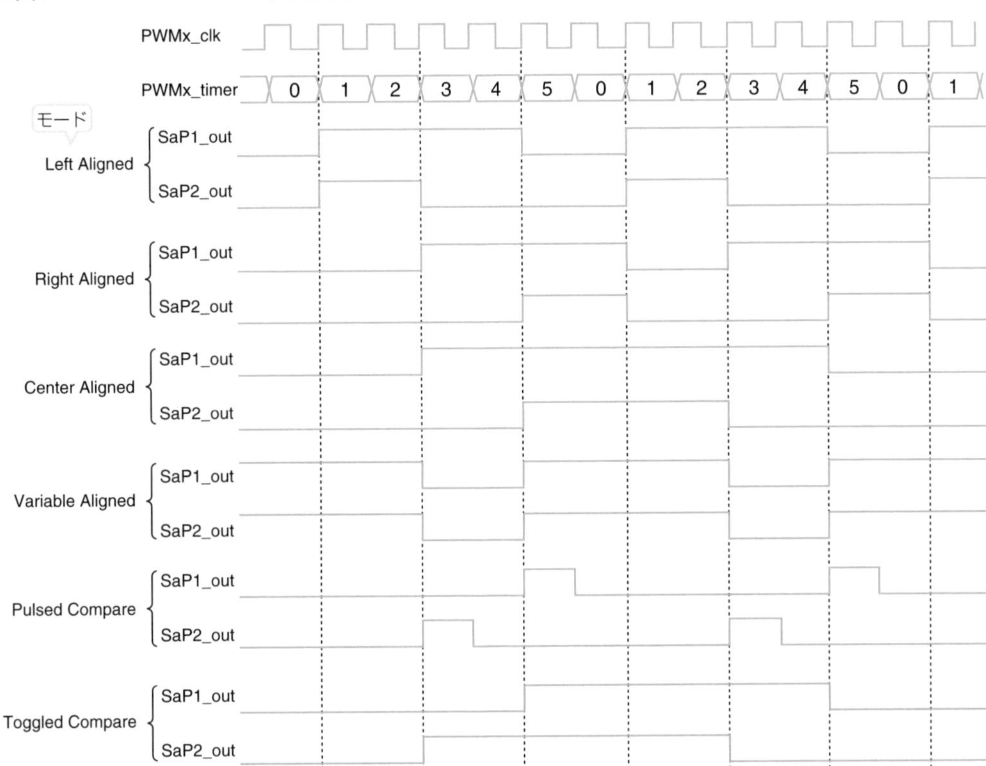

このPWMxモジュールのMCCの設定は図6-3-4のようにします。左側の［Device Resources］で①PWM1をダブルクリックしてから進めます。

まず②入力クロックの設定と、③プリスケーラの分周比の設定です。ここでは多くの選択肢がありますが、通常はFoscを選択します。特に低い周波数にしたいような場合に、他のクロックを選択したり分周比を大きくしたりします。

次に④モードを選択します。通常のPWMパルスの場合は、Left Alignedを選択します。続いて⑤PWM周波数を設定しますが、ここで注意が必要なことは、この周波数でPWMの⑧デューティ分解能*が変わることです。つまり**周波数とデューティ分解能はトレードオフの関係にあり、片方を上げればもう片方は下がる**ということになります。最高分解能は16ビットで、クロックが64MHzのときPWM周波数が約1.3kHzまでが分解能16ビットを確保できる最高周波数となります。この例題では、周波数を10kHz、分解能を11ビットとしています。

*分解能はビットで表す。10ビットなら1024分解能。

このLeft Alignedモードの場合、出力が2系統独立のデューティ比で出力することができるので、2つのデューティ比の⑥、⑦初期値を設定します。この例題では両方とも50%の初期値としています。

割り込みを使う場合には⑨有効化し、ポストスケーラを設定します。ポストスケーラは8ビットあるので最大255まで設定できます。この例題では割り込みは使いません。

●図6-3-4　PWMxモジュールのMCCの設定

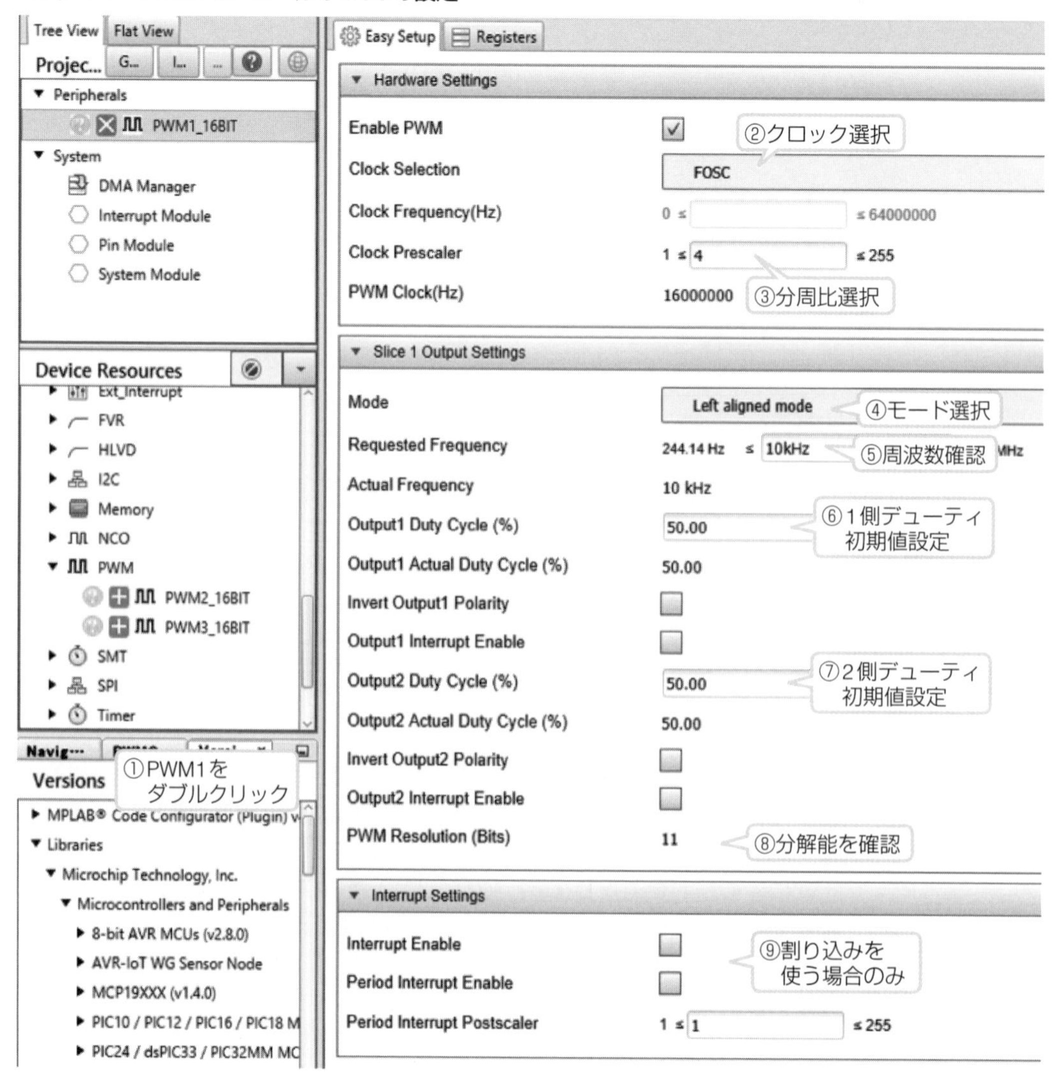

ここで3組あるPWMモジュールの出力ピンとして設定できるのは図6-3-5のようになっていて、ある程度限定されています。特にどのPWMモジュールもPORT AとPORT Eには出力できず、PWM2と3は同じですが、PWM1は出力できるピンが異なるので注意が必要です。

●図6-3-5 PWMモジュールの出力ピン

			Port A ▼								Port B ▼							
Module	Function	Direction	0	1	2	3	4	5	6	7	0	1	2	3	4	5	6	7
OSC	CLKOUT	output							🔓									
PWM1_16BIT ▼	PWM11	output																
	PWM12	output																
	PWMIN0	input																
	PWMIN1	input	🔗	🔓	🔓	🔓	🔓	🔓	🔓	🔓								
PWM2_16BIT ▼	PWM21	output									🔓	🔓	🔓	🔓	🔓	🔓	🔓	🔓
	PWM22	output									🔓	🔓	🔓	🔓	🔓	🔓	🔓	🔓
	PWMIN0	input																
	PWMIN1	input	🔗	🔓	🔓	🔓	🔓	🔓	🔓	🔓								
PWM3_16BIT ▼	PWM31	output									🔓	🔓	🔓	🔓	🔓	🔓	🔓	🔓
	PWM32	output									🔓	🔓	🔓	🔓	🔓	🔓	🔓	🔓
	PWMIN0	input																
	PWMIN1	input	🔗	🔓	🔓	🔓	🔓	🔓	🔓	🔓								

			Port C ▼								Port D ▼							
Module	Function	Direction	0	1	2	3	4	5	6	7	0	1	2	3	4	5	6	7
OSC	CLKOUT	output																
PWM1_16BIT ▼	PWM11	output	🔓	🔓	🔓	🔓	🔒	🔓	🔓	🔓								
	PWM12	output	🔓	🔓	🔓	🔓	🔓	🔓	🔓	🔓								
	PWMIN0	input	🔓	🔓	🔓	🔓	🔓	🔓	🔓	🔓								
	PWMIN1	input																
PWM2_16BIT ▼	PWM21	output									🔓	🔓	🔓	🔓	🔓	🔓	🔓	🔓
	PWM22	output									🔓	🔓	🔓	🔓	🔓	🔓	🔓	🔓
	PWMIN0	input	🔓	🔓	🔓	🔓	🔓	🔓	🔓	🔓								
	PWMIN1	input																
PWM3_16BIT ▼	PWM31	output									🔓	🔓	🔓	🔓	🔓	🔓	🔓	🔓
	PWM32	output									🔓	🔓	🔓	🔓	🔓	🔓	🔓	🔓
	PWMIN0	input	🔓	🔓	🔓	🔓	🔓	🔓	🔓	🔓								
	PWMIN1	input																

			Port E ▼				Port F ▼							
Module	Function	Direction	0	1	2	3	0	1	2	3	4	5	6	7
OSC	CLKOUT	output												
PWM1_16BIT ▼	PWM11	output					🔓	🔓	🔓	🔓	🔓	🔓	🔓	🔓
	PWM12	output					🔓	🔓	🔓	🔓	🔓	🔓	🔓	🔓
	PWMIN0	input	🔓	🔓	🔓									
	PWMIN1	input					🔓	🔓	🔓	🔓	🔓	🔓	🔓	🔓
PWM2_16BIT ▼	PWM21	output												
	PWM22	output												
	PWMIN0	input	🔓	🔓	🔓									
	PWMIN1	input					🔓	🔓	🔓	🔓	🔓	🔓	🔓	🔓
PWM3_16BIT ▼	PWM31	output												
	PWM32	output												
	PWMIN0	input	🔓	🔓	🔓									
	PWMIN1	input					🔓	🔓	🔓	🔓	🔓	🔓	🔓	🔓

6-3-3 CCP3の設定

CCPモジュールは、Compare/Capture/PWMの機能を持ったモジュールで、Compare動作とCapture動作の場合はタイマ1かタイマ3またはタイマ5と協調して動作し、PWM動作の場合はタイマ2かタイマ4またはタイマ6と協調動作します。

1 キャプチャモードの動作

キャプチャ動作時の内部構成は図6-3-6のようになります。タイマy(yは1、3、5のいずれか)をフリーラン状態で動作させておき、外部CCPxピンなど選択されたトリガ信号入力のエッジトリガにより、16ビットカウンタのTMRyの内容を記憶用レジスタであるCCPRxに取り込んで記憶します。それと同時に割り込み信号CCPxIFをセットし割り込みを発生します。キャプチャ後もタイマyのカウントは休まず続けられます。外部トリガ入力にはプリスケーラが設けられており、4回、16回のエッジごとにキャプチャさせることもできます。

キャプチャ機能の用途としては、パルスの周期やパルス幅の測定*となります。

*2回キャプチャし、それらの差から時間を計算できる。

●図6-3-6 キャプチャモード時のCCPの構成

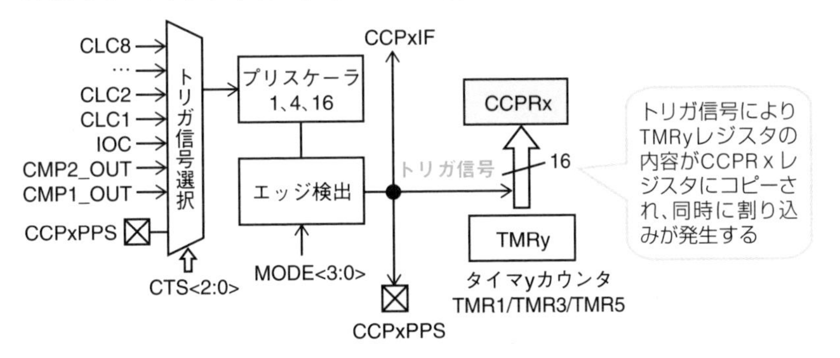

2 コンペアモードの動作

コンペア動作時のCCPの構成は図6-3-7のようになります。コンペア動作は、まずタイマy（yは1、3、5のいずれか）をフリーランで動作させておきます。このカウントアップ動作中は、あらかじめ設定されたコンペアレジスタ（CCPRx）の内容とタイマyのカウンタが常にコンパレータで比較されており、同じになった時、割り込み信号CCPxIFを発生させ、同時にCCPxピンにHighまたはLowの信号を出力*することができます。また、コンペアが一致したとき、スペシャルイベントトリガ信号としてAD変換をスタートさせることもできます。

目覚まし時計のような機能。

コンペアモードの用途としては、指定した時間幅を持つワンショットのパルスを出力するような場合に使われます。これで遅延パルスの生成などが可能です。

●図6-3-7 コンペア動作モード時のCCPの構成

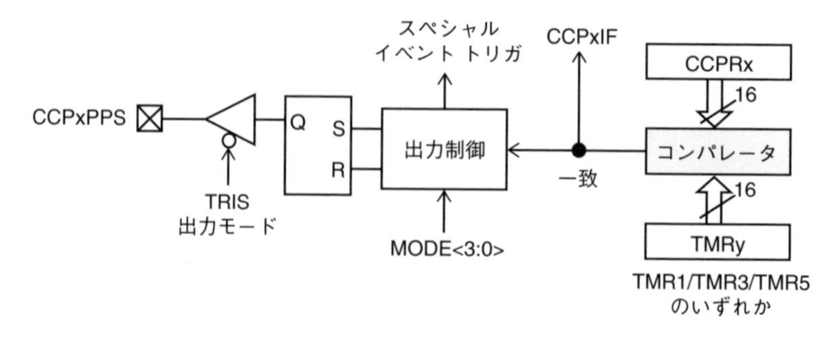

3 PWMモードの動作

Timer2/4/6と協調動作となる。

次にCCPのPWM動作時の構成*は図6-3-8のようになります。

動作としては、TMRyは常時選択されたクロック源でカウントアップ動作をしています。PWM動作の場合TMRyの前段に2ビットのプリスケーラが挿入されて10ビットの動作をします。

TyPRとTMRyの上位8ビットは常に周期コンパレータで比較されており、両者の値が一致すると、コンパレータからの出力で、TMRyは0クリアされてカウント動作を最初からやり直すことになります。これと同時にCCPxピンの出力は「High」にセットされます。したがってTMRyは0からTyPRの値までを繰り返すので一定周期でCCPx出力がHighにされることになります。これでPWMの周期が決定されます。

一方、デューティを決定するのがCCPRxレジスタで、この内容が内部10ビットラッチにコピーされてデューティが初期化されます。この内部ラッチとTMRyも常時デューティコンパレータで比較されており、一致するとデューティコンパレータの出力でCCP出力が「Low」にリセットされます。したがって、次の周期のHighとなる前にLowとなる。

TyPRよりCCPRxの上位8ビットの値が小さければ*、CCP出力はHighとLowを一定周期で繰り返すことになります。

●図6-3-8 PWM動作時のCCPの構成

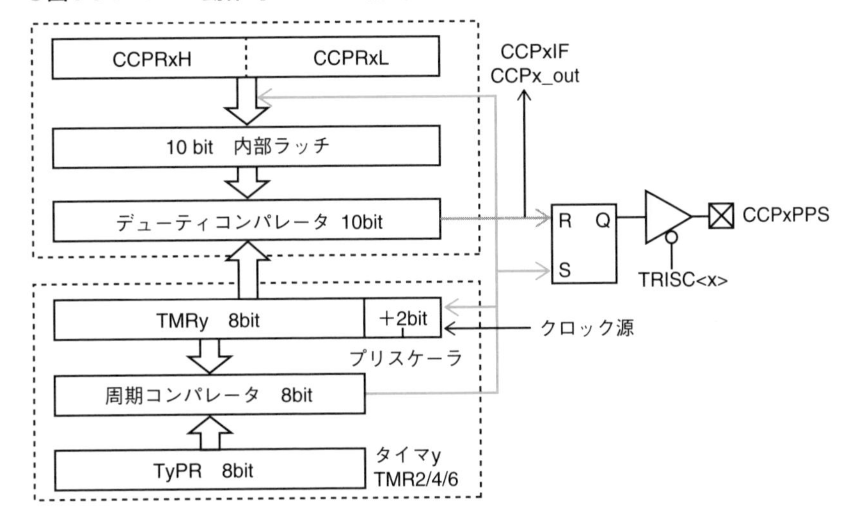

4 CCP3のMCCの設定

本章ではCCP3をPWMモードで動作させるので、MCCで図6-3-9のようにPWMモードに設定します。ここでは連携するタイマを設定するだけです。④PWM周期などの値は連携するタイマ*を設定すると表示されます。

ここではTimer4。

●図6-3-9 CCP3のMCCの設定

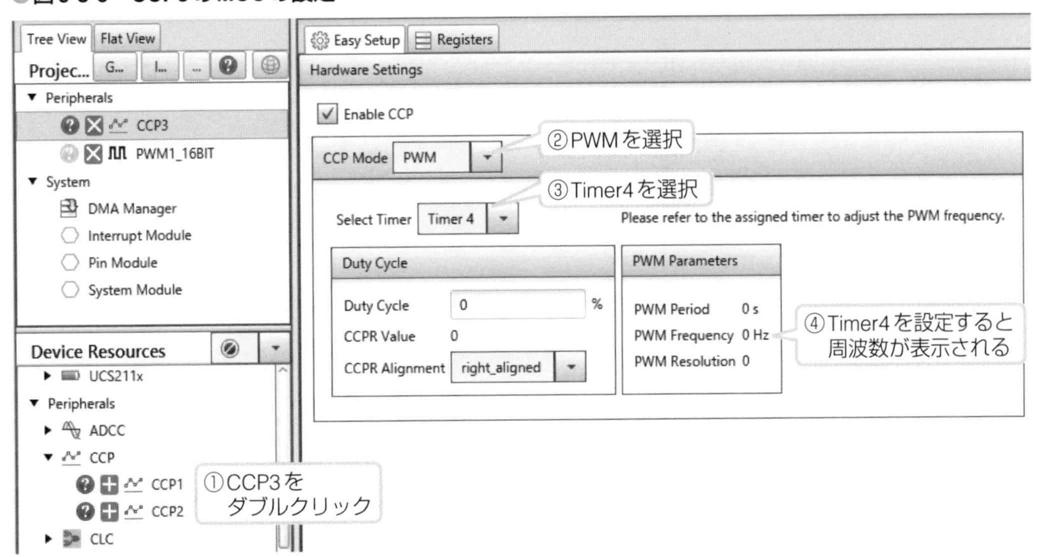

PORT単位でできるできないがあるので注意。PORTAにはどれも出力できない。

CCPモジュールは3組ありますが、それぞれ出力できるピンは図6-3-10のようにある程度決まっています*ので、注意する必要があります。CCP1とCCP2は同じですが、CCP3は出力できるピンが異なります。

●図6-3-10　CCPの出力ピン

			Port A ▼								Port B ▼								Port C ▼								Port D ▼								Port E ▼				Port F ▼							
Module	Function	Direction	0	1	2	3	4	5	6	7	0	1	2	3	4	5	6	7	0	1	2	3	4	5	6	7	0	1	2	3	4	5	6	7	0	1	2	3	0	1	2	3	4	5	6	7
CCP1	CCP1	output																	🔒	🔒	🔒	🔒	🔒	🔒	🔒	🔒													🔒	🔒	🔒	🔒	🔒	🔒	🔒	🔒
CCP2	CCP2	output																	🔒	🔒	🔒	🔒	🔒	🔒	🔒	🔒													🔒	🔒	🔒	🔒	🔒	🔒	🔒	🔒
CCP3	CCP3	output									🔒	🔒	🔒	🔒	🔒	🔒	🔒	🔒									🔒	🔒	🔒	🔒	🔒	🔒	🔒	🔒												

5 タイマ4のMCCの設定

ここではPWM動作の周期用にはタイマ4を使います。PWMデューティ分解能を最大の10ビットにするためには、周期レジスタT4PRには0xFFを設定*する必要があります。つまりMCCの設定では、図6-3-11のように最高周期の時間に設定する必要があります。

これより小さな値とするとデューティはこの値以下にしかできないので分解能が下がる。

●図6-3-11　タイマ4の設定

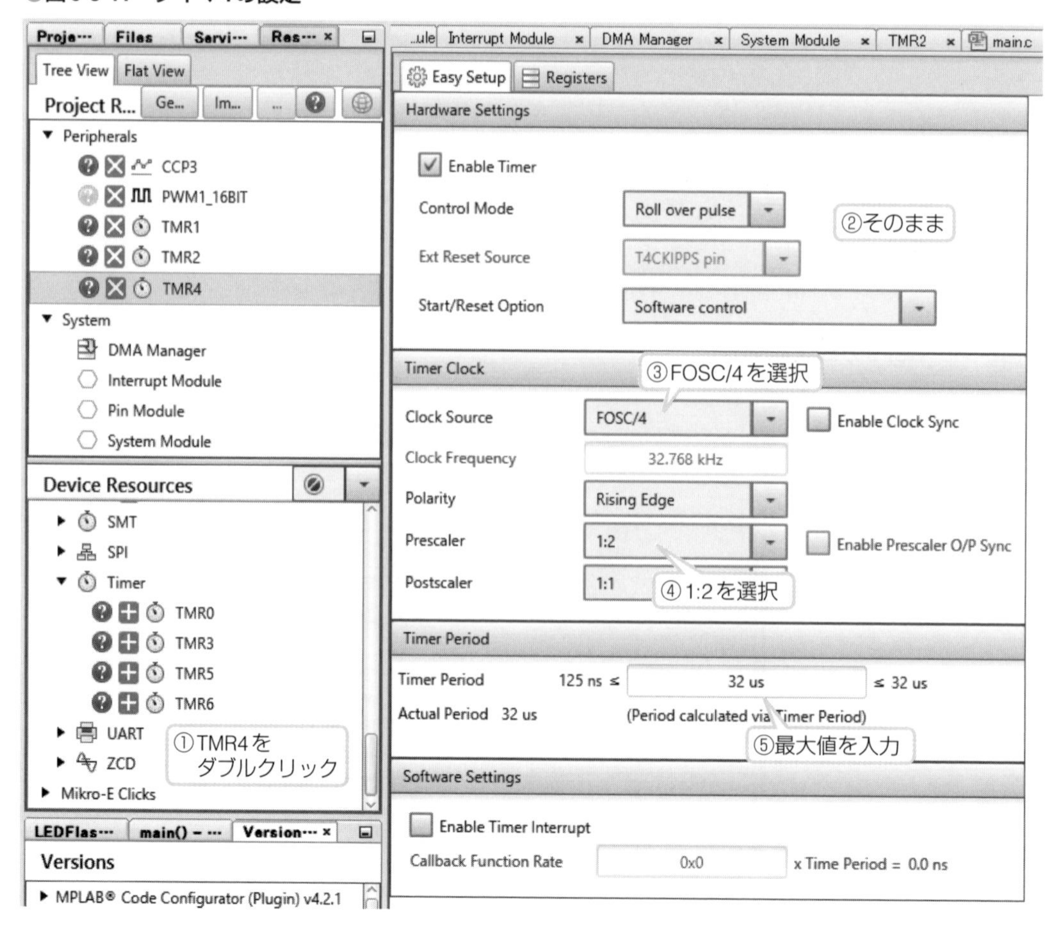

6-3-4 タイマ1の設定

PWMのデューティを一定時間間隔で更新*するため、タイマ1を10msec周期のインターバルタイマとして設定し割り込みを生成するようにします。

タイマ1/3/5の構成は図6-3-12のようになっていてどれも同じとなっています。

図のTMRx（xは1、3、5のいずれか）が16ビットカウンタの本体で、TMRxHレジスタとTMRxLレジスタの2個のレジスタを接続して構成されています。カウントトリガとなるパルスは、図の左端にあるマルチプレクサで非常に多くの選択肢から選ぶことができます。システムクロックだけでなく、CLC*の出力や他のタイマの出力をクロック源とすることもできます。

選択されたパルスはプリスケーラで分周して使うことができ、プリスケーラの分周比は1/1、1/2、1/4、1/8の4種類となっています。

そのあとにクロック同期の有効/無効を選択できます。外部クロックでスリープ中にも動作させたい場合には同期を無効にします。

タイマ1/3/5をインターバルタイマとして使う場合の時間設定は、必要なカウント数となるよう、オーバーフローするごとにカウント開始値をTMRxHとTMRxLに代入して設定する必要*があります。

*LEDの明るさを連続的に変化するようにするため。

*簡単なロジックが構成できる内蔵モジュール。

*再設定部もMCCで自動生成される。

●図6-3-12　タイマ1/3/5の構成

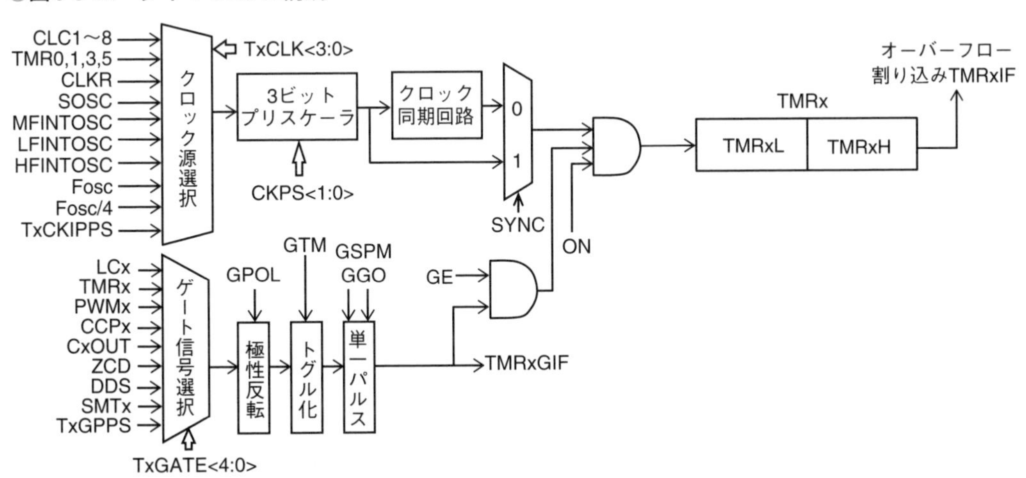

タイマ1/3/5はこの基本機能の他に、図の下側にあるゲート機能が追加されています。ゲート機能を使うと、ゲートが有効な間だけカウント動作*をさせることができます。このゲートのオンオフも多種類の入力源から選択できます。そしてこれらの入力源をそのままゲート信号とするか、単一パルスとしてゲート信号とするか、入力のエッジごとにトグルさせた信号をゲートとするかを指定できます。

*パルス幅測定などに使える。

このタイマ1の設定を10msec周期のインターバルタイマとするためのMCCの設定は図6-3-13となります。②クロックはFOSC/4、③分周比は最大の1/8、④ 時間を10msと入力、⑤割り込み有効とし⑥1を入力して毎回Callback関数を呼び出すようにします。

●図6-3-13　タイマ1のMCCの設定

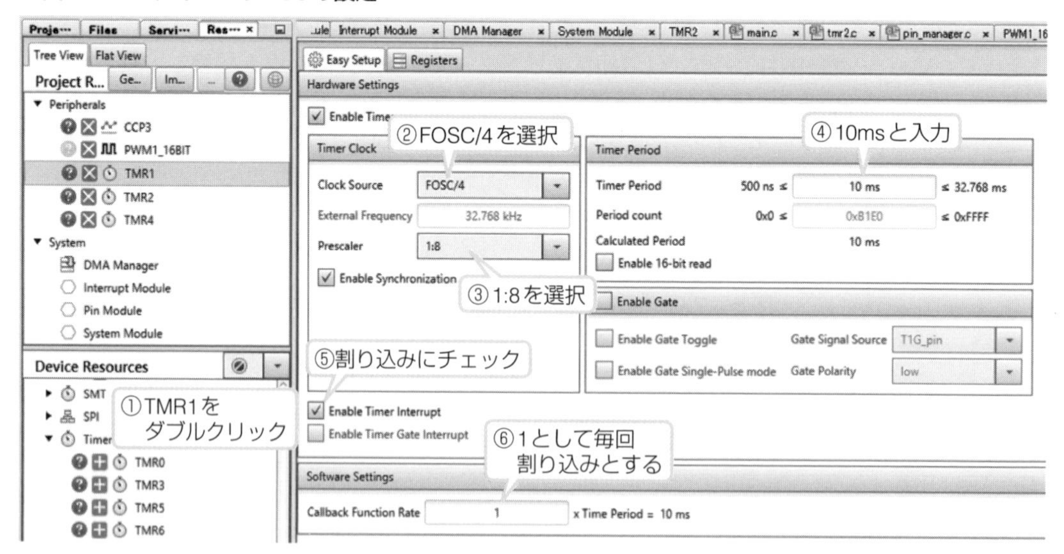

6-3-5 入出力ピンの設定

最後に入出力ピンの設定をしますが、ここでは2個のLEDだけの設定となり図6-3-14のようにPin Managerで設定します。名前は使う必要がないのでPin Moduleの設定は不要です。

●図6-3-14　入出力ピンの設定

Output | Notifications [MCC] | Pin Manager: Grid View

Package: TQFP48		Pin No:	21	22	23	24	25	26	33	32	8	9	10	11	16	17	18	19	34	35	40	41	46	47	48	1
			Port A ▼								Port B ▼								Port C ▼							
Module	Function	Direction	0	1	2	3	4	5	6	7	0	1	2	3	4	5	6	7	0	1	2	3	4	5	6	7
CCP3	CCP3	output									🔓	🔓	🔒	🔓	🔓	🔓	🔓	🔓								
OSC	CLKOUT	output							🔓																	
PWM1_16BIT ▼	PWM11	output																	🔓	🔓	🔓	🔓	🔒	🔓	🔓	🔓
	PWM12	output																	🔓	🔓	🔓	🔓	🔓	🔓	🔓	🔓
	PWMIN0	input																	🔓	🔓	🔒	🔓	🔓	🔓	🔓	🔓
	PWMIN1	input	🔓	🔓	🔓	🔓	🔓	🔓	🔓	🔓																
Pin Module ▼	GPIO	input	🔓	🔓	🔓	🔓	🔓	🔓	🔓	🔓	🔓	🔓	🔓	🔓	🔓	🔓	🔓	🔓	🔓	🔓	🔓	🔓	🔓	🔓	🔓	🔓
	GPIO	output	🔓	🔓	🔓	🔓	🔓	🔓	🔓	🔓	🔓	🔓	🔓	🔓	🔓	🔓	🔓	🔓	🔓	🔓	🔓	🔓	🔓	🔓	🔓	🔓
RESET	MCLR	input																								

①青LED
②赤LED

6-3-6 Generateしてコード完成

以上ですべてのMCCの設定が完了したので、[Generate]ボタンでコードを生成します。生成後、周辺モジュールごとに生成された関数を使ってメイン関数を完成させます。完成したプログラムがリスト6-3-1となります。

リスト 6-3-1 例題のプログラム (PWMCont)

```
/*********************************************
 * PWMによるLED調光制御
 *   PWM1、CCP3＋Timer4    Timer1
 *********************************************/
#include "mcc_generated_files/mcc.h"

volatile uint16_t Duty;
/*******************************
 * タイマ1 Callback関数
 *******************************/
void TMR1_Process(void){
    // デューティ設定
    PWM1_16BIT_SetSlice1Output1DutyCycleRegister(Duty);
    PWM1_16BIT_LoadBufferRegisters();
    PWM3_LoadDutyValue(Duty);
    // デューティ値更新
    Duty++;
    if(Duty > 2047)
        Duty = 0;
}
/******* メイン関数 ****************/
void main(void)
{
    SYSTEM_Initialize();
    // Callback関数定義
    TMR1_SetInterruptHandler(TMR1_Process);
    // 割り込み許可
    INTERRUPT_GlobalInterruptEnable();
    Duty = 0;
    /**** メインループ **************/
    while (1)
    {

    }
}
```

これをコンパイルして書き込めば動作を開始します。

青LEDはゆっくりと明るくなり最大の明るさになった瞬間消えた状態になり、そこからまた明るくなるということを繰り返します。

赤LEDの方は少し早く同じことを繰り返し、青LEDの倍の速度で明るくなり瞬時消えてまた明るくなるということを繰り返します。

6-4 センサデータのWi-Fi送信

6-4-1 例題のシステム構成と機能

この例題では、写真6-4-1のようにCuriosity Nano Base BoardのmikroBUSにWeather Click*とWiFi ESP Click*を実装して動かします。

mikroBUS 2に実装。

mikroBUS 3に実装。

●**写真6-4-1　例題の実装**

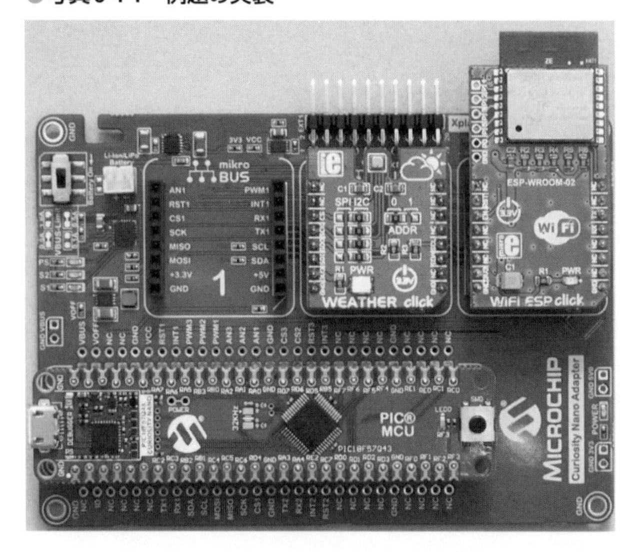

この実装状態で例題は図6-4-1のようなシステム構成として、次の機能を実行させることにします。プロジェクト名を「Weather」とします。

①パソコンに「TCP/IPテストツール*」というフリーソフトをインストールしてTCPサーバとして動作させ、同時に「TeraTerm*」も動作させて、通信のモニタ兼デバッグ用として使う

②PICマイコンの初期化の中でWi-Fiモジュールと通信して、Wi-Fiルータと接続し、さらにTCPサーバであるパソコンと接続する。この間の通信状況をUSBデバッグのシリアル通信を使ってパソコンに送信し、TeraTermで表示することで通信のモニタ兼デバッグとして使う

③Timer0の30秒周期の割り込みで、Weather Clickのセンサの3つのデータ*を取得し、CSVフォーマット*でTCP通信によりTCPサーバ*に送信する

フリーソフトでTCPのサーバとクライアントの通信テストが簡単にできる。

シリアル通信用のフリーソフトで送信と受信ができる。

気圧、温度、湿度の3つのデータを取得できる。

カンマで区切って複数のデータを記述する形式。

パソコンのTCP/IPテストツールに相当する。

●図6-4-1　例題のシステム構成

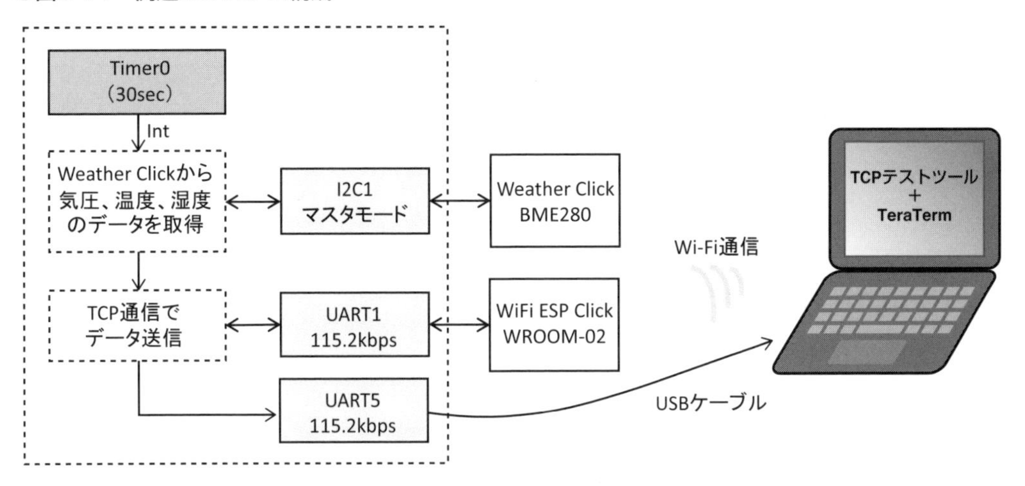

この例題をMCCで作成していきます。プロジェクト作成とクロック、コンフィギュレーションビットの設定は例題1と同じで、最高速度の64MHzで動作させます。プロジェクト名は「Weather」です。

クロック設定を含めたコンフィギュレーションビットをMCCで設定する方法は6-2節と同じなので省略します。

新たに使う周辺モジュールがI^2CとUARTになります。さらにWeather ClickにはMCCのライブラリ*があるので、これの使い方を説明します。

多くのClick Board用のライブラリが用意されている。

6-4-2　Weather Clickの使い方

本章ではセンサとして「Weather Click」ボードと呼ばれる複合センサ*をI^2Cモジュールに接続して使っています。このセンサの仕様は図6-4-2のようになっていて、気圧、温度、湿度の3種類のデータを計測できます。

ボッシュ社製BME280が実装されている。

このセンサ自身のマイコンとのインターフェースはSPIとI^2Cいずれでも使えますが、このClick BoardはデフォルトではI^2C用*に設定されています。SPIに変更する場合はボード上のジャンパを変更する必要があります。

I^2Cアドレスも0x76に設定されている。ジャンパで0x77に変更可能。

このClick BoardをBase BoardのmikroBUS 2に実装して使います。このときに必要なピンはSCLとSDAの2本だけ*となります。

電源3.3VとGNDも必要。

●図6-4-2　Weather Clickの仕様

内蔵センサの仕様
ボッシュ社製
型番：BME280
I/F　：I²CまたはSPI
本ClickはI²C
I²Cアドレスは0x76
温度：−40℃〜85℃　±1℃
湿度：0〜100%　±3%
気圧：300〜1100hPa　±1hPa
電源：3.3V
補正演算が必要
ピン配置：mikroBUS互換

ピン配置：mikroBUS互換

No	信号名	No	信号名
1	NC	16	NC
2	NC	15	NC
3	CS	14	NC
4	SCK	13	NC
5	SDO	12	SCL
6	SDI	11	SDA
7	3.3V	10	NC
8	GND	9	GND

microBUSの接続

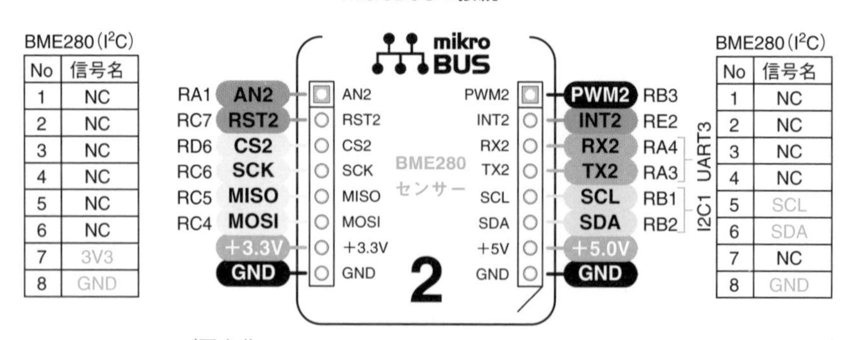

BME280 (I²C)

No	信号名
1	NC
2	NC
3	NC
4	NC
5	NC
6	NC
7	3V3
8	GND

BME280 (I²C)

No	信号名
1	NC
2	NC
3	NC
4	NC
5	SCL
6	SDA
7	NC
8	GND

（図出典：Curiosity Nano Base for Click boards Hardware User Guide）

このセンサは個々の較正が工場出荷時に行われていて、その較正用のパラメータが内部レジスタに書き込まれています。このセンサを使うプログラムでは、最初にこの較正用パラメータを呼び出しておき、毎回の計測時に32ビット幅の較正演算が必要となります。

この演算はちょっと複雑なのですが、MCCには、このClick Board用のライブラリ*が用意されており、その中にすべて組み込まれているのでこの演算プログラムを作成する必要はありません。自動生成される関数を使って制御します。

* Weatherというライブラリを使う。

Weather Click BoardのMCCでの設定は図6-4-3のようにします。まず、MCCの［Device Resources］欄の一番下にある①Mikro-E Clicksの三角マークをクリックして展開し、その中にある②Sensorsの三角マークをクリックします。これで開くClickの中から下の方にある③Weatherを選択します。これでモジュールが選択され上の欄に移動し、図6-4-3の右側のような設定ダイアログが開きます。この設定欄はすべて⑤⑥⑦そのままとします。

●図6-4-3 Weather ClickのMCCの設定

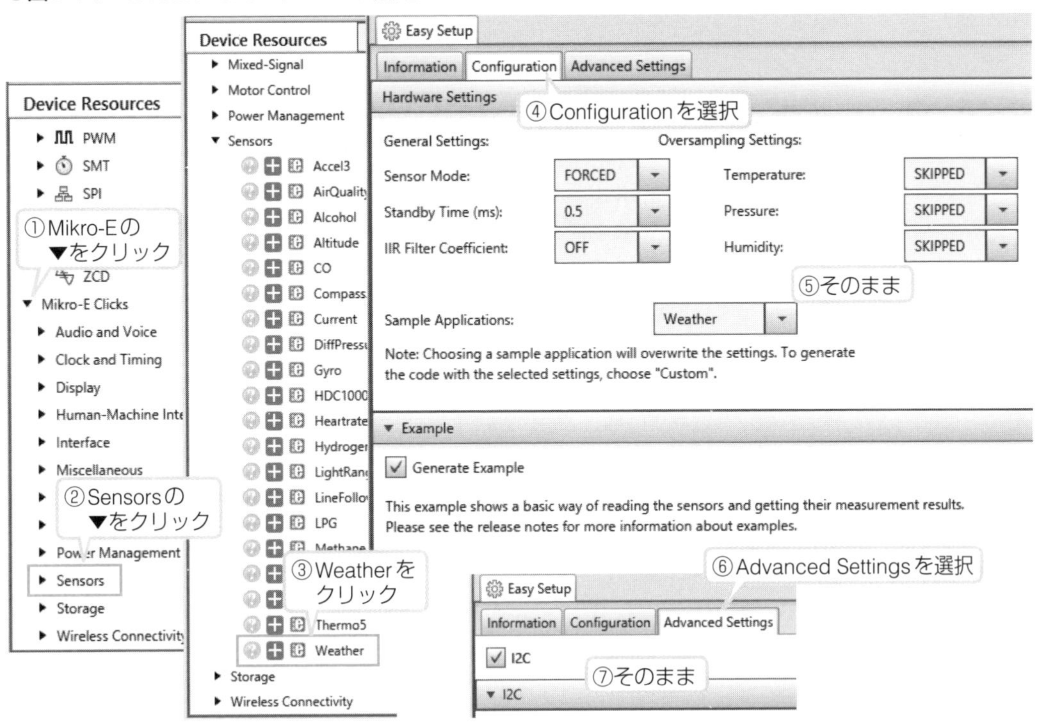

Weatherライブラリで提供される関数は、表6-4-1となります。使い方は、いったん「Weather_readSensors()」関数を実行してRead動作をしたあと、内部変数を読み出す関数を使って各データを取得します。例えば気圧を取り出す場合は、「Press=Weather_getPressureKPa()*10;」とすればhPa単位で気圧データを取得できます。

▼表6-4-1 Weatherライブラリ関数

関数名	機能と書式
Weather_initializeClick	《機能》初期化 《書式》static void Weather_initializeClick(void);
Weather_readSensors	《機能》センサの計測動作を実行する。 結果は関数内の変数メモリに保存される 《書式》void Weather_readSensors(void);
Weather_getTemperatureDegC	《機能》温度データを読み出す 《書式》float Weather_getTemperatureDegC(void);
Weather_getPressureKPa	《機能》気圧データを読み出す。Kpa単位になっている 《書式》float Weather_getPressureKPa(void);
Weather_getHumidityRH	《機能》湿度データを読み出す 《書式》float Weather_getHumidityRH(void);

このWeatherセンサを使う場合には、I2C1モジュールで接続するので、そのモジュールの追加と設定が必要です。

6-4-3 I²Cモジュールの使い方

I²C（Inter-Integrated Circuit）通信は、DAコンバータや各種センサなどの周辺デバイスをシリアル通信で接続するのに使われます。これ以外にも表示制御デバイスや、AD変換ICなど、I²Cインターフェースで接続する製品が各社から発売されています。

I²Cはパーティーライン構成*が可能となっており、1つのマスタで複数のスレーブデバイスと通信することが可能です。マスタ側とスレーブ側を明確に分け、マスタ側がすべての制御の主導権を持っています。I²C通信の速度は100kbps、400kbps、1Mbpsが標準となっています。

*1本の通信ラインに複数のデバイスを接続した構成のこと。

I²C通信の送受信データフォーマットは図6-4-4のようになっています。最初、マスタ側からStart Condition*を出力後、マスタ側からアドレスが送信されます。このアドレス部は、7ビットモードと10ビットモードの2種類がありますが、実際の使われ方では、10ビットアドレスモードはほとんど使われることがなく、通常7ビットモードで使われています。

*SCLがHighのときにSDAがHighからLowになる。

このアドレス部の1バイト目の最後のビットが送信、受信を区別するRead/Writeビットになっています。スレーブ側はこれを受信したら、自身に設定されているアドレスと一致するかを確認します。アドレスが一致したスレーブはACKを返送し、そのあとの送受信を継続します。

このあとは、ReadかWriteかによって手順が分かれます。図(a)のマスタから送信(Write)の場合は、1バイト送信ごとにスレーブからACKが返されるので、これを確認しながら送信を繰り返します。最後にマスタがStop Condition*を出力すると終了となります。

*SCLがHighのときにSDAがLowからHighになる。

図(b)のマスタが受信(Read)する場合は、アドレスが一致したスレーブから1バイト送信されるので、マスタはこれを受信したらACKを返送します。これを必要回数繰り返し最後のデータを受信したら、マスタはNAK*を返送します。これでスレーブ側は送信が完了したことを認識して送信処理を終了します。さらに続けてマスタがStop Conditionを出力して通信終了となります。

*Not ACK。

スレーブ側が送受信する場合には、処理時間を確保するために、クロックストレッチによってマスタを待たせることができます。さらにマスタ側は、送信終了のStop Conditionを発行する代わりに、Repeated Start Condition*を発行することで、連続してスレーブとの通信を行うこともできます。

*繰り返しのStart Condition。

●図6-4-4 I^{2}C通信のフォーマット

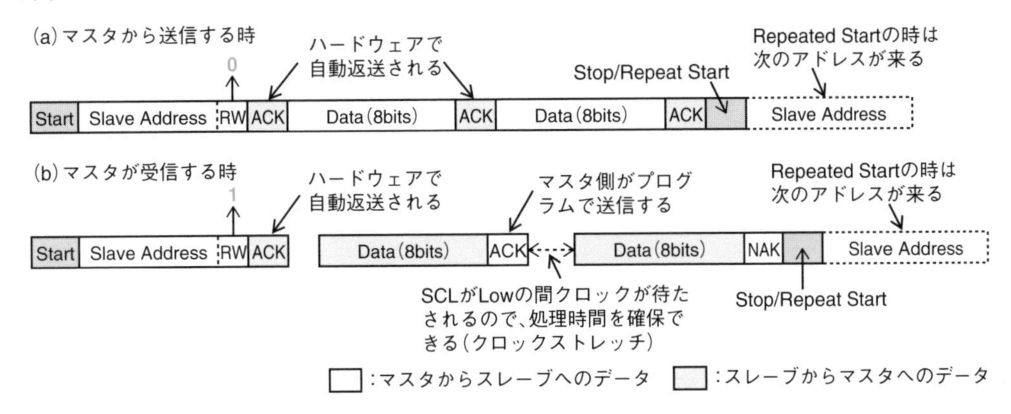

I^{2}Cモジュールの内部構成は図6-4-5のようになっています。マスタモジュールには、SCLピンにクロックを供給する機能や、Start ConditionやStop Conditionの送信機能を内蔵しています。

SCLとSDAの2本の信号線ですべてのデータの送受信を行うため、SCLピン、SDAピンともに複数のスレーブが接続されるので、両ピンともオープンドレイン構成*となります。また、スレーブモードの場合には、受信したアドレスデータとアドレスレジスタを比較して一致した場合のみ応答します。

出力トランジスタのドレインがオープンのまま出力される。これによりワイアードOR接続が可能になり、複数のデバイスを一緒のラインに接続した動作ができる。外部にプルアップ抵抗を必要とする。

●図6-4-5 I^{2}Cモジュールの内部構成

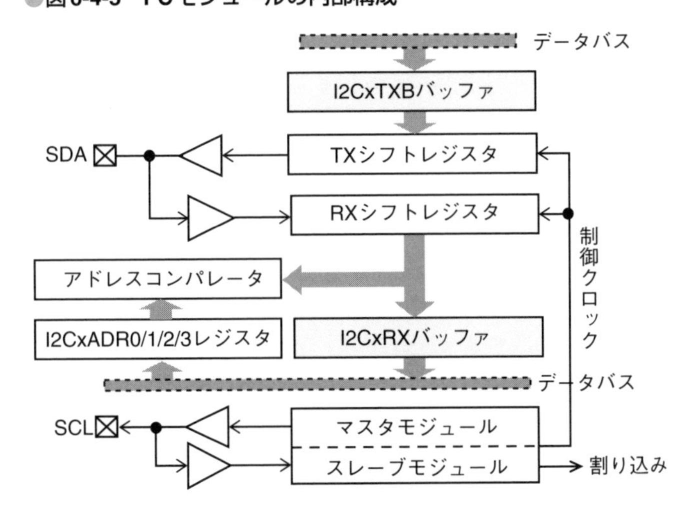

MCCでI^{2}Cを使う場合の設定窓は図6-4-6のようになります。Weatherライブラリを追加するとI2C1モジュールも自動追加されます。今回の使い方ではデフォルトのままで特に設定することはありません。マスタモードで、速度が100kHzとなり、割り込みは使いません。

●図6-4-6　I²CのMCCの設定

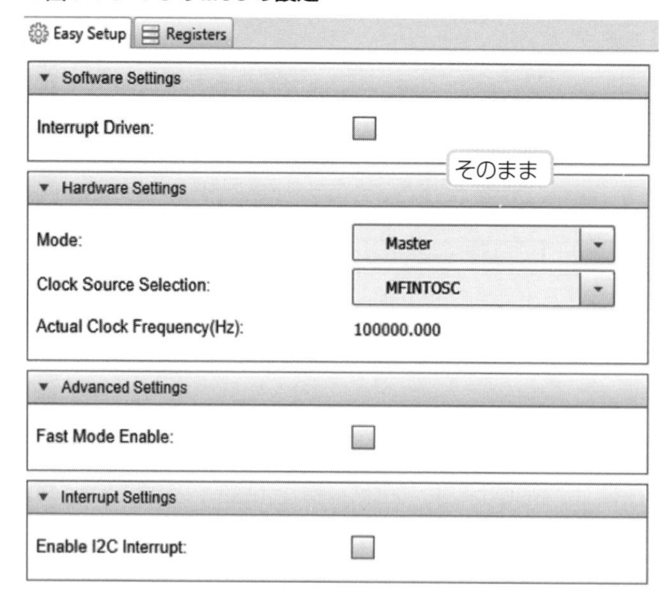

6-4-4　WiFi ESP Clickの使い方

Wi-Fi通信用には、最近よく使われているESP WROOM-02というWi-Fiモジュールを実装している「WiFi ESP Click」を使います。このClick Boardの仕様は図6-4-7のようになっています。

内蔵のWi-Fiモジュールのピン設定は基板上で配線済みですので、TXとRXピンにUARTで接続*して、すぐ使うことができるようになっています。RSTとENピンはリセットとイネーブル用ですので、常時Highとしておきます。

*通信速度は115.2kbpsとなっている。

このWi-Fiモジュールを使うには、mikroBUS 3に実装するので、図のようにUART1で接続し、通信速度を115.2kbpsに設定します。

そしてシリアル通信で**ATコマンド**と呼ばれる文字列によるコマンドで制御することになります。コマンドを送るごとにWi-Fiモジュールから応答が返ってくるので、それを判定しながら制御します。通常は正常にコマンドが受け付けられれば「OK」応答が返されます。このATコマンドの代表的なものが表6-4-2となります。

このATコマンドはWi-Fiモジュール内のファームウェアのバージョンにより少し異なる部分があります。本書で使う範囲ではバージョンの異なる部分は「_DEF」というオプションがいくつかのコマンドに追加されただけで、機能に差異はありません。

●図6-4-7　WiFi ESP Clickの仕様

内蔵Wi-Fiモジュールの仕様
- 型番　：ESP-WROOM-02（32ビットMCU内蔵）
- 仕様　：IEEE802.11b/g/n　2.4G
- 電源　：3.0V～3.6V　平均80mA
- モード：Station/softAP/softAP+Station
- セキュリティ：WPA/WPA2
- 暗号化：WEP/TKIP/AES
- I/F　：UART　115.2kbps
- その他：GPIO

ピン配置：mikroBUS互換

No	信号名	No	信号名
1	NC	16	NC
2	RST	15	NC
3	EN	14	TX
4	NC	13	RX
5	NC	12	NC
6	NC	11	NC
7	3.3V	10	NC
8	GND	9	GND

mikroBUSの接続

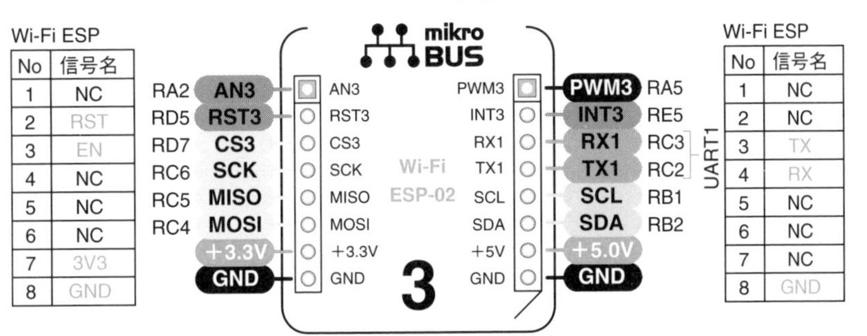

（出典：Curiosity Nano Base for Click boards Hardware User Guide）

▼表6-4-2　Wi-FiモジュールのATコマンド例（↓はCRLF）

コマンド	機能と書式	応答
AT ↓	テスト	OK
AT+RST ↓	再スタート	OK
AT+RESTORE ↓	工場出荷時に戻す	OK
AT+CWMODE_DEF または AT+CWMODE	《機能》モード設定（設定を保存する） 《書式》AT+CWMODE_DEF=n ↓ n=1：ステーションモード n=2：ソフトAP* モード n=3：ソフトAP＋ステーションモード 注）DEF付はVer2.0の記述形式	+CWMODE_DEF:n OK
AT_CWJAP_DEF または AT+CWJAP	《機能》APと接続する（設定を保存する） 《書式》AT+CWMODE_DEF="ssid","passwoed" ↓ ssid：APのアドレス文字列 password：APのパスワード文字列 注）DEF付はVer2.0の記述形式	WIFI CONNECTED WIFI GOT IP OK または +CWJAP_DEF:errorcode FAIL
AT_CWQAP ↓	APとの接続を切断する	OK
AT+CIPSTART	《機能》サーバとの接続 《書式》AT+CIPSTART="type","IP",<port> ↓ type：TCP、UDP IP：相手IPアドレス文字列 port：相手ポート番号	CONNECT OK　または ERROR　または busy　または ALREADY CONNECTED

コマンド	機能と書式	応答
AT+CIPSEND	《機能》送信データ数の送信 《書式》AT+CIPSEND=n ↓ n：送信するバイト数	OK
<data> ↓	《機能》送信データ（nバイト） AT_CIPSENDのあとに実行し、指定したバイト数と等しい長さであること	SEND OK　または SEND FAIL
サーバから受信 <data> ↓	《機能》受信データ n：受信データバイト数 data：受信データ	+IPD,n:data ↓
AT+CIPCLOSE ↓	サーバとの接続を切断	OK

*ソフトウェアでWi-Fiルータの機能を果たす。
AP：アクセスポイントの略で、家庭ではWI-Fiルータに相当する

これらのATコマンドを使って実際にTCPサーバと接続してデータを送信する手順は、図6-4-8のようになります。この手順では応答処理については省略しています。

●図6-4-8　Wi-Fiモジュール ATコマンドフロー例

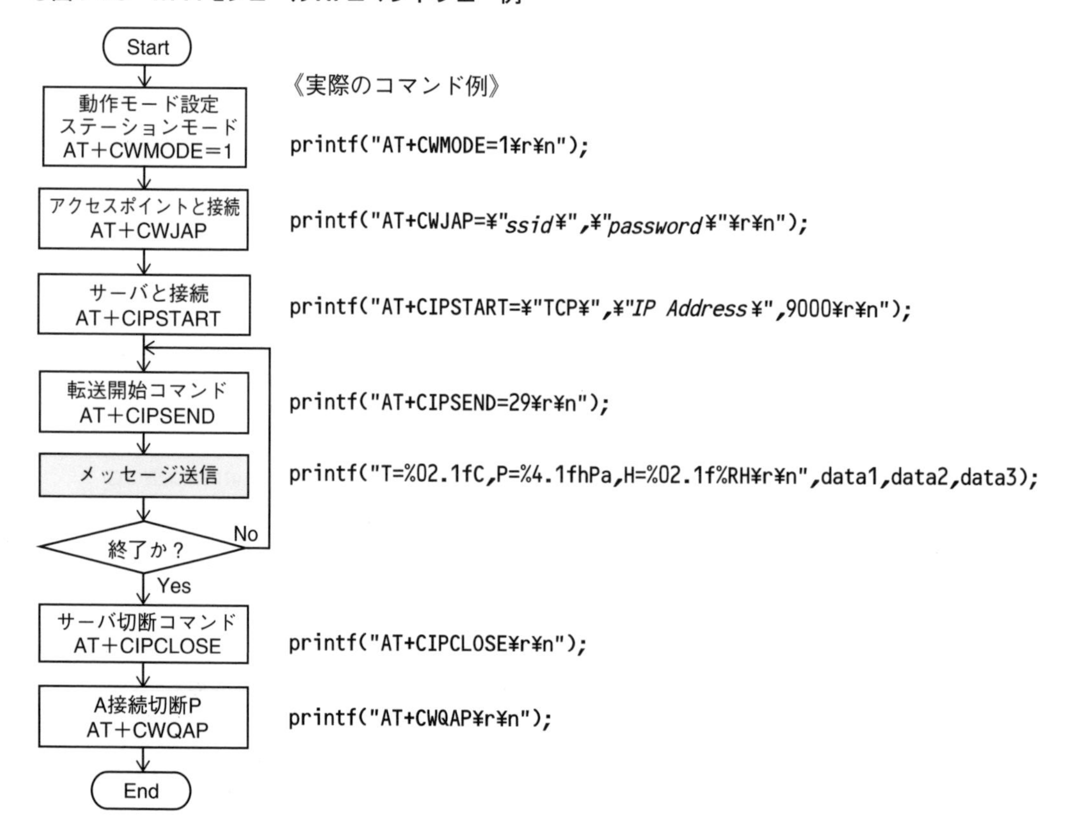

Start
動作モード設定
ステーションモード
AT＋CWMODE＝1
アクセスポイントと接続
AT＋CWJAP
サーバと接続
AT＋CIPSTART
転送開始コマンド
AT＋CIPSEND
メッセージ送信
終了か？
No
Yes
サーバ切断コマンド
AT＋CIPCLOSE
A接続切断P
AT＋CWQAP
End
《実際のコマンド例》
printf("AT+CWMODE=1¥r¥n");
printf("AT+CWJAP=¥"ssid¥",¥"password¥"¥r¥n");
printf("AT+CIPSTART=¥"TCP¥",¥"IP Address¥",9000¥r¥n");
printf("AT+CIPSEND=29¥r¥n");
printf("T=%02.1fC,P=%4.1fhPa,H=%02.1f%RH¥r¥n",data1,data2,data3);
printf("AT+CIPCLOSE¥r¥n");
printf("AT+CWQAP¥r¥n");

APはアクセスポイントのこと。家庭ではWi-Fiルータに相当する。

「¥"」とすると文字列の中で"を文字として扱える。

プログラムで記述する場合に注意が必要なことは、AP*やTCPサーバの指定を文字列でする必要があることです。したがって図中の例のように、「¥"」を使って文字列の中の文字列*として記述する必要があります。この図中の例ではUARTの送信にprintf文を使っています。

Wi-Fiモジュールを使うためには、UARTモジュールを使う必要があります。次はこのUARTモジュールの使い方を説明します。

6-4-5 UARTモジュールの使い方

送信と受信の同時動作が可能。

UART（Universal Asynchronous Receiver Transmitter）は、古くから使われている汎用のシリアル通信機能で、パーソナルコンピュータや、ほかの機器とRS232C（EIA232-D/E）という規格のシリアル通信でデータ通信を行うことができます。名前の通り全二重*の非同期式通信（調歩同期式とも呼ばれる）に対応していて便利に使えます。

UARTモジュールの内部構成は図6-4-9のようになっています。図のように送信と受信がそれぞれ独立しているので、全二重通信が可能となっています。

❶送信動作

送信の場合には、送信するデータをUxTXBレジスタに命令で書き込みます。このあとは自動的にデータがUxTXBレジスタからTSRレジスタに転送され、ボーレートジェネレータからのビットクロック信号に同期してシリアルデータに変換され、スタートビットとストップビットが追加されてTXピンに順序良く出力されます。

シリアルデータで出力する際の出力パルス幅は、ボーレートジェネレータにセットされた値に従って制御されます。

❷受信動作

受信の場合には、RXピンに入力される信号を常時監視してLowになるスタートビットを待ちます。スタートビットを検出したら、1ビット幅の周期で、そのあとに続くデータを受信シフトレジスタのRSRレジスタに順に詰め込んでいきます。このときの受信サンプリング周期は、あらかじめボーレートジェネレータにセットされたボーレートに従った周期*となります。

ボーレートジェネレータは送受信兼用なので送信と受信の通信速度は同じとなる。

最後のストップビットを検出したら、RSRレジスタからUxRXBレジスタに転送します。プログラムでは、割り込みか、このUxRXIFフラグを監視して、1になったらUxRXBレジスタからデータを読み込みます。

このRxUXBレジスタは2階層のダブルバッファとなっているので、データを受信直後でも連続して次のデータを受信することが可能です。ダブルバッファがいっぱいの状態でさらに次のデータを受信するとオーバーランエラーとなりますし、最後のストップビットのHighが検出できなかったような場合にはフレーミングエラーという受信エラーとなります。受信動作ではこのエラービットの確認が必要です。

●図6-4-9　UARTモジュールの内部構成

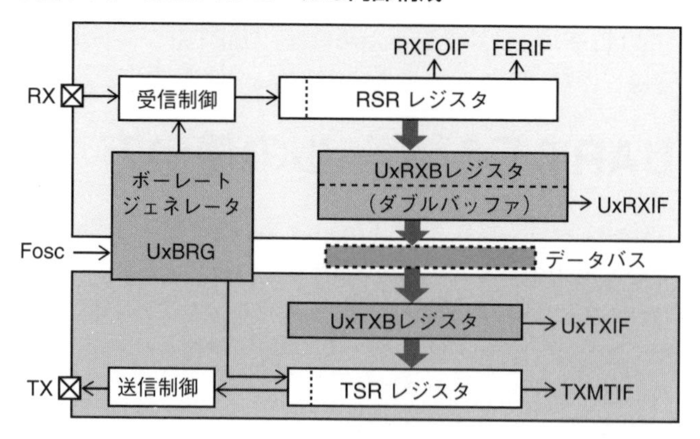

WiFi ESP Click BoardをMCCで使うためにはUART1モジュールを有効にします。[Device Resources]でUARTの中のUART1をダブルクリックして進めます。UART1の設定は図6-4-10のようにします。接続ピンの設定は、あとでまとめてMCCのPin Managerで設定します。

通信速度を115.2kbpsに設定し、受信がいつ入ってきても良いように割り込みありで使います。そして[Redirect STDIO]にチェックを入れ標準入出力関数*が使えるようにします。さらにバッファを64バイトにして、受信処理に時間がかかっても受信もれがないようにします。

*出力にprintf文が使えるようにする。

●図6-4-10　UART1の設定

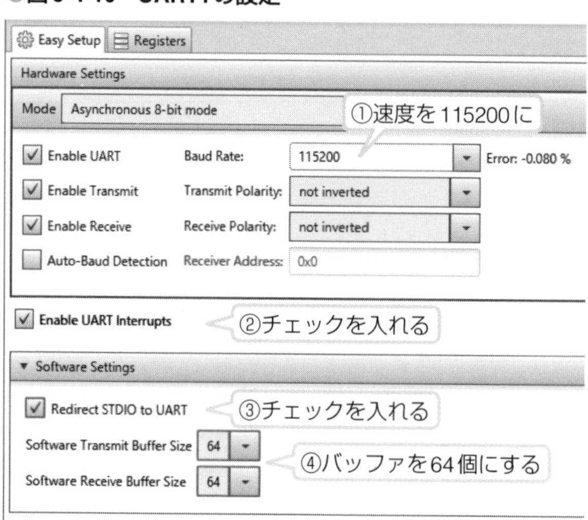

UARTxモジュール用としてMCCで生成される関数は表6-4-3となります。本章ではUART1は標準入出力関数を使いますが、標準入出力関数として設定できるのは1つだけなので、UART5はこの表の関数を使います。

▼表6-4-3　UART制御関数

関数名	書式と使い方
UARTx_Initialize	《機能》　UARTxの初期設定を行う。mainから自動的に呼び出される 《書式》　`void UARTx_Initialize(void);`
UARTx_is_tx_ready UARTx_is_rx_ready	《機能》　送信、受信レディチェック 《書式》　`bool UARTx_is_tx_ready(void);` `bool UARTx_is_rx_ready(void);` 戻り値：レディで`true`　　ビジーで`false`
UARTx_Read	《機能》　割り込みを使わない場合、受信できるまで待つ（ブロッキングタイプ） 割り込みを使う場合、受信したバッファのデータを返す。 バッファが空の場合は受信できるまで待つブロッキング方式となる。 《書式》　`unit8_t UARTx_Read(void)` 《使用例》`rcv = UARTx_Read();`
UARTx_Write	《機能》　割り込みを使わない場合、レディになるまで待って1バイト送信する。 割り込みを使う場合、送信バッファに格納し、実際の送信は割り込みで行われる 《書式》　`void UARTx_Write(uint8_t txData);` 《使用例》`UARTx_Write('A');`

6-4-6　例題の作成

click Board関連の設定はこれで終了したので、残りのタイマなどと入出力ピンの設定をします。

タイマ1をWi-Fi通信の受信タイムアウト*用として使います。1秒単位のタイムアウトが設定できるように図6-4-11のように設定して1秒タイマとします。実際のタイムアウト時間はプログラム中で設定するようにします。またタイムアウトもプログラムでチェックするので、割り込みは使いません。

タイムアウト時間を1秒単位で設定するため、図のように1sのときのカウント値が0xFFFF－0xF0DD＝3874（10進）ですから3874×N秒の値を設定して*秒単位のタイムアウト時間としています。

* アクセスポイントとの通信で数秒待つ必要があるため。

* TMR1_WriteTimer()関数を使う。

●図6-4-11　タイマ1のMCCの設定

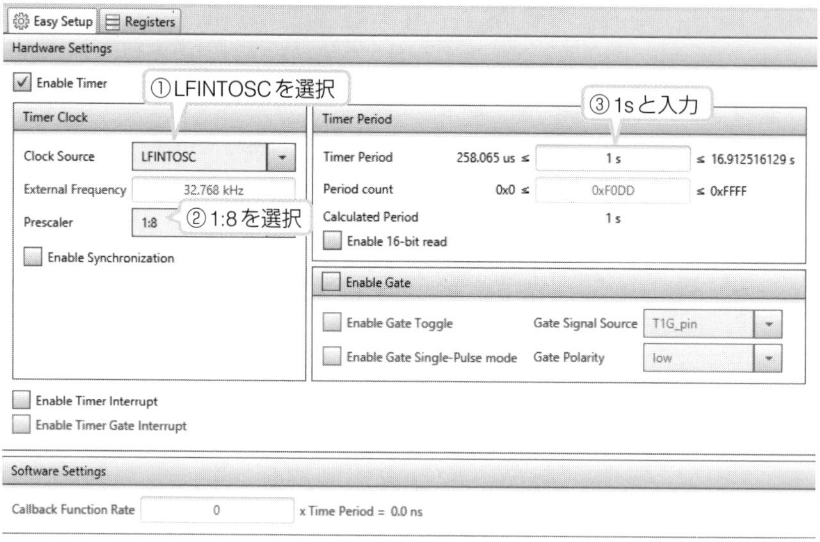

さらに、Wi-Fiモジュールとの通信状況をモニタできるように、UART5を使ってWiFi Click Boardからの送信データをパソコンに転送します。UART5は、Curiosity BoardのUSBコネクタでできるシリアルインターフェースを使い、パソコン側はTeraTermで受信するようにします。このUART5のMCCの設定は[Device Resources]でUARTの中のUART5をダブルクリックして開く設定窓で、図6-4-12のようにします。通信速度を115.2kbpsにするだけです。送受信ピンの設定はあとでまとめて設定します。

●図6-4-12　UART5モジュールのMCCの設定

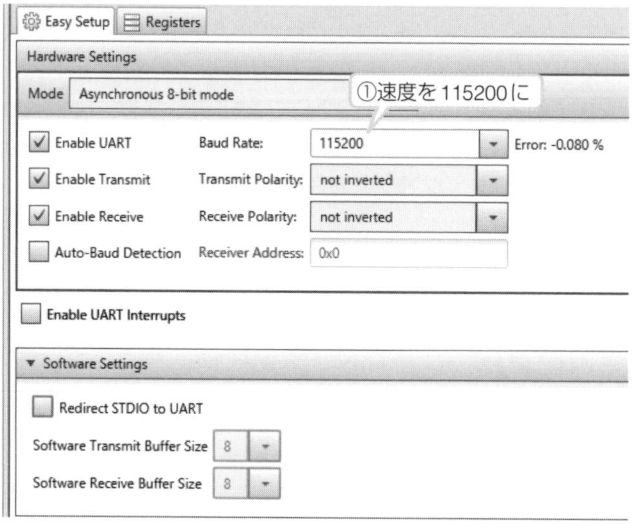

最後に30秒間隔で送信トリガをかけるためにタイマ0を使います。この設定は図6-4-13のように割り込みありで設定します。

●図6-4-13　タイマ0モジュールのMCCの設定

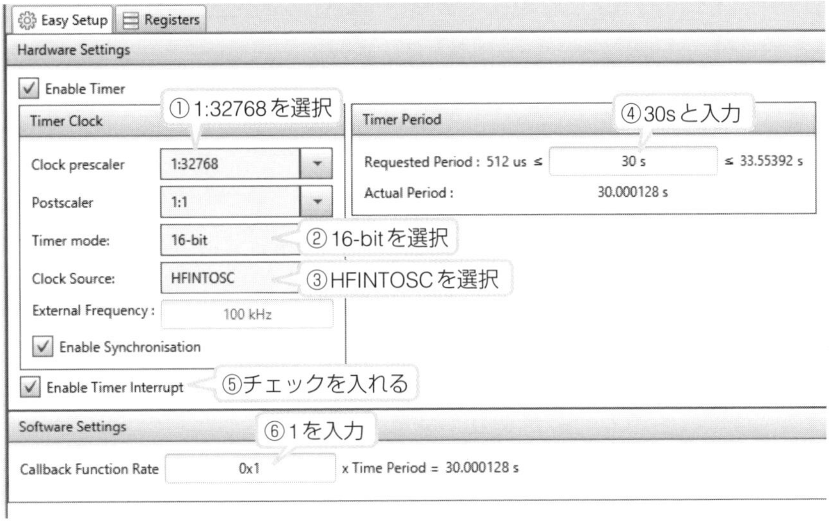

Easy Setup
Registers
Hardware Settings
Enable Timer
Timer Clock
①1:32768を選択
Clock prescaler
1:32768
Postscaler
1:1
Timer mode:
16-bit
②16-bitを選択
Clock Source:
HFINTOSC
③HFINTOSCを選択
External Frequency :
100 kHz
Enable Synchronisation
Timer Period
④30sと入力
Requested Period : 512 us ≤
30 s
≤ 33.55392 s
Actual Period :
30.000128 s
Enable Timer Interrupt
⑤チェックを入れる
Software Settings
⑥1を入力
Callback Function Rate
0x1
x Time Period = 30.000128 s

次が入出力ピンの設定で、図6-4-14のようにします。ここではWi-Fiモジュール用のRSTとENピン、LEDの設定を忘れないようにします。

●図6-4-14　入出力ピンの設定

Output
Notifications [MCC]
Pin Manager: Grid View
Package: TQFP48
Pin No:
Port A
Port B
Port C
Port D
Port E
Port F
Module
Function
Direction
I2C1
SCL1
in/out
SDA1
in/out
OSC
CLKOUT
output
Pin Module
GPIO
input
GPIO
output
RESET
MCLR
input
TMR0
T0CKI
input
TMR0
output
TMR1
T1CKI
input
T1G
input
UART1
CTS1
input
RTS1
output
RX1
input
TX1
output
TXDE1
output
UART5
CTS5
input
RTS5
output
RX5
input
TX5
output
TXDE5
output
①I2C1
②Wi-Fi関連
③Wi-Fi関連
④デバッグ関連

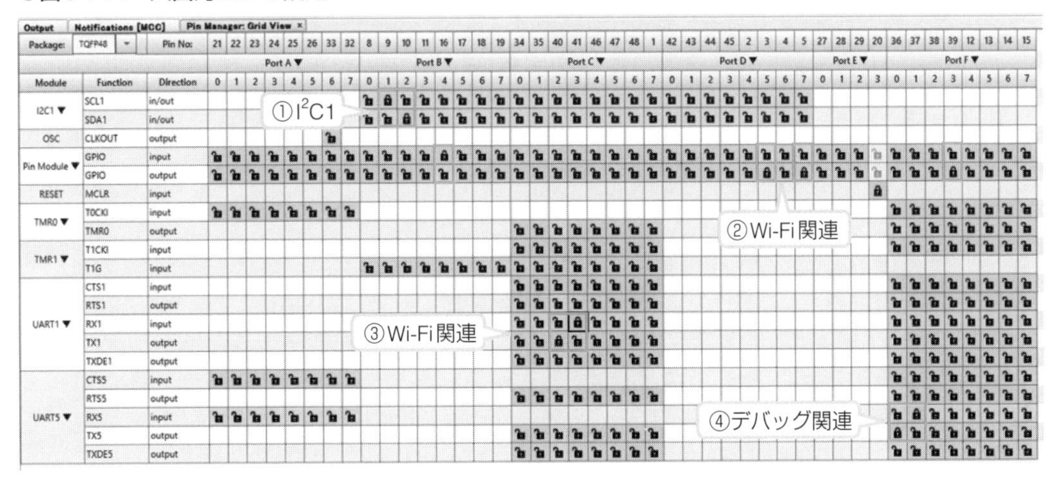

ピン設定が完了したら、[Project Resources]の[Pin Module]欄で各ピンに名称を入力します。プログラムでこの名称を使うので必須となります。

●図6-4-15　入出力ピンの名称設定

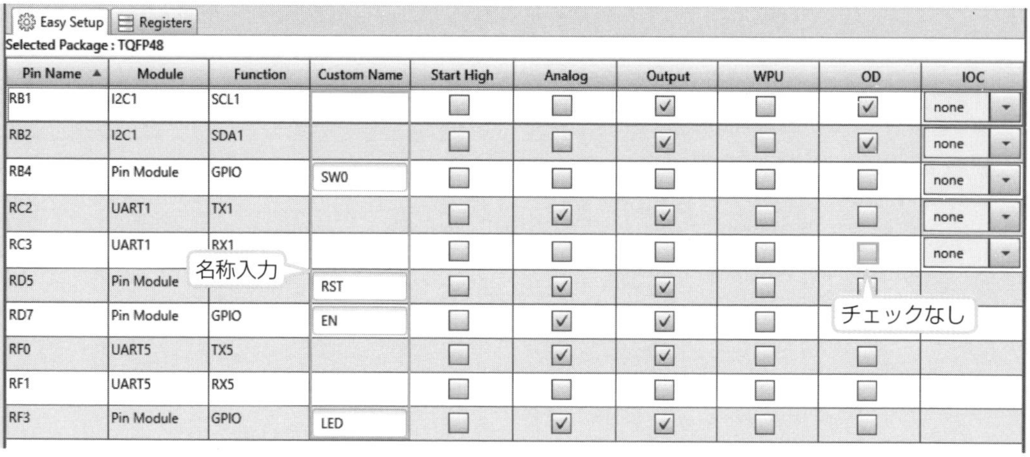

Easy Setup　Registers

Selected Package : TQFP48

Pin Name ▲	Module	Function	Custom Name	Start High	Analog	Output	WPU	OD	IOC
RB1	I2C1	SCL1		☐	☐	☑	☐	☑	none
RB2	I2C1	SDA1		☐	☐	☑	☐	☑	none
RB4	Pin Module	GPIO	SW0	☐	☐	☐	☐	☐	none
RC2	UART1	TX1		☐	☑	☑	☐	☐	none
RC3	UART1	RX1		☐	☐	☐	☐	☐	none
RD5	Pin Module		RST	☐	☑	☑	☐	☐	
RD7	Pin Module	GPIO	EN	☐	☑	☑	☐		
RF0	UART5	TX5		☐	☑	☑	☐	☐	
RF1	UART5	RX5		☐	☐	☐	☐	☐	
RF3	Pin Module	GPIO	LED	☐	☑	☑	☐	☐	

名称入力

チェックなし

以上の各モジュールのMCCの設定が完了したら、[Generate]ボタンをクリックしてコードを自動生成します。

6-4-7　例題の詳細

Generateが完了したら、いよいよプログラムを完成させます。必要なのはメイン関数へのコード追加だけです。

最初にアクセスポイントと接続しなければなりませんが、この部分は図6-4-8のフローに従って作成します。

この中でちょっと難しいのは、Wi-Fiモジュールからの受信の処理部で、タイマ1のタイムアウトまでに、受信データの中から「OK」などの指定された文字列を見つけたら、その処理が正常完了となります。見つけられずタイムアウトになったらエラーリターンとします。このように受信データの中の文字列の検索*をしながら処理をする必要があります。

* strtstr関数を使う。

メイン関数の詳細を説明します。まず、宣言部とタイマ0の割り込み処理がリスト6-4-1となります。変数宣言ではバッファを用意しています。タイマ0の割り込み処理では単にフラグをセットしているだけです。

リスト　6-4-1　宣言部とタイマ0の割り込み処理

```
/*****************************************
 * BME280とWi-Fiの連携
 * ESPWROOM-02
 * Curiosity Nano PIC18F57Q43
 *****************************************/
#include "mcc_generated_files/mcc.h"
#include "mcc_generated_files/weather.h"
```

```
#include <string.h>
// 定数、変数定義
char data[128]={0}, Length[20]={0}, Msg[128];
char Flag;
/** 関数プロト **/
bool getResponse(char *word, uint16_t timeout);

/************************
 * タイマ0 Callback関数
 ************************/
void TMR0_Process(void){
    Flag = 1;
}
```

フラグセット

次がメインの初期化部で、リスト6-4-2となります。ここではタイマ0の割り込みCallback関数を定義し、Wi-Fiモジュールをハードウェアリセットしています。次にWi-Fiモジュールの動作モードだけ設定しています。

リスト 6-4-2 メイン関数の初期化部

```
/***** メイン関数 **********/
void main(void)
{
    SYSTEM_Initialize();
    // タイマ0 Callback関数定義
    TMR0_SetInterruptHandler(TMR0_Process);
    // ESP Initialize
    RST_SetLow();                          // ESP Reset
    EN_SetHigh();
    RST_SetHigh();                         // ESP Reset Off
    __delay_ms(1000);
    // 割り込み許可(UART)
    INTERRUPT_GlobalInterruptEnable();
    /*** モード設定 ****/
    LED_SetLow();
    printf("AT+CWMODE=1¥r¥n");             // ステーションモード
    if(getResponse("OK", 1)==false){}      // OKを待つ
```

割り込みCallback関数定義

Wi-Fiモジュールのリセット

モード設定のみ

次がメインループでリスト6-4-3となります。メインループでは、フラグがオンになったら、送信を実行するため図6-4-8の手順を実行しています。

まずアクセスポイントに接続し、続いてTCPサーバとなるパソコンと接続します。ここで使うSSIDとパスワード、パソコンのIPアドレスは読者の環境に変更してください。ポート番号は9000としています。

接続出来たら、センサの計測を実行し、送信するメッセージを作成します。できたらその文字数を送信し、続いてメッセージ本体を送信します。送信が完了したら接続を切断します。

リスト 6-4-3 メインループ

フラグがオンなら

APと接続

サーバと接続

センサ受信実行

サーバにTCPで送信

サーバ切断
APも切断

```
    /***** メインループ ******************/
    while (1)
    {
        if(Flag == 1){
            Flag = 0;
            /** アクセスポイントと接続 *****/
            do{
                printf("AT+CWJAP=¥"----ssid---¥",¥"-password--¥"¥r¥n");
            }while(getResponse("GOT IP", 10)==false);    // GOT IPが返るまで繰り返し
            /** TCPサーバと接続 **/
            do{
                printf("AT+CIPSTART=¥"TCP¥",¥"192.168.11.5¥",9000¥r¥n");
            }while(getResponse("CONNECT", 2)==false);    // CONNECTできるまで繰り返し
            // センサからデータ取得し送信メッセージ作成
            Weather_readSensors();
            sprintf(Msg, "T=%02.1fC,P=%04.1fhPa,H=%02.1f%RH¥r¥n",
                    Weather_getTemperatureDegC(), Weather_getPressureKPa()*10,
                    (上行より続く) Weather_getHumidityRH());
            // TCPでサーバに送信
            sprintf(Length, "AT+CIPSEND=%d¥r¥n", strlen(Msg));
            printf(Length);                              // 文字数送信
            if(getResponse(">", 3)==false){}             // OK > 待ち
            // センサデータ送信
            printf(Msg);
            if(getResponse("SEND OK", 3)==false){}       // SEND OK待ち
            // サーバ接続切り離し
            printf("AT+CIPCLOSE¥r¥n");
            if(getResponse("OK", 5)==false){}            // OK待ち
            printf("AT+CWQAP¥r¥n");
            if(getResponse("OK", 5)==false){}            // OK待ち
        }
    }
}
```

受信処理関数がリスト6-4-4となります。この受信処理関数はWi-Fiモジュールの動作状況をモニタするためのもので、パソコンのTeraTermで表示を実行します。

受信処理関数はちょっと複雑で、最初にタイムアウト検出用にタイマ1の時間をセットしています。そのあとは1バイト受信するごとに、UART5でそれを送信してTeraTermで表示できるようにします。そして受信文字をバッファに格納し、受信が途切れて最後の文字が改行か「>」文字だったら、バッファの中に指定した文字列があるかどうかを判定します。

タイムアウト前に文字列が発見できたらそこで終了し、正常終了リターンとします。タイムアウトしてしまった場合は、強制終了しエラーリターンとします。これで例えばOKの文字列が受信データ内で発見できたら、その時点でコマンド正常終了となり、次のコマンド送信に移れることになります。

リスト 6-4-4 受信処理関数

```
/**************************************************
 * ESPコマンド応答待ち
 *  タイマ1でタイムアウト検出
 *  Timer1 31kHz/8=3875 -> 1sec   Max 16sec
 **************************************************/
bool getResponse(char *word, uint16_t timeout){
    char a, flag;
    uint16_t j;

    j = 0;
    flag = 0;                              // 文字列発見フラグリセット
    TMR1_WriteTimer(0xFFFF-timeout*3887);  // タイマ秒数セット
    TMR1_StartTimer();                     // タイマ1スタート
    PIR3bits.TMR1IF = 0;                   // タイマフラグリセット
    /******/
    while(PIR3bits.TMR1IF == 0){           // タイムアップまで繰り返し
        while(UART1_is_rx_ready() == true){ // 受信データありの場合
            a = (char)getch();             // 受信データ取得
            if(a == '¥0') continue;        // 0x00は省く
            UART5_Write(a);                // Debug Out
            data[j] = a;                   // 受信バッファに追加
            if(j<126)                      // 126文字以上は無視
                j++;                       // 次のバッファへ
            data[j] = 0;                   // 文字列終わりのフラグ
        }
        if((a == '¥n')||(a == '>')){       // 行末または>の場合
            if(strstr(data, word) != 0){   // 文字列検索
                flag = 1;                  // 文字列発見フラグオン
                TMR1_StopTimer();          // タイマ1停止
                break;                     // 強制終了
            }
            j = 0;                         // バッファ最初に戻る
        }
    }
    if(flag == 1)
        return true;                       // 文字列が見つかった場合
    else
        return false;                      // タイムアップの場合
}
```

タイムアウトの時間セット

1文字受信しデバッグ用出力

文字列判定

戻り値設定

このアクセス手順を実行している間、UART5つまりCuriosity Nano BoardのUSB経由で処理経過を出力するので、パソコンのTeraTermでその実行状況を確認できます。実際の例が図6-4-16となります。

最初にアクセスポイントの接続が始まり、「WIFI GOT IP」が受信できたらサーバの接続を実行します。これが「CONNECT」となるまで繰り返します。接続できたら文字数を送り、>が受信できたらメッセージ本体を送信しています。「SEND OK」が返ってきたら終了ということで接続を切断して、次の30秒後を待ちます。

なお、電源オンの直後には75kbpsで何か送ってくるので、最初だけは文字化けします。そのあとは115.2kbpsで通信ができるようになるので、正常にATコマンドでやり取りができます。

●図6-4-16　APとの接続途中経過

以上が本例題のすべてです。

これを実行する前に、パソコン側で使うTCP/IPテストツール*の設定をします。このツールの設定では図6-4-17のように、最初に①サーバにチェックを入れ、②ポート番号に9000と入力してから、③[接続]ボタンをクリックします。あとは受信されるのを待つだけです。

正常に接続されると、図6-4-17の枠内のように、30秒ごとに接続と表示し、次に温度、気圧、湿度のデータを受信して表示します。さらに切断となって次の接続を待ちます。

受信データの最初だけ気圧の値が低い値となります*が、あとは正常な値として表示されます。

*フリーソフト。

*センサ側の動作でこうなる。

●図6-4-17　TCP/IPテストツールの設定と実行結果

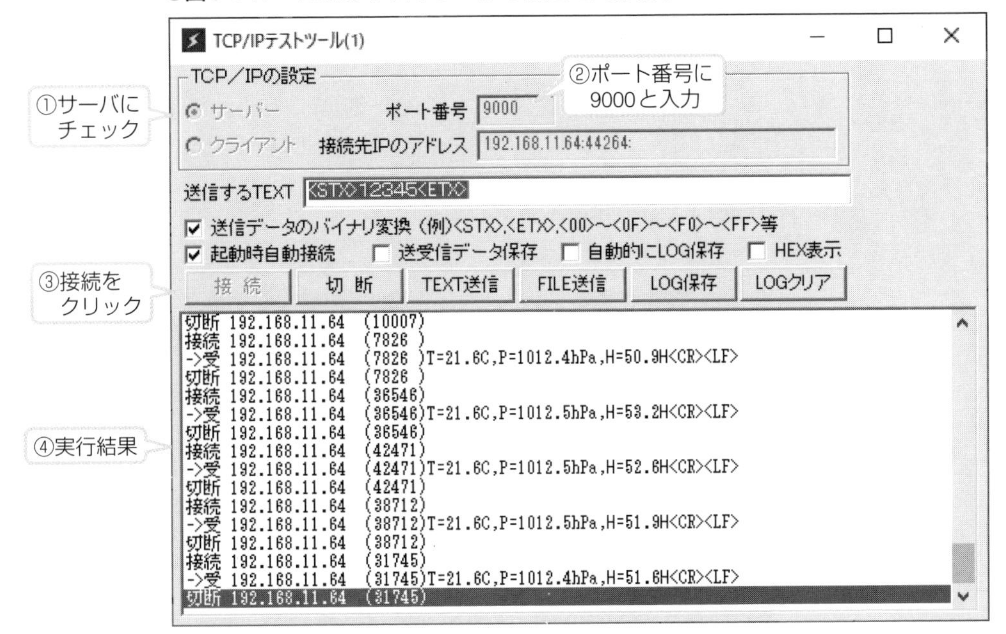

6-5 SDカードとファイルシステム

FAT：File Allocation Table
Windowsで採用されている記憶装置内の物理的位置を管理するシステム。

本節では、SDカードにパソコンのWindowsでも使われているFAT*構成のファイルを読み書きしてみます。これでPICマイコンとパソコンとの間で、SDカードのファイルを共有できます。解説用ハードウェアを使って、実際の例題で試してみます。

6-5-1 例題のシステム構成と機能

mikroElektroniks社が提供する共通配置のソケット。

この例題では写真6-5-1のようにBase BoardのmikroBUS*1にmicroSD Clickを実装して実行します。プロジェクト名を「SDCard」とします。

●写真6-5-1　例題の実装構成

例題のシステム構成を図6-5-1のようにして、次のような機能を実行することとします。

①SW0を押したときから、タイマ0の10秒周期の割り込みでカウント値を+1し、その都度カウント値をCSV形式でファイルに追記保存する。ファイル名は「LOGDATA.TXT」とする
②再度SW0を押すと書き込みを終了し、書き込んだファイルからデータを読み出してUARTでPCに送信する。全部送信終了で最初に戻る

●図6-5-1　例題のシステム構成

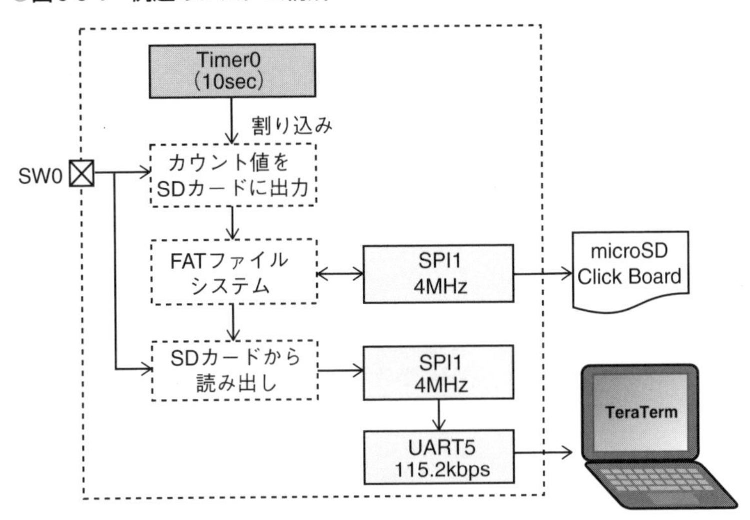

この例題をMCCで作成していきます。プロジェクト作成とクロック、コンフィギュレーションビットの設定は例題1と同じで、最高速度の64MHzで動作させます。プロジェクト名は「SDCard」です。

クロック設定を含めたコンフィギュレーションビットをMCCで設定する方法は6-2節と同じなので、省略します。

6-5-2　microSD Clickの使い方

SDカードをBase Boardに接続するには、microSD Click*を使うのが簡単です。このClick Boardの外観と仕様は図6-5-2のようになっています。

このmicroSD Clickを写真6-5-1のようにBase BoardのmikroBUS 1に挿入して使います。インターフェースがSPIですから、mikroBUS 1では図のようにSPI1モジュールで接続することになります。このmicroSD Clickではカード検出とプロテクトの信号はいずれも使っていません。

このmicroSD ClickをSPI通信で接続しますが、MCCのFile Systemを使うとSPIの設定も含めて自動的に設定してくれるので、SPIの詳細は省略します。

* mikroElektroniks製のmikroBUSに接続できるボード。

そこで次はFile Systemの使い方を説明します。

●図6-5-2　microSD Clickの外観と仕様

microSD Clickの仕様
　電源　　：3.3V
　SD　　　：マイクロSDカード
　I/F　　 ：SPI
　ピン配置：mikroBUS互換

No	信号名	No	信号名
1	NC	16	NC
2	NC	15	NC
3	CS	14	NC
4	SCK	13	NC
5	SDO	12	NC
6	SDI	11	NC
7	3.3V	10	NC
8	GND	9	GND

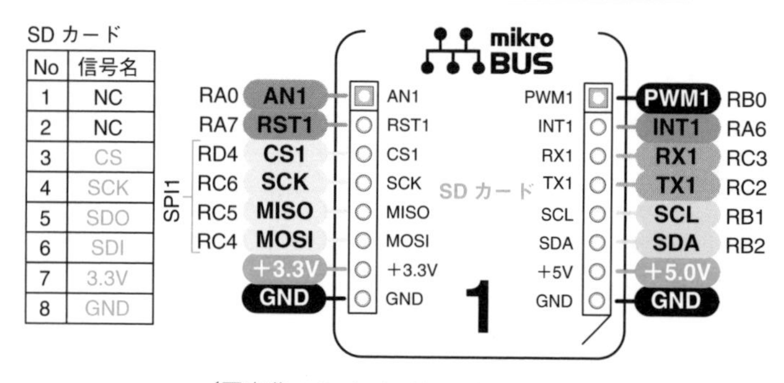
SD カード

No	信号名
1	NC
2	NC
3	CS
4	SCK
5	SDO
6	SDI
7	3.3V
8	GND

（図出典：Curiosity Nano Base for Click boards Hardware User Guide）

6-5-3　FAT File Systemの使い方

プロジェクトの作成方法は4-3節参照。

FAT File SystemはMCCの「FatFsライブラリ」を使うので、先にプロジェクト「SDCard*」を作成します。

作成したらMCCを起動します。通常の状態ではMCCにはFile Systemの選択肢はありません。そこでMCCのライブラリを追加します。その手順は図6-5-3のようにします。

MCCを起動すると左下側に①［Versions[MCC]］というタブがあるので、これを選択します。ここに追加可能なライブラリが並んでいるので、この中の②［FatFs Libraly］をダブルクリックすると現れる③［Load Selected Libraries］ボタンをクリックします。これでライブラリが追加され、上側の［Device Resources］欄に④ FatFsが追加されます。同じようにして⑤［SD Card (SPI)］も追加します。

●図6-5-3 File Systemのライブラリを追加

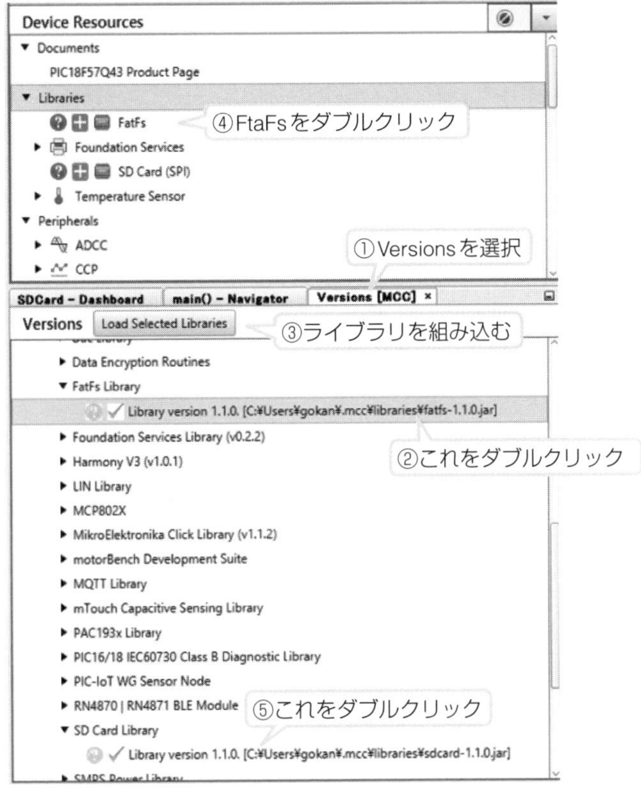

次にプロジェクトにFile Systemを追加します。Device Resourcesに追加された[FatFs]をダブルクリックすれば追加され、図6-5-4のような設定画面となります。最初に①[Configuration]のタブを選択し、SD Card (SPI)が表示されている右側の②[Insert Driver]ボタンをクリックします。

●図6-5-4 SD Cardを追加する

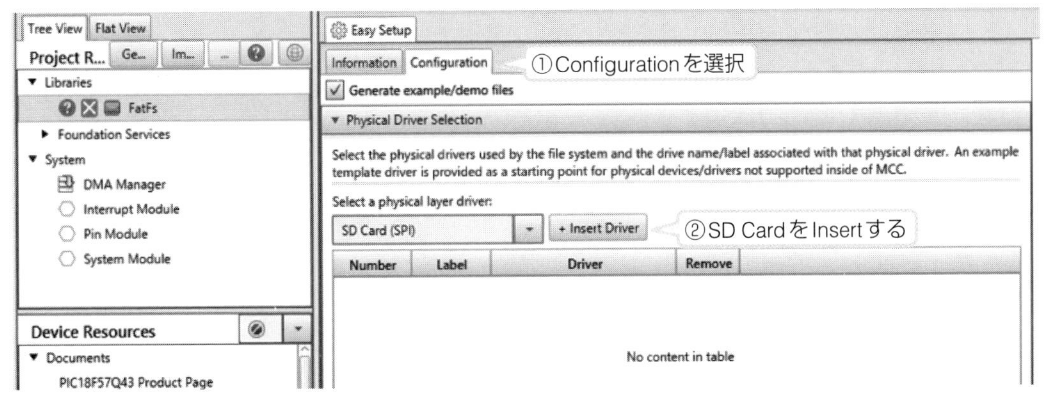

これで図6-5-5のようにSD CardドライバとSPI1モジュールが自動的に追加されます。

右側の設定窓は下の方に多くの設定項目があります。実はここでFile Systemの詳細な設定ができるようになっています。このFile Systemの詳細設定は、パーティション*を分けたり、ディレクトリを扱ったり、フォーマット機能を追加したりしたい場合に追加設定します。さらにデフォルトでのファイル名は8.3形式*となっていますが、Long File Nameを有効にすると長い名前のファイルを扱うこともできます。しかし、これらはいずれも大きなメモリを必要とするため、8ビットのPICマイコンではちょっと荷が重すぎるので、使わない方がよいでしょう。

通常はデフォルトのままで全く問題なく使えるので、詳細設定はそのままとします。

SDカードを複数の領域に分けて使うこと。

8文字のファイル名と3文字の拡張子で構成されたファイル名のこと。

●図6-5-5　SD Cardドライバの追加

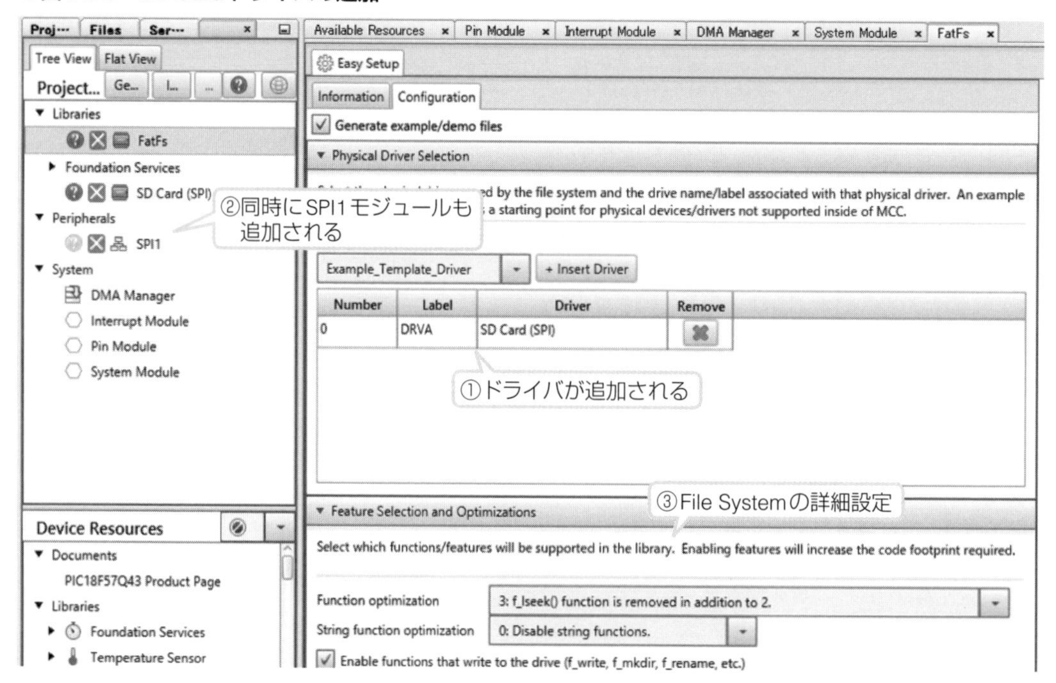

次はSD Cardドライバの設定で、図6-5-6のように、Card DetectとWrite Protectの項のチェックを外すだけです。これはmicroSD Clickが対応していないためです。

●図6-5-6　SD Cardドライバの設定

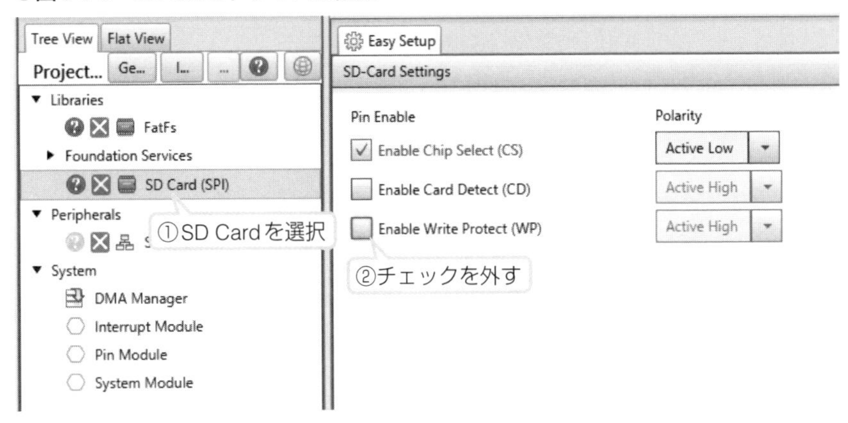

次にSPIモジュールの設定ですが、ここは注意が必要です。通常のSPI1モジュールで設定するのではなく、図6-5-7のように［Foundation Services］の中にある①［SPIMASTER］で設定します。SPIMASTERを選択すると、右側の設定窓にSPIの設定モードが開きます。ここでSpeedの欄が2つあります。上側は初期化プロセスのときの速度で、これは400kHz以下と決められているのでそのままとします。②Speed欄の下側に4000と入力し*ます。これでSDカードのRead/Writeを4MHzの速度で実行することになります。これ以上の速度にすると、PIC18F Qシリーズではちょっと間に合わずエラーとなってしまいます。このようにSDカードは2段階の速度で動作するようになっていて、最初は400kHzという低速で初期化プロセスを実行してSDカードの種類などを確認したあと、高速で読み書きを実行するようになっています。

* MCCを再起動すると10MHzに戻ってしまうので再度4MHzに設定しなおす必要がある。

●図6-5-7　SPIの設定

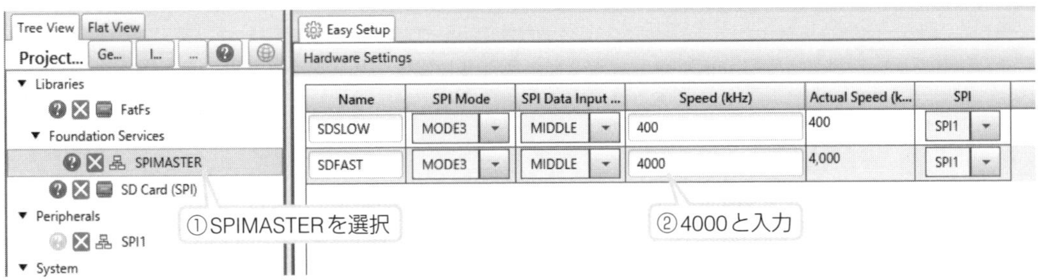

以上でFile Systemの設定は完了です。次はUART5の設定です。［Device Resources］の欄でUARTの中のUART5をダブルクリックして進めます。設定は図6-5-8のように、通信速度は9600とし、割り込みはなしで［Redirect STDIO］にチェックを入れて標準入出力関数が使えるようにします。

●図6-5-8　UART5の設定

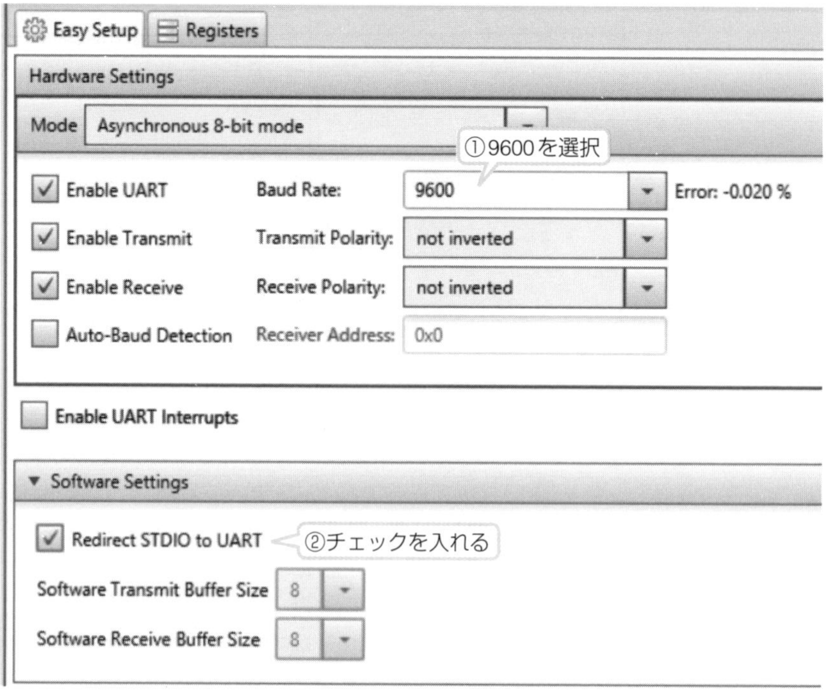

Easy Setup
Registers
Hardware Settings
Mode
Asynchronous 8-bit mode
①9600を選択
Enable UART
Baud Rate:
9600
Error: -0.020 %
Enable Transmit
Transmit Polarity:
not inverted
Enable Receive
Receive Polarity:
not inverted
Auto-Baud Detection
Receiver Address:
0x0
Enable UART Interrupts
Software Settings
Redirect STDIO to UART
②チェックを入れる
Software Transmit Buffer Size
8
Software Receive Buffer Size
8

残りは入出力ピンの設定です。ここはmikroBUS 1に合わせて図6-5-9のように設定します。SDカードのCSのピンを忘れないように設定します。

●図6-5-9　入出力ピンの設定

Output
Notifications [MCC]
Pin Manager: Grid View
Package:
TQFP48
Pin No:
Port B
Port C
Port D
Port E
Port F
Module
Function
Direction
OSC
CLKOUT
output
Pin Module
GPIO
input
GPIO
output
RESET
MCLR
input
SD Card (SPI)
CS
output
SPI1
SCK1
in/out
SDI1
input
SDO1
output
④SW0のピン
②CSのピン指定
③LEDのピン
①SPI1のピン指定

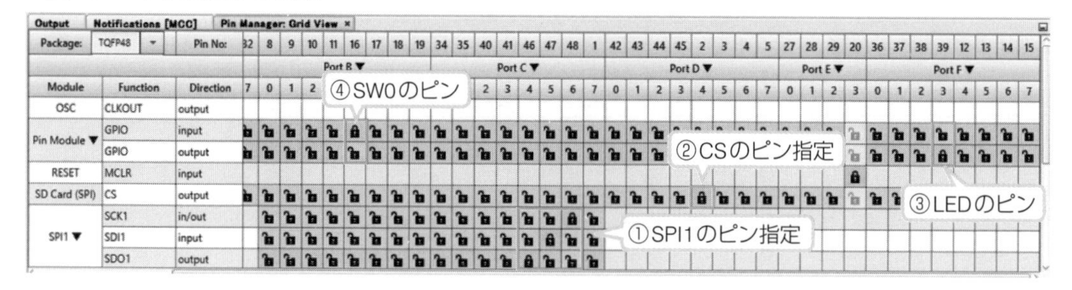

続いて図6-5-10のようにピンの名称の設定をPin Moduleで行います。設定するのはSW0とLEDだけです。CSの名称はあらかじめ決められた名称があるので、そのままとします。

●図6-5-10　入出力ピンの名称設定

Easy Setup　Registers
Selected Package : TQFP48

①SW0の名称
②LEDの名称

Pin Name ▲	Module	Function	Custom Name	Start High	Analog	Output	WPU	OD	IOC
RB4	Pin Module	GPIO	SW0	☐	☐	☐	☑	☐	none
RC4	SPI1	SDO1		☐	☑	☑	☐	☐	none
RC5	SPI1	SDI1		☐	☐	☐	☐	☐	none
RC6	SPI1	SCK1		☐	☐	☑	☐	☐	none
RD4	SD Card (SPI)	CS	SDCard_CS	☐	☐	☑	☐	☐	
RF0	UART5	TX5		☐	☑	☑	☐	☐	
RF1	UART5	RX5		☐	☐	☐	☐	☐	
RF3	Pin Module	GPIO	LED	☐	☑	☑	☐	☐	

MCCの設定の残りはタイマ0だけです。10秒ごとの割り込みありの設定としています（例題1を参照してください）。以上ですべてのMCC設定が完了ですから、Generateします。

MCCで生成されたFile Systemで提供される主な関数*は表6-5-1のようになっています。関数はこれだけしかないので使うのも簡単ですが、File System専用の変数*をあらかじめ定義しておく必要があります。

*生成されたff.cファイルで提供しているPublic Function（FatFs API）。

*次の3個の変数を定義しておく。型はFile System内で定義されている。
　FRESULT result;
　FATFS drive;
　FIL file;

▼表6-5-1　File Systemで提供される主な関数

関数名	機能と書式
f_mount	《機能》　ディスクをマウントして認識する、またはアンマウントとする 《書式》　FRESULT f_mount (FATFS* fs, const TCHAR* path, BYTE opt); fs：インスタンス（NULLまたは0だとアンマウント） path：ドライブ番号（0:） opt：0=マウントしない　1=すぐマウントする 戻り値：FR_OK：正常　その他：異常 《使用例》FRESULT result;　// File System用変数の定義 FATFS drive; FIL file;　// ファイル構造体 if(f_mount(&drive,"0:",1) == FR_OK)　// マウント f_mount(0,"0:",0);　// アンマウント
f_open	《機能》　ファイルを指定したモードでオープンする 《書式》　FRESULT f_open (FIL* fp, const TCHAR* path, BYTE mode); fp：ファイル構造体のポインタ　path：ファイル名のポインタ mode：アクセスモード、下記いずれか FA_READ、FA_WRITE、FA_CREATE__ALWAYS、FA_CREATE_NEW、 FA_OPEN_ALWAYS、FA_OPEN_APPEND、FA_OPEN_EXISTING 戻り値：FR_OK：正常　その他：異常 《使用例》if (f_open(&file, "LOGDATA.TXT", FA_WRITE | FA_OPEN_APPEND)== FR_OK)

▼表6-5-1　File Systemで提供される主な関数（つづき）

関数名	機能と書式
f_read	《機能》　ファイルから指定バイト数読み出す 《書式》　FRESULT f_read (FIL* fp, void* buff, UINT btr, UINT* br); fp：ファイルのポインタ　buff：バッファのポインタ btr：読み出すバイト数　br：読み込んだバイト数へのポインタ 戻り値：FR_OK：正常　その他：異常
f_write	《機能》　指定したバイト数をファイルに書き込む 《書式》　FRESULT f_write (FIL* fp, const void* buff, UINT btw, UINT* bw); fp：ファイルのポインタ　buff：書き込むデータバッファ btw：書き込むバイト数　bw：書き込んだバイト数へのポインタ 戻り値：FR_OK：正常　その他：異常 《使用例》f_write(&file, Msg, sizeof(Msg)-1, &Length);
f_close	《機能》　指定したファイルをクローズする 《書式》　FRESULT f_close (FIL* fp); fp：ファイルのポインタ 戻り値：FR_OK：正常　その他：異常 《使用例》f_close(&file);

6-5-4　例題の完成

MCCで生成された関数を使って例題を完成させます。コード追加が必要なのはメイン関数部だけです。

まず宣言部、タイマ0の割り込み処理関数、mainの初期化部はリスト6-5-1のようになります。ここで、File Systemで使う変数をグローバル変数として定義しています。さらに全体をステート関数として作成するので、ステート用の定数を共用体で定義しています。タイマ0の割り込み処理ではフラグをオンにしているだけです。

メイン関数の初期化部はタイマ0のCallback関数の定義をして開始メッセージを送信後、割り込みを許可しています。

リスト 6-5-1　例題の宣言部と割り込み処理

```
/**********************************************
 *   File System Test Program
 *   microSD Click Board  PIC18F57Q43
**********************************************/
#include "mcc_generated_files/mcc.h"
#include <stdlib.h>

// File Systme  変数
FRESULT result;
FATFS drive;
FIL file;
// アプリ変数
uint16_t Length[2], Flag, Counter;
```

File Systemで使う変数

ステート関数の定数

```
char Buffer[256], State;
char Msg[9] = "xxxxxxx,";
// ステート変数定義
enum TaskState{
    WAIT_SW,
    MOUNT,
    W_OPEN,
    SD_WRITE,
    R_OPEN,
    SD_READ,
    ALL_END,
};

/*******************************
 * タイマ0 割り込み処理関数
 ******************************/
void TMR0_Process(void){
    Flag = 1;                               // フラグオン
}

/****** メイン関数 ************/
void main(void)
{
    SYSTEM_Initialize();                    // システム初期化
    State = WAIT_SW;                        // ステート初期化
    // タイマ0 Calback関数定義
    TMR0_SetInterruptHandler(TMR0_Process);
    printf("¥r¥nPush SW0 to Start!!¥r¥n");  // 開始メッセージ
    // 割り込み許可
    INTERRUPT_GlobalInterruptEnable();      // 割り込み許可
```

続いてメイン関数の本体部がリスト6-5-2となります。ステート関数で全体が構成されています。まず開始のSW0のオンを待ち、押されたらマウントから始めます。ファイルを追記の書き込みモードでオープンし、タイマ0の10秒周期でフラグがオンとなる都度、カウント値を文字列に変換してからファイルに書き込みます。SW0を押すとそこで書き込みを終了し、ファイルをクローズします。

続いて再度書き込んだファイルを読み出しモードで再オープンし、64バイトずつ順次読み出してはUART5経由でパソコンに送信します。全部読み出したら終了として、ファイルをクローズしアンマウントして最初に戻ります。ここでさらにSW0を押すと、同じことを繰り返します。

リスト 6-5-2　メイン関数本体部の詳細

SW0待ち

```
    /***** メインループ ***********/
    while(1){
        switch(State){
            case WAIT_SW:                           // SW0オン待ち
                if(SW0_GetValue() == 0){
                    while(SW0_GetValue() == 0);     // チャッタ回避
                    State = MOUNT;                  // テスト開始
```

```
                printf("Start SD Card Test!!¥r¥n");
            }
            break;
        case MOUNT:                                     // マウント
            // カードマウント
            if(f_mount(&drive,"0:",1) != FR_OK){ // マウントできるまで
                LED_Toggle();                           // 目印
                printf("Not Mounted¥r¥n");
                __delay_ms(200);                        // 遅延
            }
            else                                        // マウント完了で
                State = W_OPEN;                         // オープンへ
            break;
        case W_OPEN:
             // ファイルオープン　追記の書き込みモード
            if(f_open(&file, "LOGDATA.TXT",  FA_WRITE | FA_OPEN_APPEND) == FR_OK)
                State = SD_WRITE;
            break;
        case SD_WRITE:                                  // 書き込み開始
            if(Flag == 1){                              // フラグオンの場合
                Flag = 0;                               // フラグリセット
                Counter += 1;                           // カウント値アップ
                sprintf(Msg, "%07d,", Counter);         // 文字列に変換
                LED_Toggle();                           // 目印
                // データ書き込み実行　文字列の最後の0x00除く
                f_write(&file, Msg, sizeof(Msg)-1, &Length);
            }
            // 書き込み終了チェック
            if(SW0_GetValue() == 0){                    // SW0オンか
                f_close(&file);                         // ファイルクローズ
                State = R_OPEN;                         // 読み出しテストへ
            }
            break;
        case R_OPEN:                                    // ファイル再オープン
            if(f_open(&file, "LOGDATA.TXT",  FA_READ) == FR_OK)
                State = SD_READ;                        // 読み出しへ
            break;
        case SD_READ:                                   // 読み出しテスト
            f_read(&file, Buffer, 64, Length);          // 64バイト読み出し
            Buffer[Length[0]] = 0;                      // 文字列最後のマーク
            printf(Buffer);                             // PCへ送信
            printf("¥r¥n");                             // 改行
            if(Length[0] == 0)                          // ファイル終了の場合
                State = ALL_END;                        // 終了処理へ
            break;
        case ALL_END:                                   // 終了処理
            f_close(&file);                             // ファイルクローズ
            f_mount(0, "0:", 0);                        // アンマウント
            printf("¥r¥nFile Write/Read End!!");        // メッセージ
            State = WAIT_SW;                            // 最初へ(繰り返しテスト)
            break;
        default:
            break;
        }
    }
}
```

マウント

オープン

フラグがオン

データ編集

書き込み

クローズ

再オープン

読み出し

PCへ送信

クローズ
アンマウント

実際の実行結果です。パソコンのTeraTermで受信した内容が図6-5-11となります。追記モードでファイルに書き込んでいるので、何回か実行をすると、途中で1からカウントをし直している個所があります。

またマウントが1回でできなかったときは「Not Mounted」というメッセージが表示されることもあります。

このSDカードをパソコンで読み出すと、同じ内容として読み出すことができます。

●図6-5-11　実行結果のTeraTermの表示例

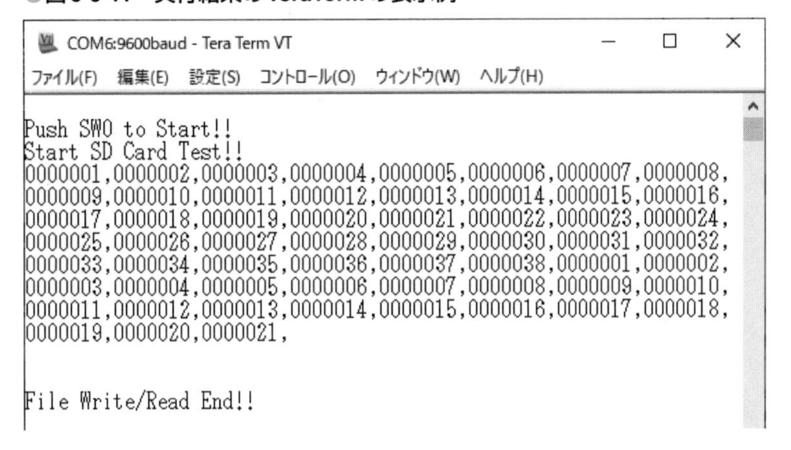

以上がMCCを使ったFAT File Systemの使用例となります。File Systemの設定そのものは全部デフォルトのままですから、非常に簡単にSDカードを扱うことができます。

6-6 DMAによるシリアル通信

本節では、PIC18F Qシリーズで実装されたDMAの機能を試してみます。DMA*を使えばプログラムの介在なしでメモリにアクセスできるので、プログラム開発が楽になりますし、高速な処理が可能になります。

DMA：Direct Memory Access

この例題ではmikroBUS 2にWeather Clickが実装された状態で動かします。

6-6-1 例題のシステム構成と機能

このDMAを使った例題のシステム構成は図6-6-1のようにします。mikroBUS 2に実装したWeather Clickのセンサ情報を、タイマ0の5秒間隔で読み出し、DMAを使ってUART5でパソコンに送信します。このUART5の通信速度を最高速度の115.2kbpsで動かしてみます。プロジェクト名を「DMA_Serial」とします。

●図6-6-1　例題のシステム構成

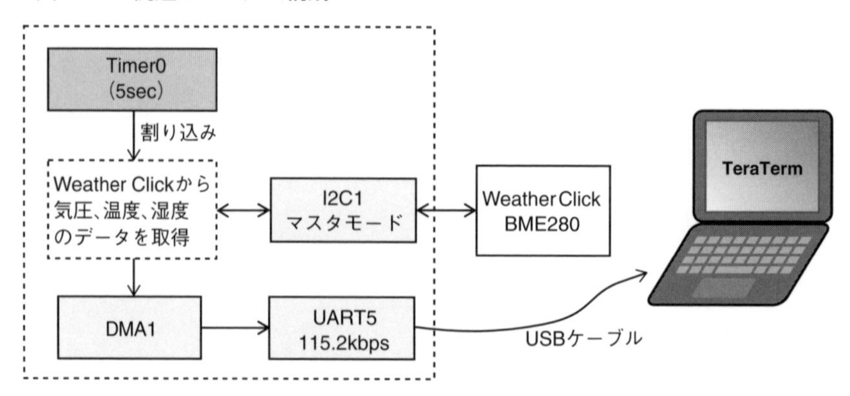

この例題をMCCで作成していきます。プロジェクト作成とクロック、コンフィギュレーションビットの設定は例題1と同じで、最高速度の64MHzで動作させます。プロジェクト名は「DMA_Serial」です。

クロック設定を含めたコンフィギュレーションビットをMCCで設定する方法は6-2節と同じなので、省略します。

6-6-2　例題の作成

最初にプロジェクトを作成したら、MCCを起動して、6-4節と同じようにWeatherライブラリを追加します。これで図6-6-2のようにI2C1も自動的に追加されます。ここでの設定はそのままとします。

●図6-6-2　Weatherライブラリを追加

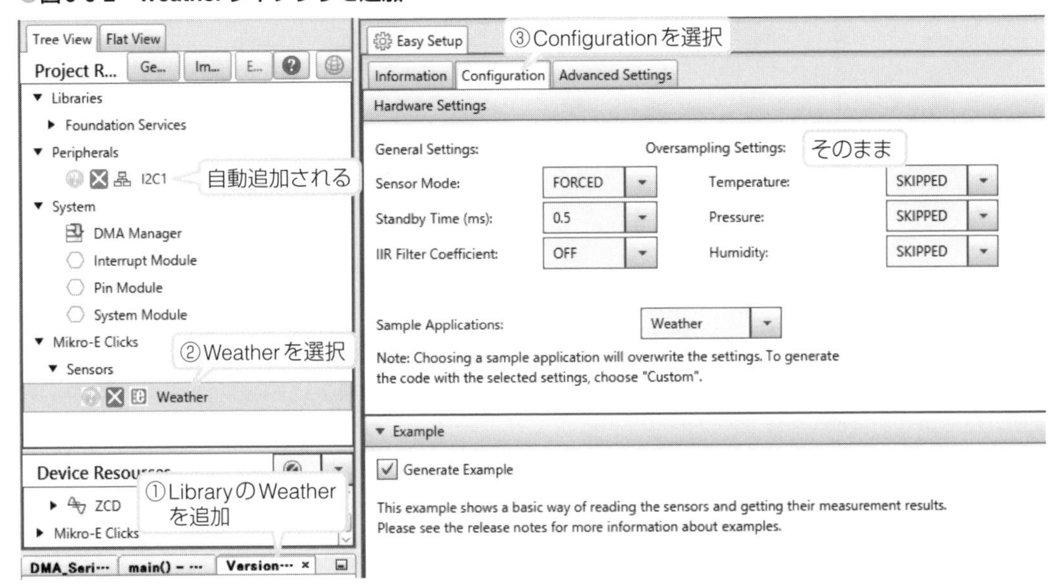

I2C1モジュールも追加されますが、設定はデフォルトのままで変更は必要ないので、設定方法は省略します。

次にUART5を追加します。ここでの設定は図6-6-3のように速度を115.2kbpsにするだけです。

●図6-6-3　UART5の設定

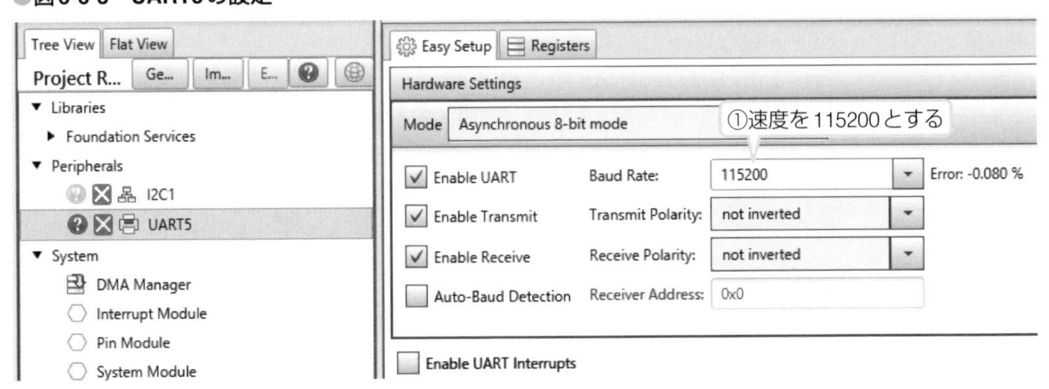

次はタイマ0の設定で、図6-6-4のように5秒間隔の割り込みありとします。最初にクロックを①HFINTOSCとしてから②16bitとし、そのあとは設定可能な時間の範囲を見ながら③プリスケーラの値を選択します。5秒が可能な範囲になったら④5sと入力し⑤⑥割り込みありとします。

●図6-6-4　タイマ0の設定

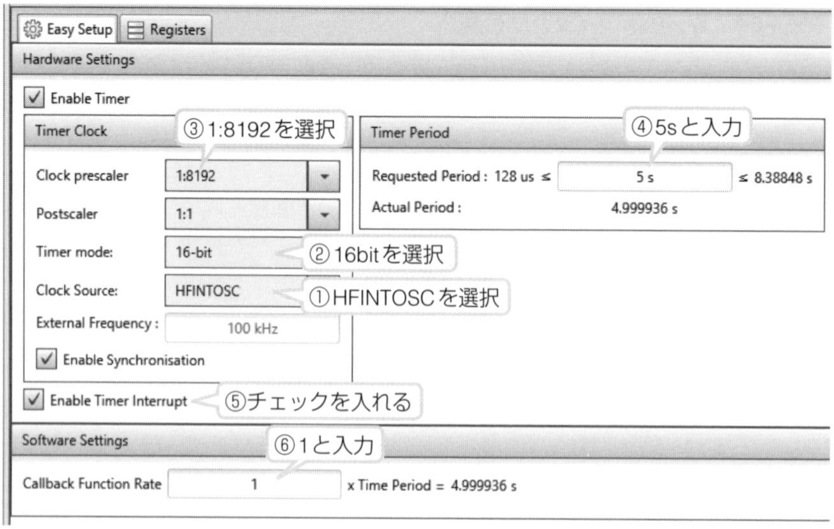

これで必要な周辺モジュールの設定が完了しましたから、左側の[Project Resources]の[System]にある[DMA Manager]をクリックしてDMAの設定を行います。周辺モジュールを先に設定しないとDMAの設定はできません。真ん中に現れるDMA Manegerは横に長いので、スクロールバーをドラッグして右端まで設定していきます。

今回の設定は図6-6-5のように、ソース側(Src)はMsg*という送信バッファとし、バイト数はとりあえず仮の値を入力しておき、プログラム作成後に実際のメッセージサイズに変更します。アドレスはインクリメントとし、送信バイト数もMsgと同じ*とします。

相手側(Dst)は、UART5のSFRで送信レジスタU5TXBとします。アドレスは固定のままで、送信トリガはU5TXの割り込みとします。さらにDMA送信終了はソース側のバイトカウント値終了で終了とします。以上で、Msgバッファのデータを全部送信し終わったらDMA送信終了となります。

ここで注意が必要なことは、ソースカウントエンドで転送終了というイネーブルビット*(AIRQENビット)が転送終了でリセットされてしまうので、**毎回転送前にAIRQENビットをセットしてやる必要がある**ことです。

プログラムで配列変数として用意する。

1回の転送で一つのMsgのみ送信する。

DMAnCON0bits.AIRQEN = 1;とすること。

●図6-6-5　DMAの設定

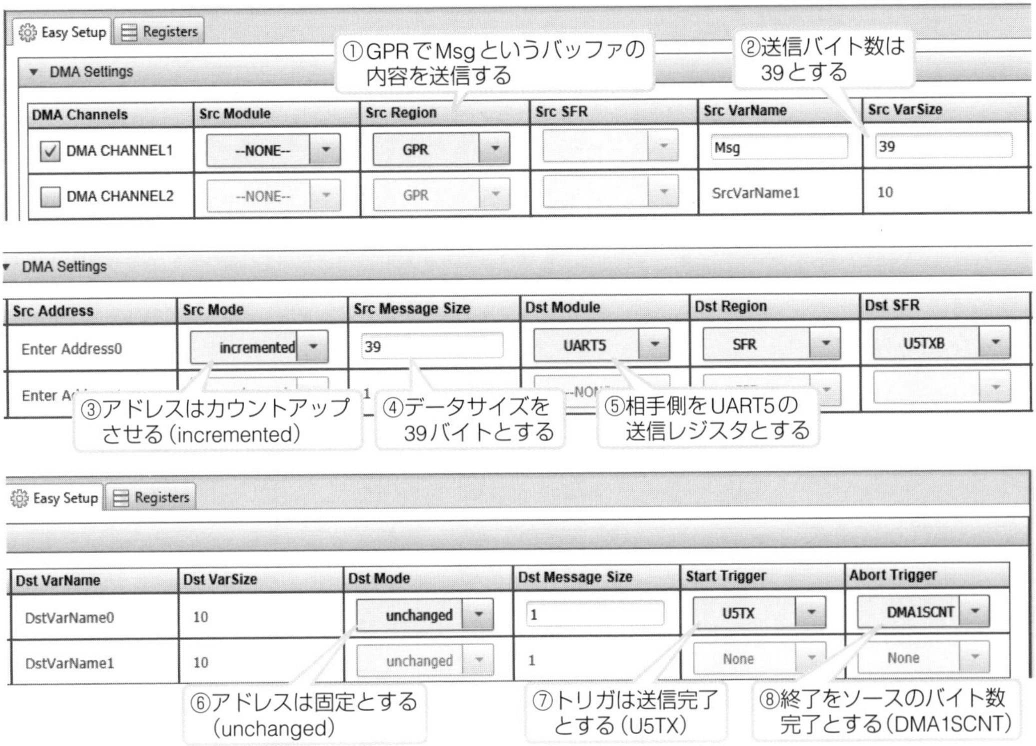

Easy Setup
Registers
DMA Settings
①GPRでMsgというバッファの内容を送信する
②送信バイト数は39とする
DMA Channels
Src Module
Src Region
Src SFR
Src VarName
Src VarSize
DMA CHANNEL1
--NONE--
GPR
Msg
39
DMA CHANNEL2
--NONE--
GPR
SrcVarName1
10
Src Address
Src Mode
Src Message Size
Dst Module
Dst Region
Dst SFR
Enter Address0
incremented
39
UART5
SFR
U5TXB
③アドレスはカウントアップさせる（incremented）
④データサイズを39バイトとする
⑤相手側をUART5の送信レジスタとする
Dst VarName
Dst VarSize
Dst Mode
Dst Message Size
Start Trigger
Abort Trigger
DstVarName0
10
unchanged
1
U5TX
DMA1SCNT
DstVarName1
10
unchanged
1
None
None
⑥アドレスは固定とする（unchanged）
⑦トリガは送信完了とする（U5TX）
⑧終了をソースのバイト数完了とする（DMA1SCNT）

こうしてDMAを有効化したとき自動生成されるDMA制御関数は表6-6-1となります。いずれもパラメータはありません。すべて図6-6-5で設定した内容で動作します。

▼表6-6-1　自動生成されるDMA制御関数（xは1から6）

関数名	書式と使い方
DMAx_Initialize	《機能》DMAxの初期設定を行う。mainから自動的に呼び出される 《書式》void DMAx_Initialize(void)
DMAx_StartTransfer	《機能》DMA転送開始 《書式》void DMAx_StartTransfer(void);
DMAx_StartTransferWithTrigger	《機能》設定したトリガによりDMA転送開始 《書式》void DMAx_StartTransferWithTrigger(void);
DMAx_StopTransfer	《機能》DMA転送停止 《書式》void DMAx_StopTransfer(void);

最後に入出力ピンの設定で、図6-6-6のように設定します。SW0は使っていませんが、設定しておきます。

●図6-6-6　入出力ピンの設定

①I2C1
②SW0
③LED
④UART5

Pin Moduleの設定

Easy Setup　Registers

Selected Package : TQFP48

Pin Name ▲	Module	Function	Custom Name	Start High	Analog	Output	WPU	OD	IOC
RB1	I2C1	SCL1		☐	☐	☑	☐	☑	none
RB2	I2C1	SDA1		☐	☐	☑	☐	☑	none
RB4	Pin Module	GPIO	SW0	☐	☐	☐	☑	☐	none
RF0	UART5	TX5		☐	☑	☑	☐	☐	
RF1	UART5	RX5		☐	☐	☐	☐	☐	
RF3	Pin Module	GPIO	LED	☐	☑	☑	☐	☐	

⑤名称の設定

以上でMCCの設定はすべて完了ですから、[Generate]します。

6-6-3　例題の完成

コード作成はメイン関数のみで、リスト6-6-1となります。DMAで送信が実行されるので、送信部の記述はDMAを起動するだけとなっています。ここで、終了割り込みの有効化の記述を忘れないようにする必要があります。

リスト　6-6-1　例題のプログラム

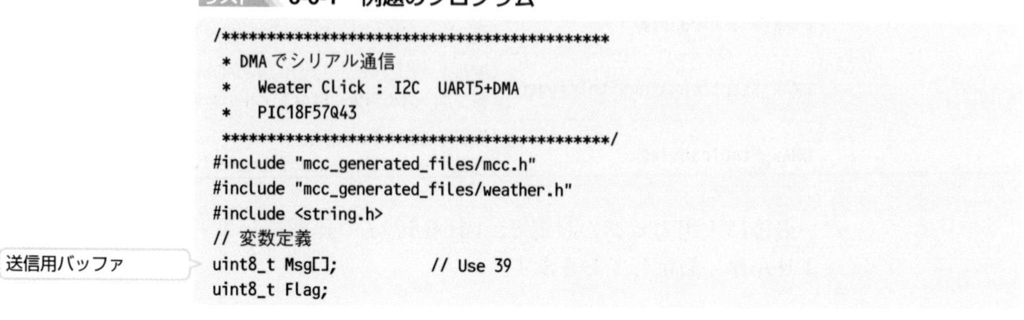

```
/*********************************************
 * DMAでシリアル通信
 *   Weater Click : I2C  UART5+DMA
 *   PIC18F57Q43
 *********************************************/
#include "mcc_generated_files/mcc.h"
#include "mcc_generated_files/weather.h"
#include <string.h>
// 変数定義
uint8_t Msg[];          // Use 39
uint8_t Flag;
```

送信用バッファ

```
/*************************
 * タイマ0 Callback関数
 ************************/
void TMR0_Process(void){
    Flag = 1;
    LED_Toggle();
}
/****** メイン関数 ***************/
void main(void)
{
    SYSTEM_Initialize();
    // タイマ0 Callback関数定義
    TMR0_SetInterruptHandler(TMR0_Process);
    // 割り込み許可
    INTERRUPT_GlobalInterruptEnable();
    /****** メインループ *****************/
    while (1)
    {
        if(Flag == 1){                          // フラグオンの場合
            Flag = 0;                           // フラグリセット
            // Weather センサからデータ取得
            Weather_readSensors();
            // UART メッセージ作成  温度、気圧、湿度のデータ
            sprintf(Msg, "T=%-2.1f DegC  P=%-4.1f hPa  H=%-2.1f %%RH¥r¥n",
                Weather_getTemperatureDegC(), Weather_getPressureKPa()*10,
                (上行より続く) Weather_getHumidityRH());
            // DMA送信実行
            DMAnCON0bits.AIRQEN = 1;            // DMA1停止条件設定
            DMA1_StartTransferWithTrigger();    // DMA1開始（UART送信）
        }
    }
}
```

これが必須

以上で完成です。実際に動作させた結果のTeraTermの表示例が図6-6-7となります。

●図6-6-7　TeraTermの表示例

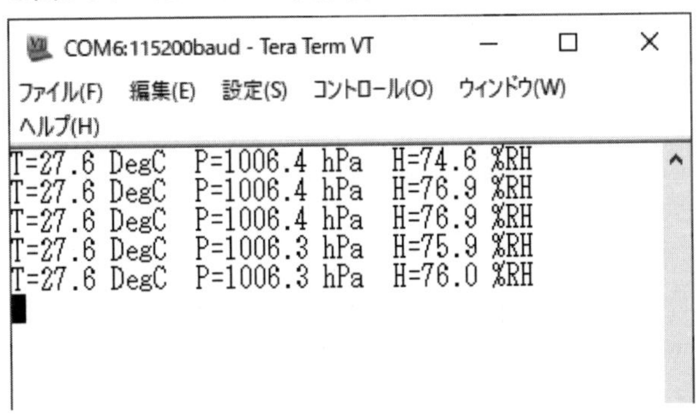

6-7 NCOとDACによる正弦波の出力

本節ではDMAとDAコンバータ*で正弦波を出力し、その周波数をNCO*で設定できるようにしてみます。DMAで繰り返し出力とすると、永久に同じ処理を繰り返します。そこで、メモリ内に正弦波のデータを用意し、それを繰り返しDAコンバータに出力するようにすれば、アナログ信号として正弦波を出力できます。

この例題ではmikroBUSに実装するものはありません。Curiosity Nano BoardとBase Boardの組み合わせだけでできます。

Digital to Analog Convertor。ディジタル数値をアナログ電圧に変換するモジュール。

Numerically Controlled Oscillator。加算器がオーバーフローするごとにパルスを出力する。加算する値により周期が変わる。

6-7-1 例題のシステム構成と機能

この例題のシステム構成を図6-7-1のようにします。

●図6-7-1 例題のシステム構成

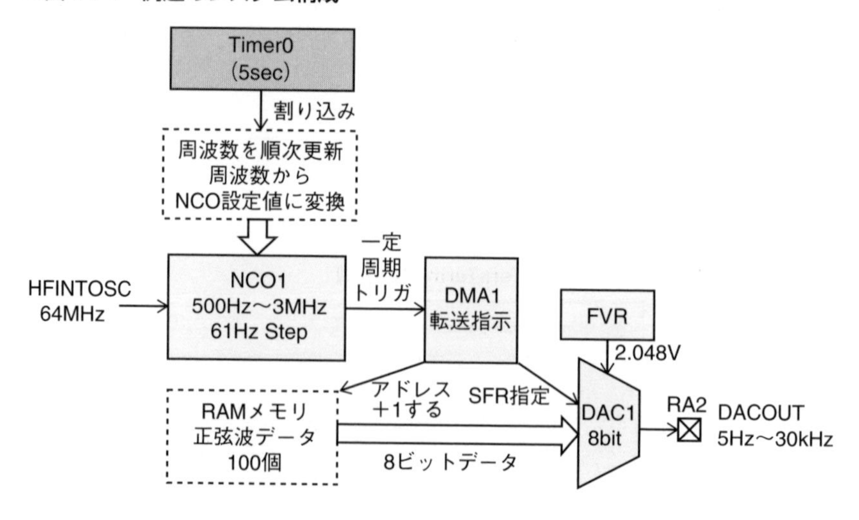

これで次のような機能を実行することにします。プロジェクト名を「SineGene」とします。

①正弦波のデータをプログラムで生成する、100分解能とする
②NCOのオーバーフロー出力をトリガとしてDMAで正弦波のデータを順次DAコンバータに出力する

③NCOの出力周波数を次の周波数として一定間隔で繰り返す
5Hz、10Hz、50Hz、100Hz、500Hz、1kHz、5kHz、10kHz、20kHz、30kHz

この例題をMCCで作成していきます。プロジェクト作成とクロック、コンフィギュレーションビットの設定は例題1と同じで、最高速度の64MHzで動作させます。プロジェクト名は「SineGene」です。この設定方法は6-2節と同じなので、省略します。

6-7-2 DAコンバータの使い方

DAコンバータはデジタル数値をアナログ電圧に変換するモジュールで、PIC18F QシリーズのDAコンバータは2組実装されていて、その分解能は8ビットとなっています。

DAコンバータの内部構成は図6-7-2となっていて、出力電圧は単純に抵抗を並べた抵抗ラダーの分圧出力で行われています。上下限の電圧が選択でき、上限は電源電圧V_{DD}かFVR*の電圧か外部電圧から選択でき、下限はV_{SS}か外部電圧から選択できます。

FVR：Fixed Voltage Reference。内蔵の定電圧モジュール。

●図6-7-2 DAコンバータの内部構成

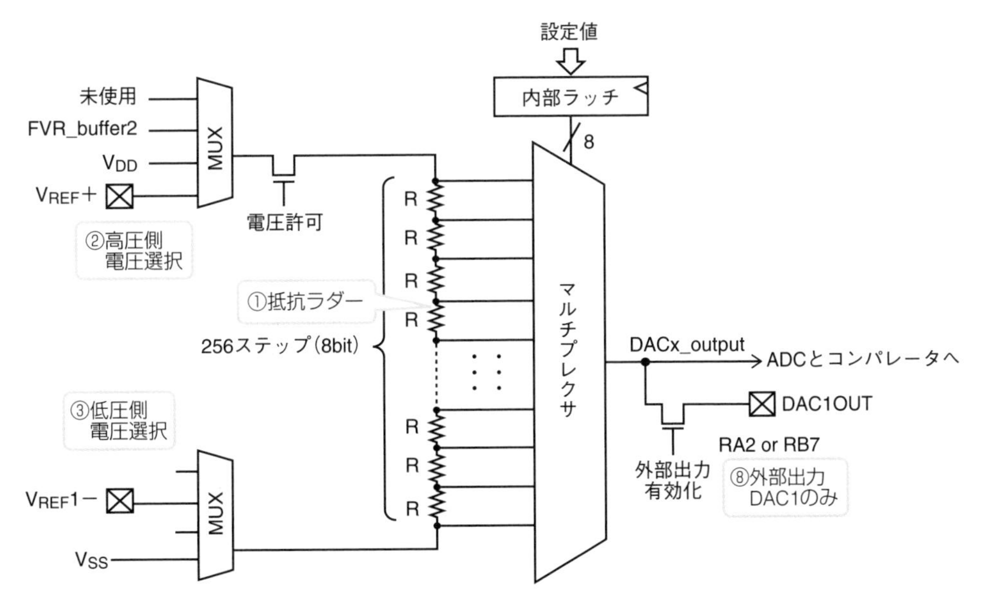

(出典：PIC18F27_47_57Q43 Data Sheet)

RA2かRB7かの選択ができる。

Settling Timeで定義されている。

DAの出力をDAC1OUTピン*に出力できますが、DAC1モジュールのみ可能で、DAC2モジュールは内部でのみの使用となっています。

DAコンバータの動作速度は、0から最大まで変換する時間*が10μsecとなっているので、大きな値を変化させるときは速度に注意が必要です。

内蔵定電圧モジュール（**FVR**）の内部構成は図6-7-3となっていて、内部定電圧回路をもとにして、1倍（1.024V）、2倍（2.048V）、4倍（4.096V）の3種類の一定電圧を出力できます。出力が2系統あり、ADコンバータ用とDAコンバータおよびアナログコンパレータ用となっています。ここで**1倍、2倍とも電源電圧が2.5V以上が必要で、さらに4倍の場合は電源電圧が4.75V以上でないと有効にできない**ので注意が必要です。

●図6-7-3　FVRモジュールの内部構成

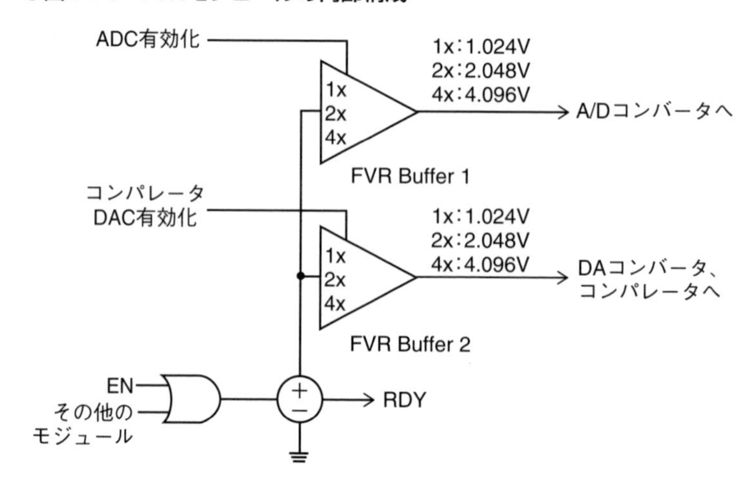

（出典：PIC18F27_47_57Q43 Data Sheet）

これらのMCCでの設定は図6-7-4となります。DAコンバータは上限をFVRとし、下限をV_{SS}としています。さらにFVRモジュールではBuffer2側を2xとして2.048V出力としています。これで、DAコンバータの出力は0Vから2.048Vの間を256等分*した電圧で出力できることになります。

8ビット分解能なので。

●図6-7-4 DACとFVRのMCCの設定

(a) DACの設定

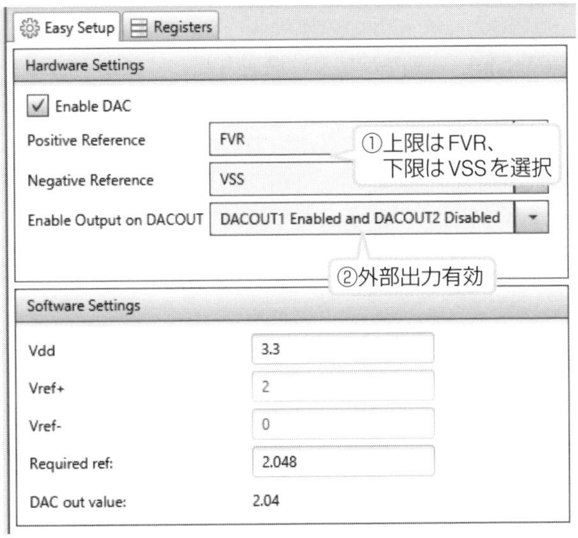

(b) FVRの設定

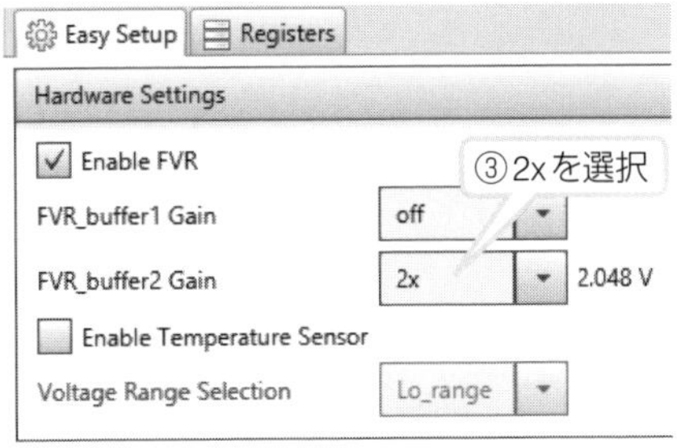

MCCで自動生成されるDAコンバータ用の制御関数は表6-7-1となります。通常は出力設定関数を使うだけです。FVR用の制御関数は使うことはないので省略します。

▼表6-7-1 DAコンバータの制御関数（xは1か2）

関数名	書式と使い方
`DACx_Initialize`	《機能》DACxの初期設定を行う。mainから自動的に呼び出される 《書式》`void DACx_Initialize(void);`
`DACx_SetOutput`	《機能》DACxの出力設定 《書式》`void DACx_SetOutput(uint8_t inputData);` `inputData`：設定値（8ビット）
`DACx_GetOutput`	《機能》DACxの現在値を読み出す 《書式》`uint8_t DACx_GetOutput(void);` 戻り値：8ビットデータ

6-7-3 NCOモジュールの使い方

NCO (Numerically Controlled Oscillator) の内部構成は図6-7-5のようになっていて、DDS (Direct Digital Synthesizer) が基本の構成となっています。つまり、増し分レジスタの値がクロックごとに加算器で加算され、アキュミュレータがオーバーフローするとオーバーフロー信号が出力され、割り込み要因となります。これがDMAのトリガともなります。さらに2種類のオーバーフローごとに反転するパルスや、固定幅のパルスが出力ピンに出力できますが、本章では使っていません。

●図6-7-5 NCOxモジュールの内部構成（xは1、2、3のいずれか）

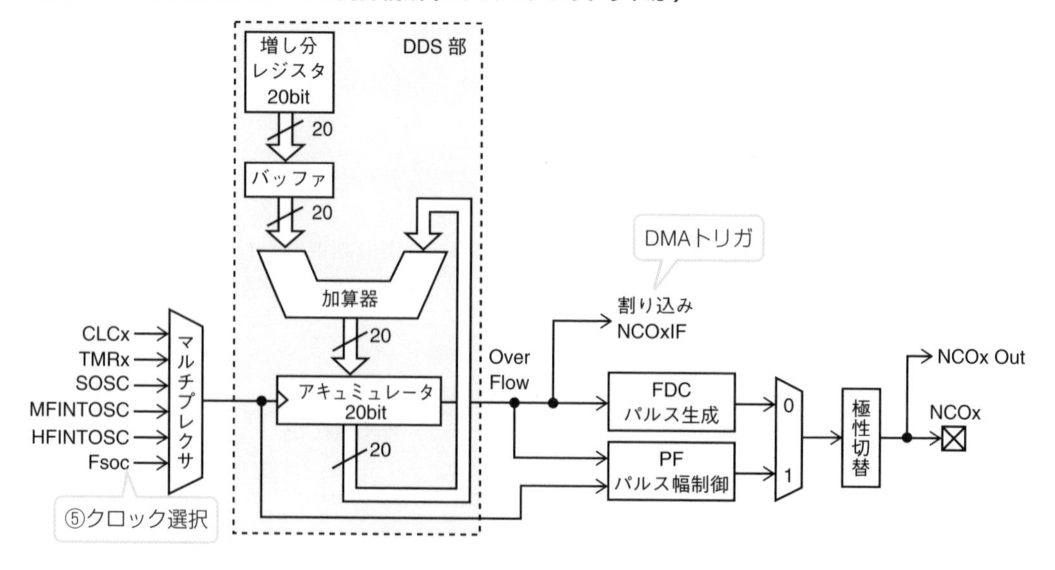

このような動作ですから、DMAのトリガ周期は、クロックが64MHzの場合、次の式で表されます。

トリガ周期　　＝(64MHz×増し分レジスタ値)÷ 2^{20}
最長トリガ周期＝64MHz ÷ 2^{20} = 64MHz ÷ 1048576 = 61.03515625Hz

つまり約61Hz単位で周波数が設定できるということになります。正弦波を100分解能としたので、100回のトリガで1周期の正弦波となります。したがって、例題の5Hzの場合は500Hz、30kHzの場合は3MHzの周期のトリガが必要となります。これら場合のNCOの増し分レジスタ値は次の式で求められます。

500 ÷ 61.0352 ≒ 8　　　実際の出力は488Hz　正弦波は4.9Hz
3MHz ÷ 61.0352 ≒ 49152　実際の出力は3.000MHz　正弦波は30kHz

61Hz単位なのでわずかに周波数はずれますが、ほぼ必要な周波数が設定できます。

このNCOモジュールのMCCの設定は、Device ResourcesからNCO1を選択して追加したあと、図6-7-6のようにします。動作モードはFDC、クロックにはHFINTOSCを選択、初期値は適当な周波数を設定します。ここはプログラムで設定変更するので、何でも構いません。

●図6-7-6　NCO1モジュールのMCCの設定

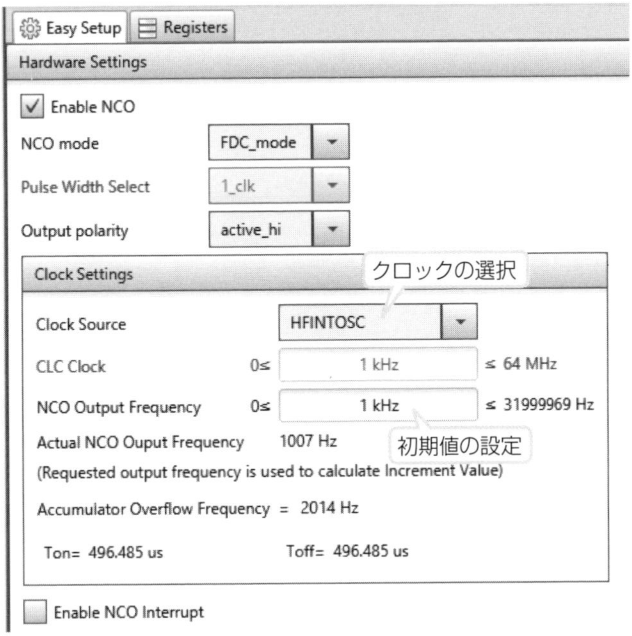

MCCで生成されるNCOモジュール制御関数は初期化関数のみなので、NCOの制御はレジスタを直接制御する必要があります。必要な制御は周波数を変更するための増し分レジスタ*の設定だけですが、この設定には条件があり、いったんNCOの動作を停止*させてから、3バイトの増し分レジスタを変更し、その後再開させる*必要があります。停止させれば3バイトのレジスタを設定する順番は自由です。

3個のレジスタで20ビットを設定する。NCOxINCU、NCOxINCH、NCOxINCL

制御レジスタNCOxCONレジスタのENビットで制御する。NCO1CONbits.EN = 0;

NCO1CONbits.EN = 1;

6-7-4 DMAモジュールの設定

本章でのDMAの使い方は、100個の正弦波のデータを順番にDACの設定レジスタに転送することを永久に繰り返すという使い方です。

これを実現するDMAの設定が図6-7-7となります。ソース側はメモリ内のSineWaveというバッファで100バイトのサイズとし、アドレスはインクリメントモードで100バイトとします。これで正弦波の100個のデータを転送することになります。相手側はDAC1の設定レジスタDAC1DATLを指定し、アドレスは固定とします。さらにトリガにNCO1を指定し、終了条件はNoneとします。これで永久に繰り返すことになります。

●図6-7-7 DMAモジュールのMCCの設定

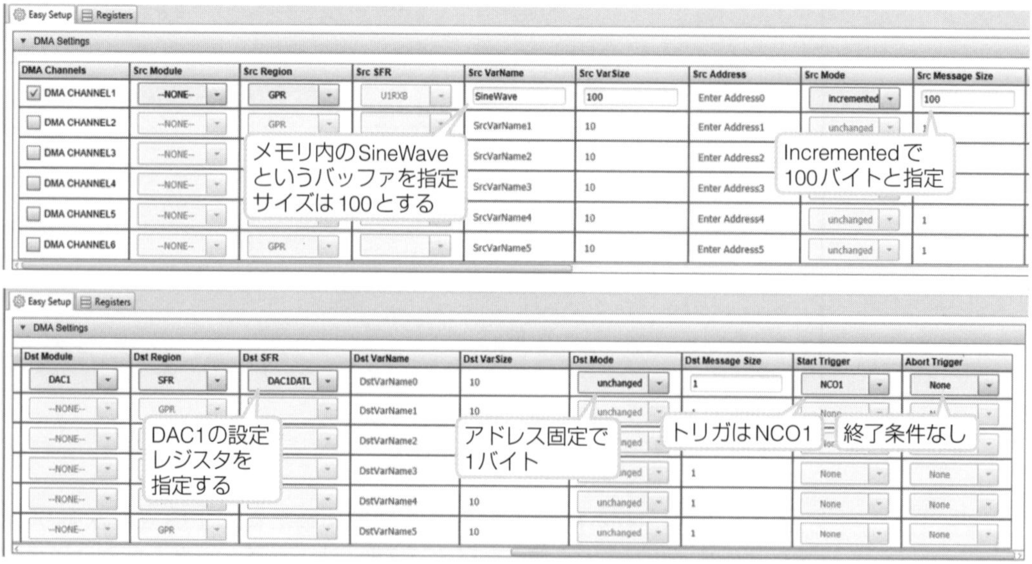

Easy Setup | Registers

DMA Settings

DMA Channels	Src Module	Src Region	Src SFR	Src VarName	Src VarSize	Src Address	Src Mode	Src Message Size
☑ DMA CHANNEL1	--NONE--	GPR	U1RXB	SineWave	100	Enter Address0	incremented	100
☐ DMA CHANNEL2	--NONE--	GPR		SrcVarName1	10	Enter Address1	unchanged	1
☐ DMA CHANNEL3	--NONE--			SrcVarName2	10	Enter Address2		
☐ DMA CHANNEL4	--NONE--			SrcVarName3	10	Enter Address3		
☐ DMA CHANNEL5	--NONE--			SrcVarName4	10	Enter Address4	unchanged	1
☐ DMA CHANNEL6	--NONE--	GPR		SrcVarName5	10	Enter Address5	unchanged	1

メモリ内のSineWaveというバッファを指定サイズは100とする

Incrementedで100バイトと指定

Easy Setup | Registers

DMA Settings

Dst Module	Dst Region	Dst SFR	Dst VarName	Dst VarSize	Dst Mode	Dst Message Size	Start Trigger	Abort Trigger
DAC1	SFR	DAC1DATL	DstVarName0	10	unchanged	1	NCO1	None
--NONE--	GPR		DstVarName1	10	unchanged		None	
--NONE--			DstVarName2	10				
--NONE--			DstVarName3	10		1	None	None
--NONE--			DstVarName4	10	unchanged	1	None	None
--NONE--	GPR		DstVarName5	10	unchanged	1	None	None

DAC1の設定レジスタを指定する

アドレス固定で1バイト

トリガはNCO1

終了条件なし

6-7-5　例題の完成

残りはタイマ0のMCCの設定だけですので、これを図6-7-8のように5秒間隔の割り込みありと設定します。

●図6-7-8　タイマ0のMCCの設定

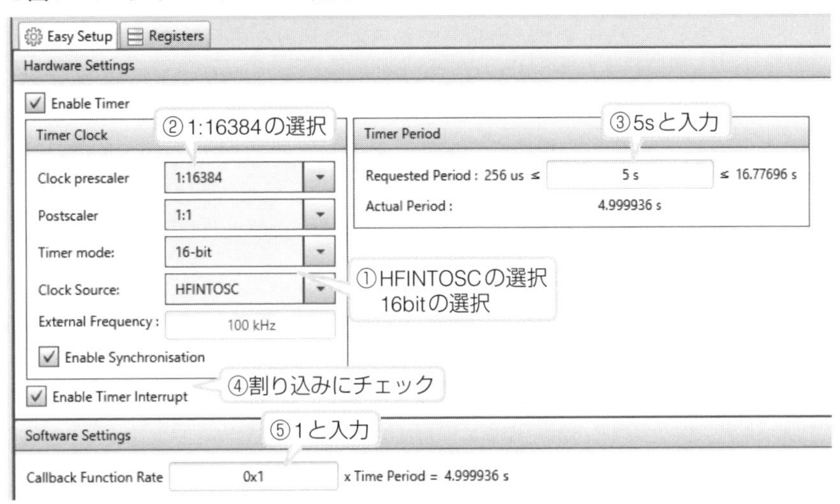

最後は入出力ピンの設定で、図6-7-9とします。DAC1OUTピンは決まっています。残りはLEDだけです。

●図6-7-9　入出力ピンの設定

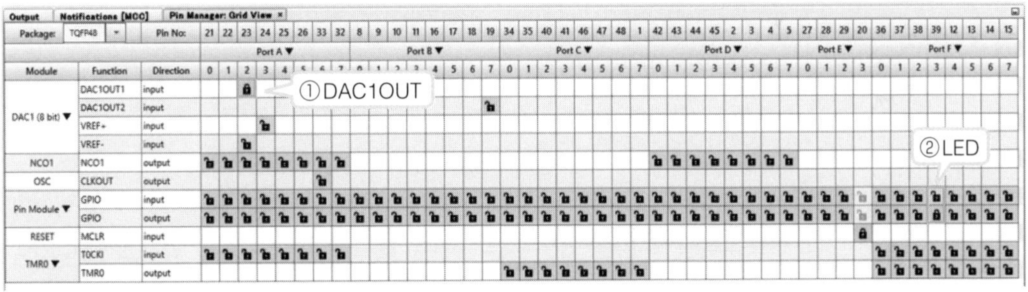

①DAC1OUT

②LED

Pin Modukeの設定

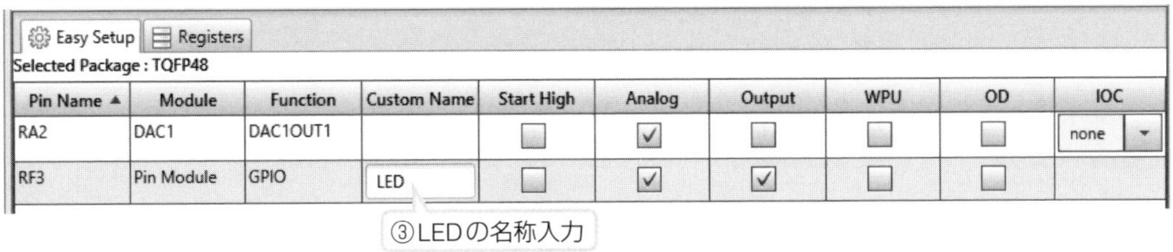

Easy Setup　Registers

Selected Package : TQFP48

Pin Name ▲	Module	Function	Custom Name	Start High	Analog	Output	WPU	OD	IOC
RA2	DAC1	DAC1OUT1		☐	☑	☐	☐	☐	none
RF3	Pin Module	GPIO	LED	☐	☑	☑	☐	☐	

③LEDの名称入力

以上ですべてのMCCの設定が完了したので[Generate]します。

あと必要なのはメイン関数へのコード追加だけです。作成したメイン関数がリスト6-7-1となります。宣言部でNCOの設定ステップ値を定義しています。続いて出力する周波数を10個用意しました。

タイマ0の割り込み処理関数ではフラグをセットしているだけです。

メイン関数の初期化部では、正弦波データをsin関数を使って100分解能でバッファに用意してから割り込みを許可しています。

メインループでは5秒間隔でフラグがオンになったら、NCOをいったん停止し、出力周波数を取り出し、それからNCOへの設定値をステップ値で割り算して求めています。その設定値を3バイトのNCOのレジスタに設定してからNCOを再起動しています。これで実際の正弦波がDCA1OUTピン(RA2)に出力されます。5秒間隔で5Hzから30kHzまで順番に出力されます。

リスト 6-7-1 メイン関数の全体

NCOのステップ値 / 出力する周波数 / 正弦波データの生成

```
/**************************************************
 *  NCO＋DMA＋DACによる正弦波生成
 *   NCO1の周期でDAC出力     100分解能
 *   最高30kHzまで可能
 *   きれいなのは10kHz程度まで(DACの応答特性)
 **************************************************/
#include "mcc_generated_files/mcc.h"
#include <math.h>
// グローバル変数定義
#define C 3.141592/180.0
#define Step 61.03515625                              // 64MHz÷2の20乗 Max30kHz
uint16_t n, i, Flag;
uint8_t SineWave[100];                                // 波形データバッファ
uint32_t SetData;
// 出力周波数設定 (Hz))
float Freq[10] = {5.0, 10.0, 50.0, 100.0, 500.0, 1000.0, 5000.0, 10000.0, 20000.0, 30000.0};
/*******************************
 * タイマ0 割り込みCallback
 *******************************/
void TMR0_Process(void){
    Flag = 1;                                         // フラグセット
    LED_Toggle();                                     // 目印
}
/*****************************/
void main(void)
{
    SYSTEM_Initialize();                              // システム初期化
    // タイマ0 Callback関数定義
    TMR0_SetInterruptHandler(TMR0_Process);
    i = 0;
    // 正弦波データ生成 100分解能 振幅±100 2Vpp
    for(n=0; n<100; n++){
        SineWave[n] = (uint8_t)(127.0 + 100*sin(C*(double)n*3.6));
    }
    INTERRUPT_GlobalInterruptEnable();                // 割り込み許可
    /**** メインループ **************/
```

```
    while (1)
    {
        if(Flag == 1){                                          // フラグがオンの場合
            Flag = 0;                                           // フラグリセット
            // NCO設定を求め設定
            NCO1CONbits.EN = 0;                                 // NCOいったん停止
            SetData = (uint32_t)((Freq[i]*100) / Step);         // 設定値を求める
            NCO1INCL = SetData & 0x000000FF;                    // 下位バイト設定
            SetData >>= 8;
            NCO1INCH = SetData & 0x000000FF;                    // 中位バイト設定
            SetData >>= 8;
            NCO1INCU = SetData & 0x000000FF;                    // 上位バイト設定
            NCO1CONbits.EN = 1;                                 // NCO再開
            // 次の周波数へ
            i++;
            if(i > 9)                                           // 最後なら
                i = 0;                                          // 最初に戻る
        }
    }
}
```

NCOの設定値を求める

3バイトの設定

周波数更新

出力波形は20kHzくらいまではきれいな正弦波ですが、それ以上になるとDAコンバータの速度制限*のため、立ち上がりが遅れるので、やや乱れた正弦波となります。

* DAコンバータのSettling Timeによる制限。

6-8 SPIによるOLEDの制御

フルカラーグラフィックのOLEDにWeather Clickの温度、気圧、湿度のデータを文字で表示します。OLED*はSPI*モジュールで制御するので、写真6-8-1のようにmikroBUS 3に実装して使います。

OLED：Organic Light-Emitting Diode。有機LED表示器

SPI：Serial Peripheral Interface。
高速なシリアル通信でICや表示器などを接続する。

●写真6-8-1　例題の実装例

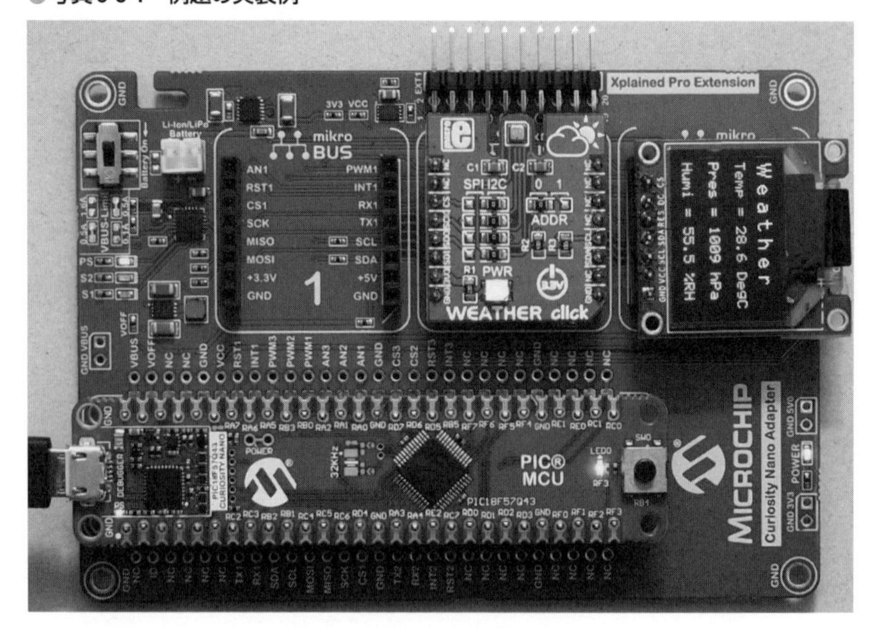

6-8-1 例題のシステム構成と機能

例題は図6-8-1のシステム構成で動かします。例題の機能を次のようにすることにします。

①タイマ0の割り込み周期でセンサの情報を読み出す。ここはMCCのWeatherライブラリを使う

②センサ情報をOLEDにSPI1経由で表示する。OLEDは専用のライブラリを使う

●図6-8-1　例題のシステム構成

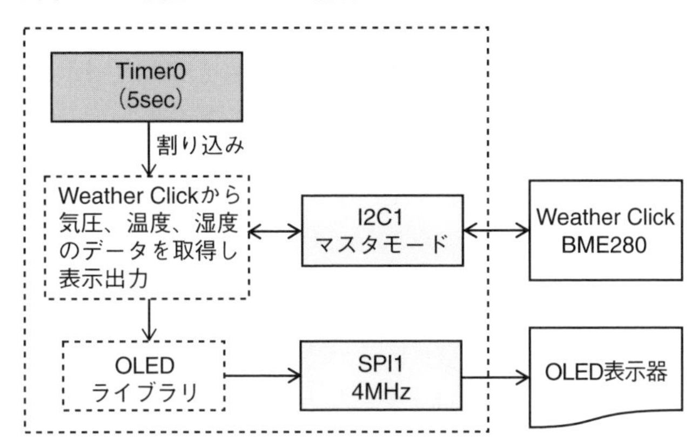

この例題をMCCで作成していきます。プロジェクト作成とクロック、コンフィギュレーションビットの設定は例題1と同じで、最高速度の64MHzで動作させます。プロジェクト名は「OLED」です。MCCで設定する方法は6-2節と同じなので省略します。

6-8-2　SPIモジュールの使い方

本節で使うOLEDは4線式SPIインターフェースとなっています。ここでPIC18F QシリーズのSPIモジュールの使い方を説明します。このSPIモジュールの内部構成は図6-8-2のようになっています。

●図6-8-2　SPIモジュールの内部構成

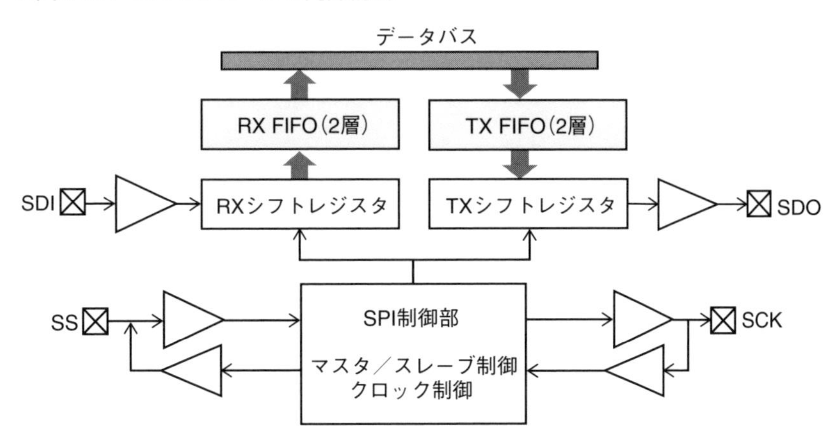

SPIはマスタ動作とスレーブ動作がありますが、その違いはクロックをどちらが出すかということです。マスタは自分でクロックを生成し出力します。そのクロックに合わせてデータの送受信をSDOとSDIで同時に行います。

スレーブ動作の場合はマスタ側から送信されるクロックを受信し、そのクロックでSDOとSDIでデータを送受信します。

相手スレーブの選択用としても使用可能。

3線式はこのSCK、SDO、SDIだけで動作しますが、4線式の場合はこれにSSが加わります。SSはチップセレクトでCS*とも称され、多くの場合負論理で使われ、Lowになった時点で送受信開始となります。

SPIは高速シリアル通信が可能で、PIC18F Qシリーズでは、送信だけの場合は16MHzまで、送受信同時の場合は10MHzまでのクロックが出力できます。

SPI通信には、クロックとデータのタイミングで4つのモードがあり、図6-8-3のようにモード0、1、2、3として区別されています。SDOへデータをシフト出力するタイミングと、SDIをサンプリングするタイミングで区別されています。つまり、図の点線がSDOにデータがシフトされるタイミングを表していて、矢印がSDIをサンプリングするタイミングを表しています。このようにシフトとサンプリングを離すことで、クリティカルなタイミングがないようにしています。

●図6-8-3　SPIの4モードの違い

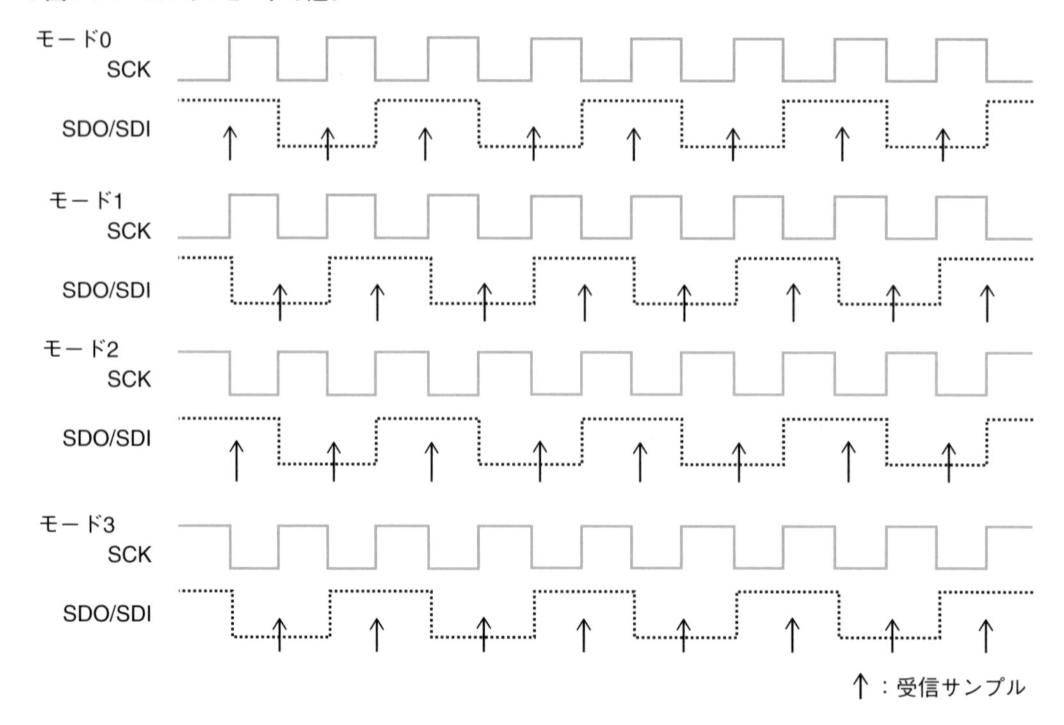

6-8-3　OLEDの使い方

今回使ったOLEDは図6-8-4のような仕様のフルカラーグラフィック表示ができるものです。OLEDは自照式ですから、明るくてきれいな画面です。本章ではこれに文字を表示させます。

●図6-8-4　OLEDの仕様

有機LEDの仕様
- 型番　：QT095B
- 制御IC：SSD1331
- 電源　：3.3V～5.0V
- 表示　：96×64ドットRGB
フルカラー65536色
- I/F　：4線SP　Max 6MHz
- サイズ：27.3×30.7×11.3mm
（販売：秋月電子通商）

No	信号名	機能
1	GND	0V
2	V_{DD}	3.3V～5V
3	SCLK	Clock
4	SDIN	Data In
5	RES	Reset
6	D/C	Data/Command
7	CS	Chip Select

（写真出典:秋月電子通商）

これをBase Boardに実装します。たまたまこのOLEDのピン配置がmikroBUSのピン配置そのままで使えるので、図6-8-5のようにmikroBUS 3に実装し、SPI1モジュールで動かします。

●図6-8-5　OLEDの実装とピン配置

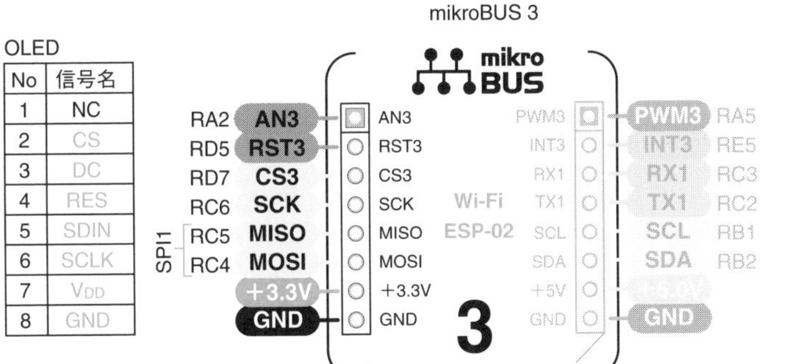

（写真出典:秋月電子通商）

6-8-4　例題の作成

以上で必要な情報は入手できたので、プロジェクトの作成から始めます。プロジェクト名は「OLED」とします。

プロジェクトを作成したらMCCを起動し、最初にWeather Click用のWeather Libraryを追加します。ここの設定は6-4節と同様に特に設定する項目はなく、I2C1も自動追加され、こちらも設定変更は不要です。

次にOLED用のSPI1モジュールの設定で、ここは図6-8-6のように設定します。OLEDのデータシートからSCKは常時HighなのでモードЗとし、速度は4MHzとします。

●図6-8-6　SPI1モジュールのMCCの設定

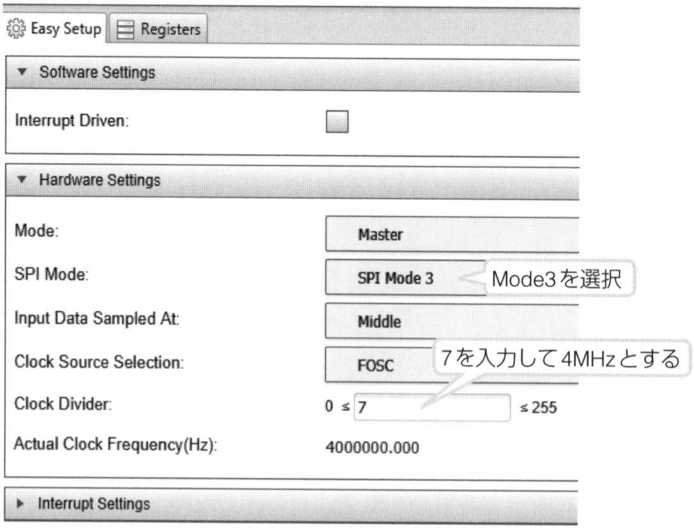

SPIモジュール用にMCCで生成される関数の主なものが表6-8-1となります。これらはすべてOLEDのライブラリの中だけで使っているので、メイン関数で使うことはありません。

▼表6-8-1　SPIモジュール用の制御関数

関数名	書式と使い方
`SPIx_Initialize`	《機能》SPIxモジュールの初期化関数。メインから自動で呼び出される 《書式》`void SPIx_Initialize(void);`
`SPIx_Open`	《機能》SPIxモジュールを指定設定モードにする 《書式》`bool SPIx_Open(spi1_modes_t spi1UniqueConfiguration);` `UniqueConfiguration`：動作モード（SPIx_DEFAULTを指定） 戻り値：正常時 = `true`　失敗 = `false`
`SPIx_ExchangeByte`	《機能》1バイトのデータを送信し同時にスレーブから受信する 《書式》`uint8_t SPIx_Exchange8bit(uint8_t data);` `data`：送信するデータ　戻り値：受信データ 《使用例》`readData = SPIx_ExchangeByte(cmd);`
`SPIx_ExchangeBlock`	《機能》送信バッファから指定バイト数を送信し、同時にスレーブから同じバイト数を受信してバッファに格納する 《書式》`void SPIx_ExchangeBlock(void *block, size_t blockSize);` `*block`：送信バッファのポインタ `blockSize`：送受信するバイト数

関数名	書式と使い方
SPIx_WriteBlock	《機能》指定バイト数の送信のみ 《書式》void SPIx_WriteBlock(void *block, size_t blockSize); *block：送信データバッファ blocksize：送信バイト数
SPIx_ReadBlock	《機能》指定バイト数の受信のみ（ダミーデータ(0x00)送信） 《書式》void SPIx_ReadBlock(void *block, size_t blockSize); *block：受信データバッファ blocksize：受信バイト数

あとはタイマ0の設定で、5秒間隔の割り込みありとしますが詳細は省略します。

最後に入出力ピンの設定で、ここは図6-8-7のように設定します。OLED用の制御ピンがいくつかあるので、図6-8-5に合わせて設定します。さらにLEDとSW0も追加しています。これですべての設定が完了したので［Generate］します。

●図6-8-7　入出力ピンの設定

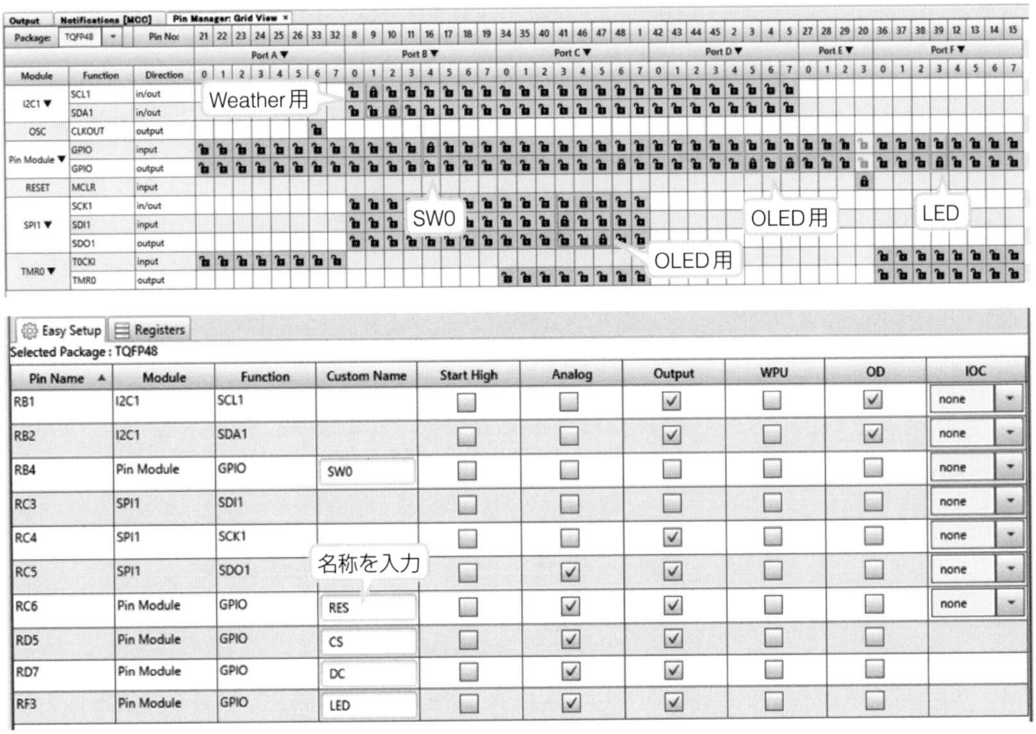

Easy Setup　Registers

Selected Package : TQFP48

Pin Name	Module	Function	Custom Name	Start High	Analog	Output	WPU	OD	IOC
RB1	I2C1	SCL1		☐	☐	☑	☐	☑	none
RB2	I2C1	SDA1		☐	☐	☑	☐	☑	none
RB4	Pin Module	GPIO	SW0	☐	☐	☐	☐	☐	none
RC3	SPI1	SDI1		☐	☐	☐	☐	☐	none
RC4	SPI1	SCK1		☐	☐	☑	☐	☐	none
RC5	SPI1	SDO1		☐	☑	☑	☐	☐	none
RC6	Pin Module	GPIO	RES	☐	☑	☑	☐	☐	none
RD5	Pin Module	GPIO	CS	☐	☑	☑	☐	☐	
RD7	Pin Module	GPIO	DC	☐	☑	☑	☐	☐	
RF3	Pin Module	GPIO	LED	☐	☑	☑	☐	☐	

本章のプロジェクトではOLEDに自作ライブラリを使うので、コード生成後、このライブラリをプロジェクトに追加登録します。追加が必要なファイルは次の4つです。技術評論社のサポートサイトからダウンロードしてください。

OLED_lib.h ：OLEDライブラリのヘッダファイル
OLED_lib.c ：OLEDライブラリ本体
ASCII12dot.h：12×12ドットのASCII文字フォント
font.h ：6×9ドットのASCII文字フォント

このOLEDライブラリで提供する関数は表6-8-2となります。色の指定が文字色と背景色の2つがありますが、それぞれ次の8色の色指定を用意しました。

RED、GREEN、BLUE、CYAN、MAGENTA、YELLOW、WHITE、BLACK

▼表6-8-2 OLEDライブラリが提供する関数

関数名	機能と書式
OLED_Init	《機能》OLEDの初期化、最初に1度だけ実行すればよい 《書式》void OLED_Init(void);
OLED_Clear	《機能》指定した色で全体を塗りつぶす 《書式》void OLED_Clear(uint8_t color); //colorは背景色
OLED_Pixel	《機能》指定位置に指定色のドットを表示する 《書式》void OLED_Pixel(uint8_t Xpos, uint8_t Ypos, uint8_t color);
OLED_Char	《機能》6x9ドットのANK文字表示を指定位置に指定色で表示する 《書式》void OLED_Char(uint8_t colum, uint8_t line, const uint8_t letter, uint8_t Color1, uint8_t Color2); colum：0～15 line：0～6 Color1：文字色 Color2：背景色
OLED_xChar	《機能》12×12ドットのANK文字を指定位置から指定色で表示する 《書式》void OLED_xChar(uint8_t colum, uint8_t line, uint8_t letter, uint8_t Color1, uint8_t Color2) colum：0～7 line：0～4 Color1：文字色 Color2：背景色
OLED_Str	《機能》6x9ドットのANK文字列を指定位置から指定色で表示する 《書式》void OLED_Str(uint8_t colum, uint8_t line, const uint8_t *s, uint8_t Color1, uint8_t Color2) colum：0～15 line：0～6 Color1：文字色 Color2：背景色
OLED_xStr	《機能》12×12ドットのANK文字列を指定位置から指定色で表示する 《書式 void OLED_xStr(uint8_t colum, uint8_t line, const uint8_t *s, uint8_t Color1, uint8_t Color2) colum：0～7 line：0～4 Color1：文字色 Color2：背景色

以上 の関数やライブラリを使って作成するのはメイン関数のみで、リスト6-8-1となります。

最初のタイマ0割り込み処理関数ではフラグをセットしているだけです。メイン関数では、OLEDの初期化をしてから割り込みを許可しています。

メインループではフラグがセットされたら、まず見出しを表示し、次にセンサの動作を実行して、3つのデータを順番に取り出しては文字列に変換してOLEDに表示出力しています。

リスト 6-8-1　例題のメイン関数

```
/********************************************
 *  OLED+Weather click
 *   5秒周期でセンサのデータをOLEDに表示する
 *   温度、気圧、湿度を表示
 ********************************************/
#include "mcc_generated_files/mcc.h"
#include "OLED_lib.h"
#include "mcc_generated_files/weather.h"
#include <string.h>
// 変数定義
char Flag;
char Msg[32];   // 表示バッファ
/******************************
 * タイマ0  割り込み処理関数
 ******************************/
void TMR0_Process(void){
    Flag = 1;        // フラグセット                  ← フラグセットのみ
}
/***** メイン関数 ***************/
void main(void)
{
    SYSTEM_Initialize();
    // タイマ0 Callback関数定義
    TMR0_SetInterruptHandler(TMR0_Process);
    // OLED初期化
    OLED_Init();
    OLED_Clear(BLACK);                                  ← OLEDの初期化
    Flag = 1;                                           ← スタートで表示実行
    // 割り込み許可
    INTERRUPT_GlobalInterruptEnable();
    /****** メインループ *************/
    while (1)
    {
        if(Flag == 1){                                  // フラグオンの場合
            LED_Toggle();                               // 目印
            Flag = 0;                                   // フラグリセット
            // 見出し表示  大文字で
            OLED_xStr(0, 0, "Weather", WHITE, BLACK);   ← 見出し表示
            // Weatherセンサからデータ取得し表示  小文字で
            Weather_readSensors();                      // センサ実行   ← センサ動作実行
            sprintf(Msg, "Temp = %2.1f DegC", Weather_getTemperatureDegC());
            OLED_Str(0, 2, Msg, MAGENTA, BLACK);        // 温度表示    ← データを文字に変換して表示
            sprintf(Msg, "Pres = %4.0f hPa", Weather_getPressureKPa()*10);
            OLED_Str(0, 4, Msg, CYAN, BLACK);           // 気圧表示
            sprintf(Msg, "Humi = %2.1f %%RH", Weather_getHumidityRH());
            OLED_Str(0, 6, Msg, GREEN, BLACK);          // 湿度表示
        }
    }
}
```

これで実行した結果のOLED表示例が写真6-8-2となります。

●写真6-8-2　実際の表示例

第7章 活用製作例

PIC18F Qシリーズを実際に使った製作例をいくつか解説します。大容量メモリを活用したものや、DMAを活用したものなど、特徴を活かした製作例となっています。

7-1 GPSロガーの製作

GPS：Global Positioning System。衛星測位システムで、複数の衛星からの電波の到達時間の差から地球上の位置を求めることができる。

GPS*モジュールを使って時刻、緯度、経度、高度を測定し、SDカードに15秒ごとに記録します。その記録をもとにパソコンで地図上に移動経路をプロットすることができる写真7-1-1のような携帯型のGPSロガーを製作します。

●写真7-1-1　GPSロガーの外観

7-1-1 GPSロガーの全体構成と仕様

このGPSロガーの全体回路構成は図7-1-1のようにしました。必要な入出力ピンは少ないので、28ピンのPIC18F27Q43を使います。SDカードでFAT File Systemを使うので、メモリサイズは大き目*のものが必要になります。またSDカードとOLED表示器がいずれもSPIインターフェースなので、2組のSPIモジュールを使います。GPSモジュールはUARTで問題なく接続できます。いずれも電源は3.3V*で動作するので、リチウムポリマ電池から3端子レギュレータで3.3Vを供給します。S1オンでログ開始とし、ログの都度緑LEDを点滅させます。

実際の使用量は約80kバイトになった。

GPSモジュールはは5V電源となっていますが、内部のレギュレータをバイパスさせて3.3Vとしている。

●図7-1-1　GPSロガーの全体構成

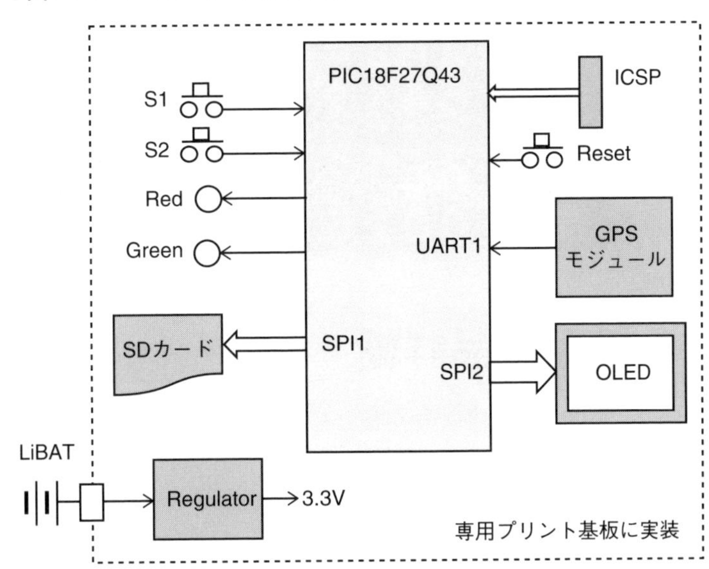

このGPSロガーの仕様は表7-1-1のようにすることにします。

▼表7-1-1　GPSロガーの仕様

項　目	仕　様	備　考
電源	リチウムポリマバッテリ 3.7V　1100mAh レギュレータで3.3Vを生成	
表示	フルカラーのOLEDにGPS受信ごとに 時刻、緯度、経度、高度、衛星数を表示する	文字は12×12ドットの 文字で日本語表示
操作表示	リセットスイッチで初期化 S1スイッチオンでSDカードへのログ開始 再度オンでログ停止 書き込みの都度緑LEDを点滅	S2スイッチは未使用
保存	SDカードに15秒間隔で表示内容と同じ情報 を書き込む	
ケース	透明ポリカーボ　または 3Dプリンタで作成した専用ケース	

表示内容は写真7-1-2のような内容とします。

●写真7-1-2　OLED表示例

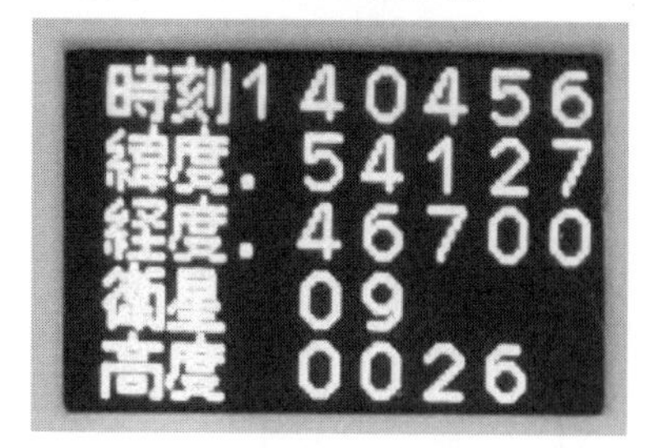

7-1-2　使用部品詳細

OLEDは6-8節で使用したものと同じです。ここではGPS受信モジュールの詳細を説明します。使ったモジュールは図7-1-2のようなもので、日本のみちびき対応の最新モデルです。

●図7-1-2　GPS受信モジュールの詳細

型番	：GYSFDMAXB（太陽誘電製）
電源	：3.8V～12V（3.3Vレギュレータ内蔵）
消費電流	：40mA
感度	：－164dBm
測位確度	：2m　@－135dBm
測地系	：WGS1984
表示	：赤LED　追尾中1秒ごとに点滅
外部I/F	：UART　9600bps
データ出力	：1回／秒
データ形式	：NMEA0183　V3.01準拠
外部出力	：1秒ごとのパルス出力
その他	：みちびき対応 （秋月電子通商で基板化したもの）

NMEA：National Marine Electronics Association。米国海洋電子機器協会、海洋で利用される各種計測器の情報伝送で使われる通信プロトコル。

GPS受信モジュールからは、単純に1秒ごとに受信データを出力します。このときのフォーマットはNMEA*で決められた標準となっていて、1つのデータの基本は「$」で始まり、復帰改行（<CR><LF>）で終わります。それぞれの項目はカンマで区切られています。

最初にデータの区別情報があり、多くGPSモジュールで次の5種類が出力されます。

$GPRMC：基本の測位情報
$GPGGA：基本の測位情報、高度を含む
$GPGSA：衛星番号や測位精度の情報
$GPGSV：衛星情報
$GPVTG：針路、移動方向や移動速度の情報

この中で$GPGGAの内容が一番使い易いのでこの中身の詳細を説明します。実際の$GPGGAデータの内容は次のようになっていて、その詳細は表7-1-2のようになっています。

```
$GPGGA,hhmmss.sss,ddmm.mmmm,N/S,dddmm.mmmm,E/W,v,ss,dd.d,hhhhh.h,M,
gggg.g,M,,0000*hh<CR><LF>
```

▼表7-1-2　$GPGGAの内容一覧

項　目	内　容	例
hhmmss.sss	協定世界時（UTC）での時刻。日本標準時は協定世界時より9時間進んでいる	093521.356 UTC時刻9時35分21秒356 日本時刻18時35分21秒356
ddmm.mmmm	緯度　dd度mm.mmmm分 分は60進数なのでGoogleなどには度＋（分÷60）として10進数にする	3532.2733 緯度　35度32.2733分 10進　35.53789度
N/S	N：北緯　か　S：南緯	
dddmm.mmmm	経度　ddd度mm.mmmm分 分は60進数なのでGoogleなどには度＋（分÷60）として10進数にする	13928.211 経度　129度28.2115分 10進　129.47019度
E/W	E：東経　か　W：西経か	
v	位置特定の品質 0 = 特定不可 1 = 標準測位 2 = GPSモード	
ss	受信できている衛星数	8個以上が多い
dd.d	水平精度低下率	
hhhhh.h	アンテナの海抜高さ	
M	単位メートル	
gggg.g	ジオイド高さ	
M	単位メートル	
空欄	DGPS関連（不使用）	
0000	差動基準地点ID	
*hh	チェックサム	
<CR><LF>	終わり	

7-1-3 ハードウェアの製作

まず回路設計です。全体構成をもとに作成した回路が図7-1-3となります。SDカードとOLED表示器はSPI接続ですから、それぞれSPI1とSPI2モジュールを使います。これらのモジュールは接続可能なピンに制限があり、SPI1はポートCが使えないのでポートB側に接続しています。あとは特に制限がないので、それぞれ配置しやすいピンに接続しています。

各モジュールの電源にはすべてパスコンを追加しています。10uFとちょっと大きめですが、すべて同じものとしています。

●図7-1-3　GPSロガーの回路図

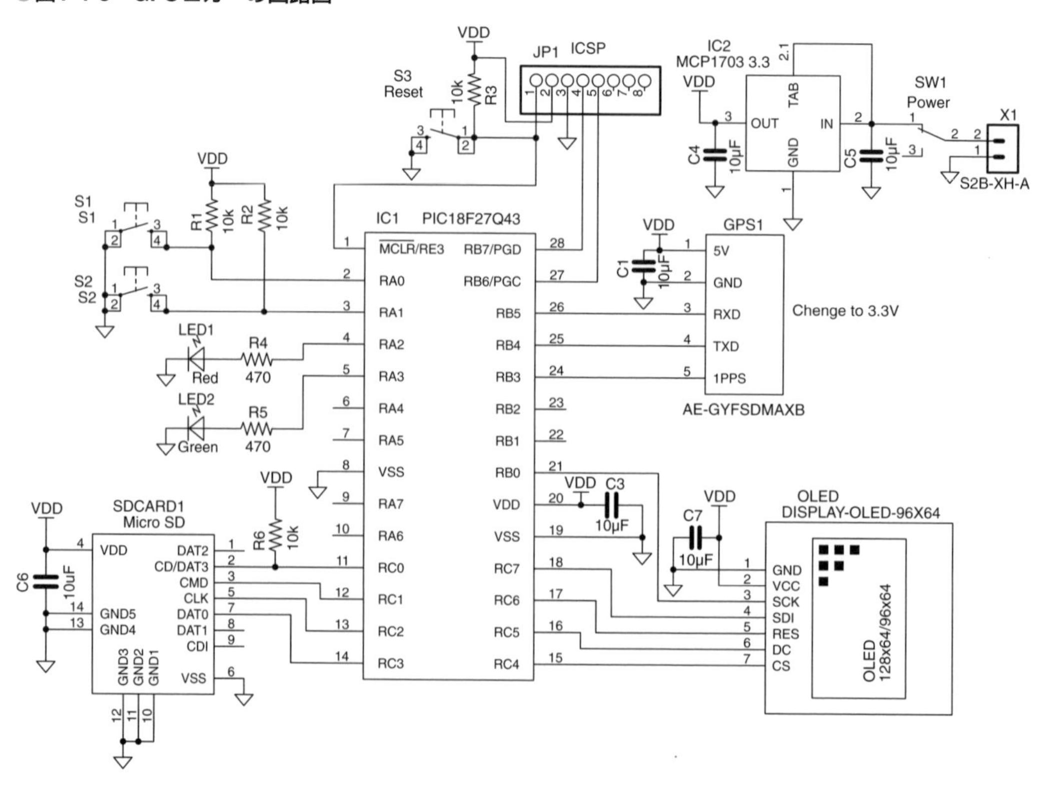

このGPSロガーの組み立てに必要な部品は表7-1-3となります。特別な部品は特にないので容易に揃えられると思います。

▼表7-1-3　部品表

型　番	種　別	型番、メーカ	数量	入手先
IC1	マイコン	PIC18F27Q43-I/SS	1	マイクロチップ
IC2	レギュレータ	MCP1703A-3302-E/MB	1	
GPS1	GPSモジュール	GPS受信機キット（AE-GYSFDMAXB）	1	秋月電子通商
OLED	OLED表示器	有機ELディスプレイ（QT095B）	1	
SDCARD1	SDカード	ヒロセマイクロSDカードコネクタ（DM3AT-SF-PEJM5）	1	
		マイクロSDカード　16GB	1	
LED1	LED	チップLED　2012サイズ　赤	1	
LED2	LED	チップLED　2012サイズ　緑	1	
S1、S2、S3	タクトスイッチ	赤、青、黄	各1	
SW1	スライドスイッチ	小型基板用　3P　SS12D01G4	1	
R1、R2、R3、R6	チップ抵抗	10kΩ　チップ抵抗　2012サイズ	4	マルツエレック
R4、R5	チップ抵抗	470Ω　チップ抵抗　2012サイズ	2	
C1、C3、C4、C5、C6、C7	チップコンデンサ	10μF 16/25V　2012サイズ	6	秋月電子通商
C2	欠番		1	
JP1	ヘッダピン	L型2.5ピッチ　8ピン	1	
X1	コネクタ	S2B-XH-A	1	
		XHP-2　ハウジング　バッテリ用	1	
		SXH-001T-P0.6　（10個入り）	1	
基板		専用プリント基板	1	
ケース	ケース固定部品	スチロールケース　K-12　または3Dプリンタ作成専用ケース	1	
		カラースペーサ　5mm	4	秋月電子通商
		M2.6×10mm　ボルトナット	4	
バッテリ	リチウム	リチウムポリマ充電池角形603449　1100mAh	1	Amazon

基板の発注については付録1参照のこと。

部品がそろったところで組み立てを始めます。専用プリント基板*へのはんだ付けが大部分です。この組み立て手順は図7-1-4の実装図に従って次の順番で進めます。黒色の部品が裏面実装です。

●図7-1-4　GPSロガーの実装図

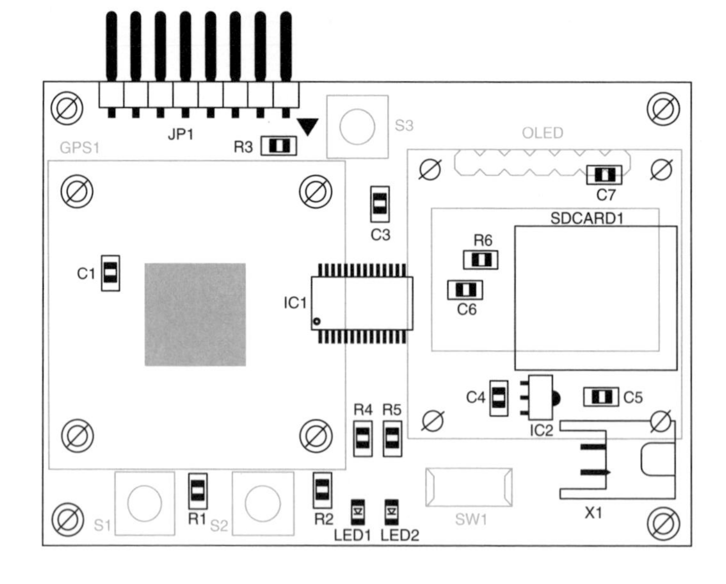

❶ ICのはんだ付け

表面実装のICですから、最初は1ピンだけはんだ付けし、ルーペを使って正確に位置合わせをします。そして残りのピンを十分のはんだではんだ付けします。ピン間に盛り上がる程度でも問題ありません。そのあと、はんだ吸い取り線で余分なはんだを吸い取ります。吸い取り線には十分なフラックスが含まれているので、ピン間のはんだもきれいに吸い取ってくれます。これでICのはんだ付けは問題なくできます。

❷ SDカードコネクタのはんだ付け

これが一番難しいはんだ付けになります。ピンの位置を正確に合わせてから、先の細いはんだごてで1ピンずつはんだ付けします。ルーペで確実にはんだ付けできているかを確認します。そのあと、固定用のケースの爪のはんだ付けをして終了です。こちらはしっかり固定します。

❸ チップ部品のはんだ付け

コンデンサや抵抗、LEDのチップ部品をはんだ付けします。

❹ 残りの部品のはんだ付け

スイッチ、ピンヘッダ、コネクタをはんだ付けします。表側に実装するのと裏側に実装するものとがあるので、間違えないようにします。

❺ GPS受信モジュール内のレギュレータのジャンパ

GPS受信モジュールには、3.3Vのレギュレータが実装されています。しかし、ここではこのレギュレータは不要で、直接3.3Vを供給するので、レギュレータICの両端のピンを、写真7-1-4のGPSモジュールの左下のようにジャンパ線でショートしてバイパスさせます。

❻ GPS受信モジュールの実装

GPS受信モジュールはプリント基板に密着した状態で取り付けます。したがって、バックアップ用電池*は取り付けません。そしてGPS受信モジュールのコネクタ接続ピンを、写真7-1-4の左端面のようにピンヘッダでプリント基板との間を直接接続します。これで密着した状態でGPS受信モジュールを固定できます。

*GPS受信モジュールに添付されている電池だが、本書では使わない。

❼ 電池のコネクタ接続

今回購入した電池はケーブルにコネクタが付属していないので、ハウジングを接続します。ピンを圧着工具で接続しますが、圧着工具がない場合はピンにケーブルを挿入しペンチで圧着したあと、はんだ付けすれば問題ありません。

こうして完成した基板の外観が写真7-1-3、写真7-1-4となります。

●写真7-1-3　完成した基板裏側

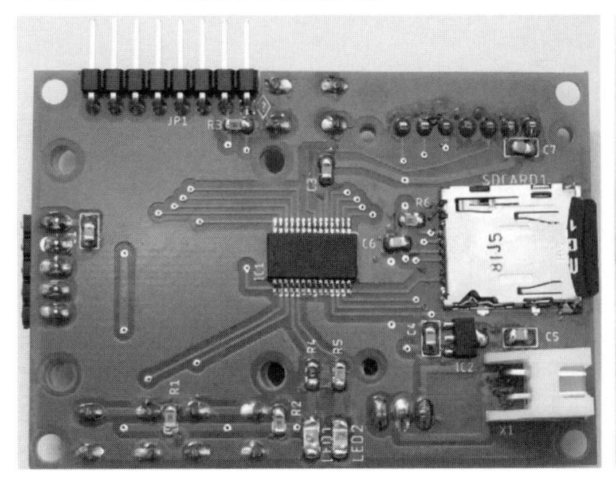

●写真7-1-4　完成した基板の表側

7-1-4 プログラムの作成

ハードウェアが完成したら次はプログラムの作成です。この製作例の内蔵モジュールとライブラリの構成は、図7-1-5のようにしました。これらのモジュールの設定とピンの接続構成に合わせて、MCCを設定していきます。

●図7-1-5　GPSロガーの内蔵モジュールの構成

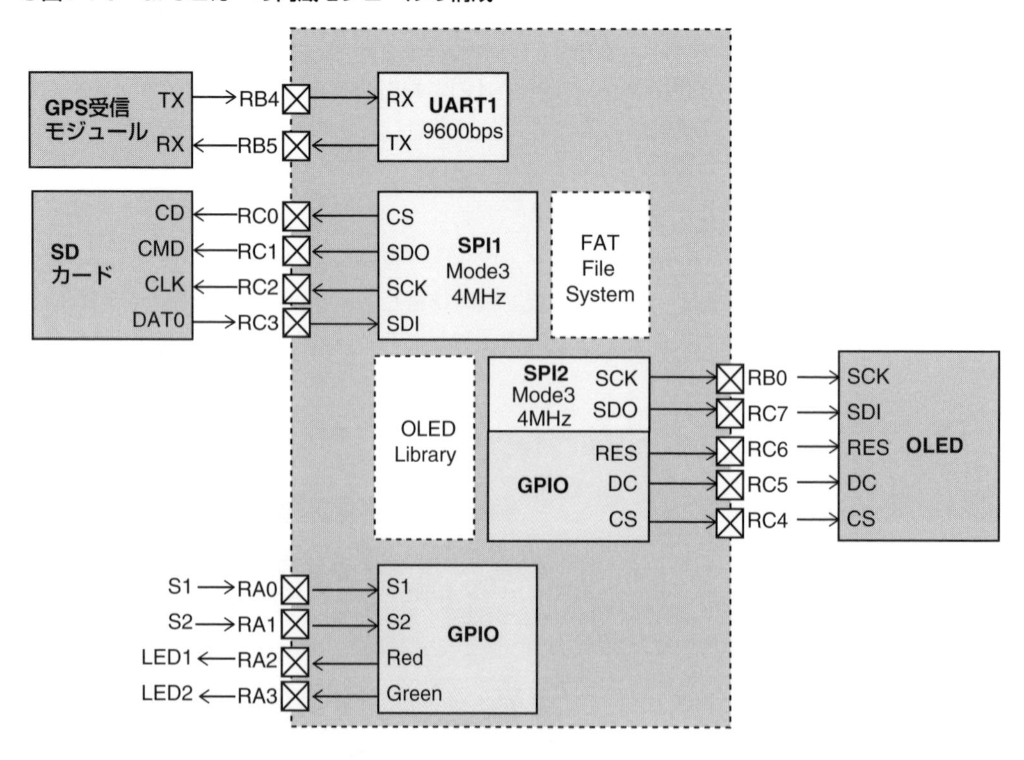

1 MCCの設定

❶ プロジェクトの作成、クロックとコンフィギュレーション

デバイスはPIC18F27Q43、プログラマはSnapとしている。

最初にプロジェクト*を作成します。プロジェクト名は「GPSLogger」とします。プロジェクトの生成が完了したらMCCを起動します。

MCCが起動したら、まずクロックとコンフィギュレーションの設定ですが、クロックは内蔵発振器の最高速度の64MHzとし、コンフィギュレーションはデフォルトのままとします。設定方法は6-2節と同じなので省略します。

❷ FAT File System

MCCをGenerateし直すとSPI1の速度が10MHzに戻ってしまうので、再度4MHzに設定し直す必要がある。

次に、FAT File Systemが使えるようにします。設定は6-5節と同じ設定で、図7-1-6のようにします。これでSPI1モジュールの設定*も自動的に行われます。ピンの設定はあとでまとめて行います。

●図7-1-6　FAT File Systemの設定

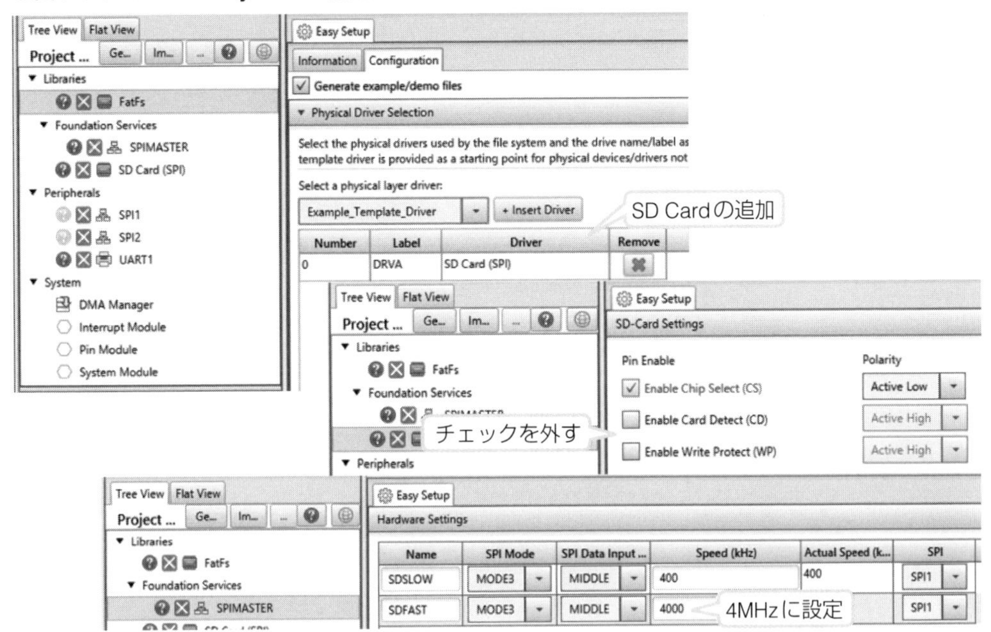

❸ SPI2

次はOLED用のSPI2モジュールの設定で、ここも6-8節と同じ設定で図7-1-7のように設定します。

●図7-1-7　SPI2モジュールのMCCの設定

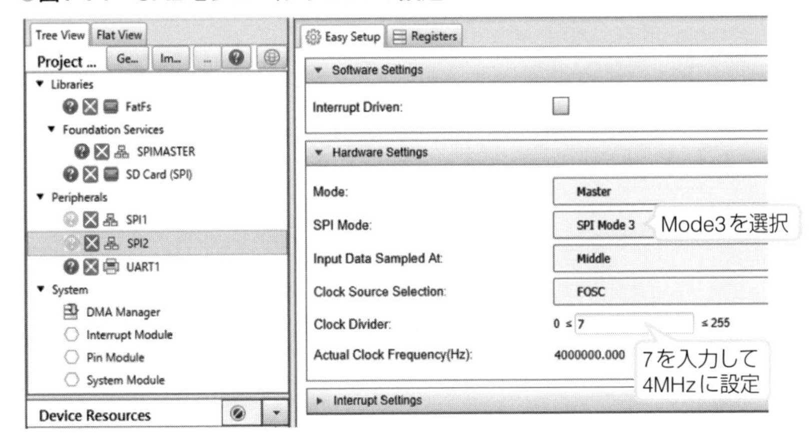

❹ UART1

次はUART1の設定で、ここは9600bpsで割り込みを使います。さらにGPS受信モジュールから多くのデータが送られてくるので、受信バッファを最大の64バイトにしておきます。これで受信漏れを防ぐことができます。

●図7-1-8　UART1モジュールのMCCの設定

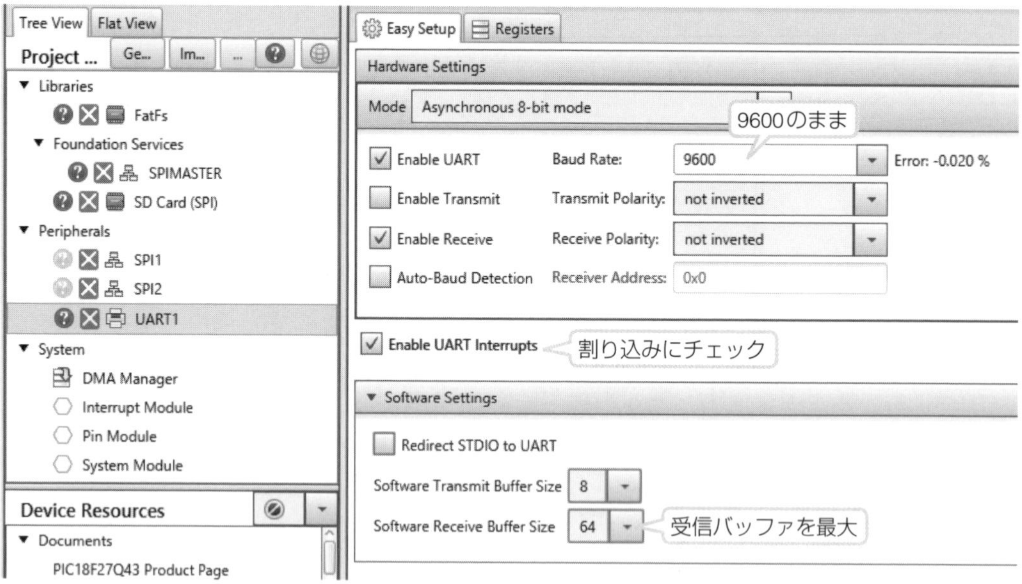

Tree View　Flat View
Project ...　Ge...　Im...　...
▼ Libraries
FatFs
▼ Foundation Services
SPIMASTER
SD Card (SPI)
▼ Peripherals
SPI1
SPI2
UART1
▼ System
DMA Manager
Interrupt Module
Pin Module
System Module
Device Resources
▼ Documents
PIC18F27Q43 Product Page

Easy Setup　Registers
Hardware Settings
Mode　Asynchronous 8-bit mode
9600のまま
Enable UART　Baud Rate:　9600　Error: -0.020 %
Enable Transmit　Transmit Polarity:　not inverted
Enable Receive　Receive Polarity:　not inverted
Auto-Baud Detection　Receiver Address:　0x0
Enable UART Interrupts　割り込みにチェック
▼ Software Settings
Redirect STDIO to UART
Software Transmit Buffer Size　8
Software Receive Buffer Size　64　受信バッファを最大

❺ 入出力ピン

最後に入出力ピンの設定で、ここは図7-1-5に合わせて設定し、図7-1-9のように設定します。SPI2モジュールのSDIピンは使わないので、空いているRB2ピンにしています。

●図7-1-9　入出力ピンの設定

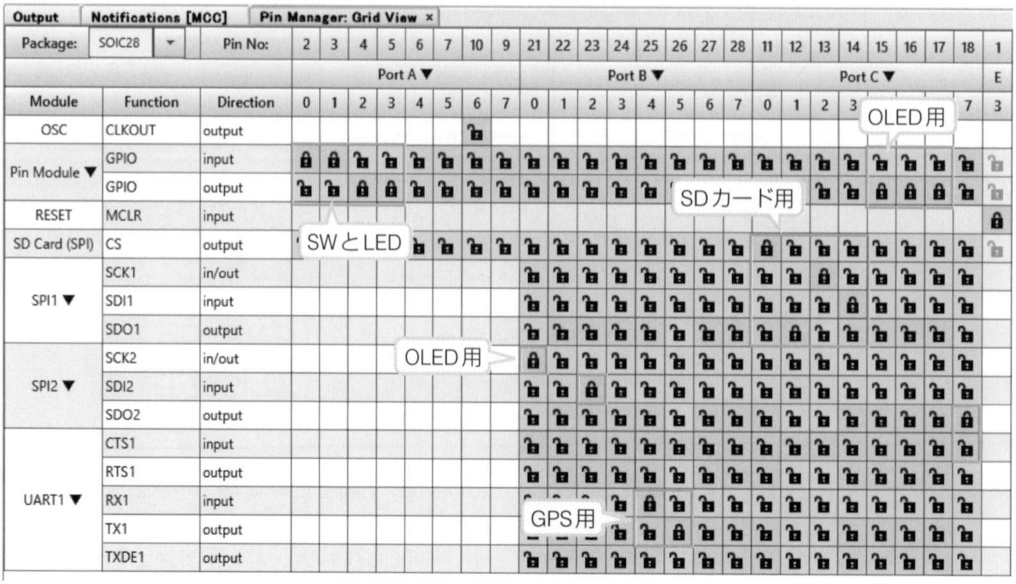

Output　Notifications [MCC]　Pin Manager: Grid View ×

Package: SOIC28		Pin No:	2	3	4	5	6	7	10	9	21	22	23	24	25	26	27	28	11	12	13	14	15	16	17	18	1
			Port A ▼								Port B ▼								Port C ▼								E
Module	Function	Direction	0	1	2	3	4	5	6	7	0	1	2	3	4	5	6	7	0	1	2	3	4	5	6	7	3
OSC	CLKOUT	output																									
Pin Module ▼	GPIO	input																									
	GPIO	output																									
RESET	MCLR	input																									
SD Card (SPI)	CS	output																									
SPI1 ▼	SCK1	in/out																									
	SDI1	input																									
	SDO1	output																									
SPI2 ▼	SCK2	in/out																									
	SDI2	input																									
	SDO2	output																									
UART1 ▼	CTS1	input																									
	RTS1	output																									
	RX1	input																									
	TX1	output																									
	TXDE1	output																									

OLED用
SDカード用
SWとLED
OLED用
GPS用

さらにPin Moduleでピンの名称を図7-1-10のように設定します。プログラムはこの名前で記述しているので、大文字小文字含めて間違いがないように設定する必要があります。

●図7-1-10　入出力ピンの名称設定

Easy Setup　Registers

Selected Package : SOIC28

Pin Name ▲	Module	Function	Custom Name	Start High	Analog	Output	WPU	OD	IOC
RA0	Pin Module	GPIO	S1	☐	☐	☐	☐	☐	none
RA1	Pin Module	GPIO	S2	☐	☐	☐	☐	☐	none
RA2	Pin Module	GPIO	Red	☐	☑	☑	☐	☐	none
RA3	Pin Module	GPIO	Green	☐	☑	☑	☐	☐	none
RB0	SPI2	SCK2		☐	☐	☑	☐	☐	none
RB2	SPI2	SDI2		☐	☐	☐	☐	☐	none
RB4	UART1	RX1		☐	☐	☐	☐	☐	none
RB5	UART1	TX1		☐	☑	☑	☐	☐	none
RC0	SD Card (SPI)	CS	SDCard_CS	☐	☐	☑	☐	☐	none
RC1	SPI1	SDO1		☐	☑	☑	☐	☐	none
RC2	SPI1	SCK1		☐	☐	☑	☐	☐	none
RC3	SPI1	SDI1		☐	☐	☐	☐	☐	none
RC4	Pin Module	GPIO	CS	☐	☑	☑	☐	☐	none
RC5	Pin Module	GPIO	DC	☐	☑	☑	☐	☐	none
RC6	Pin Module	GPIO	RES	☐	☑	☑	☐	☐	none
RC7	SPI2	SDO2		☐	☑	☑	☐	☐	none

SWとLED
OLED用

以上でMCCの設定はすべて終了ですから［Generate］します。

Generate後、OLEDのライブラリをプロジェクトに追加します。フォントのファイルも含めて次のファイルの追加*が必要です。

技術評論社のサポートサイトからダウンロードできる。

OLED_lib.h　　　　OLED_lib.h
ASCII12dot.h　　　font.h

2 main.cの編集

このあとコード追加が必要なのはメイン関数のみです。メイン関数のフローは図7-1-11のようになっています。初期化ではOLEDの初期化後開始メッセージを表示してGPSからのデータが送られてくるまで待ちます。メインループでは、S2をチェックして押されたときログ中ならログを停止し、停止中ならログを開始します。

次にGPSの受信を実行し、GPGGAが見つかるまで繰り返し、見つかったら表示処理を実行します。ログ実行中なら15秒間隔でSDカードに保存します。

●図7-1-11　GPSロガーのプログラムフロー

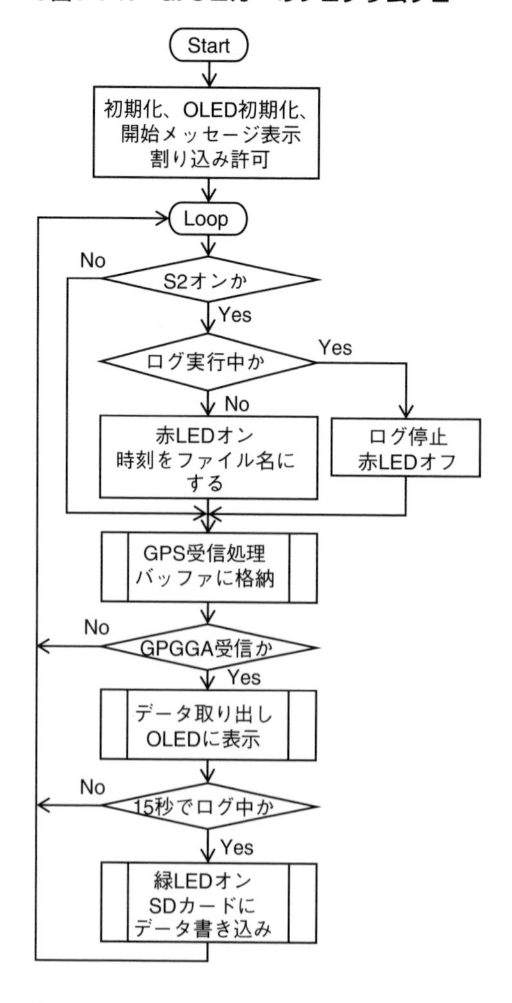

❶宣言部

プログラムの詳細は、メイン関数のみで、宣言部がリスト7-1-1となります。

ここではGPS受信用のバッファを2つ用意し、受信用と受信結果の保管用にしています。保管用のバッファを内容の解析に使います。解析中も受信を継続しなければなりませんから、2つのバッファに分けています。

次に受信データを判定するための「$GPGGA」という文字列を定義しています。1つのテキスト受信完了ごとに、先頭の文字列をこれと比較して判定しています。

次に長い配列定義がありますが、受信テキストを項目ごとに分けて*保存するための配列です。あとは、表示用のメッセージで見出し部を漢字で表示するため、ASCII文字列の使わないコード*のところに必要な漢字を割り当てています。

sscanf関数を使用して分ける。

0x80から0x9Fと0xE0から0xFFの範囲。

最後はファイルシステム用の変数の定義です。

リスト 7-1-1　宣言部の詳細

```
/************************************************
 *  GPSロガー    MCCを使用
 *   PIC18F27Q43  ROM 128kB  RAM 8kB
 *   FATファイルシステム    SPI1  4MHz
 *   OLEDグラフィック      SPI2  4MHz
 *   GPS  UART1 9600bps 割り込み
 *   フォント  12x12ドット ANK＋登録漢字
************************************************/
#include "mcc_generated_files/mcc.h"
#include "OLED_lib.h"
#include <string.h>
// 変数定義
volatile uint8_t Flag;
char Index, rData[120], GPGGA[120];             ← GPS用受信バッファ
char Data[40], rcv;
unsigned long Log_Flag, No;
int time, HiOld, Hi;
const char Head[] = "$GPGGA";                   ← 判定用文字列
char temp[15], min[10],hour[3],ido[13],N[2],keido[14],E[2],S[2],D[5],M[2],G[8],   ← データ格納用配列
    （上行より続く）jikoku[7],kyori[6], koudo[5];
double ftemp;
const uint8_t Msg1[] = {0x86, 0x9A, 0};         // 時刻
const uint8_t Msg2[] = {0x8C, 0x8D, 0};         // 緯度
const uint8_t Msg3[] = {0x8E, 0x8D, 0};         // 経度
const uint8_t Msg5[] = {0x92, 0x8D, 0};         // 高度       ← 表示用文字列
const uint8_t Msg6[] = {0x98, 0x99, 0x20, 0};   // 衛星
const uint8_t Msg7[] = {0x9D,0x9E,0x9F,0xC5,0}; //受信待ち
// ファイルシステム関連
char File1[] = "LG000000";                      // ログファイル名
char File2[] = ".txt";                          // ログファイル拡張子
char FileName[13];                              // ファイル名
FRESULT result;
FATFS drive;
FIL file;                                       ← ファイルシステム用変数
UINT actualLength;
```

❷初期化部とスイッチ処理

次がメイン関数の最初の部分でリスト7-1-2となります。初期化部ではシステム初期化後OLEDの初期化をしてから開始メッセージを表示しています。このあとはGPS受信モジュールから受信しないと表示は更新されません。

次はメインループです。最初はスイッチS2の処理でログの開始停止の制御です。ログをしていないときにS2が押されたらログ開始ということで、新たに現在時刻を取り出してファイル名に加えます。これで毎回異なるファイル名で*ログが行われます。

＊ 同じ時刻に開始することはまずないという前提。

次がGPS受信モジュールからの受信処理で、1つのメッセージが終わるまで受信を継続し、改行受信で、判定処理を実行します。strncmp関数で先頭

の文字列が「$GPGGA」なら全体データを保管用バッファにコピーし、受信完了フラグをセットします。

リスト 7-1-2 初期化部とスイッチ処理

OLED初期化と開始メッセージの表示

S2でログの開始、停止

開始の場合ファイル名に時刻を使う

1文字受信改行まで繰り返す

カンマをスペースに変換する

受信完了したら先頭の文字列をチェックし、GPGGAならフラグをセット

```
/****** メイン関数 **************/
void main(void)
{
    SYSTEM_Initialize();                           // システム初期化
    // OLED初期化
    OLED_Init();
    OLED_Clear(BLACK);
    OLED_xStr(0, 0, Msg1, GREEN, BLACK);           // 時刻表示
    OLED_xStr(3, 0, (uint8_t *)Msg7, RED, BLACK);  //受信待ち
    OLED_xStr(0, 1, Msg2, YELLOW, BLACK);          // 緯度小数部の表示
    OLED_xStr(0, 2, Msg3, YELLOW, BLACK);          // 経度の小数部の表示
    OLED_xStr(0, 3, Msg6, WHITE, BLACK);           // 衛星数の表示
    OLED_xStr(0, 4, Msg5, WHITE, BLACK);           // 高度の表示
    // 割り込み許可
    INTERRUPT_GlobalInterruptEnable();
    /**** メインループ ***************/
    while (1)
    {
        /******* スイッチのチェック ***********/
        if(S2_GetValue() == 0){
            __delay_ms(200);
            while(S2_GetValue() == 0);             // チャッタ回避
            __delay_ms(200);
            if(Log_Flag == 1){                     // ログ実行中の場合
                Log_Flag = 0;                      // ログ終了
                Red_SetLow();
            }
            else{                                  // ログ未実行の場合
                Log_Flag = 1;                      // ログ開始
                Red_SetHigh();
                FileName[0] = 0;                   // いったんリセット
                strcpy(File1+2, jikoku);           // ファイル名に時刻設定
                strcat(FileName, File1);           // ログファイル名作成
                strcat(FileName, File2);           // 拡張子追加
            }
        }
        /**** GPS受信処理(割り込み)バッファ64バイト ***********/
        if(UART1_is_rx_ready())
        {
            rcv = UART1_Read();
            if(rcv != 0x0A){                       // データ終了まで繰り返し
                if(rcv == ',')                     // カンマの場合
                    rcv = ' ';                     // スペースに変換
                rData[Index++] = rcv;              // バッファに追加
            }
            else{                                  // データ終了の場合
                rData[Index-1] = 0;                // 0D、0Aの削除
                rData[Index-2] = 0;
                if(strncmp(rData, Head, 6) == 0){  // ヘッダ部チェック
                    strcpy(GPGGA, rData);          // バッファコピー
                    Flag = 1;                      // 受信完了フラグオン
```

```
            }
            Index = 0;                         // 次のメッセージへ
        }
    }
```

❸受信文字列の処理とOLED表示

次は受信テキストの処理部でリスト7-1-3となります。ここは受信完了フラグオンで開始され、保管バッファのデータをsscanf関数*でスペースを区切り記号として全体を項目ごとの配列に分割します。

そのあとは、時刻、緯度、経度、衛星数、高度の順にデータを取り出してはOLEDに表示しています。時刻だけは、時間の部分を日本時間に合わせるため9時間を加える処理をしています。また緯度、経度は10進数に変換してから、分の部分だけ*をOLEDに表示しています。

* 本来は区切り記号は任意にしてできるが、XC8コンパイラではスペースに限定されている。

* OLEDの1行の文字数制限のため。

7　活用製作例

リスト 7-1-3　受信文字列の処理とOLED表示

```
/********* GPGGAの受信処理(1秒ごと) *****************/
        if(Flag == 1){                                      // フラグ確認
            Flag = 0;
            HiOld = Hi;
            // スペース区切りで項目ごとに振り分け
            sscanf(GPGGA, "%s %s %s %s %s %s %s %d %s %d %s %s ",temp,min,ido,N,keido,
                (上行より続く) E,S,&No,D,&Hi,M,G);
            //データ確認
            if(N[0] == 'N'){                                // データ正常
                strncpy(jikoku, min, 6);                    // 時刻部取り出し
                strncpy(hour, min, 2);                      // 時間部取り出し
                time = atoi(hour);                          // 時間を数値へ
                //  時刻の補正  +9時間  24時超えたら-24時
                time = time + 9;                            // +9時間
                if(time >=24)                               // 24時超えの場合
                    time -= 24;                             // -24時
                sprintf(hour, "%02d", time);                // 時間を文字列に
                jikoku[0] = hour[0];                        // 時刻に時間をコピー
                jikoku[1] = hour[1];
                OLED_xStr(0, 0, Msg1, GREEN, BLACK);        // 時刻表示
                OLED_xStr(2, 0, (uint8_t *)jikoku, GREEN, BLACK);
                // 緯度の60進->10進変換
                strncpy(temp, ido+2, 7);                    // 分の部分切り出し
                ftemp = atof(temp) / 60.0;                  // 実数に変換し1/60
                sprintf(temp, "%0.6f", ftemp);              // 文字列に変換
                strncpy(ido+2, temp+1, 6);                  // idoの度に追加
                ido[8] = 0;                                 // 文字列の終わり追加
                OLED_xStr(0, 1, Msg2, YELLOW, BLACK);       // 緯度小数部の表示
                OLED_xStr(2, 1, (uint8_t *)ido+2, YELLOW, BLACK);
                // 経度の60進->10進変換
                strncpy(temp, keido+3, 7);                  // 分の部分の切り出し
                ftemp = atof(temp) / 60.0;                  // 実数に変換し1/60
                sprintf(temp, "%0.6f", ftemp);              // 文字列に変換
                strncpy(keido+3, temp+1, 6);                // keidoの度に追加
                keido[9] = 0;                               // 文字列の終わり追加
                OLED_xStr(0, 2, Msg3, YELLOW, BLACK);       // 経度の小数部の表示
```

Callouts: 文字列を各項目に分離 / 時刻部取り出し / 時間を日本時間に変換 / 時刻表示 / 緯度を取り出し10進数に変換 / 緯度表示 / 経度を取り出し10進数に変換

経度表示

衛星数取り出し表示

高度取り出し表示

```
OLED_xStr(2, 2, (uint8_t *)keido+3, YELLOW, BLACK);
// 衛星数の表示
OLED_xStr(0, 3, Msg6, WHITE, BLACK);              // 受信衛星数取り出し
sprintf(temp, "%02d", No);                        // 2桁で文字列に変換
temp[2] = 0;
OLED_xStr(3, 3, (uint8_t *)temp, WHITE, BLACK); // 表示出力
// 高度の表示
OLED_xStr(0, 4, Msg5, WHITE, BLACK);              // 高度のデータ取り出し
sprintf(koudo, "%04d", (int)((Hi+HiOld)/2));     // 4桁で文字列に変換
koudo[4] = 0;
OLED_xStr(3, 4, (uint8_t *)koudo, WHITE, BLACK); // 表示出力
```

❹ ログ実行部

最後がログを実行する部分で、リスト7-1-4となります。15秒ごとにログフラグがオンになったらログを開始します。毎回マウントからやり直しています。マウントできたらファイル名指定でオープンし、各変数に保存されている現在値をログバッファにコピーしてから書き込みを実行しています。書き込み完了でファイルをクローズし、アンマウントしています。

リスト 7-1-4　ログ実行部

ログフラグオンの場合

15秒ごとに開始

データをログバッファにコピー

SDカード確認後マウント

追記モードでオープン書き込み実行後クローズ

```
/*********** ログ実行(15秒ごと) ***********/
if(Log_Flag == 1){
    strncpy(temp, jikoku+4, 2);                 // 秒切り出し
    if((atoi(temp) % 15) == 0){                 // 15秒ごと
        /*** ログデータ準備 ***/
        strncpy(Data, jikoku, 6);               // 時刻のコピー
        *(Data+6) = ',';
        strncpy(Data+7, ido, 8);                // 緯度のコピー
        *(Data+15) = ',';
        strncpy(Data+16, keido, 9);             // 経度のコピー
        *(Data+25) = ',';
        strncpy(Data+26, koudo, 4);             // 高度のコピー
        *(Data+30) = 0x0D;
        *(Data+31) = 0x0A;
        *(Data+32) = 0;
        /******* SDカードに書き込み **************/
        if( SD_SPI_IsMediaPresent() == false) {
            return;
        }
        if (f_mount(&drive,"0:",1) != FR_OK) {  // マウント
            return;
        }
        else{                                   // ファイルオープン
            if (f_open(&file, FileName,  FA_WRITE | FA_OPEN_APPEND) == FR_OK){
                Green_SetHigh();
            }
            else{
                return;
            }
        }
        f_write(&file, Data, strlen(Data), &actualLength );// 書き込み実行
        f_close(&file);                                    // クローズ
```

```
                f_mount(0,"0:",0);                    // アンマウント
                Green_SetLow();
            }
        }
      }
    }
  }
}
```

以上でプログラムの作成も完了です。これを実機に書き込んで実行を開始します。実行後すぐ開始メッセージが表示されますが、このあとは、GPSの受信ができないと表示は更新されません。窓際に本機を置いてしばらく待ちます。通常は1分程度、長くても2分程度で受信が開始され表示が出ます。

GPSをバッテリバックアップすれば数秒程度になりますが、実装スペースを優先しました。

7-1-5　ケースへの組み込みと使い方

完成した基板をケースに組み込んで持ち運びできるようにします。筆者は写真7-1-5のように、3Dプリンタで作成した専用ケースで試してみましたが、透明な樹脂製のケースに穴あけをして組み込んでもできます。いずれでも使い勝手に問題はありません。

●写真7-1-5　専用ケースに組み込んだところ

これをポケットに入れてログを実行しながらウォーキングを楽しんでいます。帰宅後、SDカードをパソコンにセットし、パソコンにコピーします。さらにファイルをExcelで開き、1行目に図7-1-12のように見出し行を追加します。

●図7-1-12　Excelで見出し行を追加する

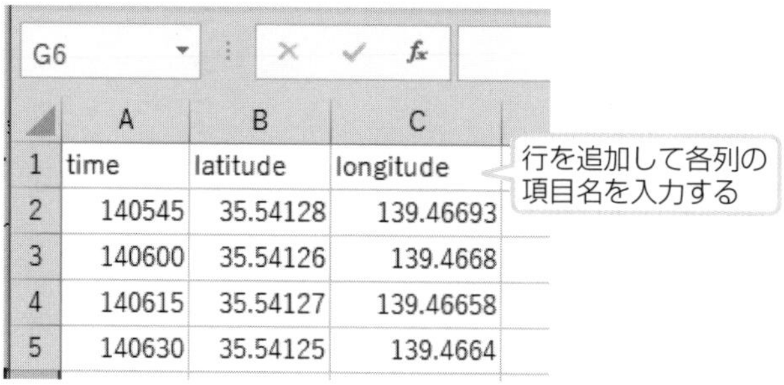

G6

	A	B	C
1	time	latitude	longitude
2	140545	35.54128	139.46693
3	140600	35.54126	139.4668
4	140615	35.54127	139.46658
5	140630	35.54125	139.4664

行を追加して各列の項目名を入力する

そのあと、ブラウザで「GPS Visualizer*」というサイトに行って、Google Mapsの指定でこのログファイルを読み込ませれば、歩いた軌跡が図7-1-13のような地図で表示できます。意外と正確に精度よくトレースされています。所要時間もわかるので、その日のウォーキングの調子などもわかって結構楽しめます。

*https://www.gpsvisualizer.com/

●図7-1-13　ログファイルを地図に変換

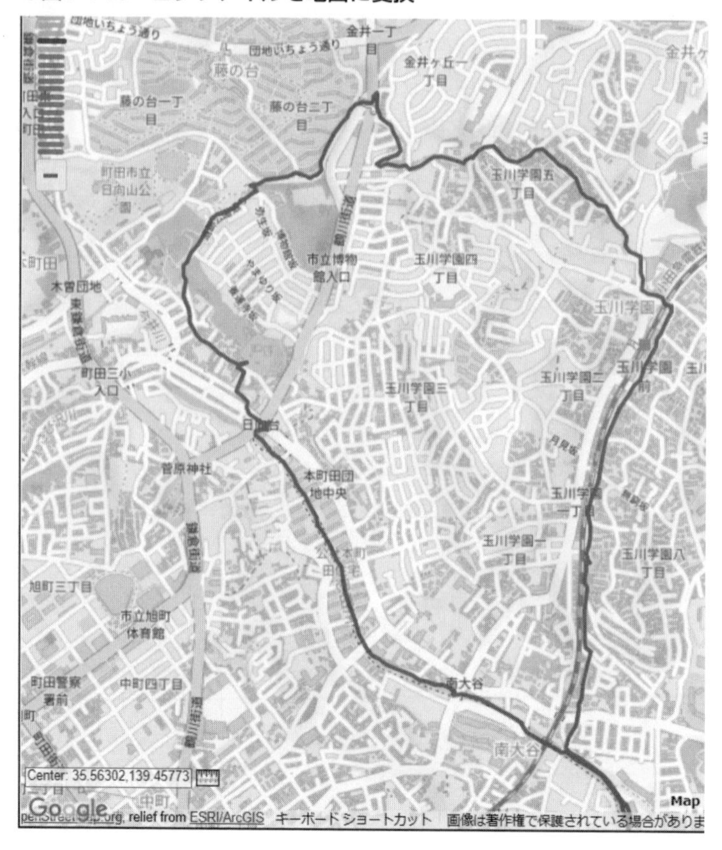

7-2 MP3プレーヤの製作

本節では、音楽データの圧縮技術としてよく使われている、MP3フォーマット*の音楽を再生するポータブルプレーヤを製作します。音楽ファイルはSDカードに保存し、そこから順次再生します。その楽曲の曲名を日本語でOLED*に表示します。

MP3：MPEG-1 Audio Layer-3。音響データを圧縮する技術の1つ。生成されるファイルの拡張子は「.mp3」。

有機LED表示器、自照式なので明るくはっきり見える。

外観は写真7-2-1のようになります。3Dプリンタで作成した専用ケースに実装しています。

●写真7-2-1　MP3プレーヤの外観

7-2-1 MP3プレーヤの全体構成と仕様

MP3プレーヤ全体の構成を図7-2-1のようにしました。全体制御を28ピンのPIC18F27Q43で行います。MP3のデコードは専用ICで行いますが、このICはオーディオアンプも内蔵しているので、直接ヘッドフォンやアンプ内蔵スピーカなどで再生できます。

SDカードはFAT File Systemでパソコンと共用できるようにし、楽曲ファイルはパソコンからコピーするものとします。

曲名をOLEDに表示しますが、漢字フォント*を使って、MP3ファイルから読み出した曲名を日本語フォントで表示させます。

12×12ドットの漢字フォントをPICのメモリに格納する。JIS第一水準を格納。

電源はすべて3.3Vで動作するので、リチウムポリマ電池からレギュレータで3.3Vを生成します。

問題はSDカード、MP3デコーダ、OLEDすべてがSPIインターフェースであることです。このPICマイコンにはSPIモジュールは2組しか実装されていません。SDカードがFile SystemでSPIが必須ですし、MP3デコーダは高速転送が必要なのでこれもSPIが必須です。結局残ったOLEDを、ソフトウェアによるSPI転送で接続することにしました。SPIの出力だけですし、表示してから音楽再生すれば問題ないので、ソフトウェアSPIでも問題なく実現できました。

●図7-2-1　MP3プレーヤの全体構成

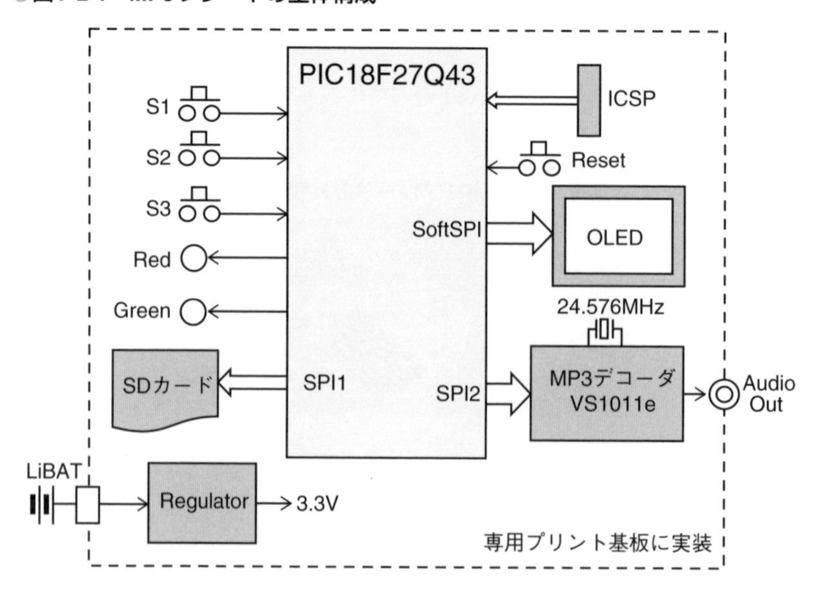

このMP3プレーヤの仕様は表7-2-1のようにすることにします。

▼表7-2-1　MP3プレーヤの仕様

項　目	仕　様	備　考
電源	リチウムポリマバッテリ 3.7V　1100mAh レギュレータで3.3Vを生成	
表示	フルカラーのOLEDにMP3ファイルから曲名を読み出して日本語で表示する	文字は12×12ドット 8文字×5行
操作表示	① スライドスイッチで電源のオンオフ ② リセットスイッチで初期化しメニュー表示を行ってS1操作待ちとする ③ S1スイッチオンで再生開始。再度オンでSDカードの次の曲に移って再生する ④ S2、S3のスイッチで音量のアップダウンを行う	
ケース	透明ポリカーボ　または 3Dプリンタで作成した専用ケース	

OLEDへの表示例は写真7-2-2のようになります。

●写真7-2-2　OLEDの表示例

7-2-2 仕様部品詳細

ここで新たに使う部品はMP3デコーダICです。VLSI Solution社*の「VS1011e」という型番のICを使います。VLSI社からは他にもより高機能なICが発売されていますが、ここではMP3ファイルとWAVファイルのデコード限定で、ピン数が少なく簡単に使えるものを選択しました。

このICの仕様は図7-2-2のようになっています。MP3のデコードとオーディオアンプまで実装されていて、直接オーディオ信号が出力されるので便利に使えます。

*フィンランドにあるミックスドシグナル関連のLSIを開発している会社。

●図7-2-2　VS1011eの仕様

型番　：VS1011e
電源　：2.5V～3.6V
消費電流：10mA～20mA（再生時）
対応フォーマット：MP3、WAV
対応ビットレート：Max 320kbit/s
低音／高音調整　：可能
動作クロック　：24.576MHz
外部I/F　：シリアルインターフェース
音声出力：30Ω負荷を直接駆動可能

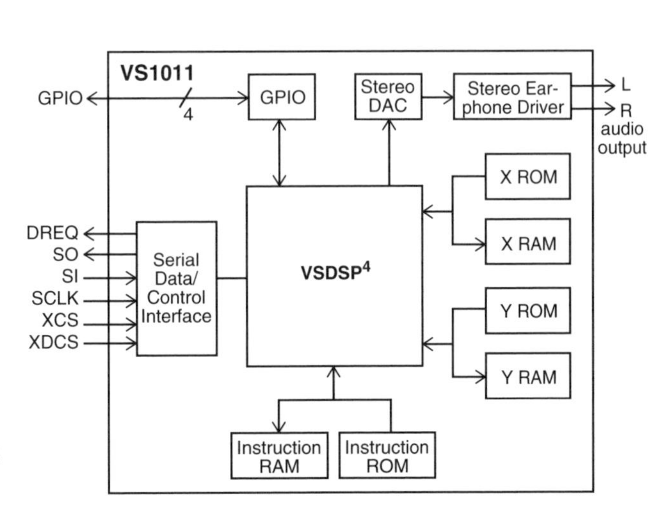

（図出典：VS1011eデータシート、写真出典：秋月電子通商）

VS1011eの内部構成を簡単に表すと図7-2-3のようになります。マイコンとのインターフェースは2つのSPIインターフェースで構成されていて、XCSとXDCSの信号で区別されるようになっています。XCSで指定されたSPIインターフェースで各種の制御用パラメータを設定し、そのあとはXDCSで指定されたSPIインターフェースで、MP3データを受け取るという動作になります。

マイコンから送信されたMP3データは、いったんバッファに保存されます。それを順次VS_DSPプロセッサでデコードしてデジタル音楽データに変換し、一定間隔でDAC部に出力してDA変換します、そのアナログ信号をステレオドライバ部で増幅してオーディオ出力としています。

●図7-2-3　VS1011e内部構成

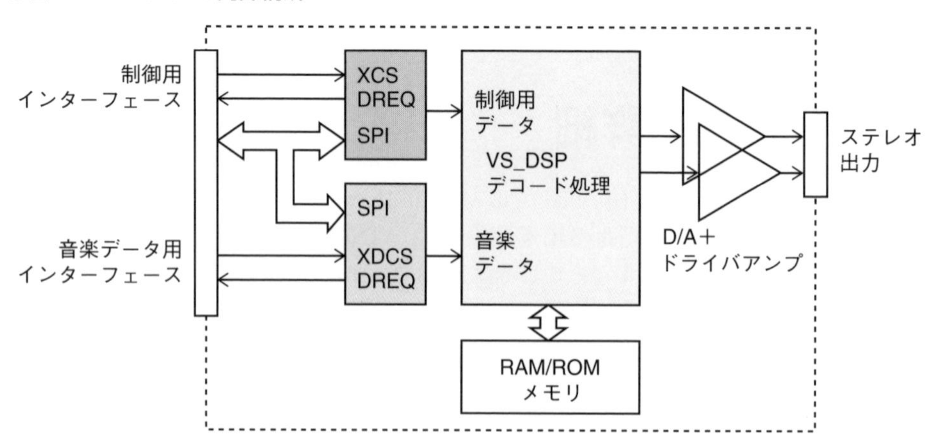

VS1011eへの制御コマンドで、本章で使うものは図7-2-4のようになっています。ただし高音、低音強調コマンドは固定値で制御していて、可変はしていません。

●図7-2-4　VS1011e 制御コマンド

(a) コマンド送信のフォーマット

Write指定(0x02)	レジスタアドレス	コマンド上位バイト	コマンド下位バイト

(b) コマンドの内容

レジスタアドレス	機能	データ内容(上位、下位バイト)
0x00	MODE　モード制御	0x08　0x02 (SPIモードとしテストを有効化する)
0x02	BASS　低音、高温強調	図(c)
0x0B	VOL　　音量制御	左CH、右CH (0x00が最大、0xFEが最小　−0.5dBステップ)

(c)低音、高音強調

上位バイト

高音レベル	高音周波数

高音レベル
(1.5dB Step)
0111：＋10.5dB

0001：＋1.5dB
0000：Off
1000：－1.5dB

1111：－12dB

下限周波数
1kHz単位
0～15kHz

下位バイト

低音レベル	低音周波数

低音レベル
(1dB Step)
1111：＋15dB

0001：＋1dB
0000：Off

上限周波数
10Hz単位
0～150Hz

VS1011eの実際の制御手順は次のようになります。

①XRESETピンでハードウェアリセットし一定時間待つ
②MODEレジスタを設定してインターフェースを指定し、テストモードを有効化する(XCS側のSPIで送信する)
③音量制御と、高音、低音強調の初期値を設定する
④DREQがHighになるごとにMP3データを送信する。これをファイルの最後まで繰り返す(XDCS側のSPIで送信する)
⑤バッファを空にする*ため2048バイトの0x00を送信する

*次の曲再生のとき最初に余計な音を出さないようにするため。

7-2-3 ハードウェアの製作

まず回路設計からです。全体構成図と、VS1011eのデータシートの回路例に基づいて作成した回路図が図7-2-5となります。MP3デコーダ周りはデータシートの参考回路図とほぼ同じですが、出力のフィルタ回路は省略しています。R12はジャンパで、アナログとデジタルのグランドを1点で接続するためのものです。

●図7-2-5　MP3プレーヤの回路図

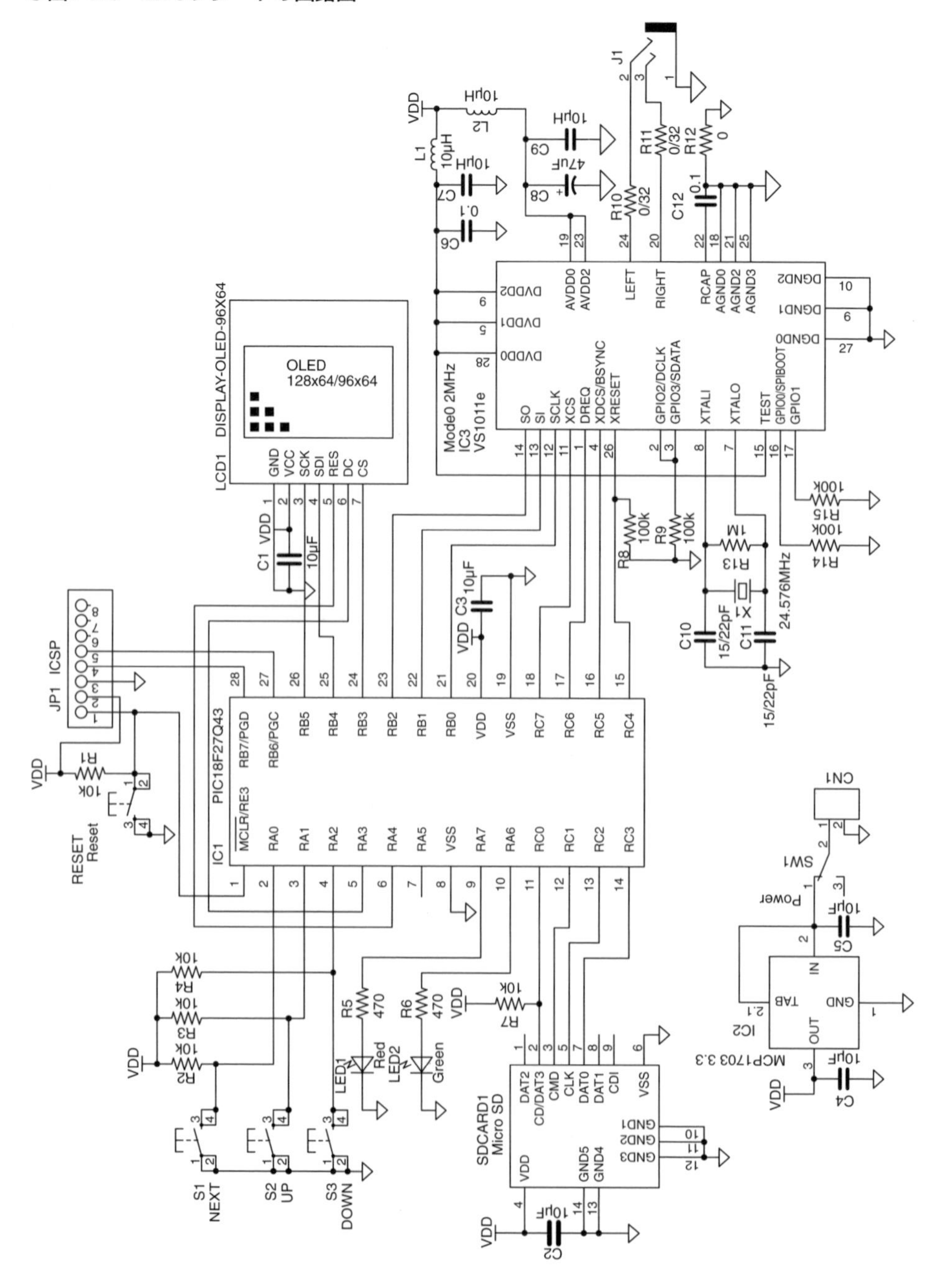

組み立てに必要な部品は表7-2-1となります。特殊な部品は特にないので問題なく集められると思います。

▼表7-2-1　部品表

型　番	種　別	型番、メーカ	数量	入手先
IC1	マイコン	PIC18F27Q43-I/SS	1	マイクロチップ
IC2	レギュレータ	MCP1703A-3302-E/MB	1	
IC3	MP3デコーダ	VS1011e	1	秋月電子通商
OLED	OLED表示器	有機ELディスプレイ（QT095B）	1	
SDCARD1	SDカード	ヒロセマイクロSDカードコネクタ（DM3AT-SF-PEJM5）	1	
		マイクロSDカード　16GB/32GB	1	
LED1	LED	チップLED　2012サイズ　赤	1	
LED2	LED	チップLED　2012サイズ　緑	1	
X1	クリスタル発振子	HC-49/S型　24.576MHz	1	
S1、S2、S3、RESET	タクトスイッチ	赤、青、黄、緑	各1	
SW1	スライドスイッチ	小型基板用　3P　SS12D01G4	1	
R1、R2、R3、R4、R7	チップ抵抗	10kΩ　2012サイズ	5	マルツエレック
R4、R5	チップ抵抗	470Ω　2012サイズ	2	
R8、R9、R14、R15	チップ抵抗	100kΩ　2012サイズ	4	
R10、R11	チップ抵抗	32Ω　2012サイズ	2	
R12	ジャンパ		1	
R13	チップ抵抗	1MΩ　2012サイズ	1	マルツエレック
C1、C2、C3、C4、C5、C7、C9	チップコンデンサ	10μF 16/25V　2012サイズ	7	秋月電子通商
C6、C12	チップコンデンサ	0.1μF　2012サイズ	2	
C8	電解コンデンサ	表面実装型　47μF　10V	1	
C10、C11	チップコンデンサ	15pFまたは22pF　1608サイズ	2	
JP1	ヘッダピン	L型2.5ピッチ　8ピン	1	
J1	オーディオジャック	3.5mm　MJ-352W-O	1	
CN1	コネクタ	S2B-XH-A	1	
		XHP-2　ハウジング　バッテリ用	1	
		SXH-001T-P0.6（10個入り）	1	
基板		専用プリント基板	1	
ケース		スチロールケース　K-12 または3Dプリンタ作成専用ケース	1	
		カラースペーサ　5mm	3	秋月電子通商
		M3x12　プラスチックボルトナット	3	
バッテリ	リチウム	リチウムポリマ充電池 角形603449　1100mAh	1	Amazon

部品がそろったところで組み立てを始めます。専用プリント基板へのはんだ付けが大部分です。この組み立て手順は図7-2-6の実装図に従って次の順番で進めます。表面と裏面の両方に実装が必要ですから、間違えないようにしてください。

●図7-2-6　MP3プレーヤの実装図

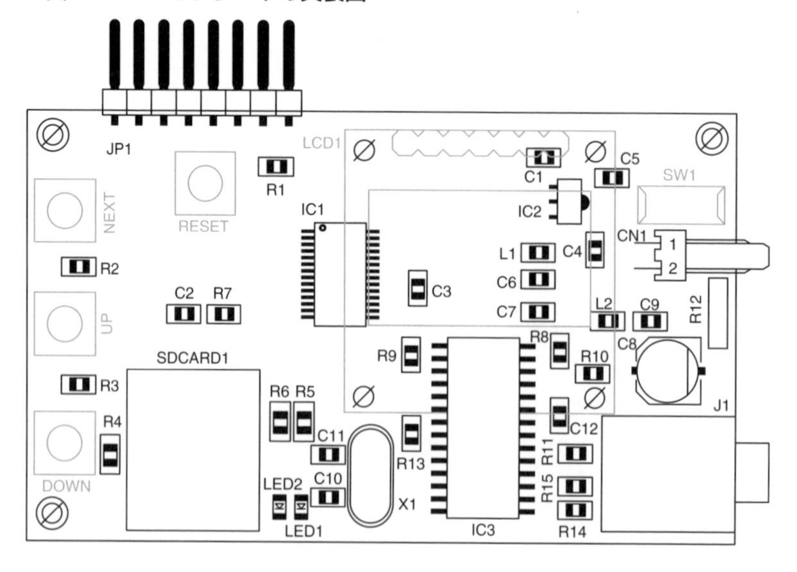

❶ ICのはんだ付け

表面実装のICですから、最初は1ピンだけはんだ付けし、ルーペを使って正確に位置合わせをします。そして残りのピンを十分のはんだではんだ付けします。ピン間に盛り上がる程度でも問題ありません。そのあと、はんだ吸い取り線で余分なはんだを吸い取ります。吸い取り線には十分なフラックスが含まれているので、ピン間のはんだもきれいに吸い取ってくれます。これでICのはんだ付けは問題なくできます。VS1011eは1ピンごとでも可能です。

❷ SDカードコネクタのはんだ付け

これが一番難しいはんだ付けになります。ピンの位置を正確に合わせてから、先の細いはんだごてで1ピンずつはんだ付けします。ルーペで確実にはんだ付けできているかを確認します。そのあと、固定用のケースの爪のはんだ付けをして終了です。

❸ チップ部品のはんだ付け

コンデンサや抵抗、LEDのチップ部品をはんだ付けします。R12のジャンパ線も忘れないように。

❹ 残りの部品のはんだ付け

スイッチ、ピンヘッダ、コネクタをはんだ付けします。表側に実装するのと裏側に実装するものとがあるので、間違えないようにします。オーディオジャックとクリスタル発振子は最後に取り付けます。

❺ 電池のコネクタ接続

今回購入した電池にはケーブルにコネクタが付属していないので、ハウジングを接続します。ピンを圧着工具で接続しますが、圧着工具がない場合はピンにケーブルを挿入しペンチで圧着したあと、はんだ付けすれば問題ありません。

こうして完成した基板の外観が写真7-2-3、写真7-2-4となります。

●写真7-2-3　完成した基板裏側

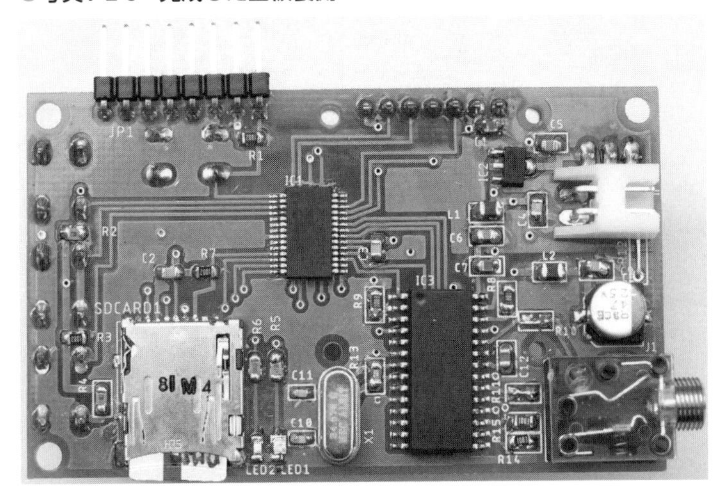

●写真7-2-4　完成した基板表側

7-2-4 プログラムの製作

ハードウェアが完成したら次はプログラムの作成です。このMP3プレーヤの内蔵モジュールとライブラリの構成は図7-2-7のようにしました。これらのモジュールの設定とピンの接続構成に合わせてMCCを設定していきます。

●図7-2-7 MP3プレーヤの内蔵モジュールの構成

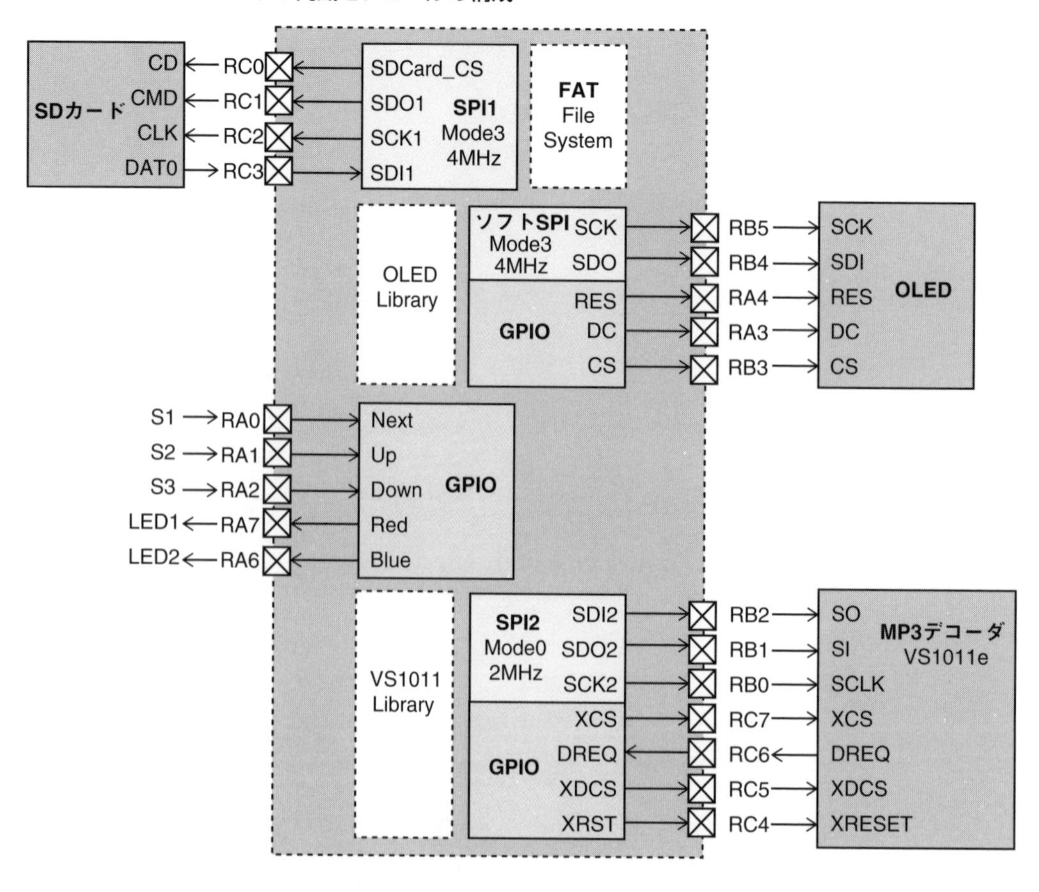

1 MCCの設定

❶ プロジェクトの作成、クロックとコンフィギュレーション

最初にプロジェクト*を作成します。プロジェクト名は「MP3Player」とします。プロジェクトの生成が完了したらMCCを起動します。

MCCが起動したら、クロックとコンフィギュレーションですが、クロックは内蔵発振器の最高速度の64MHzとし、コンフィギュレーションはデフォルトのままとします。設定方法は6-2節と同じなので省略します。

デバイスはPIC18F27Q43、プログラマはSnapとしている。

❷ FAT File System

次にFAT File Systemが使えるようにします。設定は6-5節と同じ設定で、図7-2-8のようにします。これでSPI1モジュールの設定も自動的に行われます。ピンの設定はあとでまとめて行います。

●図7-2-8　FAT File Systemの設定

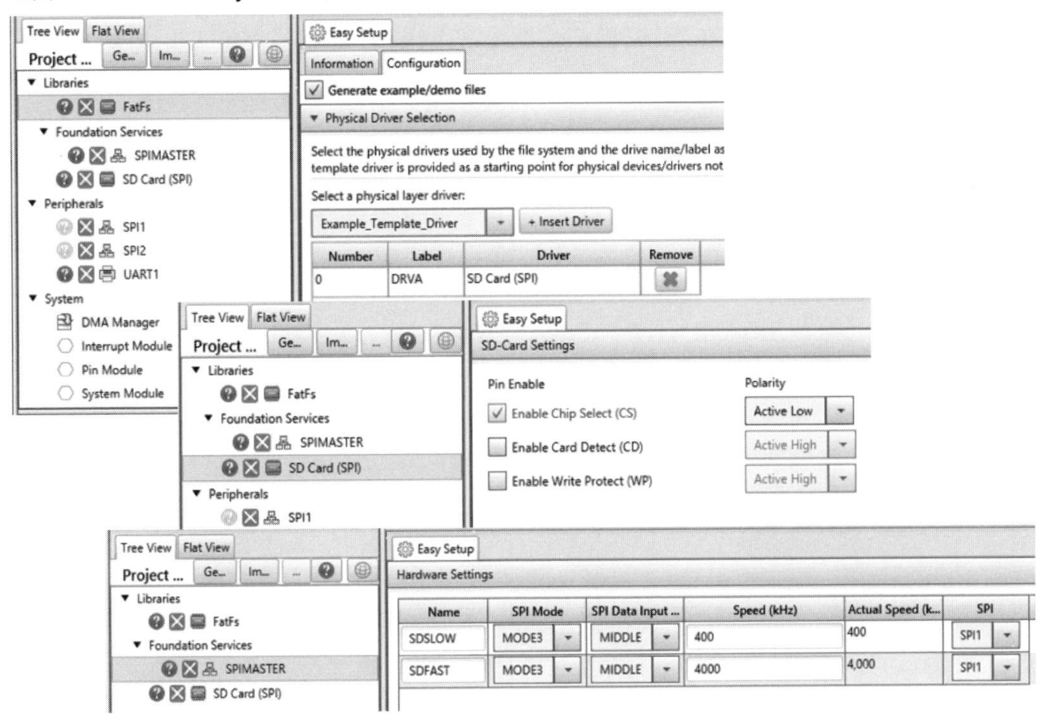

●図7-2-9　SPI2モジュールのMCCの設定

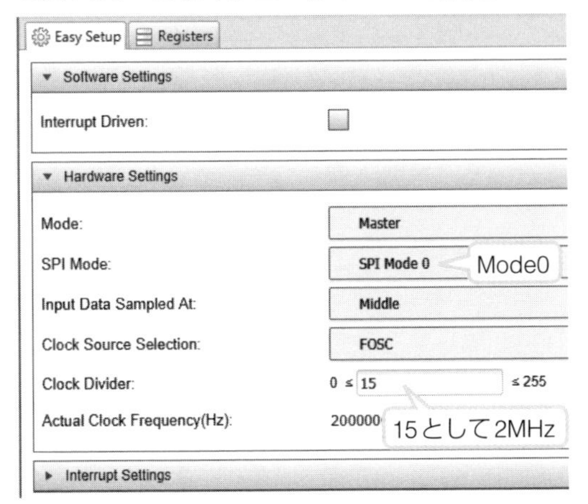

❸ SPI2

次はMP3デコーダ用のSPI2の設定で、図7-2-9のようにモード0で2MHzの動作とします。あまり高速にするとVS1011の方が応答しきれません。

モジュールの設定はこれだけです。

❹ 入出力ピン

残りは入出力ピンの設定で図7-2-10のようにします。ピン数が多いので、間違いのないように注意してください。

●図7-2-10　入出力ピンの設定

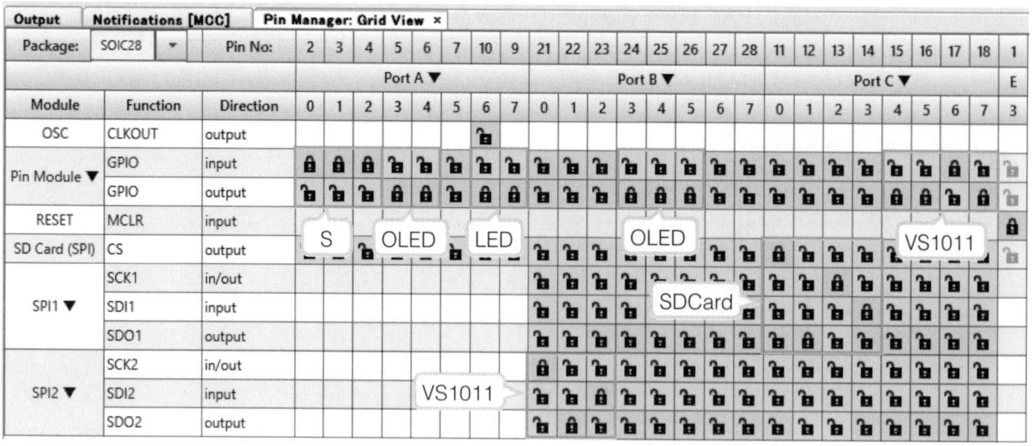

Output | Notifications [MCC] | Pin Manager: Grid View ×

Package: SOIC28　Pin No: 2 3 4 5 6 7 10 9 21 22 23 24 25 26 27 28 11 12 13 14 15 16 17 18 1

Module	Function	Direction	Port A ▼ (0–7)	Port B ▼ (0–7)	Port C ▼ (0–7)	E (3)
OSC	CLKOUT	output				
Pin Module ▼	GPIO	input				
	GPIO	output				
RESET	MCLR	input				
SD Card (SPI)	CS	output				
SPI1 ▼	SCK1	in/out				
	SDI1	input				
	SDO1	output				
SPI2 ▼	SCK2	in/out				
	SDI2	input				
	SDO2	output				

さらに入出力ピンの名称設定を図7-2-11のようにします。この名称でプログラムを作成するので、間違いがないようにする必要があります。

●図7-2-11　入出力ピンの名称設定

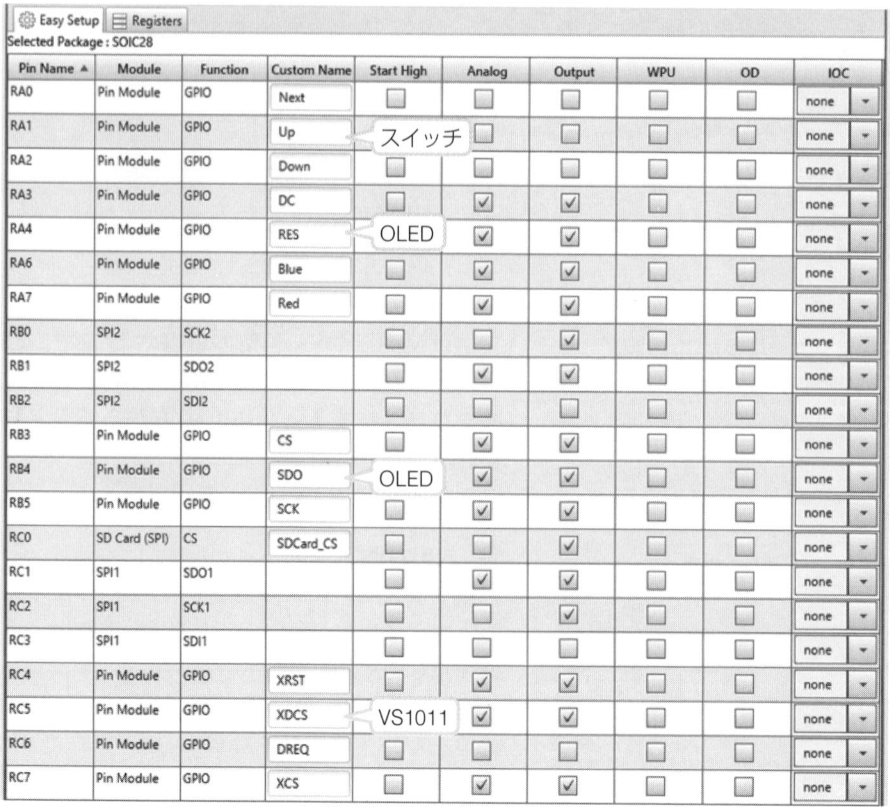

Easy Setup | Registers

Selected Package : SOIC28

Pin Name ▲	Module	Function	Custom Name	Start High	Analog	Output	WPU	OD	IOC
RA0	Pin Module	GPIO	Next	☐	☐	☐	☐	☐	none
RA1	Pin Module	GPIO	Up	☐	☐	☐	☐	☐	none
RA2	Pin Module	GPIO	Down	☐	☐	☐	☐	☐	none
RA3	Pin Module	GPIO	DC	☐	☑	☑	☐	☐	none
RA4	Pin Module	GPIO	RES	☐	☑	☑	☐	☐	none
RA6	Pin Module	GPIO	Blue	☐	☑	☑	☐	☐	none
RA7	Pin Module	GPIO	Red	☐	☑	☑	☐	☐	none
RB0	SPI2	SCK2		☐	☐	☑	☐	☐	none
RB1	SPI2	SDO2		☐	☑	☑	☐	☐	none
RB2	SPI2	SDI2		☐	☐	☐	☐	☐	none
RB3	Pin Module	GPIO	CS	☐	☑	☑	☐	☐	none
RB4	Pin Module	GPIO	SDO	☐	☑	☑	☐	☐	none
RB5	Pin Module	GPIO	SCK	☐	☑	☑	☐	☐	none
RC0	SD Card (SPI)	CS	SDCard_CS	☐	☐	☑	☐	☐	none
RC1	SPI1	SDO1		☐	☑	☑	☐	☐	none
RC2	SPI1	SCK1		☐	☐	☑	☐	☐	none
RC3	SPI1	SDI1		☐	☐	☐	☐	☐	none
RC4	Pin Module	GPIO	XRST	☐	☑	☑	☐	☐	none
RC5	Pin Module	GPIO	XDCS	☐	☑	☑	☐	☐	none
RC6	Pin Module	GPIO	DREQ	☐	☐	☐	☐	☐	none
RC7	Pin Module	GPIO	XCS	☐	☑	☑	☐	☐	none

以上でMCCの設定はすべて終了なので［Generate］します。

Generate後、OLEDとVS1011のライブラリをプロジェクトに追加します。第一水準の漢字フォントのファイルも追加が必要です。次のファイルを追加します。これらはいずれも技術評論社のサイトからダウンロードできます。

OLED_swlib.h　OLED_swlib.h　VS1011.h　VS1011.c　font_level1_lib.h

MP3プレーヤのプログラムフローは図7-2-12のようになっています。全体がステート関数となっていますが、フローとしてはこの図の流れで進みます。

●図7-2-12　MP3プレーヤのプログラムフロー

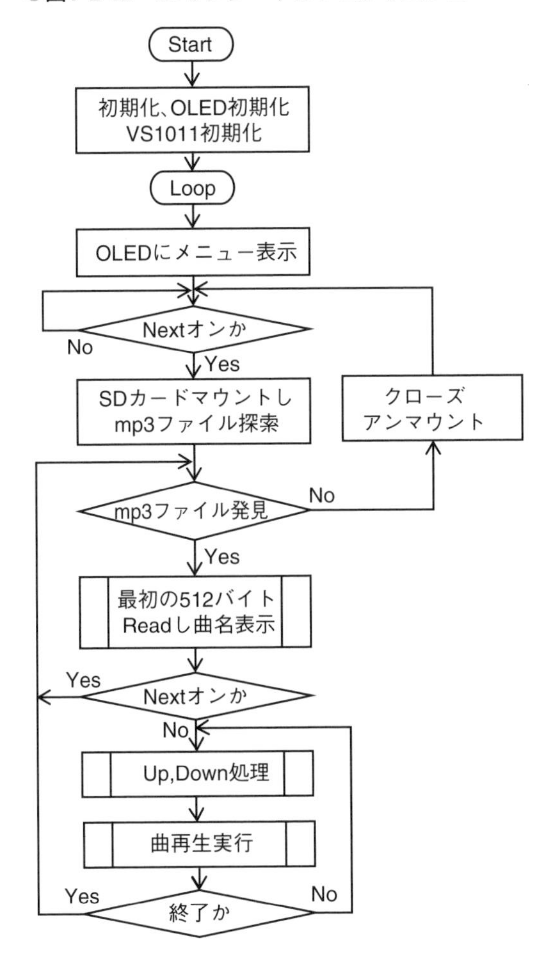

2 main.cの編集

❶ ソフトウェアSPI

このあとコード追加が必要なのはメイン関数のみですが、その前にOLED用のライブラリでソフトウェアによるSPIを構成している部分がリスト7-2-1となります。SDAピンにデータの上位ビットからデータに合わせて0か1を出力したあと、クロックをHigh、Lowとしてクロックを出力しています。

リスト 7-2-1　ソフトウェアSPIの詳細

```
/*********************************
* コマンド、データ出力関数(SPI)
*********************************/
void spi_cmd(uint8_t cmnd){
    DC_SetLow();                // RS Command
    CS_SetLow();                // CS Low
    SendSPI(cmnd);
    DC_SetHigh();               // CD High
    CS_SetHigh();               // CS High
}
void spi_data(uint8_t data){
    DC_SetHigh();               // RS Data
    CS_SetLow();                // CS Low
    SendSPI(data);
    CS_SetHigh();               // CS High
}
/****************************
 * Soft SPI Byte Output
 * SPI Mode 0
 ****************************/
void SendSPI(uint8_t data){
    uint8_t Mask, i;

    Mask = 0x80;                // 上位ビットから
    for(i=0; i<8; i++){         // 8ビット繰り返し
        SCK_SetLow();           // クロックLow
        if(data & Mask)         // SDA出力
            SDO_SetHigh();
        else
            SDO_SetLow();
        Nop();                  // クロック幅確保
        SCK_SetHigh();          // クロックHigh
        Mask >>= 1;             // 次のビットへ
    }
}
```

ビットの出力

クロックの出力

❷ 宣言部

メイン関数の詳細を説明します。まず宣言部がリスト7-2-2となります。ここではファイルシステム用のバッファとして512バイトを用意しています。さらに曲名を取り出すため最初の512バイトを別バッファに格納しています。全体をステート関数で構成しているため、各ステートの定義をしています。

リスト 7-2-2 宣言部の詳細

512バイトのバッファ

操作中のメッセージ

ステート関数用の定義

```
/*****************************************************
 * MP3 Player  PIC18F27Q43
 * SDCard：SPI1   VS1011：SPI2   OLED：ソフトSPI
*****************************************************/
#include "mcc_generated_files/mcc.h"
#include <string.h>
#include "OLED_swlib.h"
#include "VS1011.h"
/**** 変数定義 *****/
#define SDCARD_MOUNT_NAME    "/mnt/mydrive"
#define SDCARD_DEV_NAME    "/dev/mmcblka1"
uint16_t size, i, j;
uint8_t RdBuf[512], lvl;              // 読み出し用バッファ
char DispBuf[512];                    // 曲情報用バッファ
// メニュー表示メッセージデータ
const uint8_t Msg1[] = " **MP3 Player** ";
const uint8_t Msg2[] = "Reset/Restart  ";
const uint8_t Msg3[] = "S1 Start/Next  ";
const uint8_t Msg4[] = "S2 Volume Up    ";
const uint8_t Msg5[] = "S3 Volume Down ";
const uint8_t Msg6[] = "Push S1! Start! ";
// メッセージデータ  * 曲名 *
const uint8_t Title[] = {0xFA, 0x20, 0x93, 0x94, 0x20, 0xFA, 0};
//uint8_t Title[] = "Music Title";
const uint8_t Album[] = "Album Title";
const uint8_t NoTITL[] = "No Title";
const uint8_t NoALBM[] = "No Album Title";
const uint8_t EndMsg[] = "All Play End!";
const uint8_t RstMsg[] = "Next for Restart";
/** ステート定義 **/
typedef enum
{
    /* 初期スタートステート */
    APP_STATE_INIT=0,
    APP_START,
    APP_WAIT,
    /* アプリ部のステート */
    APP_MOUNT_DISK,
    APP_OPEN_ROOT,
    APP_FILE_SEARCH,
    APP_OPEN_FILE,
    APP_OPEN_LONGFILE,
    APP_FILE_READ_FIRST,
    APP_FILE_READ_NEXT,
    APP_SW_PROCESS,
    APP_FILE_CLOSE,
    APP_FIND_NEXT,
    APP_END_ALL,
    APP_UNMOUNT,
    APP_END_MSG,
    APP_ERROR
} APP_STATES;
/* FAT関連変数定義 */
APP_STATES state;
FRESULT result;
```

File System用の
変数定義

```
FATFS drive;
FIL file;
FILINFO info;
FFDIR dj;
UINT NoRead;
/** 関数プロト **/
void Title_Display(void);
void SW_Process(void);
```

❸ メイン関数前半部

次がメイン関数の前半部で、リスト7-2-3となります。最初にOLEDとVS1011の初期化を実行してからステート関数に移ります。初期ステートではメニューを表示してスイッチの動作説明をしています。続いてNextスイッチが押されるのを待ち、押されたらファイルのマウント処理に移ります。ここではマウントできるまで繰り返し、マウントできたらファイルオープン処理に移行します。続いてmp3の拡張子でファイルがあるかを検索し、存在したらファイルを読み出しモードでオープンします。

リスト 7-2-3　メイン関数の前半

OLEDとVS1011の初期化

低音高音の強調は定数値で設定

初期ステートはメニュー表示

Nextスイッチオンで開始

```
/*****  メイン関数 *****************/
void main(void)
{
    SYSTEM_Initialize();
    // デバイス初期化
    OLED_Init();
    SPI2_Open(SPI2_DEFAULT);
    VS1011_Init();
    SetBassBoost(5, 15);    // 低音強調
//  VS1011_SineTest();        // 正弦波テスト
    state = APP_START;
    /********* メインループ ***************/
    while (1)
    {
        /** FATステート関数 **/
        switch (state )
        {
            // メニュー画面表示
            case APP_START:
                OLED_Clear(BLACK);
                // 開始メニュー表示
                OLED_Str(0, 0, Msg1, BLACK, RED);
                OLED_Str(1, 1, Msg2, YELLOW, BLACK);
                OLED_Str(1, 2, Msg3, WHITE, BLACK);
                OLED_Str(1, 3, Msg4, WHITE, BLACK);
                OLED_Str(1, 4, Msg5, WHITE, BLACK);
                OLED_Str(0, 6, Msg6, MAGENTA, BLACK);
                state = APP_WAIT;                              // Next待ちへ
                break;
            /** 開始待ち ***/
            case APP_WAIT:
                if(Next_GetValue() == 0){                      // Nextスイッチオン
```

```
            while(Next_GetValue() == 0);                // チャッタリング回避
            __delay_ms(50);
            state = APP_MOUNT_DISK;                     // マウントへ
        }
        break;
    /** SDカードのマウント **/
    case APP_MOUNT_DISK:
        if (f_mount(&drive,"",1) != FR_OK)
            state = APP_MOUNT_DISK;                     // 失敗ならマウント繰り返し
        else{
            state = APP_FILE_SEARCH;                    // 成功ならファイルサーチへ
        }
        break;
    // ファイル検索
    case APP_FILE_SEARCH:
        result = f_findfirst(&dj, &info, "", "*.mp3");
        if((result == FR_OK) && (info.fname[0]))        // 発見できたか
            state = APP_OPEN_FILE;                      // ファイルのオープンへ
        else
            state = APP_END_ALL;                        // 終了処理へ
        break;
    /* ファイルオープン実行 */
    case APP_OPEN_FILE:
        if (f_open(&file, info.fname,  FA_READ) == FR_OK)
            state = APP_FILE_READ_FIRST;                // 有効なら読み出しへ
        else
            state = APP_ERROR;                          // エラーへ
        break;
```

マウントできるまで繰り返し

次のファイルをmp3の拡張子で探す

ファイル発見で読み出しモードでオープン

❹ メイン関数後半部

次がメイン関数の後半部で、リスト7-2-4となります。

ファイルがオープンできたら最初の512バイトを読み出し曲名表示処理関数を呼び出します。この最初の中にMP3のデジタルデータである曲名やタイトル、楽団名などが格納されているので、この中から曲名を取り出してOLEDに表示します。

次にその読み出したデータを最初の曲データとしてVS1011へ転送します。次のステートでは、スイッチが押されたかどうかを判定しながら曲データを順次読み出してVS1011へ転送します。これを曲の最後まで繰り返します。その途中でNextスイッチが押されたら、強制的にクローズして次の曲ファイルの検索に移行します。その他の音量アップダウンスイッチの場合は、制御信号を出力してすぐ戻ります。

曲の最後まで再生が完了したら、クローズ処理へ移行し、次の曲検索に移行します。検索してファイルがなかったら全曲再生完了ということで、アンマウント処理を実行してから最初のNextスイッチ待ちへ移行します。

リスト 7-2-4　メイン関数の後半部

最初の512バイトを読み出し曲名表示処理を呼び出す

最初の曲データをVS1011へ転送

途中でNextスイッチが押されたかをチェックし、押されたらクローズへ

音声アップダウンスイッチの処理

曲の最後までVS1011へ繰り返し転送

曲終了がNextスイッチ押下で次の曲へ

次の曲ファイルを検索

全曲再生完了の場合クローズ

```
        /** MP3ヘッダ部読み出し表示処理 **/
        case APP_FILE_READ_FIRST:
            /*** 情報取り出し表示 ****/
            Blue_SetHigh();
            f_read (&file, RdBuf, 512, &NoRead);    // 512バイト一括読み出し
            Title_Display();                        // 曲名表示実行
            /** 曲データの最初の転送 ***/
            XDCS_SetLow();                          // データモード
            for(i=0; i<size; i++){                  // 全データ繰り返し
                SendData(RdBuf[i]);                 // VS1011へ転送
            }
            state = APP_FILE_READ_NEXT;             // 次のレコード処理へ
            break;
        // 続くレコード再生処理　ここで曲の終わりまで繰り返し
        case APP_FILE_READ_NEXT:
            // スイッチの処理
            /** Nextスイッチチェック **/
            if(Next_GetValue() == 0){               // Nextスイッチオン
                while(Next_GetValue() == 0);        // チャッタリング回避
                __delay_ms(10);
                state = APP_FILE_CLOSE;             // クローズ処理へ
                break;
            }
           // 他のスイッチの処理
            SW_Process();                           // 他のスイッチ
            // 次のレコード読み出し
            f_read (&file, RdBuf, 512, &NoRead);    // 512バイト一括読み出し
            if(NoRead != 0){                        // ファイルの終わりでない間
                /** 曲データの一括転送 ***/
                XDCS_SetLow();                      // データモード
                for(i=0; i<NoRead; i++){            // 全データ繰り返し
                    SendData(RdBuf[i]);             // VS1011へ転送
                }
            }
            else                                    // ファイル終了の場合
                state = APP_FILE_CLOSE;             // 現在のファイルをクローズへ
            break;
        /** ファイルをクローズして次へ **/
        case APP_FILE_CLOSE:                        // ファイルクローズ
            f_close(&file);
            Blue_SetLow();
            PlayEnd();                              // VS1011内バッファクリア
            state = APP_FIND_NEXT;                  // 次のファイルへ
            break;
        case APP_FIND_NEXT:
            result = f_findnext(&dj, &info);
            if((result == FR_OK) && (info.fname[0] != 0))    // 完了か
                state = APP_OPEN_FILE;                       // 次へ
            else
                state = APP_END_ALL;                         // 完了処理へ
            break;
        /** 全ファイル終了で完了処理 ***/
        case APP_END_ALL:                                    // 全ファイル終了
            f_close(&file);
            PlayEnd();                                       // バッファクリア
```

```
            state = APP_UNMOUNT;                       // アンマウントへ
            break;
        /** アンマウント処理 ***/
        case APP_UNMOUNT:
            if(f_unmount("") != FR_OK)                 // アンマウント実行
                state = APP_UNMOUNT;
            else{
                state = APP_END_MSG;                   // 終了メッセージへ
                Blue_SetLow();
            }
            break;
        case APP_END_MSG:                              // 終了メッセージ表示
            OLED_Clear(BLACK);
            OLED_Str(0, 2, EndMsg, GREEN,BLACK);
            OLED_Str(0, 4, RstMsg, GREEN, BLACK);
            state = APP_WAIT;                          // 開始待ちへ
            break;
        /** アクセスエラーの場合 **/
        case APP_ERROR:

            break;
        default:
            break;
        }
    }
}
```

アンマウント

最初に戻る

❺ サブ関数

最後がサブ関数部でリスト7-2-5となります。

最初のサブ関数は音量アップダウンのスイッチの処理関数で、音量制御のコマンドを送信しているだけです。この処理を音声再生中に挿入しても特に再生に影響はありません。

次が曲名表示のサブ関数です。最初に512バイトの読み出したデータを検索処理のため別バッファ*にコピーします。コピーしたバッファ内で「TIT2」という文字列を検索します。TIT2はMP3のタグ情報の1つで、このタグのフォーマットは図7-2-13のようになっています。タイトルが256文字以上の場合はまずないという前提で、size部の最下位つまり先頭から8バイト目のデータをタイトル名のサイズということでNamesizeに代入しています。

* DispBuf[512]のこと。

●図7-2-13　MP3のタグのフォーマット

TIT2	size	Flag	Title Data
4byte	4byte	2byte	Xbyte

そしてタグの10バイト目から始まる曲名データをNamesizeだけOLEDに表示します。ここでこのタイトルデータには半角、全角が混在しているので、これをすべて全角に変換して表示しています。つまり、文字が英数字の場合は、

12×12ドットフォントから同じ文字を表示し、日本語の場合は12×12ドットのJIS第一水準のフォントから取り出して表示しています。
TIT2文字列が発見できなかった場合は「No Title」という表示としています。

リスト 7-2-5　サブ関数部

```
/************************
 * スイッチ処理実行
 ************************/
void SW_Process(void)
{
    /** 音量調整 ***/
    if(Up_GetValue() == 0){                     // 音量アップ
        if(lvl > 0)
            lvl--;
        SetVolume(lvl, lvl);                    // アップコマンド送信
    }
    else if(Down_GetValue() == 0){              // 音量ダウン
        if(lvl < 0xFE)
            lvl++;
        SetVolume(lvl, lvl);                    // ダウンコマンド送信
    }
}
/******************************
 * タイトル表示処理
 ******************************/
void Title_Display(void){
    uint8_t x, y;
    uint16_t FindFlag;
    uint8_t  Namesize;

    OLED_Clear(BLACK);
    /** 見出し表示 **/
    OLED_xStr(0, 0, Title, GREEN, BLACK);
    //mp3ヘッダ部取り出し
    memcpy(DispBuf, (char*)RdBuf, 512);         // 0.5kBコピー
    FindFlag = 0;
    for(i=0; i<512; i++){                       // TIT2タグサーチ
        if((DispBuf[i] == 'T')&&(DispBuf[i+1]=='I')&&(DispBuf[i+2] ==
            (上行より続く) 'T')&&(DispBuf[i+3] == '2')){
            FindFlag = 1;                       // 発見したら強制抜け
            break;
        }
    }
    if(FindFlag == 1){
        Namesize = DispBuf[i+7];                // タイトル文字数取得
        DispBuf[i+10+Namesize] = 0;             // タイトルの最後に0X00を上書き
        /** 曲名表示 **/
        j = i+11; x = 0; y = 1;                 // 変数リセット
        while(DispBuf[j] != 0){                 // 文字列最後まで繰り返す
            if((DispBuf[j] < 0x80)||(DispBuf[j] > 0xA0)){    // ASCIIの場合
                OLED_xChar(x, y, (uint8_t)DispBuf[j], WHITE, BLACK);
                j++;
            }
            else if(DispBuf[j] <= 0x98){        // 漢字の場合
```

音量アップダウンのスイッチの処理

いったんOLED全消去

検索のためのバッファへコピー

TIT2という文字列を検索

TIT2発見した場合

曲名の英数字部を大フォントで表示

曲名の日本語部を大フォントで表示

表示エリアを超えたら最初に戻って上書き

TIT2が発見できなかった場合はNo Title表示

```
                KanjiCode(x, y,(uint8_t)DispBuf[j],(uint8_t)DispBuf[j+1],WHITE, BLACK);
                j += 2;
            }
            // 表示位置更新
            x++;                                    //カラム
            if( x > 7){                             //8文字
                x = 0;
                y++;                                // ライン
                if(y > 5)                           // 5行
                    y = 1;
            }
        }
    }
    else{
        OLED_xStr(0, 1, NoTITL, WHITE, BLACK);   // データ無しの場合
    }
}
```

7-2-5　ケースへの組み込みと使い方

完成した基板をケースに組み込んで持ち運びできるようにします。筆者は写真7-2-5のように、3Dプリンタで作成した専用ケースで試してみましたが、透明な樹脂製のケースに穴あけをして組み込んでもできます。いずれでも使い勝手に問題はありません。

●写真7-2-5　専用ケースに組み込んだところ

実際に使う場合には、先にパソコンからMP3フォーマットの音楽ファイル*をSDカードにコピーし、このMP3プレーヤにSDカードを挿入してから再生を開始します。

今回使ったMP3デコーダICは結構音質が良く、直接ヘッドフォンで聴いても、ステレオアンプに接続して聴いても十分満足できるものです。

では快適な音楽生活を楽しんでください。

*ファイル名が8.3形式に限定。

7-3 波形ジェネレータの製作

実験などに使える波形ジェネレータの製作です。正弦波、三角波、鋸状波、矩形波を選択でき、10Hzから40kHzまで出力できます。さらに周波数カウンタを構成して、現在の出力周波数もOLEDに表示します。

この製作例は、内蔵周辺モジュールとDMA*を使って最小のプログラムとすることを目指しています。完成した波形ジェネレータの外観が写真7-3-1となります。

DMA：Direct Memory Accesss。周辺とメモリ、メモリとメモリ間のデータ転送をハードウェアで実行する機能。

●写真7-3-1　波形ジェネレータの外観

7-3-1 波形ジェネレータの全体構成と仕様

この波形ジェネレータの全体構成は図7-3-1のようにしました。波形生成はすべてPIC18F Qシリーズの内蔵周辺モジュールで行い、周波数の設定は、10Hzから40kHzの範囲を押しボタンスイッチでアップダウンさせて行います。

波形出力は、内蔵DAコンバータの出力を外付けのオペアンプで増幅して、0Vから7V_{PP}の振幅まで可変出力できます。このオペアンプを両電源で使えるように、＋5Vから－5Vのマイナス電源をDCDCコンバータ*で生成しています。これで0Vを中心としたプラスマイナスの交流出力としています。

直流電圧から異なる電圧の直流電圧を生成する機能を持つICや回路のこと。

矩形波の出力にはマイコンの出力ピンを直接使っているので、3.3VのTTLレベルの出力となりますが、最大20mAの駆動能力があります。

さらに外付けのRTCモジュール*のパルスをもとに、高精度な1Hzのパルスを生成し、これで周波数カウンタを内部で構成しています。そこで計測した周波数をOLEDに表示しているので、出力周波数を正確に知ることができます。

RTC：Real Time Clock。
時計用のモジュールで高精度なパルスを出力する。

できるだけ内蔵周辺モジュールだけで構成するようにしているため、内部の周辺モジュールの接続構成はちょっと複雑になっています。さらに周波数はシリアル通信でPCにも送信しています。

●図7-3-1　波形ジェネレータの全体構成

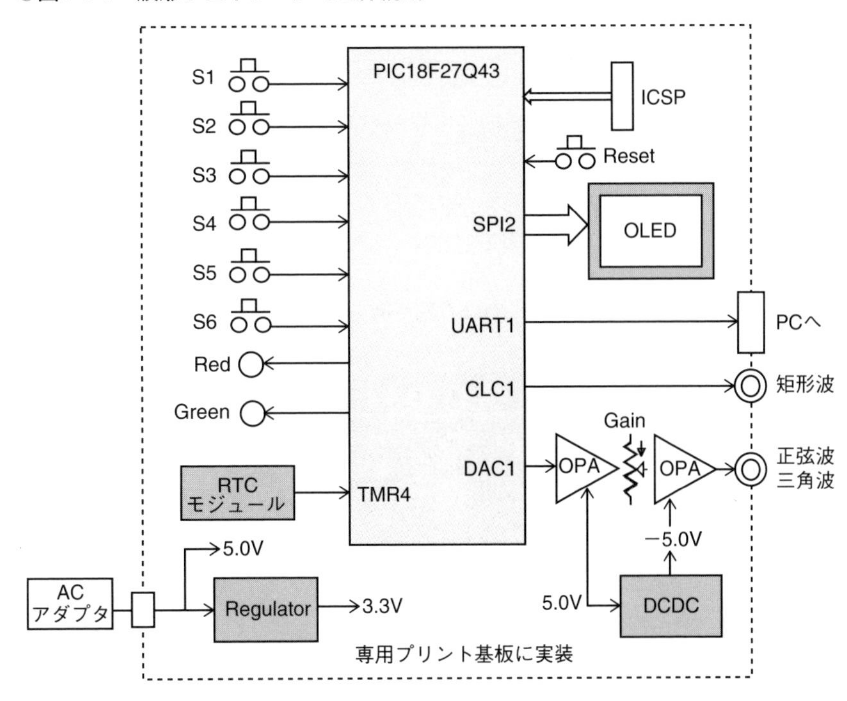

この波形ジェネレータの仕様は表7-3-1のようにしました。

▼表7-3-1　波形ジェネレータの仕様

項　目	仕　様	備　考
電源	ACアダプタ　DC5V 内部でレギュレータにより3.3Vを生成 さらにDCDCで－5Vを生成	オペアンプを±5Vの両電源で使用
出力波形	正弦波、三角波、鋸状波から選択 矩形波は常時出力 周波数範囲：10Hzから40kHz　0.6Hzステップ	0Vから7V振幅の交流 3.3VのTTLレベル
表示	フルカラーのOLEDに波形の種類と周波数を表示	文字は12×12ドットの文字で日本語表示
操作表示	リセットスイッチで初期化 S1、S2：周波数アップダウン S3、S4：周波数微調整アップダウン S5　　：表示停止、許可 S6　　：波形選択	OLED表示。シリアル通信出力をすると波形が乱れるので、表示出力を中止できる
その他	シリアル通信出力	TTLレベルの9600bps
ケース	3Dプリンタで作成した専用ケース	

OLEDへの表示内容は写真7-3-2のようにしました。現在出力中の周波数と波形種類を表示します。

●写真7-3-2　OLED表示例

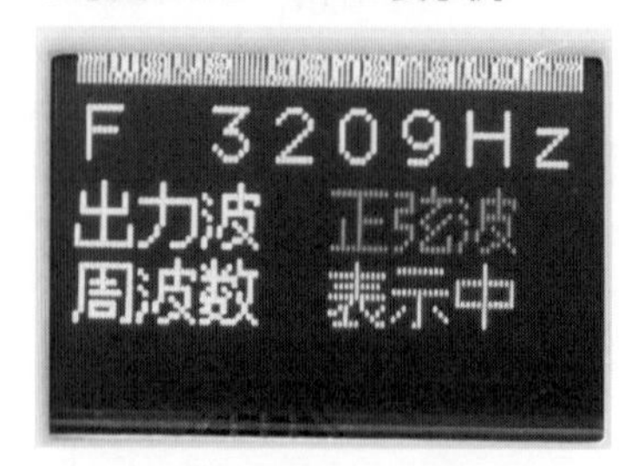

7-3-2　使用部品詳細

ここで新たに使った部品はRTCモジュールです。その仕様は図7-3-2のようになっています。本体はRX8900CEというセイコーエプソン社製のICで、本来は時計用のICなのですが、ここでは32.768kHzの高精度なパルス出力だけを使っています。ICそのものは表面実装の超小型部品ですが、これを基板に実装したものを使います。I^2Cインターフェースで制御できますが、ここではこれも必要ないので使っていません。

●図7-3-2 RTCモジュールの仕様

型番：RX8900CE UA
電源：DC2.5V～5.5V（0.7μA）
　　バッテリバックアップ可能
　　（DC1.6V～5.5V）
外部接続IF　：I²C
周波数精度　：月差9秒相当
パルス出力　：32kHz/1024Hz/1Hz選択
　　（32.768kHzがデフォルト）
年月日時分秒：BCD形式
アラーム機能：割り込み出力あり
　　（秋月電子通商で基板化したもの）

No	信号名	機能
1	FOE	パルス出力有効化
2	FOUT	パルス出力
3	INT	割り込み出力
4	GND	グランド
5	SDA	I²Cのデータ
6	SCL	I²Cのクロック
7	V_{BAT}	バックアップ電源
8	V_{DD}	電源

（写真出典：秋月電子通商）

7-3-3 ハードウェアの製作

まず回路設計からで、全体構成に基づいて作成した回路図は図7-3-3となります。全体制御は28ピンのPIC18F27Q43で行います。

このPICマイコンのDAコンバータの出力（RA2ピン）に、低い周波数まで振幅を制限することなく交流にするため、大容量のコンデンサ経由でオペアンプ*を接続し、波形を増幅しています。さらに可変抵抗で振幅を調整できるようにしてからバッファアンプ*で外部出力としています。

このオペアンプは、両電源で使えて、ゲインバンド幅（GB積*）が10MHz以上で、レールツーレール出力*ができるものであれば何でも構いません。

このオペアンプを両電源で使うため、入力電源の＋5Vからチャージポンプ方式*のDCDCコンバータ（TC7662B）で－5Vを生成しています。このDCDCコンバータは、コンデンサ1個を外付けするだけで反対極性の電圧を生成してくれるので、便利に使えます。オペアンプの電源はノイズが大敵なので、両電源にLCフィルタ*を挿入してノイズを低減しています。

矩形波の出力は、PICマイコンの出力ピンをそのまま外部出力としています。

RTCモジュールは、パルス出力をPICの入力ピンに接続します。またOLED表示器はSPIインターフェースですから、ポートBを使ってSPI2モジュールに接続しています。

あとは、UARTモジュールの入出力ピンをコネクタに接続しています。ここにUSBシリアル変換ケーブル*を接続して、パソコンのUSBと接続します。

汎用の増幅器。

ゲイン1倍の回路構成のオペアンプ。出力インピーダンスを小さくすることで、外部への影響を少なくできる。

ゲインが1倍を維持できる最高周波数のこと。増幅率を上げると周波数範囲が反比例して下がる。

電源電圧いっぱいまで出力振幅が振れるということ。

コンデンサに電荷を蓄え、それをつなぎ変えて別の電圧出力に使うということを高速に繰り返す方式。

コイルとコンデンサによるローパスフィルタを構成してノイズを低減する。

TTLレベルのシリアルインターフェースとUSBの変換ができるケーブル。

●図 7-3-3　波形ジェネレータの回路図

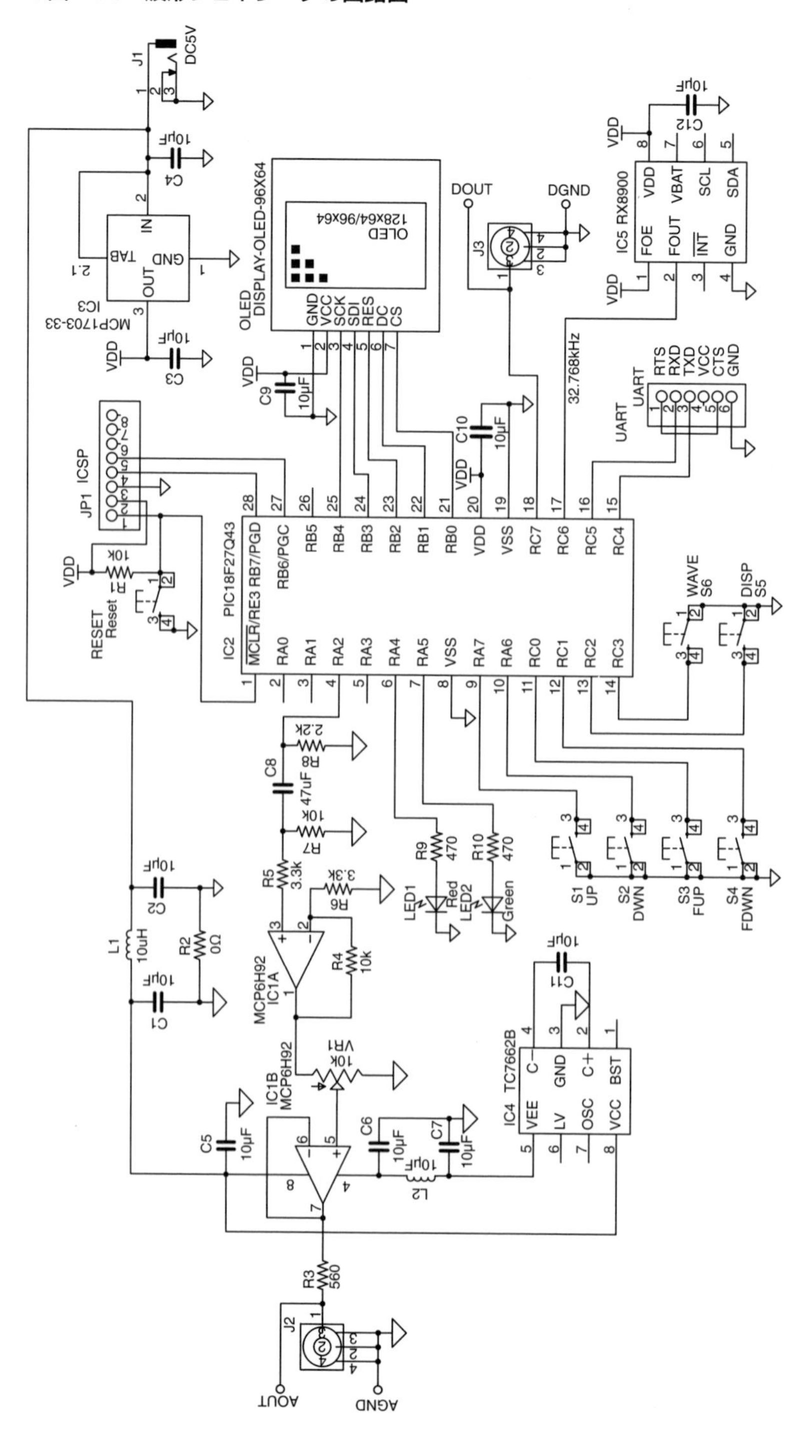

この波形ジェネレータの組み立てに必要な部品は表7-3-2となります。特別な部品は特にないので容易に揃えられると思います。マイクロチップ社の製品は、オンラインですべて1個から購入可能です。

▼表7-3-2　部品表

型　番	種　別	型番、メーカ	数量	入手先
IC1	オペアンプ	MCP6H92-E/SN	1	マイクロチップ
IC2	マイコン	PIC18F27Q43-I/SS	1	
IC3	レギュレータ	MCP1703A-3302-E/MB	1	
IC4	DCDC	TC7662BCOA	1	
IC5	RTCモジュール	高精度RTC RX8900 DIP化モジュール	1	秋月電子通商
OLED	OLED表示器	有機EL表示器（QT095B）	1	
LED1	LED	チップLED　2012サイズ　赤	1	
LED2	LED	チップLED　2012サイズ　緑	1	
S1、S2、S3、S4、S5、S6	タクトスイッチ	赤、青、橙、緑、茶、白	各1	
RESET	タクトスイッチ	黄	1	
VR1	可変抵抗	10kΩ　3386K-EY5-103TR	1	
L1、L2	チップコイル	10uH　2012または3216サイズ	2	
R1、R4、R7	チップ抵抗	10kΩ　2012サイズ	3	マルツエレック
R2	ジャンパ		1	
R3	チップ抵抗	560Ω　2012サイズ	1	マルツエレック
R5、R6	チップ抵抗	3.3kΩ　2012サイズ	2	
R8	チップ抵抗	2.2kΩ　2012サイズ	1	
R9、R10	チップ抵抗	470Ω　2012サイズ	2	
C1、C2、C3、C4、C5、C6、C7、C9、C10、C11、C12	チップコンデンサ	10μF 16または25V　2012サイズ	12	秋月電子通商
C8	チップコンデンサ	47μF　10V　3216サイズ	1	
JP1	ヘッダピン	L型2.5ピッチ　8ピン	1	
J1	DCジャック	2.1mm　標準ジャック　MJ-179PH	1	
J2,J3	RCAジャック	基板取付用　MJ-526-W	2	
UART	ヘッダピン	2.5ピッチ　6ピン	1	
基板		専用プリント基板	1	
ケース		3Dプリンタ作成専用ケース	1	
		カラースペーサ　5mm	4	秋月電子通商
		M3×12mm　プラスチックネジナット	4	
電源	ACアダプタ	DC5V　1A以上	1	

部品がそろったところで組み立てを始めます。専用プリント基板へのはんだ付けが大部分です。この組み立て手順は図7-3-4の実装図に従って次の順番で進めます。

●図7-3-4　波形ジェネレータの実装図

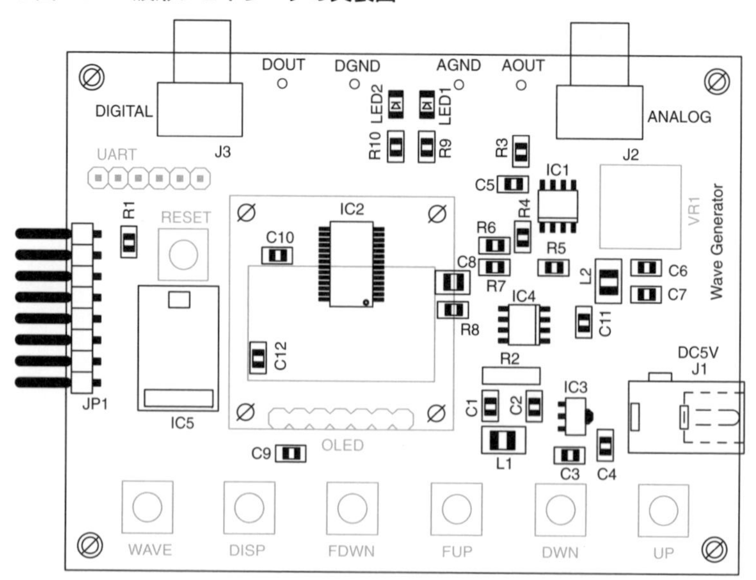

❶ ICのはんだ付け

表面実装のICですから、最初は1ピンだけはんだ付けし、ルーペを使って正確に位置合わせをします。そして残りのピンを十分のはんだではんだ付けします。ピン間に盛り上がる程度でも問題ありません。そのあと、はんだ吸い取り線で余分なはんだを吸い取ります。吸い取り線には十分なフラックスが含まれているので、ピン間のはんだもきれいに吸い取ってくれます。これでICのはんだ付けは問題なくできます。

❷ チップ部品のはんだ付け

コンデンサや抵抗、LEDのチップ部品をはんだ付けします。

❸ 残りの部品のはんだ付け

スイッチ、ピンヘッダ、コネクタをはんだ付けします。表側に実装するのと裏側に実装するものとがあるので、間違えないようにします。

❹ OLED、RTCの実装

OLED表示器とRTCモジュールの実装をします。いずれも表裏を間違えないようにしてください。

❺ DCジャックとRCAジャックのはんだ付け

残った大物のはんだ付けです。ここはいずれも挿入時に力が加わるので、たっぷりのはんだではんだ付けしてください。

こうして完成した基板の外観が写真7-3-3、写真7-3-4となります。

●写真7-3-3　完成した基板裏側

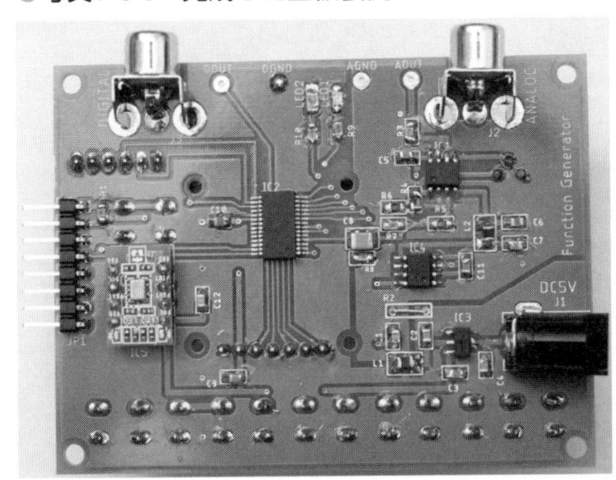

●写真7-3-4　完成した基板の表側

7-3-4　プログラムの作成

ハードウェアが完成したら次はプログラムの作成です。この製作例の内蔵モジュールとライブラリの構成は図7-3-5のようにしました。かなり複雑な接続構成となっています。

この構成の説明をしていきます。まず、NCOとDAコンバータで正弦波を生成する部分は6-7節と同じですから、省略します。

NCO1からは正弦波を出力する割り込み周期の1/2の周波数*のパルスが出力されます。これをTMR6に入力したいのですが、直接は接続できないので、CLC3モジュールを使って中継します。TMR6で1/25に分周し、さらにCLC1でJKフリップフロップを構成して1/2にしてデューティが50％のパルスに変換します。これを矩形波の出力*として使います。さらにこれをTMR3で1秒間だけカウントすればTMR3のカウント値が周波数ということになります。

> NCOをFDCモードとした場合、PMモードとすれば同じ周波数となる。

> 矩形波の出力は常時出力される。

TMR3の1Hzのゲート信号は、外部のRTCモジュールからの32768Hzのパルス信号をTMR4により15ビットだけカウントすれば、TMR4から1Hzの信号として出力できます。この出力をCLC2のJKフリップフロップで50％デューティの2Hzに変換して*TMR3のゲートに入力すれば、正確に1秒間だけCLC1のパルス出力をカウントして周波数を求めることができます。

> 1秒間High、1秒間Lowのパルスが必要。

CLC2の立ち下がりの割り込みでTMR3を読み出せば、直前のカウント結果の周波数を得ることができます。この値を編集してOLEDに表示するとともに、DMA2でUART1を使ってパソコンにも周波数をメッセージとして送信します。

この表示とメッセージ出力をすると、その瞬間だけ波形出力が乱れます*ので、S5スイッチで表示出力機能を停止できるようにします。これで乱れるこ

> DMAが一時待たされるため。

とが無い波形出力とすることができます。

OLED表示には12×12ドットの大き目の文字で波形種類と周波数を表示します。波形や見出しを漢字表示するため、JIS第一水準の漢字フォントを一緒に格納しています。

波形データはS6スイッチが押されたときにプログラムで生成します。正弦波はsin関数で三角波と鋸状波は一次式で生成します。この内容をMCCで設定していきます。

●図7-3-5　波形ジェネレータの内蔵モジュールの構成

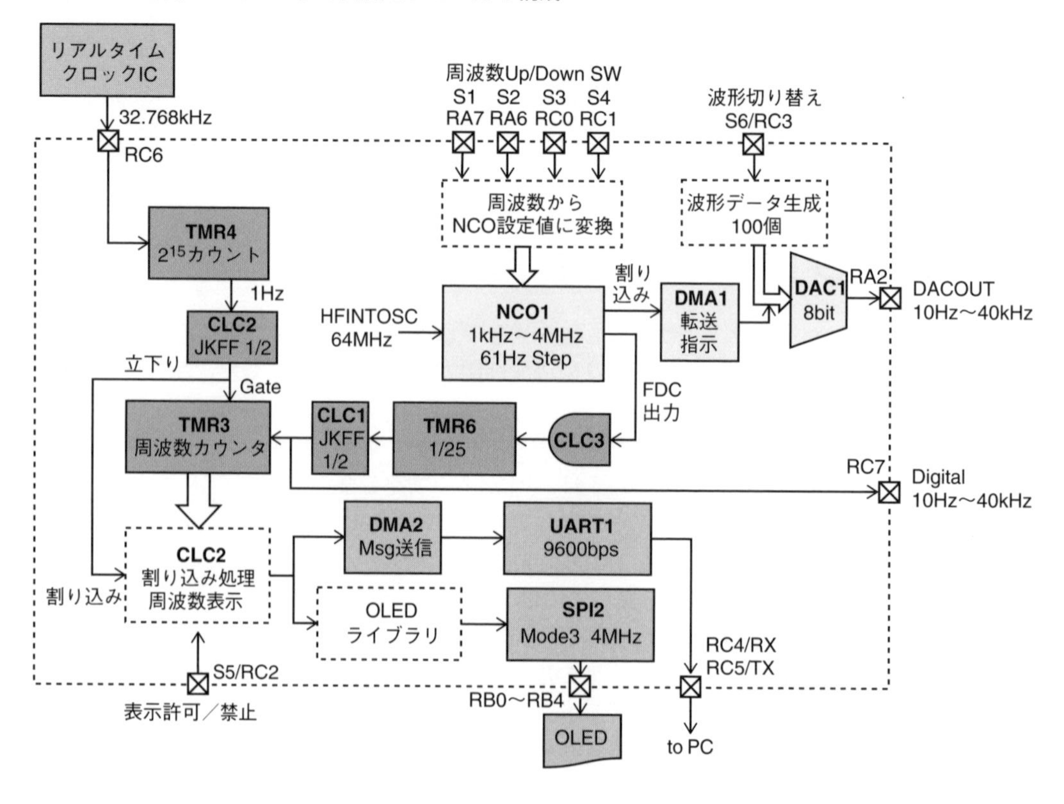

1 MCCの設定

❶ プロジェクトの作成、クロックとコンフィギュレーション

まずプロジェクトを「WaveGene1」として作成します。クロックは内蔵クロックの64MHzとし、コンフィギュレーションはデフォルトのままとします。設定方法は6-2節と同じなので省略します。

❷ NCO1とDAC1、FVR

次にNCO1とDAC1の設定で、図7-3-6とします。これらの設定は6-7節と同じです。NCOはクロックの設定と初期値、DAC1はプラス側をFVRにし、

FVRを2.048Vに設定します。これだけの設定で、あとはDMAの設定だけです。正弦波を出力する処理には、プログラムは全く必要ありません。周辺モジュールだけで動作します。

●図7-3-6　正弦波関連の設定

(a) NCO1の設定

Easy Setup
Registers
Hardware Settings
Enable NCO
NCO mode
FDC_mode
Pulse Width Select
1_clk
Output polarity
active_hi
Clock Settings
Clock Source
HFINTOSC
クロックの設定
CLC Clock
0≤
1 kHz
≤ 64 MHz
NCO Output Frequency
0≤
1 kHz
≤ 31999969 Hz
Actual NCO Ouput Frequency
1007 Hz
初期値の設定
(Requested output frequency is used to calculate Increm
Accumulator Overflow Frequency = 2014 Hz
Ton= 496.485 us
Toff= 496.485 us
Enable NCO Interrupt

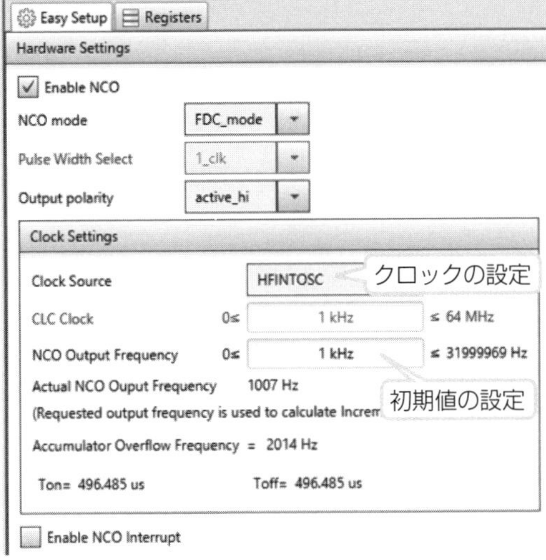

(b) DAC1の設定

Easy Setup
Registers
Hardware Settings
Enable DAC
Positive Reference
FVR
FVRを選択
Negative Reference
VSS
Enable Output on DACOUT
DACOUT1 Enabled and DACOUT2 Disabled
DAC1OUTを有効
Software Settings

(c) FVRの設定

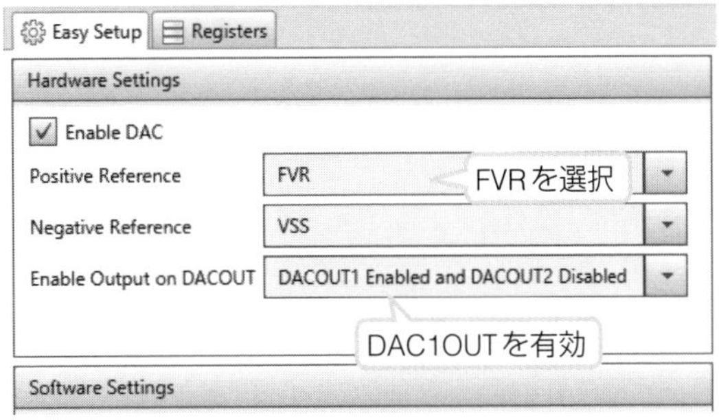

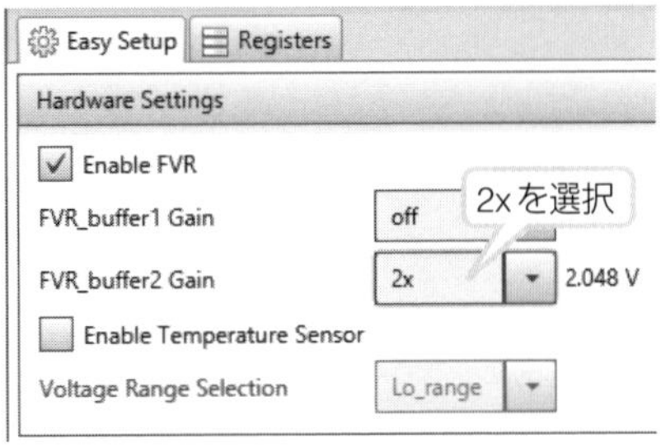

Easy Setup
Registers
Hardware Settings
Enable FVR
FVR_buffer1 Gain
off
2xを選択
FVR_buffer2 Gain
2x
2.048 V
Enable Temperature Sensor
Voltage Range Selection
Lo_range

●図7-3-7　SPI2モジュールの設定

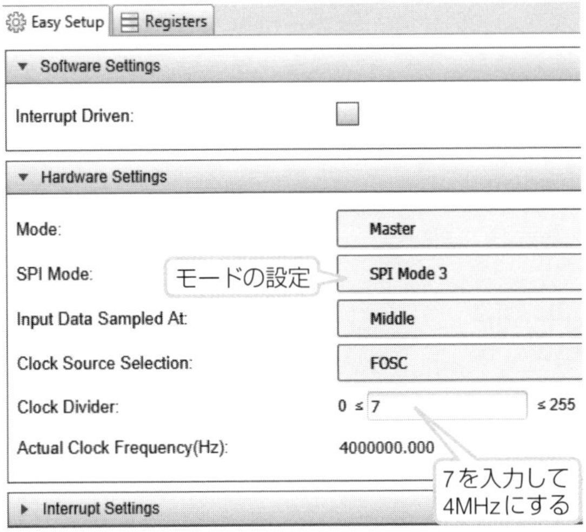

Easy Setup
Registers
Software Settings
Interrupt Driven:
Hardware Settings
Mode:
Master
SPI Mode:
モードの設定
SPI Mode 3
Input Data Sampled At:
Middle
Clock Source Selection:
FOSC
Clock Divider:
0 ≤ 7
≤ 255
Actual Clock Frequency(Hz):
4000000.000
7を入力して
4MHzにする
Interrupt Settings

❸ UART1

次にUART1の設定ですが、ここは特に変更することはなくデフォルトのままです。こちらもDMAの設定が必要です。

❹ SPI2

次はOLED用のSPI2モジュールの設定で、図7-3-7のように、マスタのモード3で4MHzの速度とします。

❺ タイマ

次は周波数カウンタを構成するタイマとCLCの設定となります。まずTMR4とTMR6は図7-3-8のように設定します。TMR4は外部RTCの32768Hzのパルスから1Hzを生成するようにします。TMR6はCLC3の出力を25分周すればよいのですが、この分周設定はプログラムで行う*ことにします。

*入力周波数が変化するため、ここの周波数設定ではできない。

●図7-3-8　タイマの設定

(a) TMR4の設定　(b) TMR6の設定

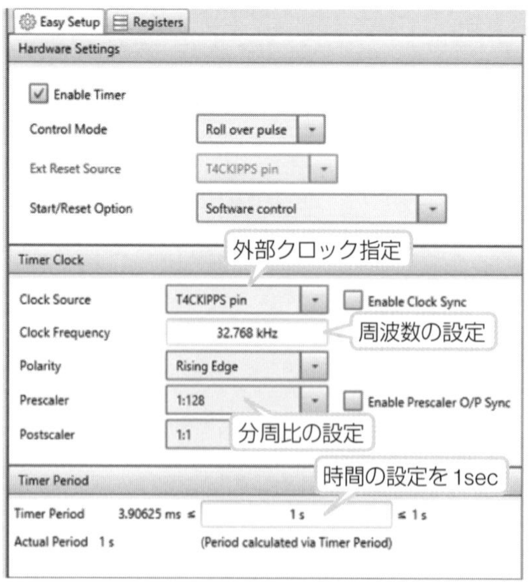

次はTMR3の設定で、図7-3-9のようにします。入力をCLC1とし、ゲートをCLC2のHighとします。そして時間を最大値の2sとしておきます。

これでタイマは終わりです。

●図7-3-9　TMR3の設定

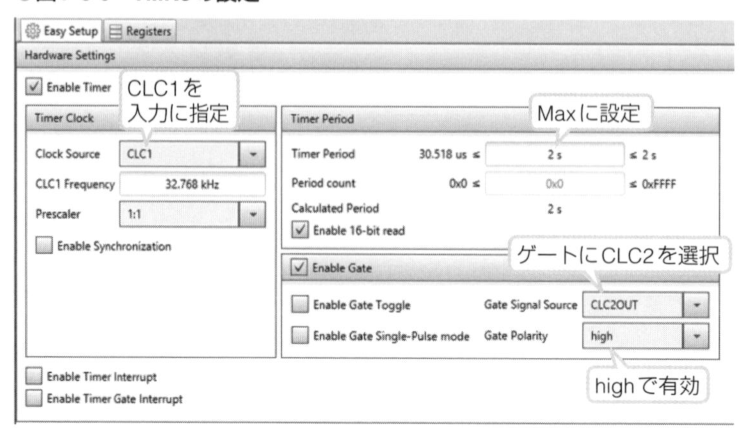

⑥ CLC

続いて接続中継用のCLCの設定を行います。

CLC1は図7-3-10のように、JKフリップフロップを選択し、余計なピンを使わないようにするため入力はすべてをTMR6とし、JKフリップフロップのクロック信号として使います。あとはJ入力とK入力いずれも常時Highとなるように、ゲート出力を反転させます。これでTMR6のパルスが2分周され、デューティが50%のパルスとして出力されます。

●図7-3-10　CLC1の設定

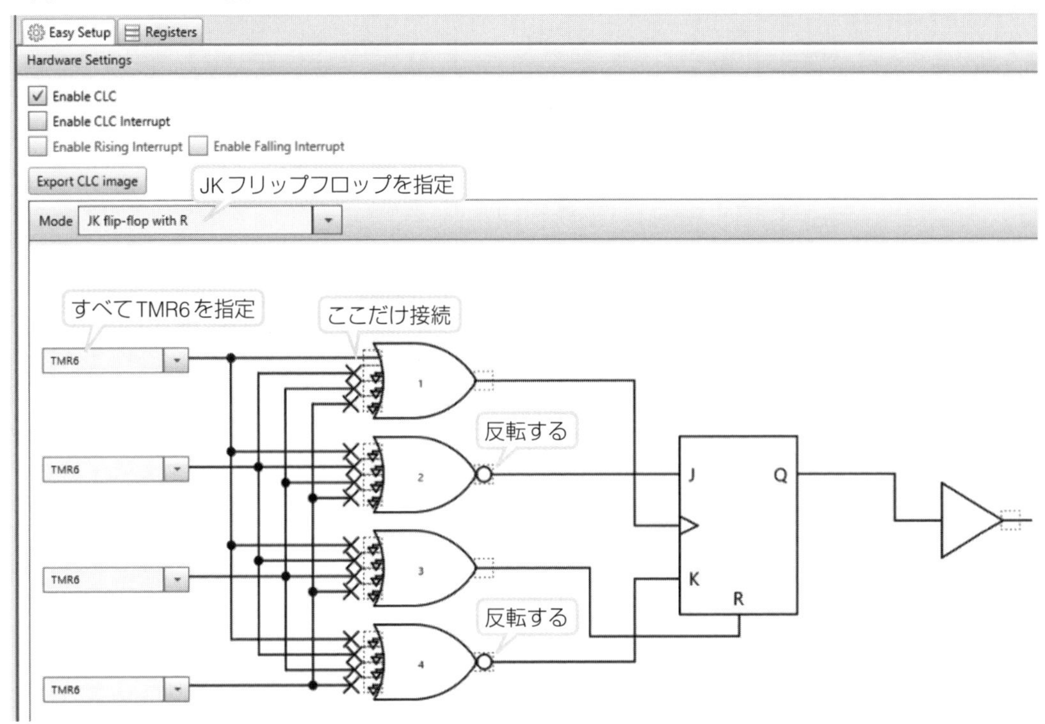

次がCLC2の設定で、図7-3-11のように、まず割り込みを有効化し立ち下がりの割り込みとします。次にJKフリップフロップを選択して、入力はすべてTMR4とし、JKフリップフロップのクロック入力とします。さらにJ、K入力いずれも常時Highとするため、ゲート出力を反転させます。これで、TMR4の1秒パルスを2分周してデューティ 50%、つまり1秒間High、1秒間Lowのパルスを生成します。

●図7-3-11　CLC2の設定

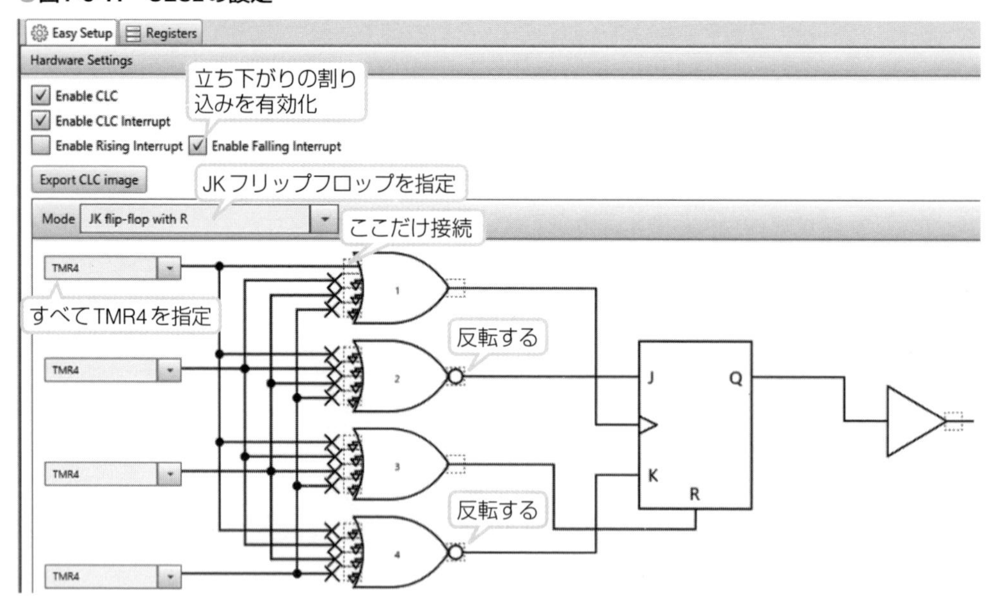

次がCLC3の設定で、図7-3-12のようにAND回路を選択し、入力をすべてNCO1とします。1個のゲートにだけ接続し、残りのゲートは常時High出力とするため出力を反転させます。これで単純にNCO1の出力がそのままCLC3の出力となり、中継することになります。

●図7-3-12　CLC3の設定

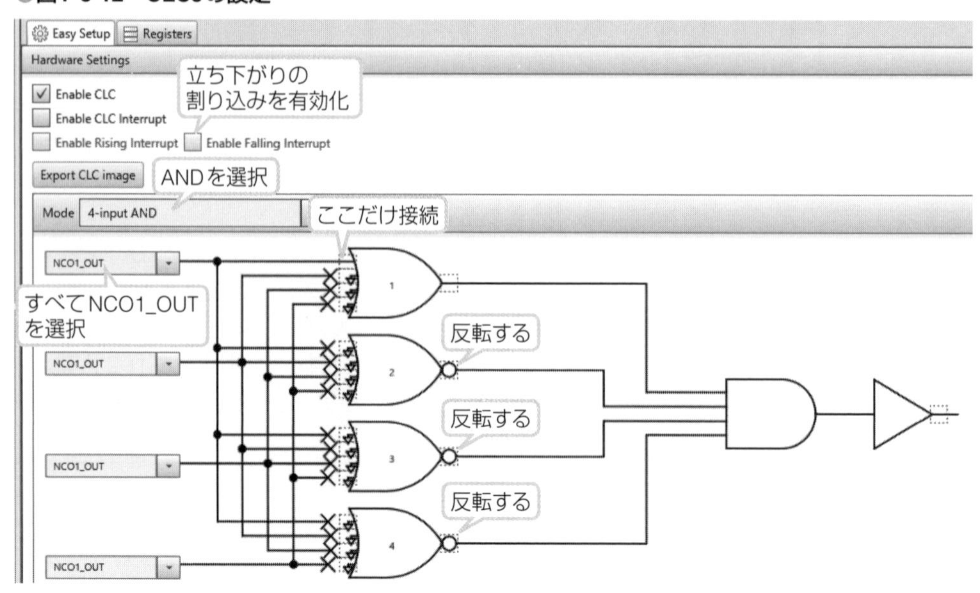

⑦ DMA

モジュールの最後はDMAモジュールの設定で、図7-3-13のように2チャネルの設定をします。

チャネル1は正弦波出力用ですから、転送元は汎用メモリ(GPR)でSineWaveというバッファの100バイトを転送します。したがって転送ごとにアドレスをincrementし、転送サイズも100バイトとします。次に転送先はDAコンバータのDAC1で、そのDAC1DATLというレジスタに常に1バイト単位で転送するようにします。したがってアドレスはunchangeで、転送トリガはNCO1の割り込みとします。永久繰り返しですから終了条件はNoneとします。

チャネル2はUARTのメッセージ送信ですから、転送元は汎用メモリでMsgというバッファの18バイトを転送します。こちらも転送ごとにアドレスをincrementし、転送サイズも18バイトとします。次に転送先はUART1のU1TXBという送信レジスタに常に1バイト単位で転送するようにします。したがってアドレスはunchangeで、転送トリガはU1TXの送信完了割り込みです。さらに終了条件は転送バイトカウンタ(DMA2SCNT)の完了とします。これでMsgバッファの内容の転送完了でDMAが終了することになります。

7 活用製作例

●図7-3-13 DMAの設定

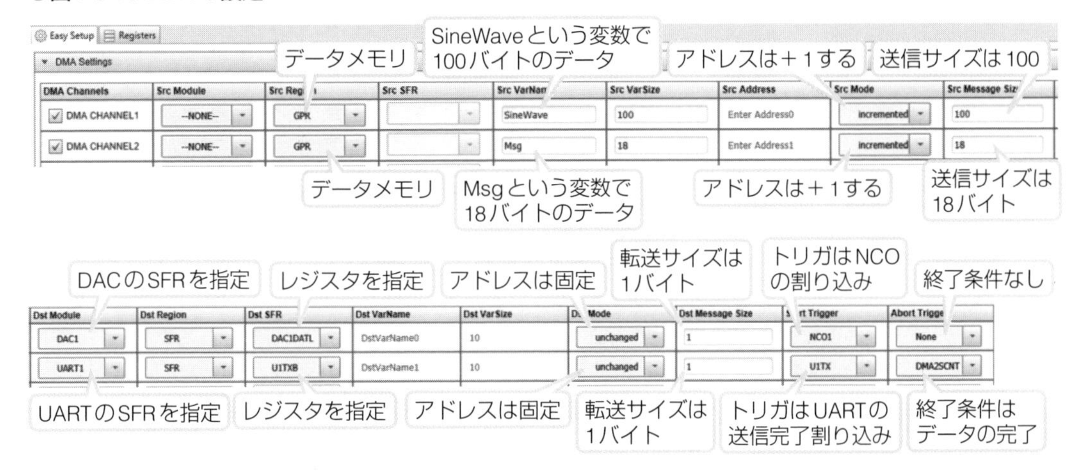

⑧ 入出力ピン

最後に入出力ピンの設定で、図7-3-14のようにします。ピン数が多いので間違えないように注意してください。CLCの入力ピンは無いので、三角マークをクリックして表示を縮小しています。TMR4は外部RTC入力となるので、忘れないようにします。

●図7-3-14　入出力ピンの設定

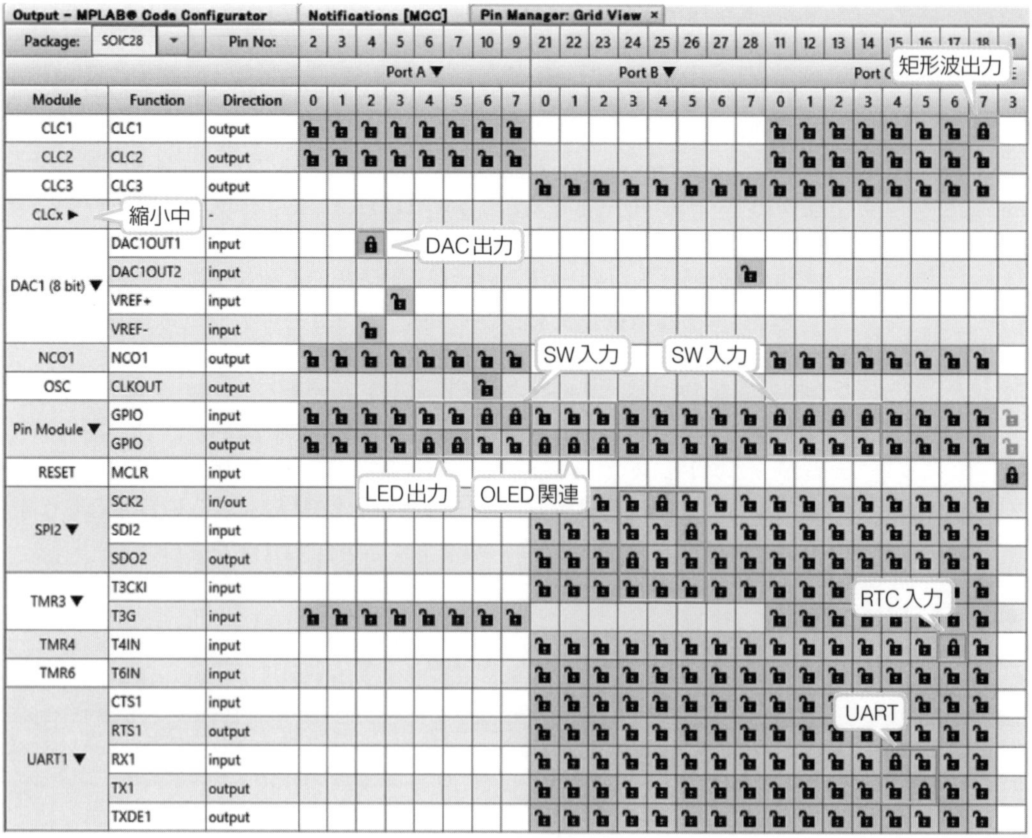

Module	Function	Direction
CLC1	CLC1	output
CLC2	CLC2	output
CLC3	CLC3	output
CLCx ►		-
DAC1 (8 bit) ▼	DAC1OUT1	input
	DAC1OUT2	input
	VREF+	input
	VREF-	input
NCO1	NCO1	output
OSC	CLKOUT	output
Pin Module ▼	GPIO	input
	GPIO	output
RESET	MCLR	input
SPI2 ▼	SCK2	in/out
	SDI2	input
	SDO2	output
TMR3 ▼	T3CKI	input
	T3G	input
TMR4	T4IN	input
TMR6	T6IN	input
UART1 ▼	CTS1	input
	RTS1	output
	RX1	input
	TX1	output
	TXDE1	output

続いて入出力ピンの名称と詳細設定で、図7-3-15のようにします。

ここではスイッチの入力ピンのプルアップを忘れないように設定します。回路ではプルアップ抵抗を接続していないので、これを忘れるとスイッチ機能が働かなくなります。名称はプログラムでこの名称を使っているので、この通りに設定しないと正常動作しなくなります。

●図7-3-15　入出力ピンの名称設定

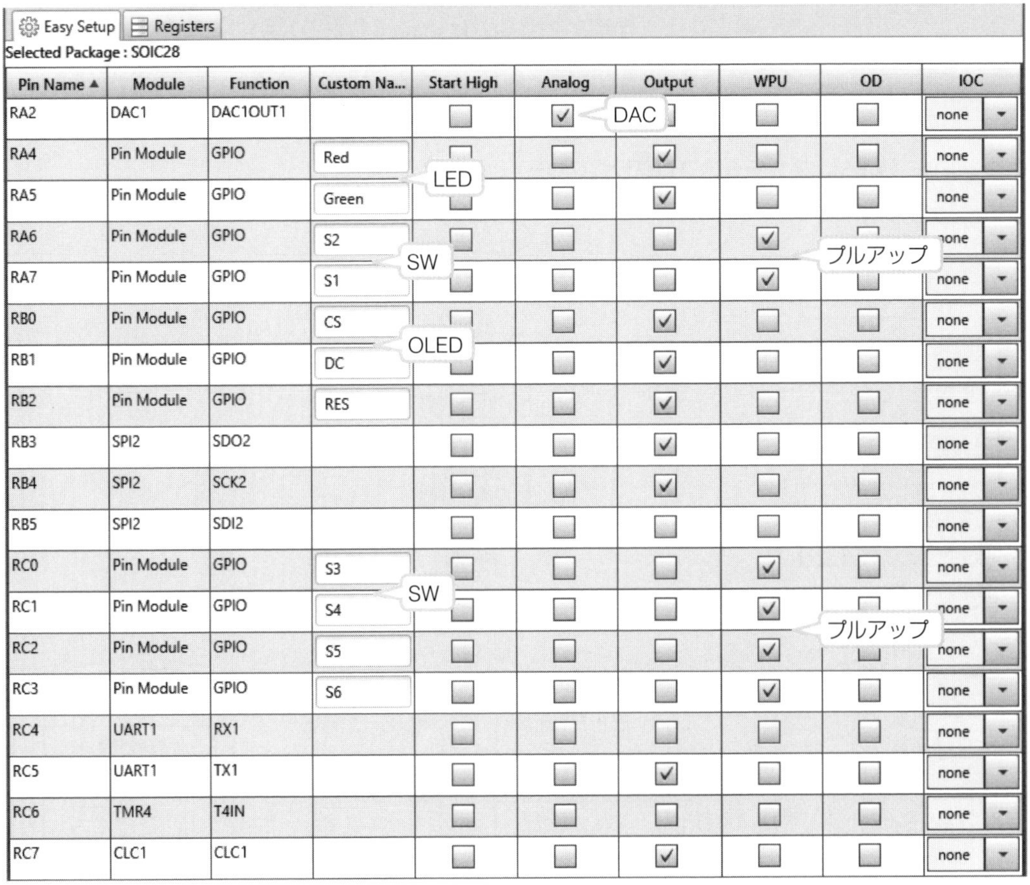
Easy Setup
Registers
Selected Package : SOIC28
DAC
LED
SW
プルアップ
OLED
SW
プルアップ

Pin Name ▲	Module	Function	Custom Na...	Start High	Analog	Output	WPU	OD	IOC
RA2	DAC1	DAC1OUT1			✓				none
RA4	Pin Module	GPIO	Red			✓			none
RA5	Pin Module	GPIO	Green			✓			none
RA6	Pin Module	GPIO	S2				✓		none
RA7	Pin Module	GPIO	S1				✓		none
RB0	Pin Module	GPIO	CS			✓			none
RB1	Pin Module	GPIO	DC			✓			none
RB2	Pin Module	GPIO	RES			✓			none
RB3	SPI2	SDO2				✓			none
RB4	SPI2	SCK2				✓			none
RB5	SPI2	SDI2							none
RC0	Pin Module	GPIO	S3				✓		none
RC1	Pin Module	GPIO	S4				✓		none
RC2	Pin Module	GPIO	S5				✓		none
RC3	Pin Module	GPIO	S6				✓		none
RC4	UART1	RX1							none
RC5	UART1	TX1				✓			none
RC6	TMR4	T4IN							none
RC7	CLC1	CLC1				✓			none

以上ですべての設定が完了したので、[Generate] してコードを生成します。

生成後、次のOLEDのライブラリとフォントをプロジェクトに追加します。これらはいずれも技術評論社のサポートサイトからダウンロードできます。

OLED_lib.h　　OLED_lib.h　　font_level1_lib.h

2 main.cの編集

このあとコード作成が必要なのはmain.cのみですが、全体のフローは図7-3-16のようになっています。スイッチの処理やOLED表示処理が結構たくさんあります。

●図7-3-16　波形ジェネレータのプログラムフロー

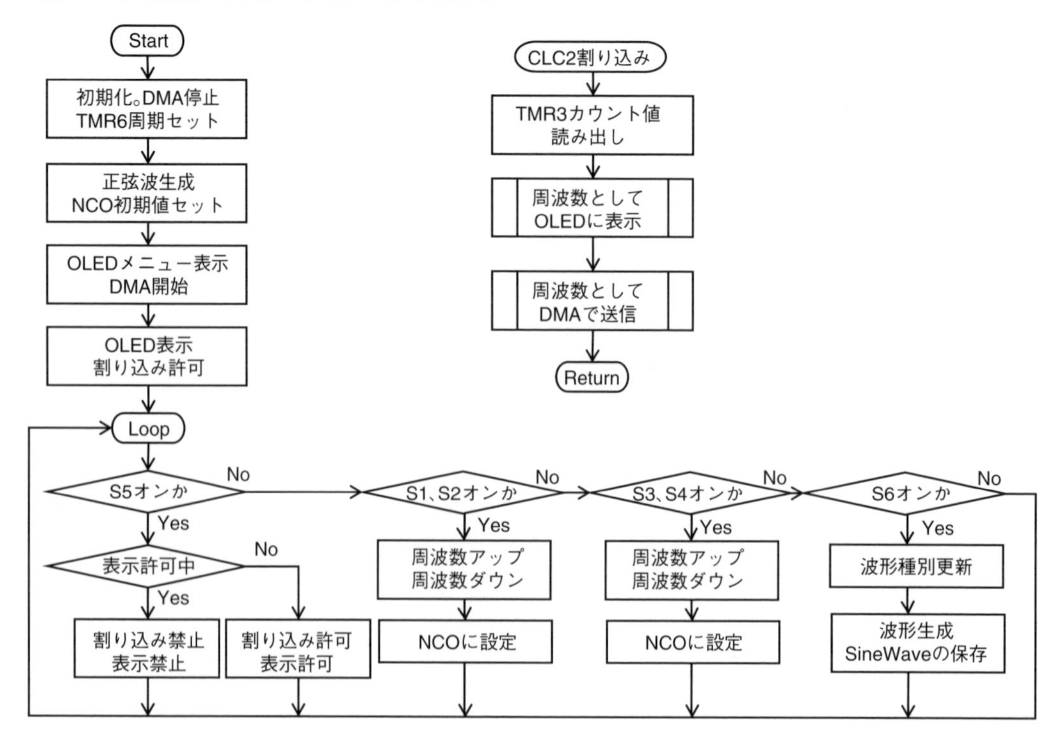

❶ 宣言部

プログラムの詳細を説明します。まず宣言部の詳細がリスト7-3-1となります。ここでは正弦波やNCOの計算用定数、波形用、表示用のバッファ、OLED表示用日本語メッセージなどを定義しています。メッセージはすべて定数なのでROMエリアに格納するようにconstを指定しています。これでメモリ使用量は80%となっています。

リスト 7-3-1　宣言部の詳細

正弦波、NCO計算用の定数

波形、UART表示用バッファ

OLED表示用メッセージ

```
/****************************************************
 *  Wave Generator
 *     NCO+DMA+DACで波形生成
 *  RTC+TNR3,4,6＋CLCで周波数カウンタを構成
 *  1Hzから40kHzの正弦波、三角波、矩形波を出力
 *  最小周波数設定は0.6Hzステップ
 ****************************************************/
#include "mcc_generated_files/mcc.h"
#include <math.h>
#include <stdio.h>
#include "OLED_lib.h"
// データ定義
#define C 3.141592/180.0
#define Step 61.03515625      // 64MHz÷2の20乗 Max40kHz
//#define Step 15.258789      // 16MHz÷2の20乗  Max10kHz
uint16_t n, Count, Flag;
uint8_t SineWave[100], Msg[18];
char Message[11];
int8_t Select;
uint32_t Freq, SetData;
// メッセージデータ
const char Title[] = {0x81,0x7C,0x94,0x67,0x8C,0x60,0x90,0xB6,0x90,0xAC,0x8A,0xED,0x81,0x7C,0,0};
const char FrqTitl[] = {0x8E,0xFC,0x94,0x67,0x90,0x94,0,0};  // 周波数
const char SinWave[] = {0x90,0xB3,0x8C,0xB7,0x94,0x67,0,0};  // 正弦波
const char TriWave[] = {0x8E,0x4F,0x8A,0x70,0x94,0x67,0,0};  // 三角波
const char SawWave[] = {0x8B,0x98,0x8F,0xF3,0x94,0x67,0,0};  // 鋸状波
const char PlsWave[] = {0x8B,0xE9,0x8C,0x60,0x94,0x67,0,0};  // 矩形波
const char Kind[] = {0x8F,0x6F,0x97,0xCD,0x94,0x67,0,0};     // 出力波
const char Display[] = {0x95,0x5C,0x8E,0xA6,0x81,0x40,0,0};  // 表示△
const char Inhibit[] = {0x92,0xE2,0x8E,0x7E,0x92,0x86,0,0};  // 停止中
const char Enable[]  = {0x95,0x5C,0x8E,0xA6,0x92,0x86,0,0};  // 表示中
const char Menu1[] = "S1 Freq Fast Up";
const char Menu2[] = "S2 Freq Fast Dwn";
const char Menu3[] = "S3 Freq Fine Up";
const char Menu4[] = "S4 Freq Fine Dwn";
const char Menu5[] = "S5 Display OnOff";
const char Menu6[] = "S6 Wave Select";
// 関数プロト
void NCOSet(uint32_t set);
```

❷ 割り込み処理とメインの初期化部

次がCLC2の割り込み処理とメイン関数の初期化部でリスト7-3-2となります。割り込み処理では周波数をTMR3から読み出し、編集してOLEDに表示しています。さらにDMAとUARTで周波数を送信します。このときメッセージ送信完了でDMAを終了させる必要があるのですが、それを有効化するビット「AIRQEN」が転送終了で0クリアされるので、転送開始前に1に再セットするのを忘れないようにする必要があります。あとはトリガ付きでDMAを開始すれば、自動的にUARTで送信してくれます。

メイン関数では、最初にいったんDMAを停止させます。これを実行しない

とDMAがすべての命令サイクルを確保してしまうため、プログラムが実行できなくなってしまいます。次にTMR6の分周比を25にするため、周期レジスタT6PRに24を設定しています。これでTMR6が25分周の動作を実行します。続いて初期値として1kHzの正弦波を出力するように設定してから、OLEDにメニュー表示をします。このメニューは文字数が多いので半角文字で表示します。そのあと、DMAを開始して正弦波の出力を開始します。

最後にOLEDに通常の実行状態の見出しを表示してから割り込みを許可します。この割り込みで周波数が表示されることになります。

リスト 7-3-2 割り込み処理とメインの初期化部の詳細

周波数の取得とOLED表示
UART送信はDMAで実行する
DMAいったん停止
TMR6の分周値設定
正弦波初期生成
初期値設定
メニュー半角表示
S5入力待ち
初期値で波形出力

```
/********************************
 * Timer3 Gate 割り込みCallback
 * 周波数カウンタ
 ********************************/
void CLC2_Process(void){
    Count = TMR3_ReadTimer() ;                          // 周波数取得
    TMR3_WriteTimer(0);                                 // 次のカウントを0から開始
    sprintf(Message, "F%5uHz", Count);                  // 表示メッセージ作成
    OLED_xStr(0, 1, Message, CYAN, BLACK);              // OLEDに表示
    sprintf((char *)Msg, "¥r¥nFreq = %5u Hz", Count);   // UARTメッセージ作成
    DMAnCON0bits.AIRQEN = 1;                            // DMA2停止条件有効化
    DMA2_StartTransferWithTrigger();                    // DMA2開始(UART送信)
}

/******* メイン関数 ***************/
void main(void)
{
    SYSTEM_Initialize();                 // システム初期化
    DMA1_StopTransfer();                 // 波形出力いったん停止
    DMA2_StopTransfer();                 // いったんDMA2停止
    T6PR = 24;                           // TMR6  25カウント設定
    // 正弦波データ生成  100分解能  振幅±100  1.6Vpp
    for(n=0; n<100; n++){
        SineWave[n] = (uint8_t)(127.0 + 100*sin(C*(double)n*3.6));
    }
    // 初期値セット
    Freq = 1000;                         // 初期値1kHz
    NCOSet(Freq);
    Select = 0;                          // 正弦波
    // メニュー表示 開始待ち
    OLED_Init();
    OLED_Clear(BLACK);
    OLED_Str(0, 0, "-Wave Generator-", YELLOW, BLUE);
    OLED_Str(0, 1, Menu1, WHITE, BLACK);
    OLED_Str(0, 2, Menu2, WHITE, BLACK);
    OLED_Str(0, 3, Menu3, CYAN, BLACK);
    OLED_Str(0, 4, Menu4, CYAN, BLACK);
    OLED_Str(0, 5, Menu5, MAGENTA, BLACK);
    OLED_Str(0, 6, Menu6, YELLOW, BLACK);
    while(S5_GetValue() == 1);           // S5オンで開始
    DMA1_Initialize();                   // 波形出力開始
    OLED_Clear(BLACK);
```

タイトル表示

表示開始

```
OLED_Str(0, 0, "-Wave Generator-", YELLOW, BLUE);
Kanji_Str(0, 2, Kind, WHITE, BLACK);
Kanji_Str(4, 2, SinWave, RED, BLACK);
Kanji_Str(0, 3, FrqTitl, WHITE, BLACK);
Kanji_Str(4, 3, Enable, GREEN, BLACK);
__delay_ms(100);
// 割り込み許可 CLC2 Fall　周波数表示出力開始
INTERRUPT_GlobalInterruptEnable();
```

❸ スイッチ処理前半部

次がメインループの前半でリスト7-3-3となり、スイッチの処理になります。最初はS5の処理で、OLED表示とUART転送の許可、禁止の制御部となります。制御はCLC2の割り込みの許可禁止で実現しています。

次がS1とS2の処理で、周波数のアップダウンとなります。このスイッチは押している間一定間隔でアップ、ダウンの処理を繰り返します。またアップダウンのステップを周波数の範囲で変えるようにして設定の速度アップをしています。周波数変更後、NCO設定のサブ関数（NCOSet）を呼び出して設定変更しています。

リスト 7-3-3　スイッチ処理前半部の詳細

停止中表示

割り込み禁止

割り込み再許可

S1を押している間
周波数アップ

Max 40kHz

```
/******* メインループ ********************/
while (1)
{
    // 周波数表示の禁止許可
    if(S5_GetValue() == 0){                        // S5オン
        while(S5_GetValue() == 0);                 // チャッタ回避
        __delay_ms(100);
         if(Flag == 1){                            // 表示中の場合
            Flag = 0;
            Kanji_Str(4, 3, Inhibit, YELLOW, BLACK);
            INTERRUPT_GlobalInterruptDisable(); // 停止
        }
        else{                                      // 停止中の場合
            Flag = 1;
            Kanji_Str(4, 3, Enable, GREEN, BLACK);
            INTERRUPT_GlobalInterruptEnable();  // 表示開始
        }
    }
    // 周波数のアップ　NCO設定
    if(S1_GetValue() == 0){                        // S1オン
        __delay_ms(100);                           // チャッタ回避
        if(S1_GetValue() == 0){                    // オン中の確認
            if(Freq > 10000){                      // 10kHzより高い場合
                Freq += 1000;                      // 1kHz単位でアップ
                if(Freq > 40000)                   // 40kHzで制限
                    Freq = 40000;
            }
            else if(Freq > 1000)                   // 1kHzより高い場合
                Freq +=100;                        // 100Hz単位でアップ
            else                                   // 1kHz以下の場合
```

```
                Freq += 10;                         // 10Hz単位でアップ
            NCOSet(Freq);                           // NCO設定を求め設定
        }
    }
    // 周波数ダウン  NCO設定
    if(S2_GetValue() == 0){                         // S2オン
        __delay_ms(100);                            // チャッタ回避
        if(S2_GetValue() == 0){                     // オン中の確認
            if(Freq < 1000){                        // 1kHz以下の場合
                Freq -= 10;                         // 10Hz単位でダウン
                if(Freq < 10)                       // 10Hzで制限
                    Freq = 10;
            }
            else if(Freq < 10000)                   // 10kHz以下の場合
                Freq -= 100;                        // 100Hz単位でダウン
            else                                    // 10kHz以上の場合
                Freq -= 1000;                       // 1kHz単位でダウン
            NCOSet(Freq);                           // NCO設定出力
        }
    }
```

S2を押している間
周波数ダウン

Min 10Hz

❹ スイッチ処理後半部

次がスイッチ処理の後半部で、リスト7-3-4となります。ここはS3とS4のスイッチの処理で周波数のアップダウンを最小の単位で行い、微調整ができるようにします。次がS6のスイッチ処理で、3種類の波形をスイッチオンのたびに順次生成してSineWaveバッファに格納します。

リスト 7-3-4　スイッチ処理後半部の詳細

```
    // 周波数微調整  アップ
    if(S3_GetValue() == 0){             // S3オン
        __delay_ms(100);                // チャッタ回避
        if(S3_GetValue() == 0){         // オン中の確認
            if(Freq < 1000)             // 1kHz以下の場合
                Freq += 1;              // 1Hz単位でアップ
            else if(Freq < 40000)       // 40kHz以下の場合
                Freq += 10;             // 10Hz単位でアップ
            NCOSet(Freq);               // NCO設定出力
        }
    }
    // 周波数微調整  ダウン
    if(S4_GetValue() == 0){             // S4オン
        __delay_ms(100);                // チャッタ回避
        if(S4_GetValue() == 0){         // オン中の確認
            if(Freq > 1000)             // 1kHz以上の場合
                Freq -= 10;             // 10Hz単位でダウン
            else if(Freq > 1)           // 1Hz以上の場合
                Freq -=1;               // 1Hz単位でダウン
            NCOSet(Freq);               // NCO設定出力
        }
    }
    // 波形の変更
    if(S6_GetValue() == 0){             // S6オン
```

周波数アップ

周波数ダウン

```
                while(S6_GetValue() == 0);  // チャッタ回避
                __delay_ms(100);
                Select++;                   // フラグアップ
波形カウンタ更新  if(Select > 2)              // 2より台の場合
                    Select = 0;             // 0に戻す
                switch(Select){             // フラグで分岐
                    case 0:
                        // 正弦波データ生成  100分解能  振幅±100  3.0Vpp
正弦波生成               for(n=0; n<100; n++){
                            SineWave[n] = (uint8_t)(127.0 + 100*sin(C*(double)n*3.6));
                        }
                        Kanji_Str(4, 2, SinWave, RED, BLACK);
                        break;
                    case 1:
                        // 三角波生成
                        for(n=0; n<50; n++){
三角波生成のぼり             SineWave[n] = (uint8_t)((n*4) + 28);
                        }
                        for(n=50; n<100; n++){
三角波生成くだり             SineWave[n] = (uint8_t)(228.0 - (n-50)*4);
                        }
                        Kanji_Str(4, 2, TriWave, RED, BLACK);
                        break;
                    case 2:
                        // 鋸状波生成
                        for(n=0; n<100; n++){
                            SineWave[n]= (uint8_t)(n*2+28);
鋸状波生成               }
                        Kanji_Str(4, 2, SawWave, RED, BLACK);
                        break;
                    default :
                        break;
                }
            }
        }
}
```

❺ NCO設定サブ関数

最後がNCOの設定サブ関数で、いったんNCOの動作を停止してから、増し分レジスタの3バイトに周波数から求めた増し分値を書き込みます。最後にNCOを再開して、新たな周波数で出力を有効にします。

リスト 7-3-5　NCO設定サブ関数

0.61Hzで割り算

```
/**************************
 * NCO Setting
 *************************/
void NCOSet(uint32_t set){
    // NCO設定を求め設定
    NCO1CONbits.EN = 0;                          // NCOいったん停止
    SetData = (uint32_t)((set*100) / Step);      // 増し分値計算
    NCO1INCL = SetData & 0x000000FF;             // 下位バイト設定
    SetData >>= 8;
    NCO1INCH = SetData & 0x000000FF;             // 中位バイト設定
    SetData >>= 8;
    NCO1INCU = SetData & 0x000000FF;             // 上位バイト設定
    NCO1CONbits.EN = 1;                          // NCO再開
}
```

以上でプログラム作成は完了です。これを書き込めば動作を開始します。

7-3-5　ケースに組み込む

本書では写真7-3-5のような3Dプリンタで作成したケースに実装していますが、汎用の樹脂製のケースに穴あけをして組み込むこともできます。

●写真図7-3-5　3Dプリンタで作成したケース

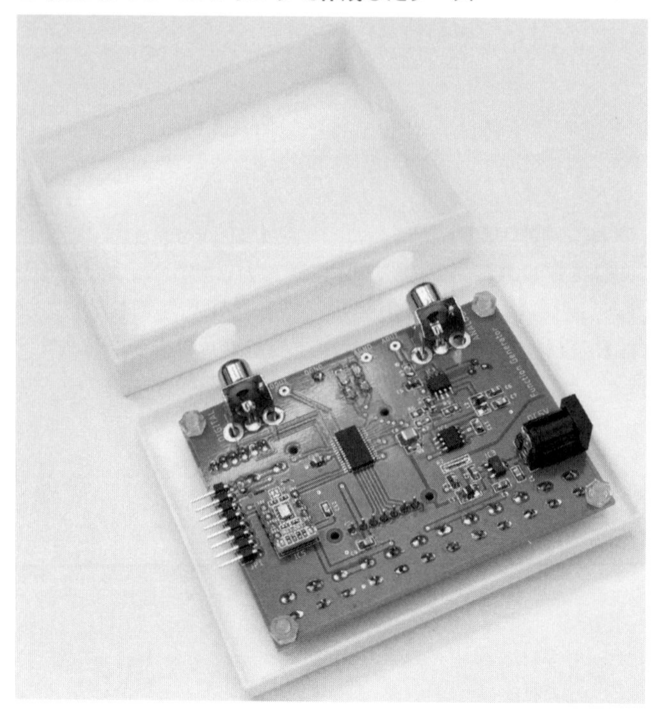

出力はRCAジャックに出るので、オーディオケーブルなどで接続します。

実際にオシロスコープで観測した波形が図7-3-17となります。20kHz、40kHzではやや波形が遅れて立ち上がるような波形となっていますが、10kHz以下ではきれいな正弦波となっています。

●図7-3-17　出力波形例

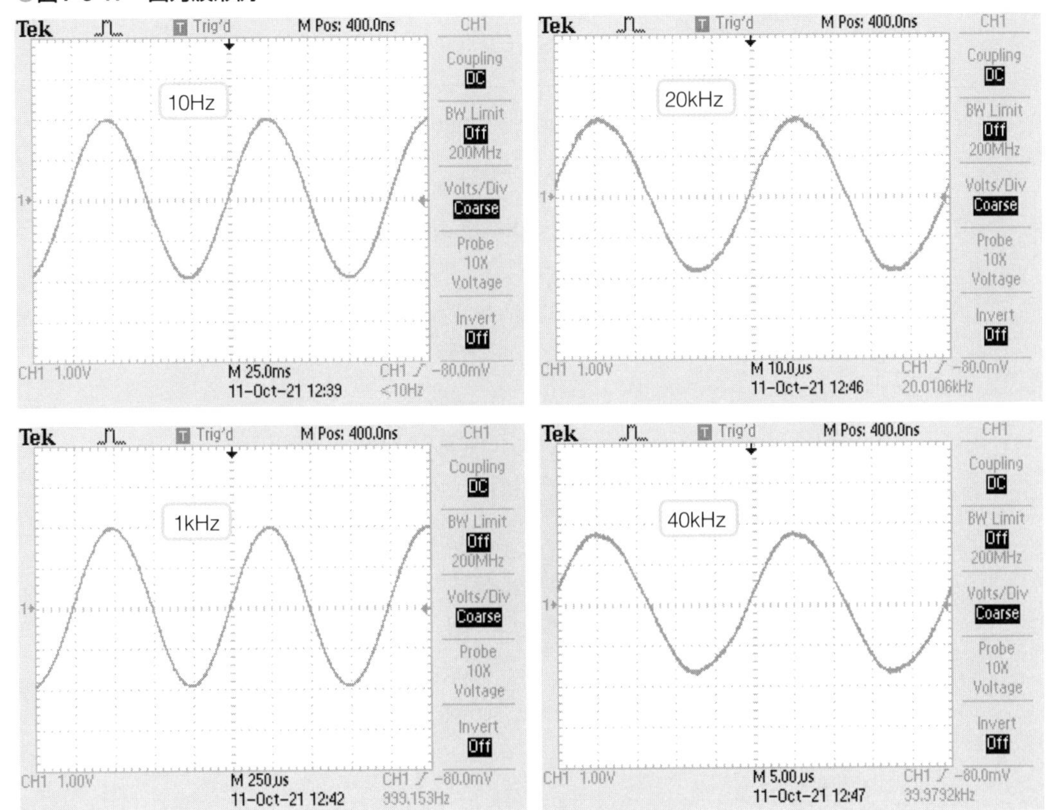

7-4 バッテリ充放電マネージャの製作

他の製作例でリチウム電池を使うことが多くなったので、充放電をしっかり観測しながらできるバッテリ充放電マネージャを製作しました。完成した外観は写真7-4-1のようなものです。グラフィック液晶表示器のグラフ表示で充放電の様子が確認できるので、確実に充電できたかどうかがわかりますし、電池の寿命も確認できます。

●写真7-4-1 バッテリ充放電マネージャの外観

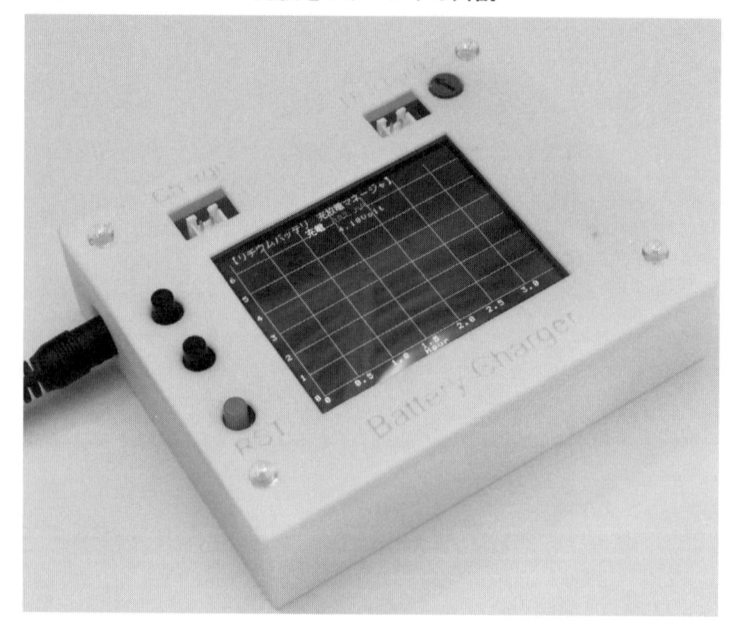

7-4-1 バッテリ充放電マネージャの全体構成と仕様

製作したバッテリ充放電マネージャの全体構成は図7-4-1のようにしました。全体の制御は28ピンのPIC18F27Q43を使っています。QVGAサイズ*のフルカラーグラフィック液晶表示器を使って、充電と放電の電圧と電流のグラフ表示をしています。

340×240ドットの表示サイズ。

充電は安全を見込んで専用のリチウム充電用ICにMOSFETトランジスタを組み合わせて構成しました。このICから充電電流を取り出すことができるので便利に使えます。

放電は、オペアンプとダーリントントランジスタ*で定電流回路を構成し、可変抵抗で放電電流を可変できるようにしています。また放電電圧を監視して3V以下になったら強制的に放電を停止させるようにしています。

この2つのトランジスタは発熱するので、プリントパターンを広い面積にして基板で放熱できるようにしています。電源は液晶表示器が3.3Vですので、充電制御IC以外はレギュレータで生成した3.3Vとしています。

*トランジスタ内部で2段のトランジスタ構成として電流増幅率が非常に大きくなるようにした構成のトランジスタ。少ないベース電流で大きなコレクタ電流を制御できる。

●図7-4-1 充放電マネージャの全体構成

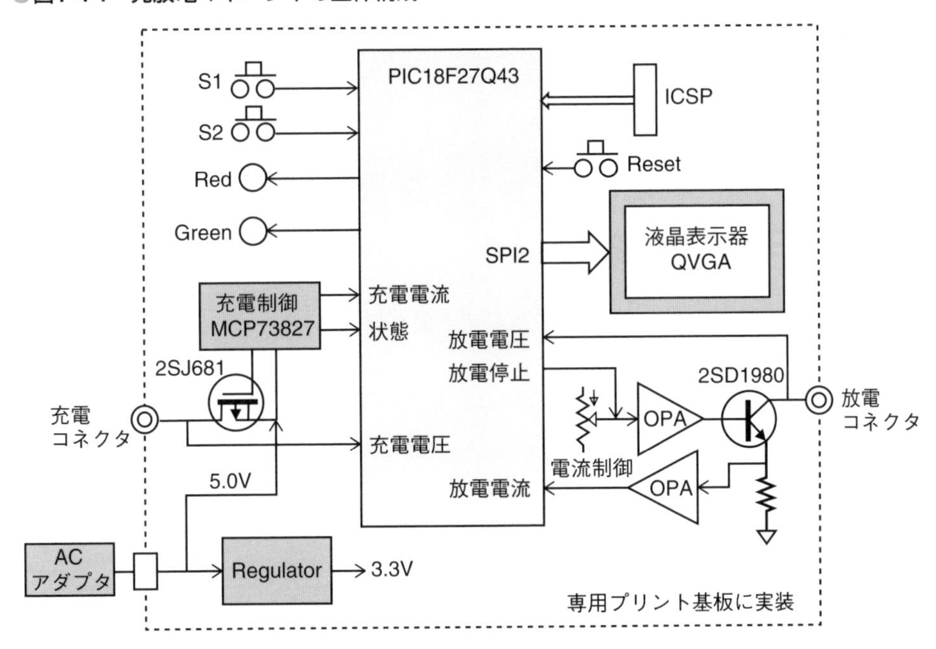

このバッテリ充放電マネージャの仕様は、表7-4-1のようにしました。

放電電流は最大500mAまで可能ですが、連続動作では放熱の限界で300mAを上限としました。短時間であれば500mAも可能です。グラフは40秒で1ドットを表示します。表示器の横が320ドットですから、320×40＝12800秒＝3.5時間の表示となります。

▼表7-4-1　バッテリ充放電マネージャの仕様

項　目	仕　様	備　考
電源	DC5V 2AのACアダプタ レギュレータで3.3Vを生成	
充電	プリチャージで正常なら充電開始 最大500mAまで徐々に電流増加して充電 4.2Vで定電圧充電に移行　徐々に電流減少	ICから 状態のモニタ出力 電流のモニタ出力
放電	可変抵抗で設定した電流で定電流放電 最大放電電流は300mA 電圧が3V以下になったら放電終了	設定は手動
表示	QVGAサイズのフルカラーグラフィック 液晶表示器にグラフと数値で表示 ・充電電流、電圧　・放電電流、電圧	数値表示は1秒間隔 グラフ表示は40秒間隔 3.5時間分を表示
操作表示	リセットスイッチで初期化 赤LEDで充電中表示 S1でグラフ再表示	
ケース	透明ポリカーボ　または 3Dプリンタで作成した専用ケース	

7-4-2 使用部品詳細

ここで新たに使った部品は液晶表示器とリチウムバッテリ充電ICですので、その仕様を説明します。

まず液晶表示器の仕様は図7-4-2のようになっています。

●図7-4-2　液晶表示器の仕様

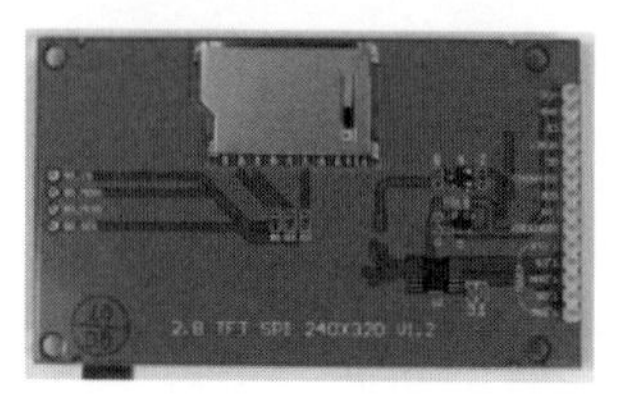

型番：MSP2807
電源：DC3.3V～5V（約90mA）
　　バックライト80mA　白色
LCDサイズ：2.8インチ TFT
　　静電方式タッチパネル付き
ドライバIC：ILI9341
表示サイズ：320×240 RGB
表示色　　：16ビットカラー（RGB565）
外部接続IF：4線 SPI
ロジックI/F：3.3V TTL
SDカード　：標準SDカードソケット付

No	信号名	機能
1	SD_CS	SD用APIチップ選択
2	SD_MOSI	SPI入力
3	SD_MISO	SPI出力
4	SD_SCX	SD有無

No	信号名	機能
1	Vcc	電源
2	GND	グランド
3	CS	SPIチップ選択
4	RESET	ハードリセット
5	DC/RS	データコマンド区別
6	SDI	SPI入力
7	SCK	SPIクロック
8	LED	バックライト制御
9	SDO	SPI出力
10	T_CLK	タッチ用SPIクロック
11	T_CS	タッチ用SPIチップ選択
12	T_DIN	タッチ用SPI入力
13	T_DO	タッチ用SPI出力
14	T_IRQ	タッチ用割り込み

詳細情報は下記サイト
http://www.lcdwiki.com/2.8inch_SPI_Module_ILI9341_SKU:MSP2807

（写真出典：秋月電子通商）

フルカラーグラフィックで320×240ドットのQVGAサイズのタッチパネル付き*です。基板には標準サイズのSDカードソケット*も実装されています。本書では液晶表示器のみを使っています。Arduinoなどによく使われている表示器ですので、プログラム例はインターネットから取得することもできます。電源は3.3Vで標準のSPIインターフェースで接続できるので、ハードウェアの設計は簡単です。

本書では未使用。

本書では未使用。

次にリチウムバッテリ充電用ICの仕様で図7-4-3となっています。充電に関する制御をすべて安全に実行してくれるので、使いやすいICです。

充電する最大電流は抵抗で設定でき、図の下側のようにR1の抵抗で決めることができます。最大電流は外付けのトランジスタの性能と放熱能力で決まります。さらに充電中の電流を26倍してアナログ電圧でモニタ信号として出力してくれるので、これをマイコンのADコンバータで読み取れば、リアルタイムで充電電流を知ることができます。

●図7-4-3　リチウムバッテリ充電ICの仕様

SHDN 1 / GND 2 / MODE 3 / IMON 4 — MCP73827 — 8 VIN / 7 VSNS / 6 VDRV / 5 VBAT

型番　　　　：MCP73827-4.2
電池　　　　：単セルリチウムイオン電池
入力電圧　　：4.5V～5.5V
最大充電電流：外部トランジスタ依存
ゲート駆動　：最大1mA 最小1.6V
設定電圧　　：4.2V±1%
充電電流　　：プログラマブル
プリチャージ：不良自動検出
充電状態　　：LED出力あり
電流モニタ　：外部出力あり 26倍で出力
入力モニタ　：入力なしで自動停止
パッケージ　：8ピンMSOP

No	信号名	機能
1	SHDN	Lowで強制停止
2	GND	グランド
3	MODE	状態出力
4	IMON	電流モニタ出力
5	VBAT	電流電圧モニタ出力
6	VDRV	外部MOSFET駆動出力
7	VSNS	電流検出
8	VIN	入力電源

参考回路

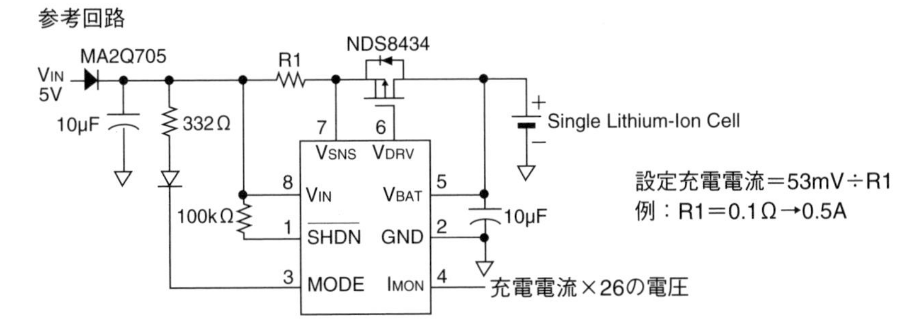

（出典：MCP73827データシートより）

この充電ICの充電プロファイルは図7-4-4のようになっています。まずバッテリを接続するとプリチャージを開始し、2.4Vまで充電電圧が上昇したら正常な電池と認識して充電を開始します。充電開始すると充電電圧をモニタしながら、徐々に充電電流を増やしていきます。このときの最大電流値は図

7-4-3の参考回路のR1の抵抗で決定され、100mΩの場合、開始電流が500mAで最大電流が730mAとなります。電圧が4.2Vまで上昇したら、今度は電圧を一定に保ちながら充電電流を制御して徐々に減らしていき、そのまま継続します。したがって、マイコンではこの充電電流を監視して、一定電流以下*になったら充電終了とみなして終わらせることになります。

データシートではピーク電流の10%以下になった時点で終了としている。

●図7-4-4　充電ICの充電プロファイル

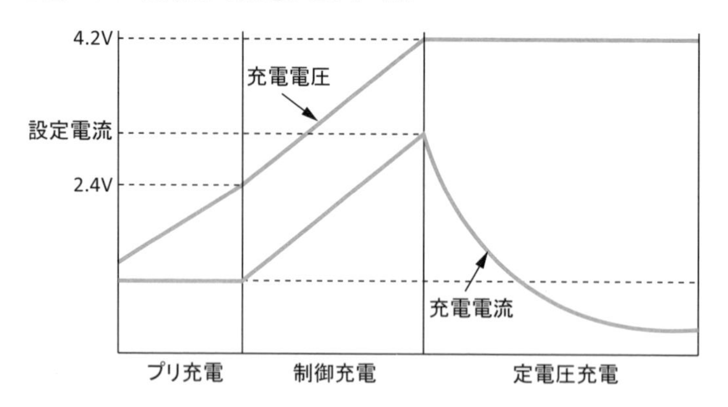

7-4-3 ハードウェアの製作

最初に回路設計を進めます。全体構成をもとにした回路図が図7-4-5です。

電源はDC5VのACアダプタから供給することにし、これを直接充電制御ICの入力電源としています。またそれ以外はレギュレータで生成した3.3Vを電源としています。

充電制御ICの回路はデータシートの回路と全く同じとなっていて、設定電流はR1の0.1Ωの抵抗で0.5Aとしています。電流モニタ出力をそのままマイコンのアナログ入力(RA2)に接続し、バッテリの電圧は抵抗で分圧してアナログ入力(RA0)としています。状態信号はデジタル入力(RA1)に接続しています。これが充電部の回路となります。

次に放電部はオペアンプ(IC4A)とダーリントントランジスタ(Q2)で構成した定電流回路としています。R10の電圧をフィードバックして電流を決めますが、電圧が小さい*のでオペアンプ(IC4B)で16倍しています。この出力をフィードバック用として、CURRENTの可変抵抗の電圧*と比較することで電流を制御しています。またこれをマイコンのアナログ入力(RA5)に接続して放電電流のモニタとしています。放電中のバッテリ電圧は、抵抗で分圧してアナログ入力(RA3)に接続しています。この電圧をマイコンでモニタして、3.0VになったらRA4のデジタル出力をLowにして放電電流をゼロとすることで放電終了としています。

R10は0.1Ωなので1Aでも0.1Vしかない。16倍することで、0.5Aのとき0.8Vとなる。

CURRENTの可変抵抗の電圧は、3.3V×10÷43＝0.77が最大値。これで約0.5Aが最大電流となる。

液晶表示器は4線式SPIの信号以外に、リセット（RESET）と、データとコマンドの区別信号（DC）が必要ですので、ポートBにまとめて接続しました。

●図7-4-5　バッテリ充放電マネージャの回路図

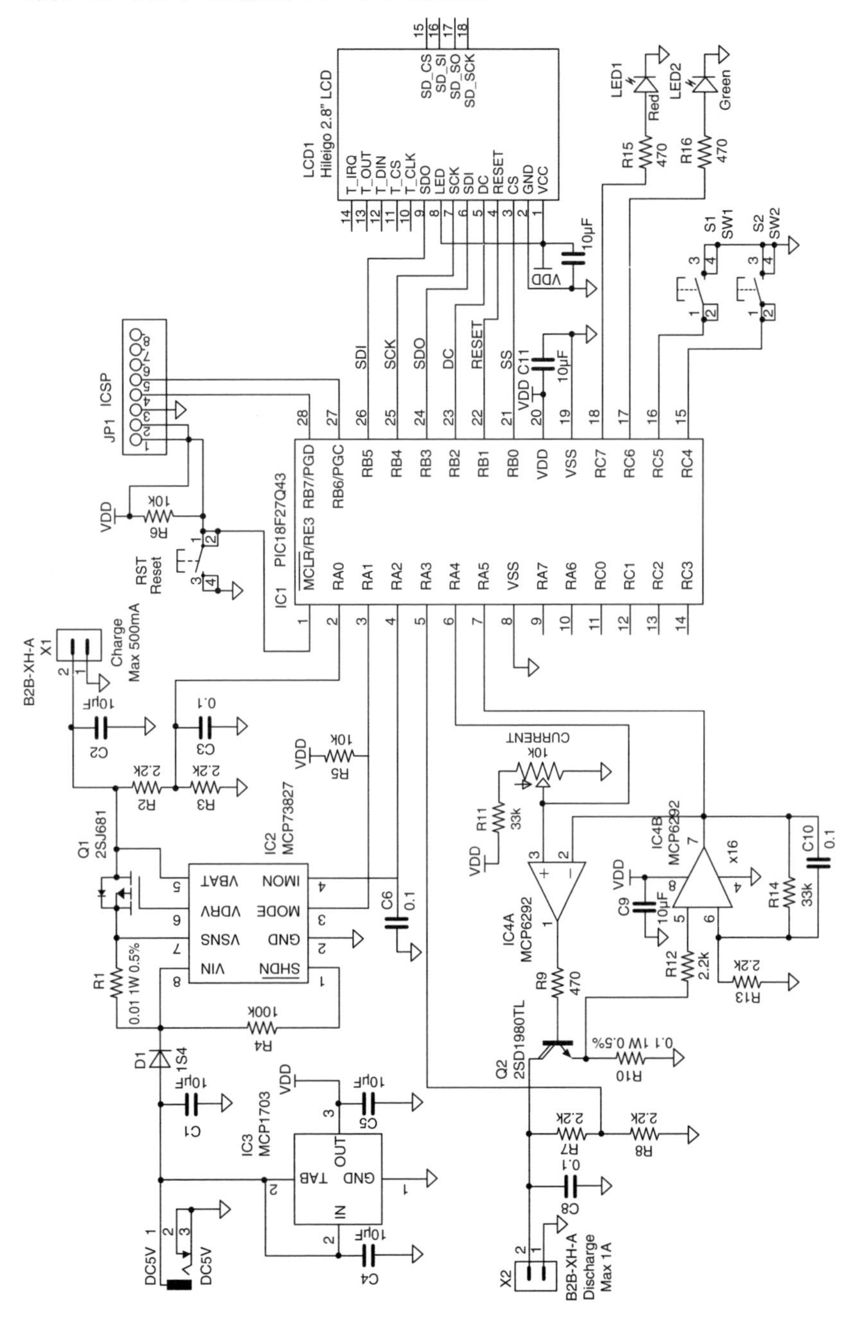

この回路の組み立てに必要な部品は表7-4-2となります。スイッチの背の高さなど、ケースに実装したときのケース面からの出っ張りを意識した部品選択が必要です。

▼表7-4-2　部品表

型　番	種　別	型番、メーカ	数量	入手先
IC1	マイコン	PIC18F27Q43-I/SS	1	マイクロチップ
IC2	充電制御	MCP73827-4.2VUA	1	
IC3	レギュレータ	MCP1703A-3302-E/MB	1	
IC4	オペアンプ	MCP6292-E/SN	1	
LCD1	LCD	MSP2807	1	秋月電子通商
D1	ダイオード	1S4	1	
Q1	MOSFET	2SJ681	1	
Q2	トランジスタ	2SD1980TL	1	
LED1	LED	チップLED　2012サイズ　赤）	1	
LED2	LED	チップLED　2012サイズ　緑	1	
S1、S2、RST	タクトスイッチ	TVDP01-G73BB　赤または黒	3	
VR1	可変抵抗	3386K-EY5-103TR	1	
R1、R10	チップ精密抵抗	0.1Ω 1W　0.5%	2	
R2、R3、R7、R8、R12、R13	チップ抵抗	2.2kΩ　チップ抵抗　2012サイズ	6	マルツエレック
R4	チップ抵抗	100kΩ　チップ抵抗　2012サイズ	1	
R5、R6	チップ抵抗	10kΩ　チップ抵抗　2012サイズ	2	
R9、R15、R16	チップ抵抗	470Ω　チップ抵抗　2012サイズ	3	
R11、R14	チップ抵抗	33kΩ　チップ抵抗　2012サイズ	2	
C1、C2、C4、C5、C7、C9、C11	チップコンデンサ	10μF 16/25V　2012サイズ	7	秋月電子通商
C3、C6、C8、C10	チップコンデンサ	0.1μF　2012サイズ	4	
JP1	ヘッダピン	L型2.5ピッチ　8ピン	1	
DC5V	DCジャック	2.1mm　標準ジャック　MJ-179PH	1	
X1、X2	コネクタ	B2B-XH-A	2	
		XHP-2　ハウジング　バッテリ用	2	
		SXH-001T-P0.6　（10個入り）	1	
基板		専用プリント基板	1	
ケース	ケース 固定部品	3Dプリンタ作成専用ケース	1	秋月電子通商
		カラースペーサ　9mm	4	
		M3 × 15mm　ボルトナット	4	

部品がそろったところで組み立てを始めます。専用プリント基板へのはんだ付けが大部分です。この組み立て手順は図7-4-6の実装図に従って次の順番で進めます。

●図7-4-6　バッテリ充放電マネージャの実装図

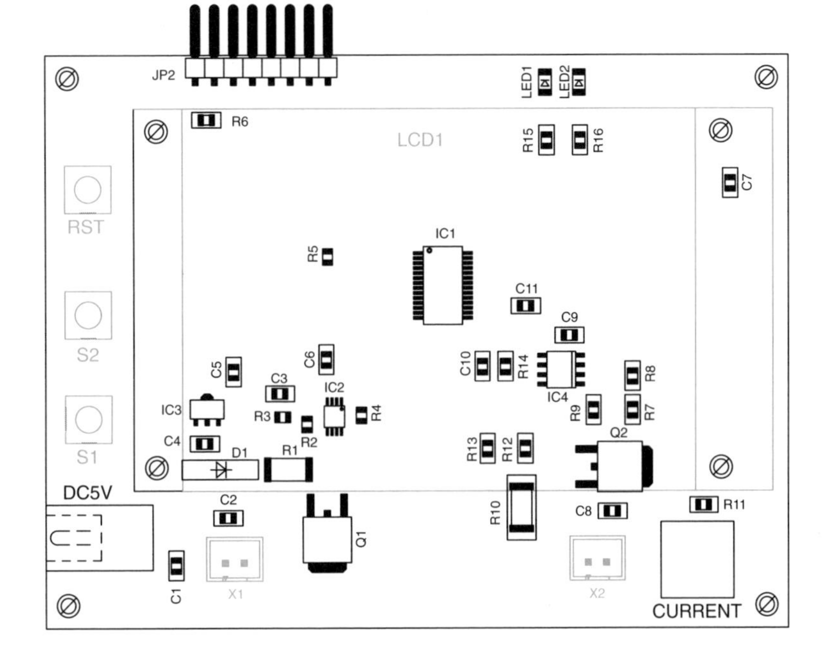

❶ ICのはんだ付け

表面実装のICですから、最初は1ピンだけはんだ付けし、ルーペを使って正確に位置合わせをします。そして残りのピンを十分のはんだではんだ付けします。ピン間に盛り上がる程度でも問題ありません。そのあと、はんだ吸い取り線で余分なはんだを吸い取ります。吸い取り線には十分なフラックスが含まれているので、ピン間のはんだもきれいに吸い取ってくれます。これでICのはんだ付けは問題なくできます。

❷ チップ部品のはんだ付け

コンデンサや抵抗、LEDのチップ部品をはんだ付けします。

❸ 残りの部品のはんだ付け

表側に実装するのと裏側に実装するものとがあるので、間違えないようにします。液晶表示器は最後に実装します。直接はんだ付けしてしまうため、取り外しが難しくなるので注意して実装してください。スイッチはカバーのついた高さの高いタイプですので、こちらも斜めにならないように注意して固定して下さい。

こうして完成した基板の外観が写真7-4-2、写真7-4-3となります。

●**写真7-4-2　完成した基板裏側**

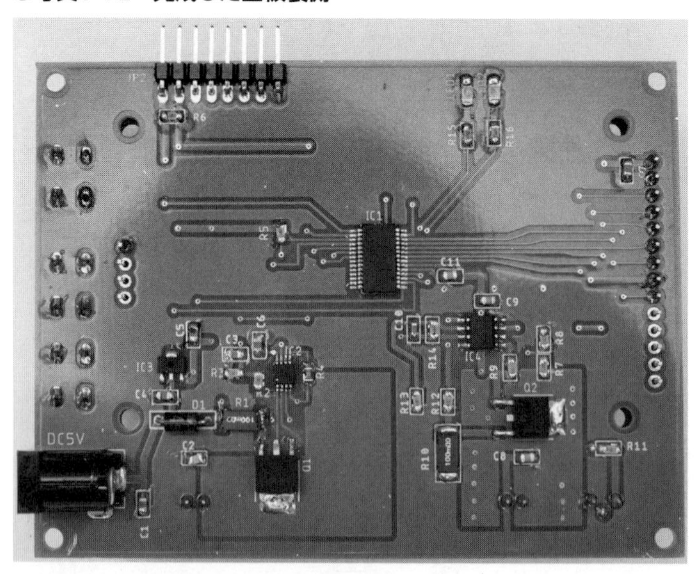

●**写真7-4-3　完成した基板の表側**

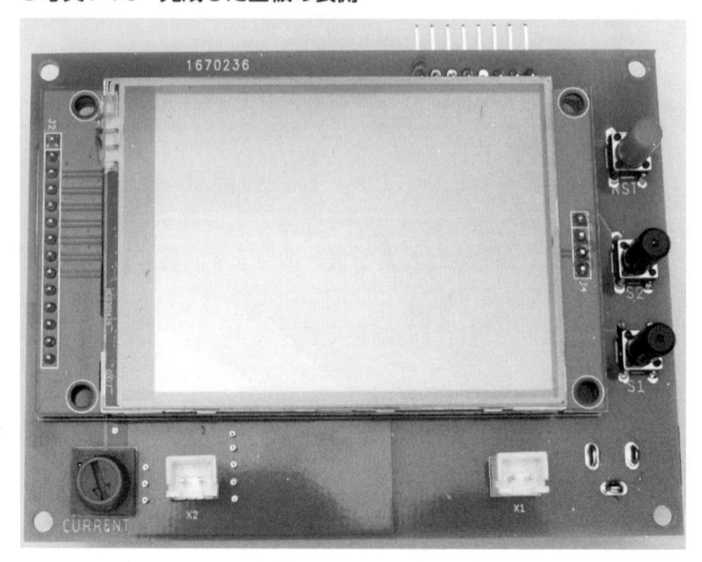

7-4-4 プログラムの製作

ハードウェアが完成したら次はプログラムの製作です。この製作例の内蔵モジュールとライブラリの構成は図7-4-7のようにしました。内蔵モジュールは多くを使っていないので簡単な構成です。

充電回路と放電回路はGPIOで充電状態を入力し、放電回路の停止をGPIOの出力で制御しています。また電圧と電流は、タイマ1の1秒周期によりADコンバータで入力して液晶表示器へ表示しています。

液晶表示器はSPI2モジュールをモード0の2MHzで制御しています。この液晶表示器はライブラリとフォントで制御しています。

●図7-4-7　プログラムの内部構成

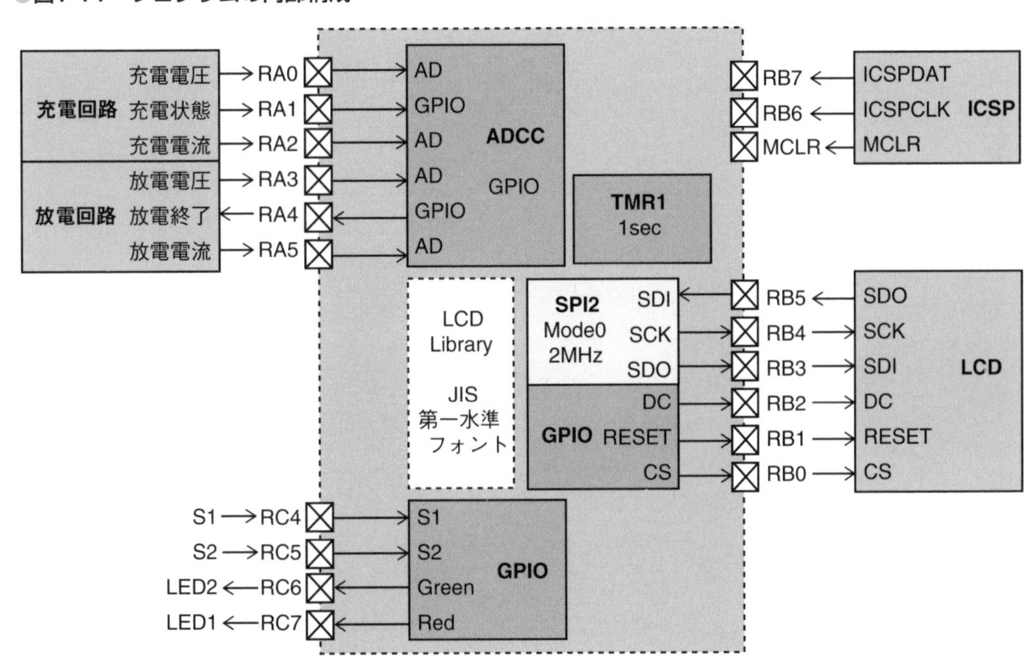

1 MCCの設定

❶ プロジェクトの作成、クロックとコンフィギュレーション

最初にプロジェクトを作成します。プロジェクト名を「Charger1」とします。プロジェクトの生成が完了したら、MCCを起動します。

MCCが起動したら、クロックとコンフィギュレーションの設定ですが、クロックは内蔵発振器の64MHzとし、コンフィギュレーションはデフォルトのままとします。設定方法は6-2節と同じなので省略します。

❷ ADC

次にADコンバータの設定で、図7-4-8のように基本的な使い方で設定します。安定に変換できるよう、アクイジションタイマ*の時間をちょっと長めにしました。

* アナログ信号でA/Dコンバータ内部のサンプルホールド用キャパシタを充電するための時間。この時間を待たずにA/D変換をスタートすると、充電の途中の電圧で変換してしまい、実際より小さい値となってしまう。

●図7-4-8　ADCモジュールの設定

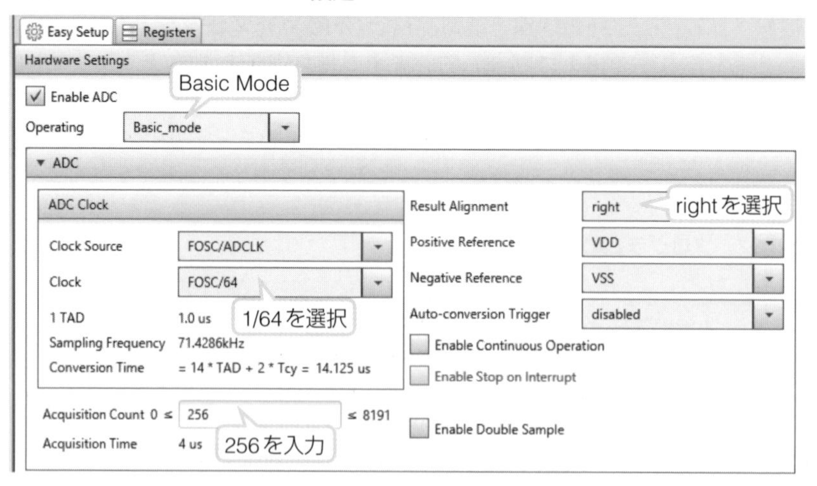

❸ SPI2

次は液晶表示器用のSPI2モジュールの設定で、図7-4-9のようにモード0で2MHzの速度としています。

●図7-4-9　SPI2モジュールの設定

Easy Setup
Registers
Software Settings
Interrupt Driven:
Hardware Settings
Mode: Master
SPI Mode: SPI Mode 0
Mode0を選択
Input Data Sampled At: Middle
Clock Source Selection: FOSC
Clock Divider: 0 ≤ 15 ≤ 255
Actual Clock Frequency(Hz): 2000000.000
15を入力して2MHzとする

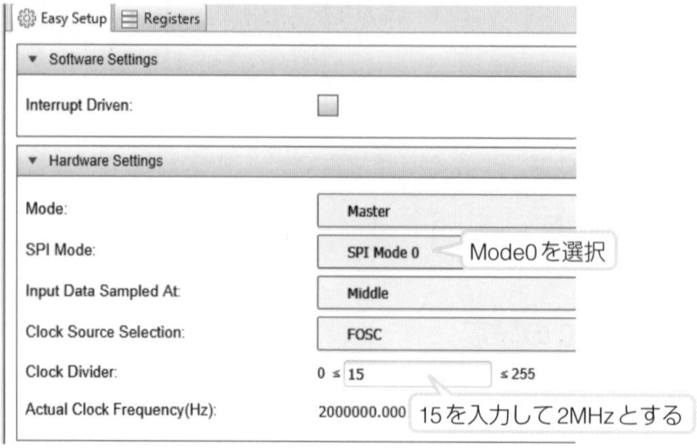

❹ タイマ

次がTMR1の設定で、図7-4-10のように1秒という長いタイマなのでクロックにLFINTOSCを選択しています。そして割り込みにチェックを入れて毎回割り込みとしています。

●図7-4-10　TMR1モジュールの設定

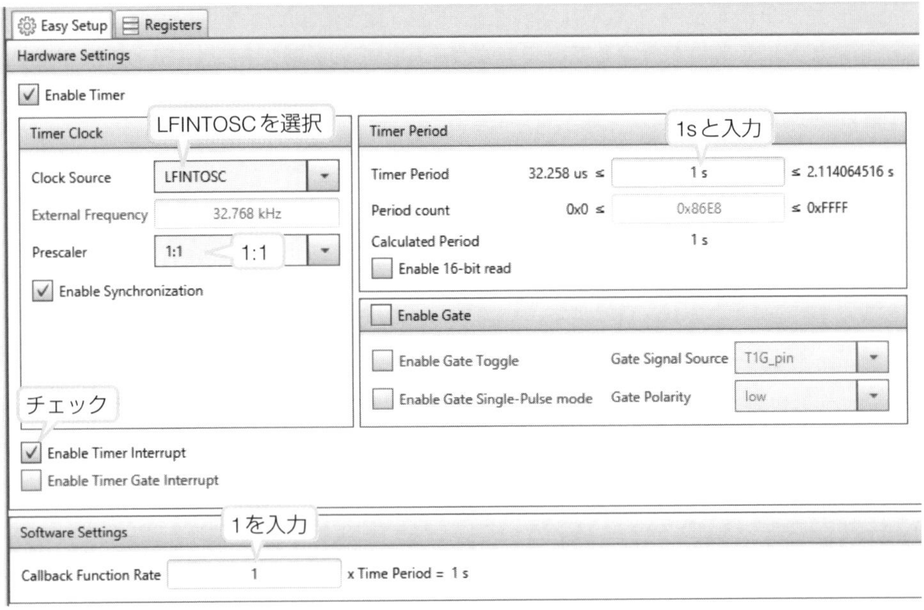

Easy Setup　Registers
Hardware Settings
Enable Timer
Timer Clock　LFINTOSCを選択
Clock Source　LFINTOSC
External Frequency　32.768 kHz
Prescaler　1:1　1:1
Enable Synchronization
Timer Period　1sと入力
Timer Period　32.258 us ≤　1 s　≤ 2.114064516 s
Period count　0x0 ≤　0x86E8　≤ 0xFFFF
Calculated Period　1 s
Enable 16-bit read
Enable Gate
Enable Gate Toggle　Gate Signal Source　T1G_pin
Enable Gate Single-Pulse mode　Gate Polarity　low
チェック
Enable Timer Interrupt
Enable Timer Gate Interrupt
Software Settings　1を入力
Callback Function Rate　1　x Time Period = 1 s

以上で周辺モジュールの設定は終了です。

❺ 入出力ピン

次は入出力ピンの設定で図7-4-11のようにします。

●図7-4-11　入出力ピンの設定

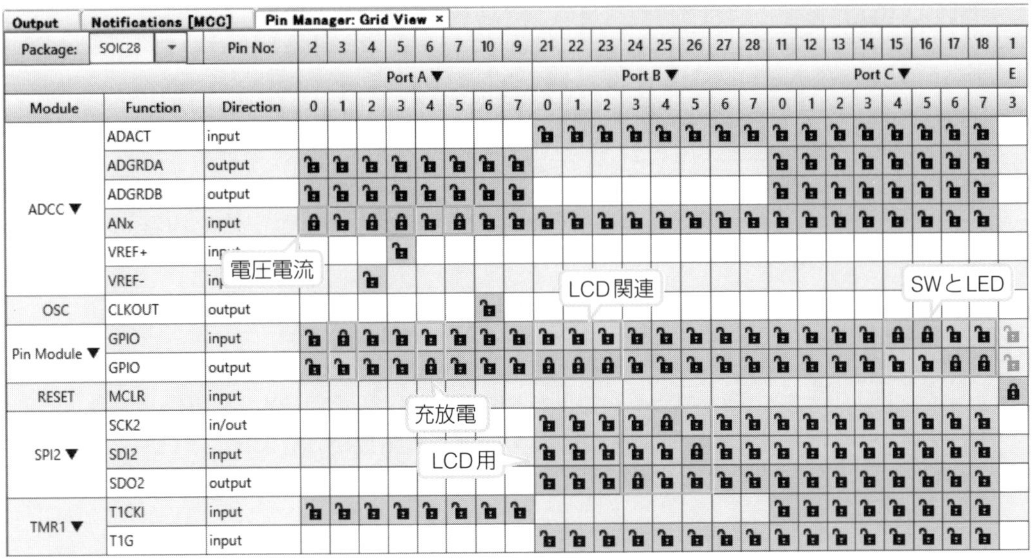

Output　Notifications [MCC]　Pin Manager: Grid View ×
Package: SOIC28　Pin No: 2 3 4 5 6 7 10 9 21 22 23 24 25 26 27 28 11 12 13 14 15 16 17 18 1
Port A ▼ 0 1 2 3 4 5 6 7　Port B ▼ 0 1 2 3 4 5 6 7　Port C ▼ 0 1 2 3 4 5 6 7　E 3

Module	Function	Direction
ADCC ▼	ADACT	input
	ADGRDA	output
	ADGRDB	output
	ANx	input
	VREF+	input
	VREF-	input
OSC	CLKOUT	output
Pin Module ▼	GPIO	input
	GPIO	output
RESET	MCLR	input
SPI2 ▼	SCK2	in/out
	SDI2	input
	SDO2	output
TMR1 ▼	T1CKI	input
	T1G	input

電圧電流
LCD関連
SWとLED
充放電
LCD用

続いてPin Moduleで名称を図7-4-12のように設定します。スイッチのプルアップにチェックを入れるのを忘れないようにしてください。アナログ入力ピンにも名称を設定して、プログラム中でこの名前で指定しています。

●図7-4-12　Pin Moduleの設定

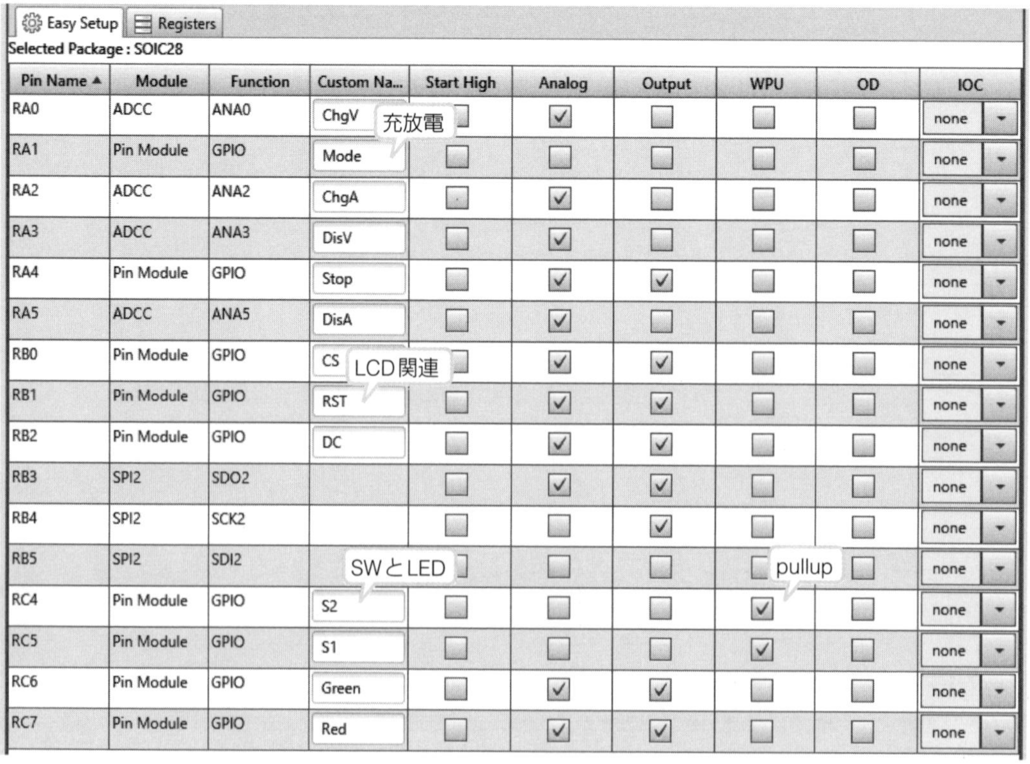

Easy Setup　Registers
Selected Package : SOIC28

Pin Name ▲	Module	Function	Custom Na...	Start High	Analog	Output	WPU	OD	IOC
RA0	ADCC	ANA0	ChgV	☐	☑	☐	☐	☐	none
RA1	Pin Module	GPIO	Mode	☐	☐	☐	☐	☐	none
RA2	ADCC	ANA2	ChgA	☐	☑	☐	☐	☐	none
RA3	ADCC	ANA3	DisV	☐	☑	☐	☐	☐	none
RA4	Pin Module	GPIO	Stop	☐	☑	☑	☐	☐	none
RA5	ADCC	ANA5	DisA	☐	☑	☐	☐	☐	none
RB0	Pin Module	GPIO	CS	☐	☑	☑	☐	☐	none
RB1	Pin Module	GPIO	RST	☐	☑	☑	☐	☐	none
RB2	Pin Module	GPIO	DC	☐	☑	☑	☐	☐	none
RB3	SPI2	SDO2		☐	☑	☑	☐	☐	none
RB4	SPI2	SCK2		☐	☐	☑	☐	☐	none
RB5	SPI2	SDI2		☐	☐	☐	☐	☐	none
RC4	Pin Module	GPIO	S2	☐	☐	☐	☑	☐	none
RC5	Pin Module	GPIO	S1	☐	☐	☐	☑	☐	none
RC6	Pin Module	GPIO	Green	☐	☑	☑	☐	☐	none
RC7	Pin Module	GPIO	Red	☐	☑	☑	☐	☐	none

以上でMCCの設定はすべて終了ですから、[Generate]してコードを生成します。

Generate後、液晶表示器とフォントのファイルをプロジェクトに追加します。次の3つのファイルを技術評論社のウェブサイトからダウンロードして追加します。

colorlcd28.h*　　colorlcd28.c　　font_level1_lib.h

液晶表示器の制御は、ここで追加した液晶表示器用のライブラリで行っています。ライブラリが提供する関数は、横表示の場合表7-4-3のようになります。

文字表示以外に直線と円を描画する関数があります。また文字も小さなANK*と大きなANK、さらにJIS漢字*を表示する関数を用意しています。

VerticalかHorizontalの定義で縦表示と横表示を切り替えできる。

英数字カナのこと。

本書ではJIS第一水準のみとなっている。

▼表7-4-3　液晶表示器用ライブラリの関数（横表示の場合）

関数名	機能と書式
lcd_Init	《機能》lcdの初期化、最初に1度だけ実行すればよい 《書式》void lcd_Init(void);
lcd_Clear	《機能》指定した色で全体を塗りつぶす 《書式》void lcd_Clear(uint16_t Color);　　//colorは背景色 色の選択肢：RED、GREEN、BLUE、CYAN、MAGENTA、YELLOW、BROWN、 ORANGE、PERPLE、COBALT、WHITE、PINC、LIGHT、BLACK
lcd_Pixel	《機能》指定したx,y位置に指定色のドットを表示 《書式》void lcd_Pixel(int16_t Xpos, int16_t Ypos, uint16_t Color); Xpos：X座標（0～319）　Ypos：Y座標（0～239）　Color：色
lcd_Line	《機能》（x0, y0）から（x1, y1）を結ぶ指定色の直線の描画 《書式》void lcd_Line(int16_t x0, int16_t y0, int16_t x1, int16_t y1, uint16_t Color); X0,y0：開始座標　x1,y1：終点座標　Color：色
lcd_Circle	《機能》（x0, y0）を中心とする半径rの指定色の円を描画する 《書式》void lcd_Circle(int16_t x0, int16_t y0, int16_t r, uint16_t color); x0,y0：中心座標　r：半径　Color：色
lcd_sChar	《機能》8x8ドットのANK文字表示を指定位置に指定色で表示（40文字×30行） 《書式》void lcd_sChar(uint16_t colum, uint16_t line, const uint8_t letter, uint16_t Color1, uint16_t Color2); colum　：0～39　line　：0～29　letter：ASCII文字コード Color1：文字色　Color2：背景色
lcd_sStr	《機能》8x8ドットのANK文字列を指定位置から指定色で表示する 《書式》void lcd_sStr(int16_t colum, int16_t line, const uint8_t *s, uint16_t Color1, uint16_t Color2); colum　：0～39　line　：0～29　*s：文字配列名 Color1：文字色　Color2：背景色
lcd_Char	《機能》12×12ドットのANK文字を指定位置に指定色で表示（26文字×17行） 《書式》void lcd_Char(uint16_t colum, uint16_t line,uint8_t letter, uint16_t Color1, uint16_t Color2) colum　：0～25　line　：0～16　letter：ASCII文字コード Color1：文字色　Color2：背景色
lcd_Str	《機能》12×12ドットのANK文字列を指定位置から指定色で表示する 《書式》void lcd_Str(int16_t colum, int16_t line, const uint8_t *s, uint16_t Color1, uint16_t Color2); colum　：0～25　line　：0～16　*s：文字配列名 Color1：文字色　Color2：背景色
KanjiCode	《機能》12×12ドットのJIS漢字を指定位置に指定色で表示 《書式》void KanjiCode(int16_t colum, int16_t line, int16_t upcode, int16_t lowcode, uint16_t Color1, uint16_t Color2); colum　：0～25　line　：0～16　upcode：漢字コード上位 lowcode：漢字コード下位　Color1：文字色　Color2：背景色
Kanji_Str	《機能》12×12ドットのJIS漢字の文字列を指定位置から指定色で表示 《書式》void Kanji_Str(int16_t colum, int16_t line, const uint8_t *Msg, uint16_t Color1, uint16_t Color2) colum　：0～25　line　：0～16　*Msg：漢字コード配列名 Color1：文字色　Color2：背景色

以上で準備は完了です。

2 main.cの編集

アプリケーションはメイン関数だけで作成しているので、メイン関数にコードを追加します。

この充放電マネージャのアプリケーションプログラムの構成は図7-4-13のようなフローとなっています。ほとんど1つの流れだけで構成されています。

開始後液晶表示器の初期化をし、タイトルや座標を表示して、タイマの割り込みを許可しています。

●図7-4-13　充放電マネージャの全体フロー

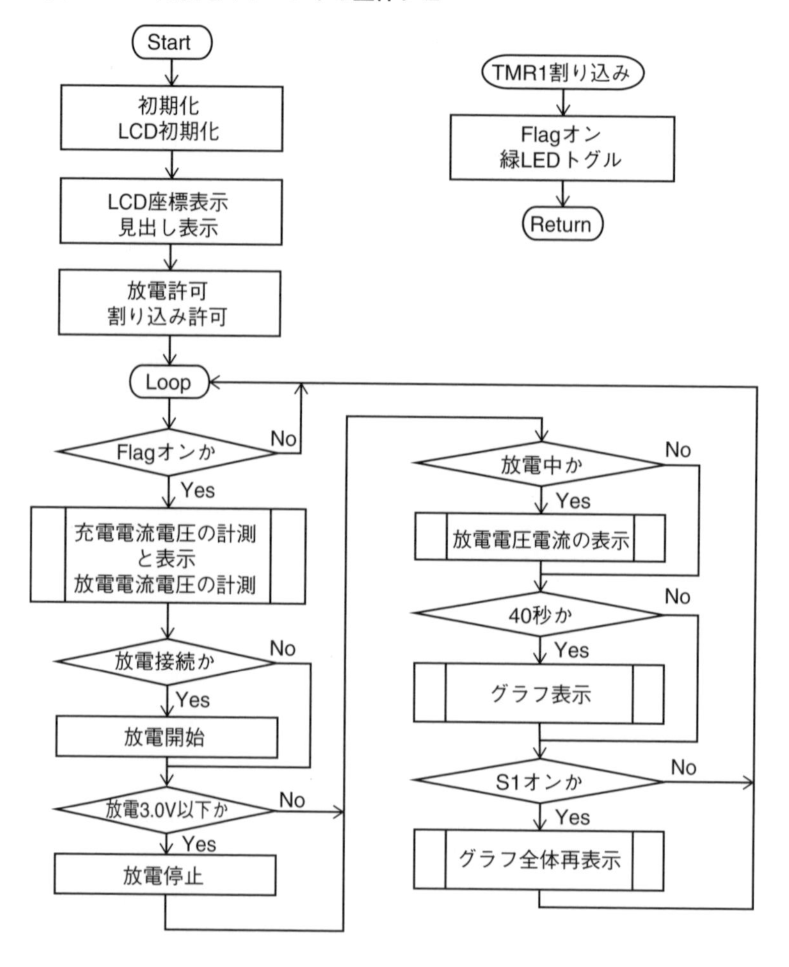

メインループでは、Flagがオンされる1秒間隔で全体を実行します。まず、充電の電流と電圧を測定し文字で表示します。次に放電の電圧と電流を計測し、放電電圧が1V以上であれば、放電コネクタに電池が接続されたと判断し

て放電を開始します。放電中に電圧が3.0V以下になったら放電を停止させます。放電中は電圧と電流を測定し文字で表示します。

40秒ごとに、保存されている測定データでグラフを描画します。またS1スイッチが押されたら、グラフ全体を再描画します。放電のグラフは放電中のみ描画するようにしています。

❶ 宣言部と割り込み処理

プログラムの詳細を説明します。メイン関数の宣言部と割り込み処理部からで、リスト7-4-1となります。最初は、かな漢字のタイトルや表示用の文字列の定義です。変数には計測データを保存する配列を500個ずつ用意しています。これをグラフ表示に使います。TMR1の1秒割り込みの処理ではフラグをセットしているだけです。このフラグをメインループでチェックしています。

リスト 7-4-1　宣言部と割り込み処理の詳細

```
/****************************************************
 *  リチウムポリマ充放電マネージャ
 *  1秒間隔で計測値表示
 *  40秒間隔でグラフ表示    3.0Vで放電停止
 *  PIC18F27Q43 + MCP73827 + MCP6292(OPA)
****************************************************/
#include "mcc_generated_files/mcc.h"
#include "colorlcd28.h"
#include <string.h>
// グローバル変数、定数定義
const uint8_t Title[] = {0x81,0x79,0x83,0x8A,0x83,0x60,0x83,0x45,0x83,0x80,      ← タイトル定義
    0x83,0x6F,0x83,0x62,0x83,0x65,0x83,0x8A,0x81,0x40,0x8F,0x5B,0x95,0xFA,0x93,0x64,
    0x83,0x7D,0x83,0x6C,0x81,0x5B,0x83,0x57,0x83,0x83,0x81,0x7A,0x00,0x00};
uint8_t Msg1[10], Msg2[10];
uint8_t Msg3[] = "Start Charge";                                               ← 文字表示部
uint8_t Msg4[] = " 00.5   1.0  1.5   2.0  2.5   3.0";                          ← X座標目盛
uint8_t Msg5[] = "Hour";
uint8_t Msg6[] = {0x8F,0x5B,0x93,0x64,0x00,0x00};
uint8_t Msg7[] = {0x95,0xFA,0x93,0x64,0x00,0x00};
volatile uint8_t Flag;
uint16_t result, Interval, DisFlag;
int16_t i, Index;
double time, ChgCurrent, ChgVolt, DisCurrent, DisVoltage;
uint16_t Current[500], Volt[500], DisCur[500], DisVolt[500];                    ← 計測データ用変数と配列
/****************************************
 * Timer1 割り込み処理  1秒ごと
 ****************************************/
void T1_Proc(void){
    Green_Toggle();
    Flag = 1;                                                                  ← フラグセット
}
```

❷ 割り込み処理とメインの初期化

次がメインの初期化部でリスト7-4-2となります。初期化部では割り込みのCallback関数を定義したあとは液晶表示器を初期化してから、タイトルとグラフの座標を表示しています。次に放電停止出力ピンを入力ピンに変更してハイインピーダンス出力*にして放電が可能な状態としています。これで放電コネクタにバッテリが接続されれば放電を開始します。最後にタイマの割り込みを許可しています。

ハイインピーダンスとすることで出力相手に影響を与えないようにする。

リスト 7-4-2 割り込み処理とメインの初期化部

割り込みCallback定義

タイトル表示

グラフ座標表示

放電を許可

```
/******* メイン関数 ******************/
void main(void)
{
    SYSTEM_Initialize();
    // タイマ1割り込み処理関数定義
    TMR1_SetInterruptHandler(T1_Proc);
    // LCD初期化
    lcd_Init();                                          // LCD初期化
    lcd_Clear(BLACK);                                    // LCD全消去
    // 見出し表示
    Kanji_Str(1, 0, Title, GREEN, BLACK);
    // グラフ座標表示
    time = 0;
    for(i=0; i<7; i++){
        lcd_Line(10, i*33+18, 319, i*33+18, BLUE);   // 横軸
        lcd_sChar(0, 27-i*4, (uint8_t)(i+0x30), WHITE, BLACK);
    }
    for(i=0; i<7; i++){
        lcd_Line(i*45+10, 18, i*45+10, 231, BLUE);   // 縦軸
    }
    lcd_sStr(0, 28, Msg4, WHITE, BLACK);
    lcd_sStr(17, 29, Msg5, WHITE, BLACK);
    // 変数初期化
    Index = 0;
    Interval = 40;
    DisFlag = 0;                                         // 放電開始フラグ
    Stop_SetDigitalInput();                              // 放電強制停止開放
    // 割り込み許可
    INTERRUPT_GlobalInterruptEnable();
```

❸ メインループの前半部

続いてメインループの前半部でリスト7-4-3となります。最初に1秒フラグをチェックして全体を1秒ごとに実行するようにしています。最初は計測処理で充電の計測は、計測と文字表示を毎回実行しています。放電の計測も毎回実行しますが、文字表示は放電中にのみ実行しています。実数の計測値を文字列に変換する必要がありますが、XC8コンパイラのsprintf関数を使っています。

次に放電のチェックで、放電停止中に放電側の電圧が1Vを超えたら電池が接続されたということで放電を開始します。さらに放電中に電圧が3V以下になっ

たら放電停止出力ピンを出力モードにしてLowを出力することで、強制的に放電電流を0にして放電を停止させています。放電中の場合のみ放電の電圧と電流を文字列で表示しています。

続いて40秒ごとにグラフを表示します。ここでは配列のデータを順番に直線で描画しています。放電側は放電中のみの表示としています。配列内のデータが2個以上になってから表示するようにしています。

リスト 7-4-3　メインループ前半部の詳細

フラグチェックで1秒ごとに実行

文字表示は毎秒ごととする

放電は計測のみ

放電が終了したことを検知する

電池が接続されたことを検知する

放電中のみ文字表示

```
/******* メインループ  ************************/
while (1)
{
    if(Flag == 1){                                      // 1秒待ち
        Flag = 0;
        // 充電電流の測定
        result = ADCC_GetSingleConversion(ChgA);        // 電流計測
        ChgCurrent = 10000*(3.3*result)/(4095*26.0);    // 電流値に変換
        Current[Index] = (uint16_t)(ChgCurrent * 0.33); // グラフ用スケール変換保存
        Kanji_Str(9, 1, Msg6, WHITE,BLACK);             // 充電
        sprintf(Msg1, "%3.0f mA", ChgCurrent);          // 文字列に変換
        lcd_sStr(18, 2, Msg1, RED, BLACK);              // 電流表示
        // 充電電圧の測定
        result = ADCC_GetSingleConversion(ChgV);        // 電圧計測
        ChgVolt = (2 * 3.3 * result)/4095;              // 電圧値に変換
        Volt[Index] = (uint16_t)(ChgVolt * 33);         // グラフ用保存
        sprintf(Msg2, "%1.2fVolt", ChgVolt);            // 文字列に変換
        lcd_sStr(18, 4, Msg2, GREEN, BLACK);            // 電圧表示
        // 放電電流の測定
        result = ADCC_GetSingleConversion(DisA);        // 電流計測
        DisCurrent = 10000*(3.3*result)/(4095*16.0);    // 電流値に変換
        DisCur[Index] = (uint16_t)(DisCurrent * 0.33);  // グラフ用保存
        // 放電電圧の測定
        result = ADCC_GetSingleConversion(DisV);        // 電圧計測
        DisVoltage = (2 * 3.3 * result)/4095;           // 電圧値に変換
        DisVolt[Index] = (uint16_t)(DisVoltage * 33);   // グラフ用保存
        // 放電電圧によるチェック
        if((DisFlag) && (DisVoltage < 3.0)){            // 3.0V以下
            Stop_SetLow();                              // 出力Low
            Stop_SetDigitalOutput();                    // 放電強制停止
        }
        if((DisFlag == 0) && (DisVoltage > 1.0)){       // 放電接続あり
            DisFlag = 1;                                // 放電中フラグオン
            Stop_SetDigitalInput();                     // 強制停止解除
        }
        // 放電電圧電流値の表示
        if(DisFlag){                                    // 放電中の場合のみ表示
            Kanji_Str(18, 1, Msg7, WHITE,BLACK);        // 放電
            sprintf(Msg1, "%3.0f mA", DisCurrent);      // 文字列に変換
            lcd_sStr(31, 2, Msg1, YELLOW, BLACK);       // 電流表示
            sprintf(Msg2, "%1.2fVolt", DisVoltage);     // 文字列に変換
            lcd_sStr(31, 4, Msg2, CYAN, BLACK);         // 電圧表示
        }
        //***** グラフ描画 *****
        Interval--;                                     // 40秒ごと
```

40秒ごとにグラフ更新

放電グラフは放電中のみ表示

350個で終了

充電中赤LED点灯

```
        if(Interval == 0){
            Interval = 40;
            // グラフプロット
            if(Index > 1){
                lcd_Line(Index-1+10, (int16_t)Current[Index-1]+18, Index+10,
                    (上行より続く) (int16_t)Current[Index]+18, RED);
                lcd_Line(Index-1+10, (int16_t)Volt[Index-1]+18, Index+10,
                    (上行より続く) (int16_t)Volt[Index]+18, GREEN);
                if(DisFlag){                                    // 放電中の場合のみ表示
                    lcd_Line(Index-1+10, (int16_t)DisCur[Index-1]+18, Index+10,
                        (上行より続く) (int16_t)DisCur[Index]+18, YELLOW);
                    lcd_Line(Index-1+10, (int16_t)DisVolt[Index-1]+18, Index+10,
                        (上行より続く) (int16_t)DisVolt[Index]+18, CYAN);
                }
            }
            Index++;                                            // 次の座標へ
            if(Index > 319)                                     // 最大でリセット
                Index = 0;
        }
        // 充電ICのモード表示  赤LED
        if(Mode_GetValue() == 1)
            Red_SetHigh();
        else
            Red_SetLow();
    }
```

❹ メインループの後半部

次がメインループの後半部の詳細でリスト7-4-4となります。

3.5時間を超えるとグラフが最初の時のグラフと重なり見難くなるので、S1スイッチをオンとすることで全体を再表示します。また途中で座標が乱れたりした場合にも、S1を押すことで再描画できます。

以上でプログラムは完成です。

リスト 7-4-4 メインループ後半部でサブ関数部詳細

S1が押されたた場合

全体の再描画

```
        //*********** S1オンで再描画 **************
        if(S1_GetValue() == 0){
            lcd_Clear(BLACK);
            // 見出し表示
             Kanji_Str(1, 0, Title, GREEN, BLACK);
            // グラフ座標表示
            time = 0;
            for(i=0; i<7; i++){
                lcd_Line(10, i*33+18, 319, i*33+18, BLUE);              // 横軸
                lcd_sChar(0, 27-i*4, (uint8_t)(i+0x30), WHITE, BLACK);  // Y
            }
            for(i=0; i<7; i++){
                lcd_Line(i*45+10, 18, i*45+10, 231, BLUE);              // 縦軸
            }
            lcd_sStr(0, 28, Msg4, WHITE, BLACK);
            lcd_sStr(17, 29, Msg5, WHITE, BLACK);
            // グラフ全体再描画
            for(i=1; i<=Index; i++){
```

グラフの再描画

```
                    lcd_Line(i-1+10, (int16_t)Current[i-1]+18, i+10, (int16_t)Current[i]+18, RED);
                    lcd_Line(i-1+10, (int16_t)Volt[i-1]+18, i+10, (int16_t)Volt[i]+18, GREEN);
                    if(DisFlag){
                        lcd_Line(i-1+10, (int16_t)DisCur[i-1]+18, i+10,
                            (上行より続く) (int16_t)DisCur[i]+18, YELLOW);
                        lcd_Line(i-1+10, (int16_t)DisVolt[i-1]+18, i+10,
                            (上行より続く) (int16_t) DisVolt[i]+18, CYAN);
                    }
                }
            }
        }
    }
```


7-4-5　ケースへの組み込みと使い方

完成した基板をケースに組み込んで完成です。筆者は写真7-4-4のようなケースを3Dプリンタで作成しました。このようなケースではなく、透明な樹脂製のケースに組み込んでも良いと思います。

放電側のトランジスタにRaspberry Pi用の放熱器を張り付けて、放熱が良くできるようにしました。またケースにもスリットを設けて、空気が対流できるようにしています。

●写真7-4-4　ケースに組み込んだところ

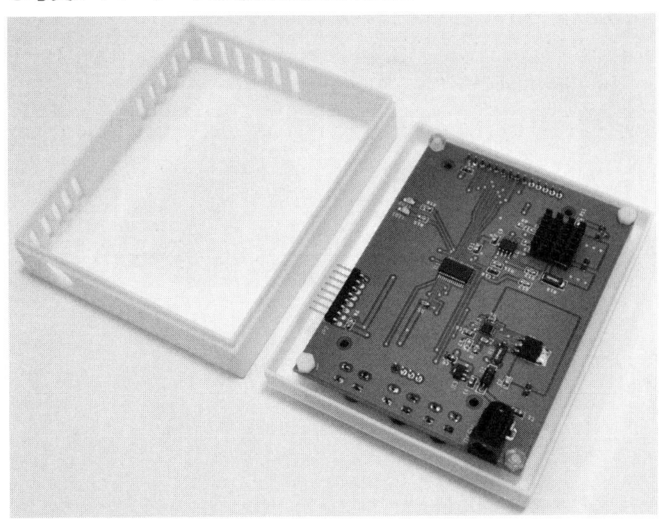

これで5V2A程度のACアダプタを接続すれば準備完了です。充電コネクタにリチウムバッテリを接続すれば、自動的に充電を開始します。また放電コネクタに接続すれば、こちらも自動的に放電を開始します。充電と放電は同時に動作可能です。

放熱の限界で、そのままでは300mAが最大放電電流になる。短時間であれば最大500mAまで可能。ラズパイ用の放熱器を追加して350mAまでは確認済。

放電の電流は可変抵抗で調整できますが、電流を多く*すると発熱も多くなりますから注意してください。放熱はパターンと基板で行う方法になっているので、基板が熱くなります。放電用ダーリントントランジスタに、放熱器を張り付ければ放熱が効率よくできますから、放電電流を増やすことができます。

トランジスタにラズパイ用の放熱器を張り付けた状態で動作させている。

実際に使ったときのグラフ例が写真7-4-5となります。試したバッテリは1100mAhの容量で、充電は平均550mAで1.5時間充電しているので、これだけで825mAh充電しています。そのあと緩やかに充電を継続しているので、十分な充電が実行されたことがわかります。放電は、350mA*で2.7時間継続しているので、945mAhを間違いなく放電しています。このように放電のグラフから電池の寿命も推測できます。

●写真7-4-5　使用したときの実際のグラフ例

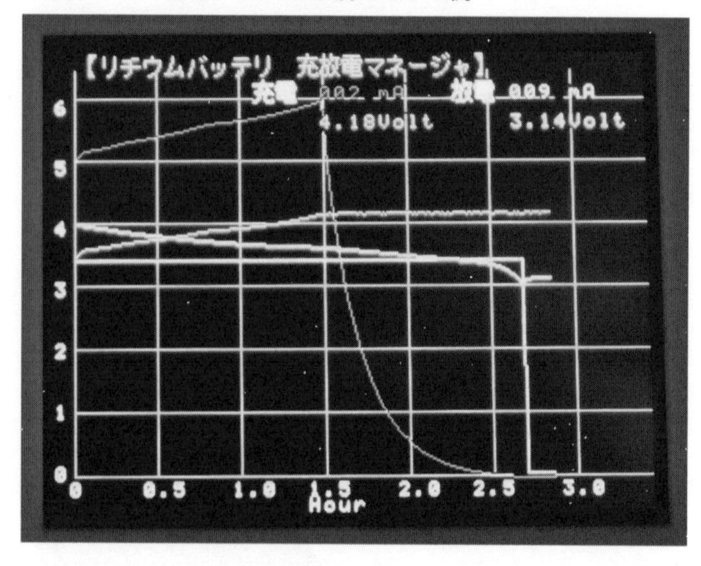

7-5 IoTターミナルの製作

本章では、室内環境を定期的に測定して、「Ambient*」というクラウドサービスに送信し、グラフを作成するIoTターミナルを製作します。室内環境としては温度、湿度、気圧、CO_2濃度を測定します。完成した外観が写真7-5-1となります。右側でケースから出ている部分がCO_2センサです。

*「アンビエントデーター株式会社」という日本の会社が運営するクラウドサービスで、データをグラフ化してくれるサービスを提供する。

●写真7-5-1　IoTターミナルの外観

7-5-1 IoTターミナルの全体構成と仕様

このIoTターミナルの全体構成は図7-5-1のようにしました。センサとしては複合センサBME280で温湿度と気圧を測定し、CO_2濃度はMH-Z19Cというセンサを使って測定します。測定結果はOLEDに常時表示し、5分ごとにAmbientというクラウドサービスにWi-Fi経由で送信します。Ambientでは送られてきたデータに時間を付与して自動的にグラフ化してくれます。できたグラフをインターネットに公開することもできます。

全体は28ピンのPIC18F27Q43で制御しています。電源は、CO_2センサに5Vが必要で、しかも最大120mAも消費しますし、Wi-Fiモジュールも3.3Vで最大200mA程度を消費しますので、6VのACアダプタから電源を供給し、大き目の3端子レギュレータで5Vと3.3Vを生成して動かすことにします。

●図7-5-1　IoTターミナルの全体構成

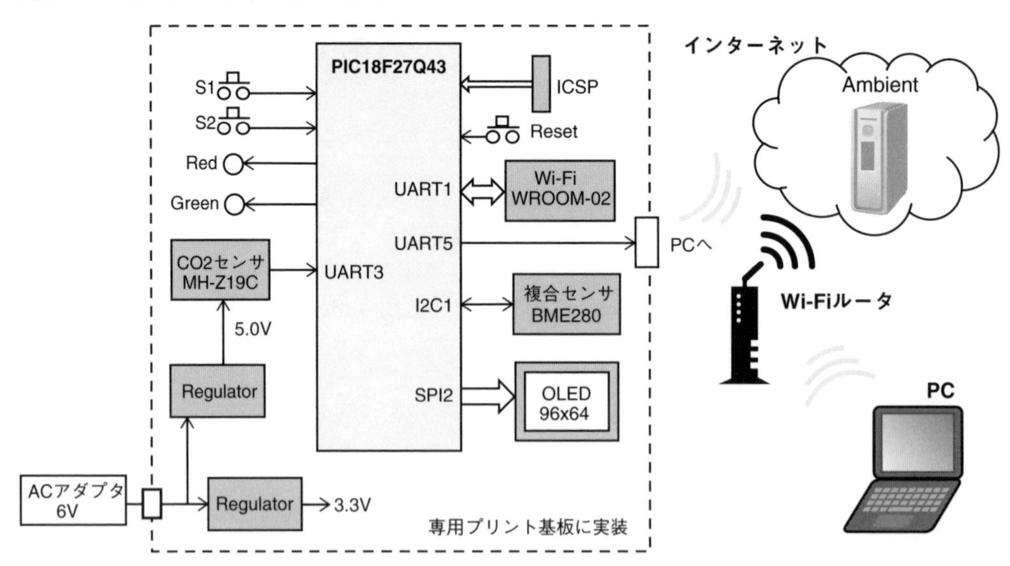

このIoTターミナルの仕様は表7-5-1のようにすることにします。

▼表7-5-1　IoTターミナルの仕様

項　目	仕　様	備　考
電源	DC6V 1.5AのACアダプタ レギュレータで3.3Vと5Vを生成	
測定項目	気圧　300～1100hPa 温度　－40～＋85℃ 湿度　0%～100%RH CO_2　400ppm～5000ppm	BME280 MH-Z19C
表示	フルカラー有機LED 96×64ドットRGB 3秒ごとに表示更新	12×12ドットANK表示
Wi-Fi	5分ごとにAmbientに送信 グラフ作成	最大6000データをグラフ化
操作	未使用	
ケース	透明ポリカーボ　または 3Dプリンタで作成した専用ケース	

7-5-2　使用部品詳細

本章で新たに使う部品はCO_2センサです。このセンサは図7-5-2のような仕様になっていて、CO_2濃度をppm単位で取得できます。マイコンとのインターフェースはUARTによるシリアル通信か、PWMによるパルス幅となっています。

●図7-5-2　CO_2センサの仕様

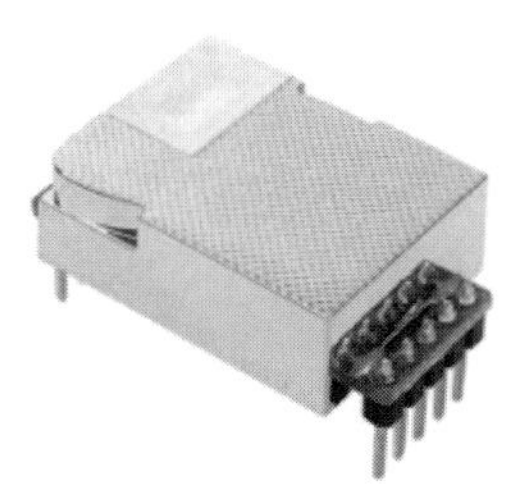

型番　：MH-Z19C
電源　：DC5V±0.1V
　　　　平均40mA Max120mA
検出範囲：400～5000ppm
　　　　分解能1ppm 精度±50ppm
応答時間：2分
出力I/F　：UART(3.3V TTLレベル)
　　　　9600bps データ8ビット
　　　　1ストップ パリティなし
出力I/F　：PWM 周期1004ms
　　　　デューティ202ms～1002ms
ゼロ調整：自動(室内)
寸法　：33×20×9mm

No	信号名	機能
1	HD	外部ゼロ調整
2	SR	----
3	TX	送信出力
4	RX	受信入力
5	Vo	---
6	VIN	電源 5V
7	GND	グランド
8	AOT	----
9	PWM	パルス出力

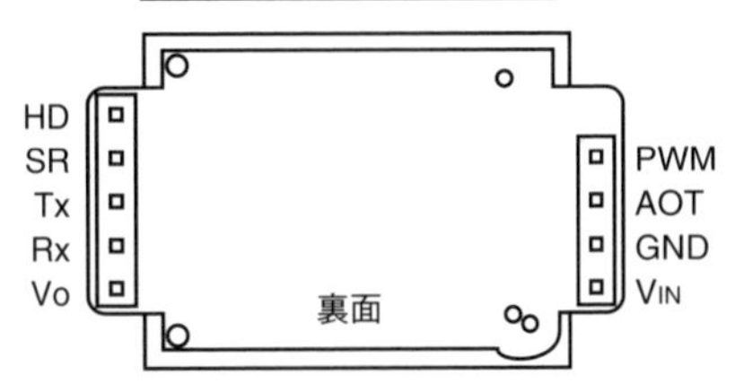

（図出典：MH-Z19Cデータシート、写真出典：秋月電子通商）

UARTのシリアル通信で制御する場合は、図7-5-3のような簡単なプロトコルで使います。0x86というコマンドを含めた8バイトを送ると、応答としてCO_2濃度の2バイトのデータを含んだ8バイトが返送されてきます。この2バイトから直接ppmの値を得ることができます。ただし電源オン後の数十秒の間は応答がないので、その対応*をする必要があります。

*受信の永久待ちにならないようにする必要がある。

●図7-5-3　CO_2センサのUARTプロトコル

(a)コマンド

0xFF	0x01	0x86	0x00	0x00	0x00	0x00	0x79

(b)応答

0xFF	0x86	High	Low	…	…	…	Sum

濃度＝High×256＋Low(ppm)

7-5-3 ハードウェアの製作

まず回路設計です。全体構成をもとにして作成した回路図が図7-5-4となります。

電源は全体構成通り6VのACアダプタから供給を受け、5Vと3.3Vの3端子レギュレータで必要な電圧を生成し供給しています。いずれも100mA以上の電流が必要ですから、ちょっと大きめの800mAタイプのレギュレータを使いました。

Wi-Fiモジュール、PCとのインターフェース、CO_2センサはいずれもUARTで接続ですので、2ピンで接続できます。PIC18F27Q43にはUARTが5組実装されているので、余裕で接続できます。BME280センサはI^2C、OLEDはSPIとすべてシリアルインターフェースによる接続となります。

●図7-5-4　IoTターミナルの回路図

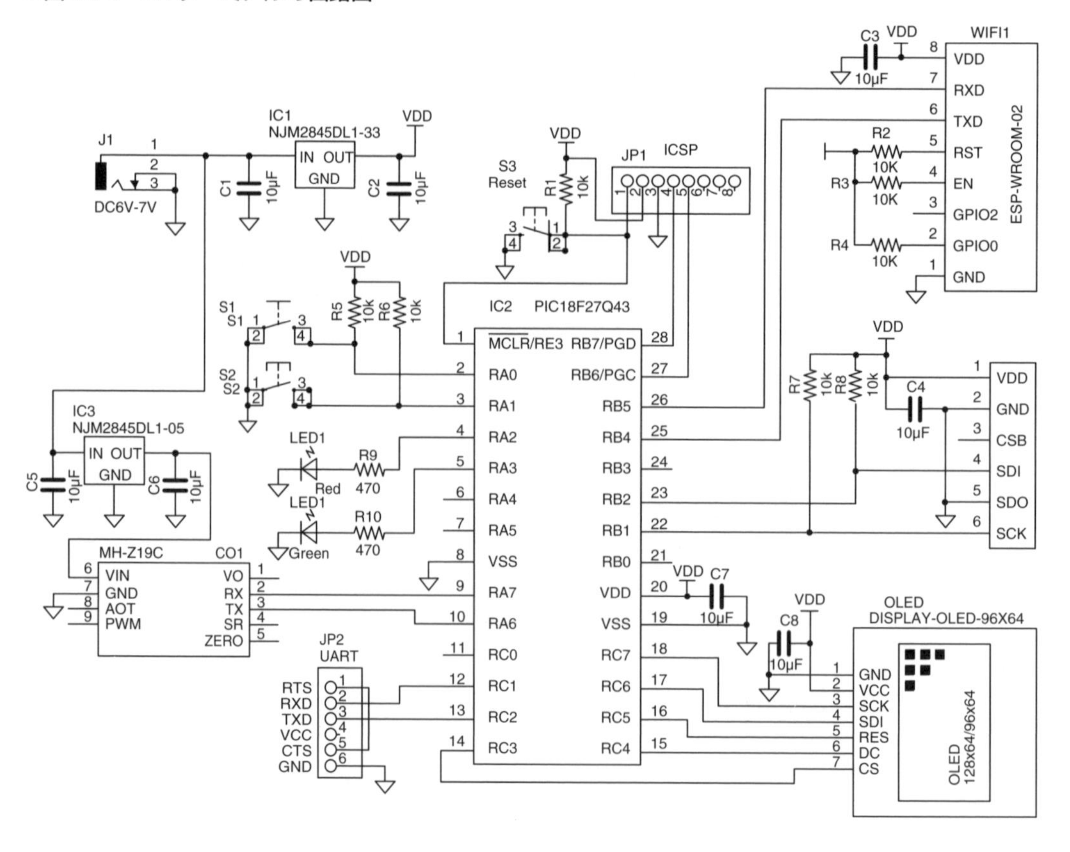

この回路の組み立てに必要な部品は表7-5-2となります。

▼表7-5-2　部品表

型　番	種　別	型番、メーカ	数量	入手先
IC1	レギュレータ	NJM2845DL1-33	1	秋月電子通商
IC2	マイコン	PIC18F27Q43-I/SS	1	マイクロチップ
IC3	レギュレータ	NJM2845DL1-05	1	秋月電子通商
WIFI1	Wi-Fiモジュール	ESP WROOM-02　シンプル版	1	スイッチサイエンス
OLED	有機EL表示器	QT095B　フルカラー	1	
SE1	複合センサ	AE-BME280	1	
CO1	CO_2センサ	MH-Z19C	1	秋月電子通商
LED1	LED	チップLED　2012サイズ　赤	1	
LED2	LED	チップLED　2012サイズ　緑	1	
S1、S2、S3	タクトスイッチ	タクトスイッチ	3	
R1、R2、R3、R4、 R5、R6、R7、R8	チップ精密抵抗	10kΩ　チップ抵抗　2012サイズ	8	マルツエレック
C1、C2、C3、C4、 C5、C6、C7、C8	チップコンデンサ	10μF 16/25V　2012サイズ	8	
JP1	ヘッダピン	L型2.5ピッチ　8ピン	1	秋月電子通商
JP2	ヘッダピン	縦型2.5ピッチ　6ピン	1	
J1	DCジャック	2.1mm　標準ジャック　MJ-179PH	1	
基板		専用プリント基板	1	
ケース	ケース 固定部品	3Dプリンタ作成専用ケース	1	
		カラースペーサ　5mm	4	秋月電子通商
		M3×15mm　プラボルトナット	4	

部品がそろったところで組み立てを始めます。専用プリント基板へのはんだ付けが大部分です。この組み立て手順は、図7-5-5の実装図に従って次の順番で進めます。

●図7-5-5　IoTターミナルの実装図

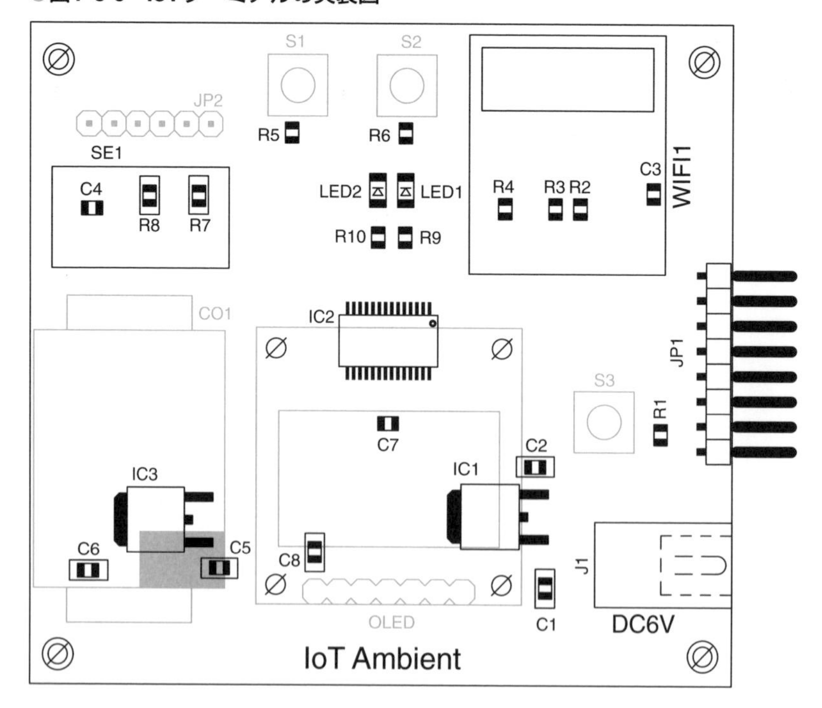

❶ **ICのはんだ付け**

マイコンは表面実装のICですから、最初は1ピンだけはんだ付けし、ルーペを使って正確に位置合わせをします。そして残りのピンを十分のはんだではんだ付けします。ピン間に盛り上がる程度でも問題ありません。そのあと、はんだ吸い取り線*で余分なはんだを吸い取ります。吸い取り線には十分なフラックスが含まれているので、ピン間のはんだもきれいに吸い取ってくれます。これでICのはんだ付けは問題なくできます。

* 幅が1.5mmか2mmのものが使いやすい。

❷ **チップ部品のはんだ付け**

レギュレータ、コンデンサ、抵抗、LEDのチップ部品をはんだ付けします。レギュレータは2個あるので、間違えないように注意してください。

❸ **残りの部品のはんだ付け**

表側に実装するものと裏側に実装するものとがあるので、間違えないようにします。OLED表示器とCO_2センサは最後に実装します。直接はんだ付けしてしまうため、取り外しが難しくなるので注意して実装してください。こうして完成した基板の外観が写真7-5-2、写真7-5-3となります。

●写真7-5-2　組み立て完成した裏面

●写真7-5-3　組み立て完成した表面

7-5-4　Ambientの使い方

この製作例ではWi-Fiを使ってAmbientというクラウドサービスを使います。このAmbientは、図7-5-6のような接続構成で使います。マイコンなどからセンサのデータをインターネット経由で送信すると、Ambientがそれらを受信しグラフを自動的に作成します。このグラフはインターネット経由で見ることができ、公開することもできます。

●図7-5-6　Ambientの接続構成

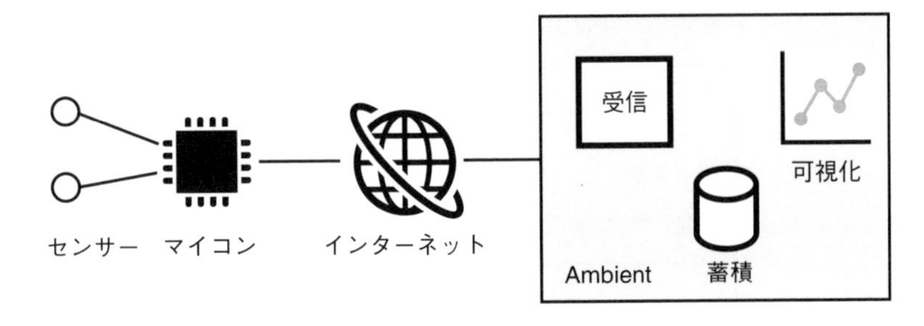

Ambientは次のような条件でサービスを提供してくれます。

- 1ユーザ8チャネルまで無料
- 1チャネルあたり8種類のデータを送信可能
- 送信間隔は最短5秒、それより短い場合は無視される
- 1チャネルあたり一日3000データまでデータ登録可能
  24時間連続送信なら29秒*×データ数が最短繰り返し時間となる

* 24 × 60 × 60 ÷ 3000 ≒ 29

・データ保存は1年間で、1年経つと自動削除
・1つのグラフは最大6000サンプルまで表示可能
　表示データが多い場合は前後にグラフを移動できる
・グラフの種類
　折れ線グラフ、棒グラフ、メータ、Box Plot
・地図表示可能
　データに緯度、経度を付加して送ると位置を地図表示する
・リストチャート形式の表示も可能
・データの一括ダウンロード(CSV形式)
・チャネルごとにインターネット公開が可能
・チャネルごとにGoogle Driveの写真や図表の張り込みが可能

1 フォーマット

Ambientにデータを送るには、図7-5-7のようなフォーマットのPOSTコマンド*をTCP通信で送ります。

POSTコマンドの最初のリクエストで、チャネルID*を送信します。ヘッダ部ではAmbientサーバのIPアドレスとボディのバイト数、フォーマットがJSONであることを送信します。空行のあとにボディ部を送信します。ボディ部はJSON形式*で、ライトキー*に続けて最大8個のデータと緯度と経度を送信します。

8個データは必要な数だけ送れば問題ありませんし、緯度と経度も必要なければ省略しても構いません。データの桁数は任意で、小数点も含めて文字列として送信する必要があります。

HTTPの通信で使われるコマンドでPOSTとGETがある。GETはデータを要求する場合に使われる。

Ambientにチャネルを追加すると与えられる番号。

キー文字列とデータのペアで表現する形式。{キー：データ, キー：データ,---}の形式。

Ambientに追加したチャネルごとに付与される書き込み用のキーコード。読み出し用のリードキーもある。

●図7-5-7　POSTコマンドの詳細

リクエスト	POST /api/v2/channels/qqqqq/data HTTP/1.1¥r¥
ヘッダ部	Host:54.65.206.59¥r¥n Content-Length:sss¥r¥n" Content-Type: application/json¥r¥n
空行	¥r¥n
ボディ部	{"writeKey":"ppppp", "d1":"xxxx.x", "d2":"xx.x", "d3":"xx.x", ………… "d8":"xx.x" "lat":"uu.uuu" "lng":"vvv.vvv"}¥r¥n

(注)
① qqqqqはチャネルID番号
② 54.65.206.59はAmbientサーバのIPアドレス
③ sssはボディのバイト数
④ pppppはライトキー
⑤ xxの部分にはそれぞれのデータ文字列が入る
⑥ uu.uuuは緯度のデータ
⑦ vvv.vvvは経度のデータ

2 送信手順

このPOSTコマンドをESP WROOM-02のAPコマンドで送信する手順は、図7-5-8のようにします。基本は6-4節と同じ手順ですが、相手がAmbientのサーバになります。アクセスポイントに接続したら、Ambientサーバ*にTCP通信モードで、ポート番号を80として接続します。この接続は一度でできるとは限らないので、「CONNECT」という応答が返されて正常に接続できるまで、数秒の間隔を空けて繰り返す必要があります。

IPアドレスとポート番号が決まっている。
IPアドレス：54.65.206.59
ポート番号：80

●図7-5-8　POSTコマンド送信フロー

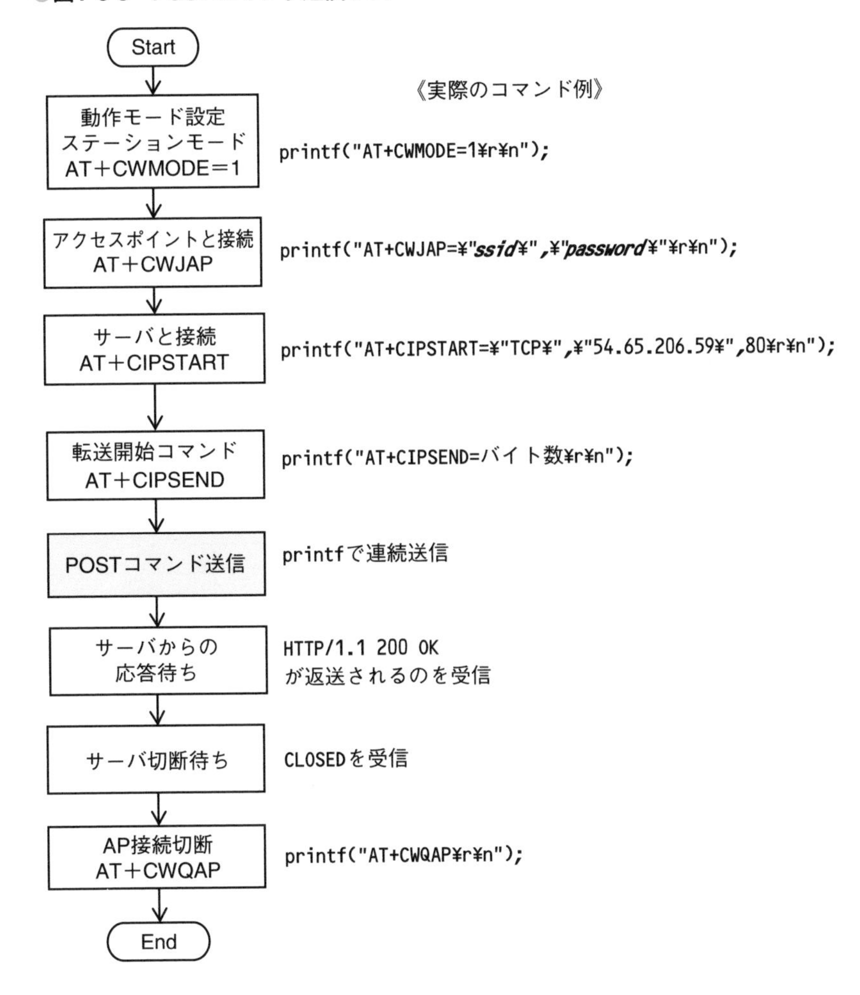

接続できたらボディの文字数を送ってから、ボディ本体を連続で送信します。送信後、Ambientサーバからの「HTTP/1.1 200 OK」という正常受信完了のメッセージ*を待ち、さらにAmbientサーバがクローズしてCLOSEDが送られてく

複数行のメッセージが返される。

ここでは送信間隔が5分と長いので毎回アクセスポイントとの接続から始めている。

るのを待ちます。最後にアクセスポイントとの接続を切り離して*終了となります。

7-5-5 プログラムの製作

ハードウェアが完成したらプログラムの製作です。この製作例では、内蔵モジュールとライブラリの関連を図7-5-9のようにしました。

●図7-5-9 プログラムの内部構成

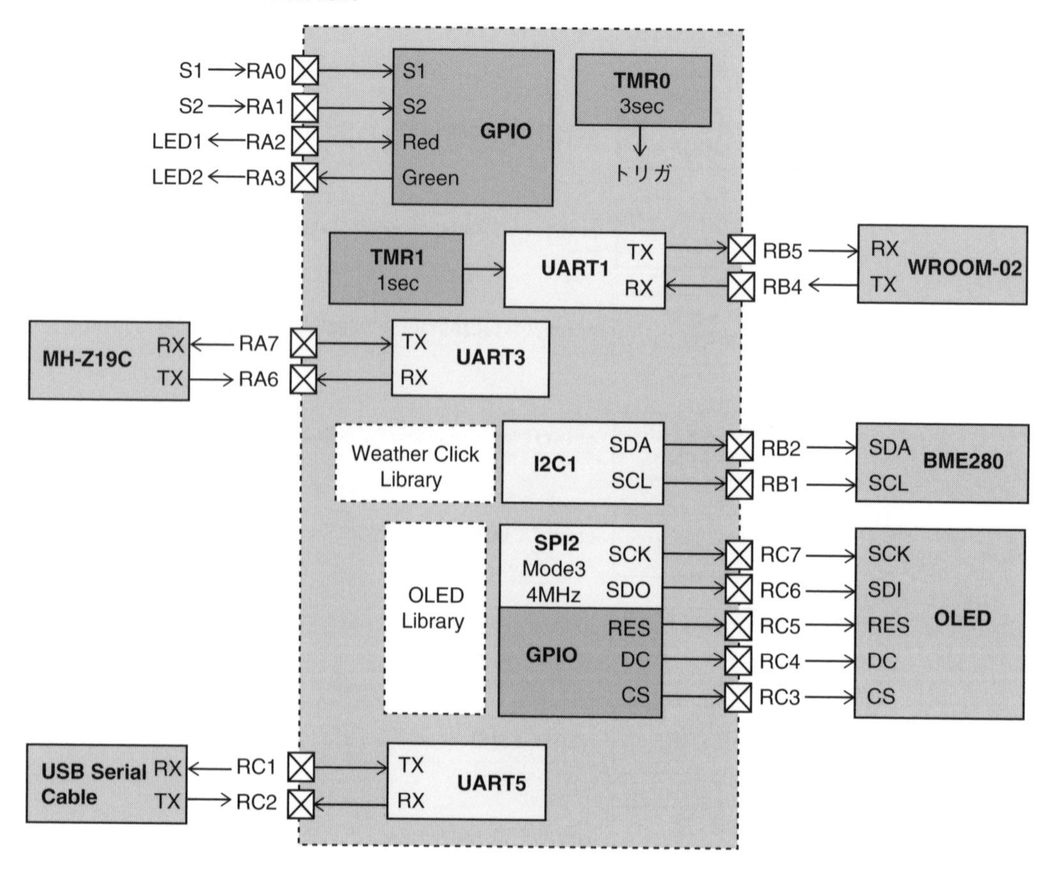

Wi-Fiモジュールとは UART1で接続し、その接続状況のモニタ用として UART5を使ってパソコンに状況を送信します。CO_2センサも UART3で接続します。複合センサのBME280はI2C1で接続し、制御はMCCのWeather Clickのライブラリを使います。OLEDもSPI2で接続し、その制御は専用のライブラリで行います。

全体がタイマ0の3秒周期の割り込みで起動され、センサの計測とOLEDの表示を実行します。そして5分ごとにWi-Fiを使ってAmbientにデータを送信します。この間は、表示機能は停止します。これらをMCCで設定していきます。

1 MCCの設定

❶ プロジェクトの作成、クロックとコンフィギュレーション

最初にプロジェクトを作成します。プロジェクト名を「IoT Ambient」とします。プロジェクトの生成が完了したらMCCを起動します。

MCCが起動したら、クロックとコンフィギュレーションの設定ですが、クロックは内蔵発振器の64MHzとし、コンフィギュレーションはデフォルトのままとします。設定方法は6-2節と同じなので省略します。

❷ Weather

モジュールの前に、BME280のセンサを扱うため、[Device Resources] 欄の [Mikro-E Clicks] の中の [Sensors] の中から [Weather*] を追加します。これでBME280用のライブラリを使うことができます。設定は図7-5-10のように [Configuration] タブと [Advanced Settings] タブの画面で設定します。

* 詳しくは6-4節参照。

●図7-5-10 Weatherの設定

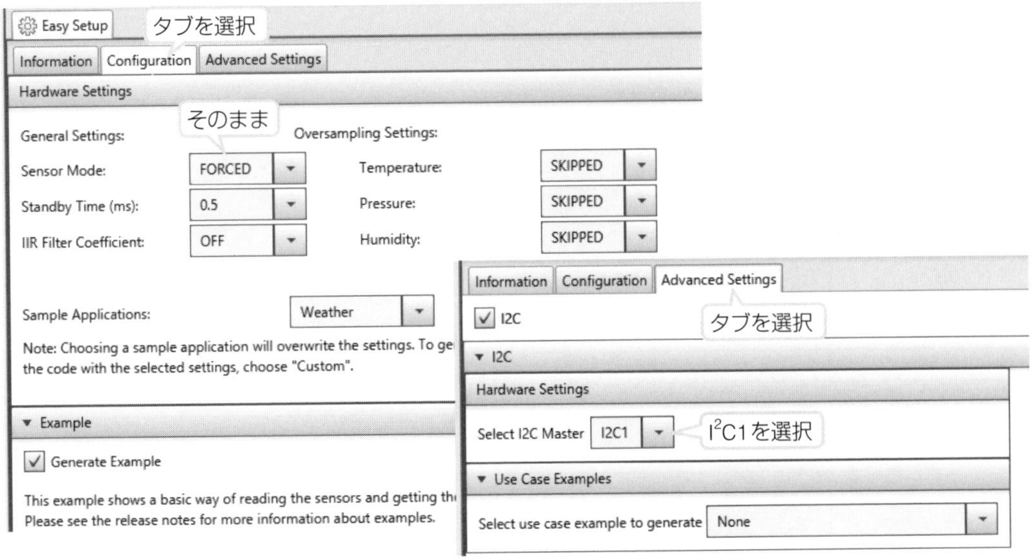

❸ UART1

次にUART1の設定で図7-5-11のように速度を115.2kbpsとし、割り込みを使いSTDIOにチェックを入れます*。さらにBuffer Sizeを64*とします。

UART5とUART3は、速度以外は同じ設定で、UART5は115.2kbps、UART3は9600bpsとし、いずれも割り込みは無しとします。詳細は省略します。

* これでprintf文が使えるようになる。

* 受信処理で欠落しないようにするため。

●図7-5-11　UART1モジュールの設定

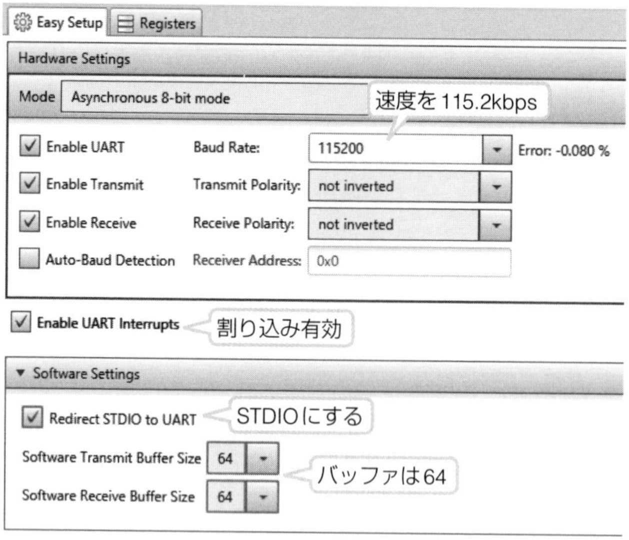

❹ SPI2

次はOLEDに使うSPI2の設定で、図7-5-12のように、MODE3で速度を4MHzとします。

●図7-5-12　SPI2モジュールの設定

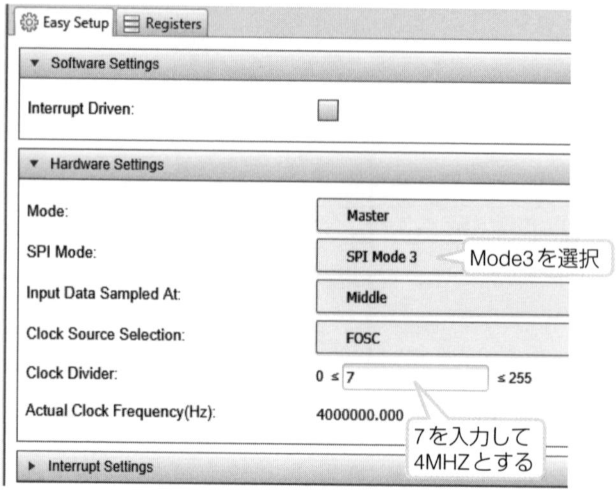

❺ I^2C

次がI^2Cモジュールの設定で、図7-5-13のようにMasterとするだけであとはそのままです。

●図7-5-13　I2C1モジュールの設定

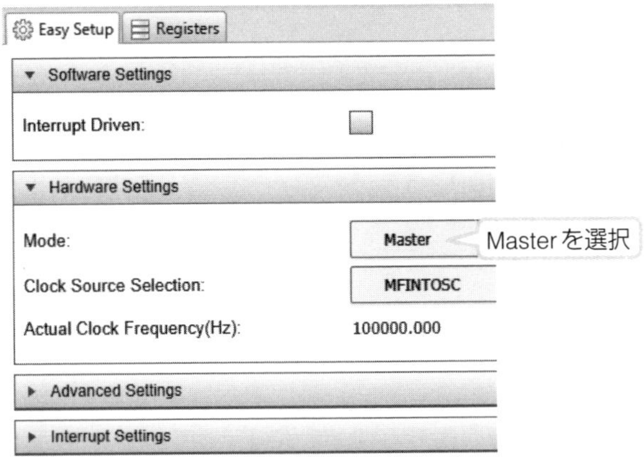

❻ タイマ

残りはタイマの設定で、TMR0は図7-5-14のように、HFINTOSCのクロックで3秒間隔の割り込みありとします。

●図7-5-14　TMR0モジュールの設定

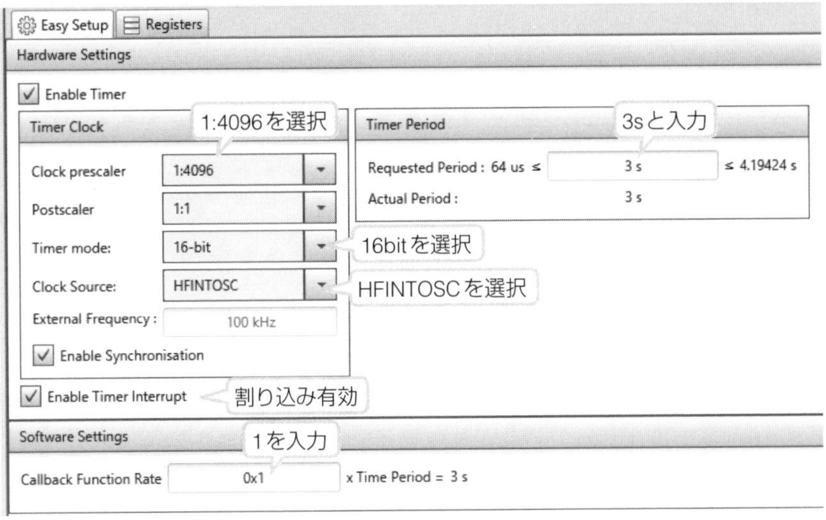

TMR1は図7-5-15のように1秒のインターバルとしますが、割り込みは無しとします。このタイマの時間はWi-Fi通信のタイムアウト検出用に使うので、時間はプログラムで設定変更されます。1秒単位で設定するため、図のように1sのときのカウント値が0xFFFF－0xF0DD＝3874（10進）ですから3874×N秒の値を設定して*、秒単位のタイムアウト時間としています。

* TMR1_WriteTimer()関数を使う。

●図7-5-15　TMR1モジュールの設定

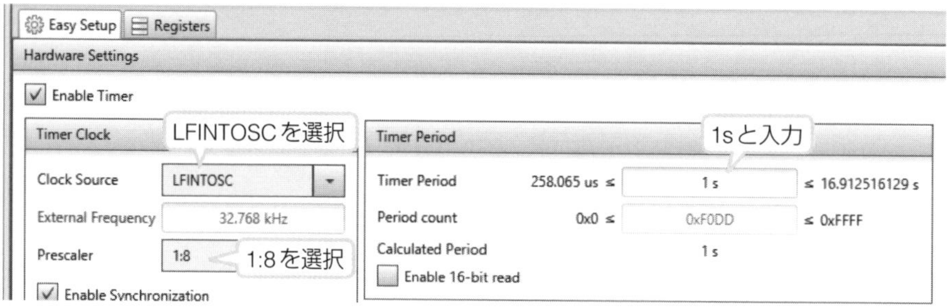

Easy Setup　Registers

Hardware Settings

☑ Enable Timer

Timer Clock	
Clock Source	LFINTOSC
External Frequency	32.768 kHz
Prescaler	1:8

☑ Enable Synchronization

Timer Period			
Timer Period	258.065 us ≤	1 s	≤ 16.912516129 s
Period count	0x0 ≤	0xF0DD	≤ 0xFFFF
Calculated Period		1 s	

☐ Enable 16-bit read

LFINTOSCを選択

1:8を選択

1sと入力

❼ 入出力ピン

　次に入出力ピンの設定をします。設定は図7-5-16のようにします。ピン数が多いので間違わないように設定します。SPI2のSDIピンは使わないので、空きピンのRC0としておきます。

●図7-5-16　入出力ピンの設定

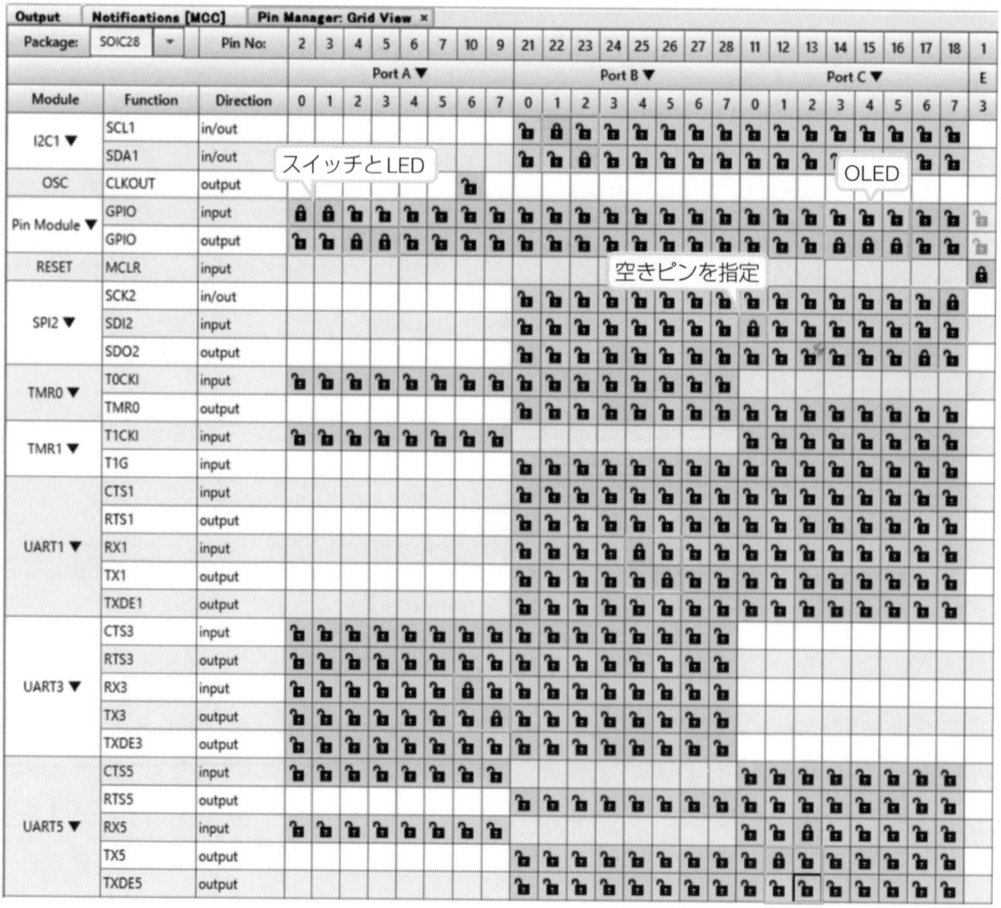

Output　Notifications [MCC]　Pin Manager: Grid View ×

Package: SOIC28　Pin No: 2 3 4 5 6 7 10 9 21 22 23 24 25 26 27 28 11 12 13 14 15 16 17 18 1

Port A ▼ 0 1 2 3 4 5 6 7　Port B ▼ 0 1 2 3 4 5 6 7　Port C ▼ 0 1 2 3 4 5 6 7　E 3

Module	Function	Direction
I2C1 ▼	SCL1	in/out
	SDA1	in/out
OSC	CLKOUT	output
Pin Module ▼	GPIO	input
	GPIO	output
RESET	MCLR	input
SPI2 ▼	SCK2	in/out
	SDI2	input
	SDO2	output
TMR0 ▼	T0CKI	input
	TMR0	output
TMR1 ▼	T1CKI	input
	T1G	input
UART1 ▼	CTS1	input
	RTS1	output
	RX1	input
	TX1	output
	TXDE1	output
UART3 ▼	CTS3	input
	RTS3	output
	RX3	input
	TX3	output
	TXDE3	output
UART5 ▼	CTS5	input
	RTS5	output
	RX5	input
	TX5	output
	TXDE5	output

スイッチとLED

OLED

空きピンを指定

最後にPin Moduleでピンの名称を図7-5-17のように設定します。プログラム中でこの設定名称を使うので、同じ名前としてください。

またSPI2のピンの［OD］欄にチェックが入っている場合は、削除してください。

●図7-5-17　Pin Moduleの設定

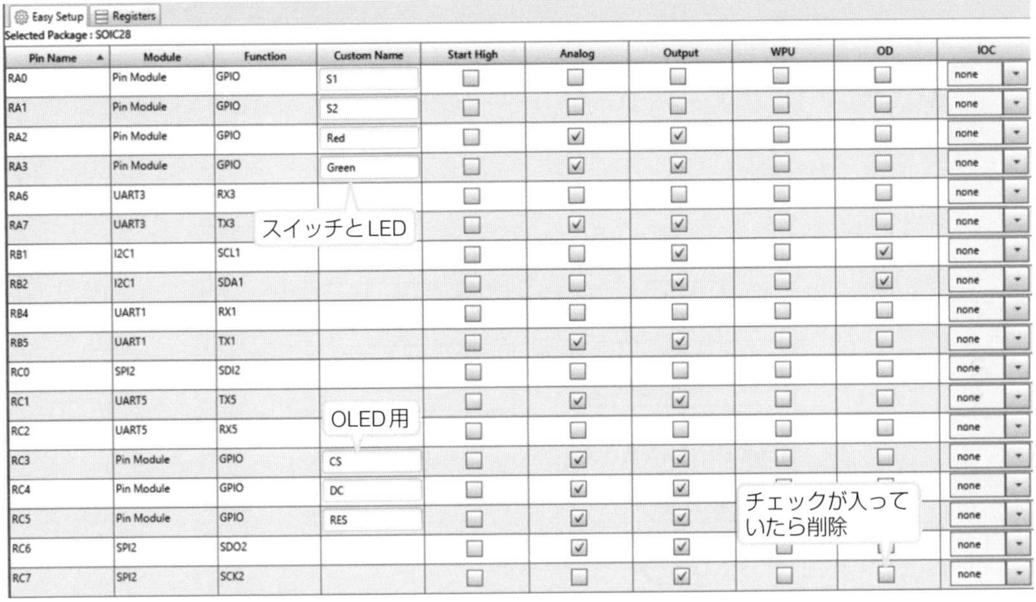

Easy Setup　Registers
Selected Package : SOIC28

Pin Name ▲	Module	Function	Custom Name	Start High	Analog	Output	WPU	OD	IOC
RA0	Pin Module	GPIO	S1						none
RA1	Pin Module	GPIO	S2						none
RA2	Pin Module	GPIO	Red		✓	✓			none
RA3	Pin Module	GPIO	Green		✓	✓			none
RA6	UART3	RX3							none
RA7	UART3	TX3			✓	✓			none
RB1	I2C1	SCL1				✓		✓	none
RB2	I2C1	SDA1				✓		✓	none
RB4	UART1	RX1							none
RB5	UART1	TX1			✓	✓			none
RC0	SPI2	SDI2							none
RC1	UART5	TX5			✓	✓			none
RC2	UART5	RX5							none
RC3	Pin Module	GPIO	CS		✓	✓			none
RC4	Pin Module	GPIO	DC		✓	✓			none
RC5	Pin Module	GPIO	RES		✓	✓			none
RC6	SPI2	SDO2			✓	✓			none
RC7	SPI2	SCK2				✓			none

スイッチとLED
OLED用
チェックが入っていたら削除

以上ですべてのMCCの設定が完了ですので、［Generate］してコードを生成します。

Generate後、OLEDのライブラリとフォントをプロジェクトに追加します。次の3つのファイルを技術評論社のサポートサイトからダウンロードして追加します。フォントは漢字が必要ですが、決まった漢字が数種類だけなので、12×12ドットのASCIIフォントの空いているところに追加した*ものを使います。

*詳細は付録3を参照。

OLED_swlib.h　　OLED_swlib.h　　ANK12dot.h

以上でプログラムを作成する準備が整いました。コードを追加するのはメイン関数のみです。

2 main.cの編集

　このIoTターミナルのメイン関数のフローは図7-5-18のようにしました。全体が1つのフローだけになっています。

　開始後OLEDとWi-Fiモジュールの初期化をしたあと、タイトルを表示し、TMR0の割り込みが使えるようにします。次は3秒ごとにフラグがオンになるのを待ち、オンになったら、BEM280とCO_2センサからデータを取得し、OLEDに表示します。

　次にInterval変数をカウントダウンして、5分ごとにWi-FiでAmbientサーバに計測データをPOSTメッセージで送信します。5分ごとと間隔が長いので、毎回アクセスポイントに接続し直すようにしています。この手順は図7-5-8となります。

●図7-5-18　IoTターミナルの全体フロー

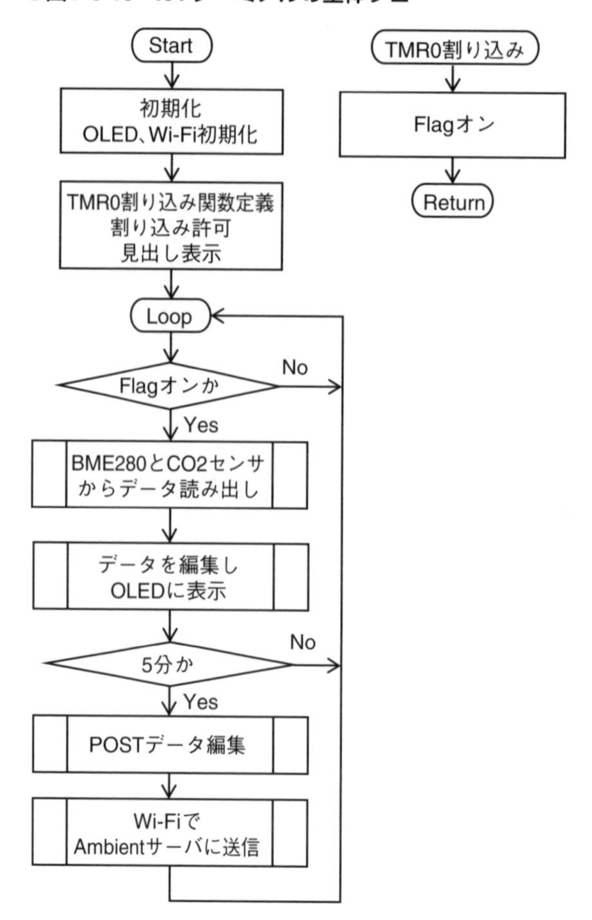

❶ 宣言部

プログラムの詳細を説明します。メイン関数の宣言部がリスト7-5-1となります。最初はCO_2センサ用の送受信バッファの定義です。続いてPOSTメッセージのバッファとデータの定義となります。

TMR0の割り込み処理関数ではFlagを1にセットしているだけで、メインループで、このフラグをチェックすることで3秒周期の処理となります。

リスト 7-5-1 宣言部の詳細

```
/************************************************
 *  室内環境モニタ
 *   温湿度、気圧、CO2濃度を計測しOLEDに表示
 *   5分ごとにAmbientに送信してグラフ作成
 *   UART1(Wi-Fi) UART5  UART3(CO2)
 *   SPI2(OLED)  I2C1(BME280)
 ************************************************/
#include "mcc_generated_files/mcc.h"
#include "mcc_generated_files/weather.h"
#include "OLED_lib.h"
#include <string.h>
// 定数、変数定義
char Flag, i, Interval, ErMsg[20], Error, STFlag;
char CO2Cmd[] = {0xFF, 0x01, 0x86, 0, 0, 0, 0, 0x79};
char CO2Data[9], DMsg[10];
uint16_t CO2;
char Title[] = {0x20, 0xFA, 0xF0, 0xF1, 0xF2, 0xF3, 0xFA, 0x20, 0};  // 室内環境
char data[256], Body[200]={0}, POSTMsg[256]={0}, CIP[32];
// POSTデータ
char header[] = "POST /api/v2/channels/42617/data HTTP/1.1¥r¥n";
char host[] = "Host: 54.65.206.59¥r¥n";
char Length[] = "Content-Length: xxx¥r¥n";
char Type[] = "Content-Type: application/json¥r¥n¥r¥n";
char Keys[] = "{¥"writeKey¥":¥--Write key--,";
char Temp[20], Humi[20], Pres[20], CO2D[20];
/** 関数プロト **/
bool getResponse(char *word, uint16_t timeout);
uint16_t GetCO2(void);
/**************************************
 * タイマ0  3秒間隔  Callback関数
 **************************************/
void TMR0_Process(void){
    Flag = 1;
}
```

CO_2センサ用

見出し

POSTデータ

表示用バッファ

❷ 初期化部

次がメイン関数の初期化部でリスト7-5-2となります。ここではTMR0のCallback関数を定義してから、Wi-FiモジュールとOLEDの初期化を実行しています。OLEDの初期化後、漢字の見出し*を表示しています。割り込みを許可してから、BME280のセンサの空読みをしています。これはこのセンサの最初の読み出しデータだけ実際の値とずれているので、空読みでこれを無視します。

12×12ドットのASCIIコードの中で空いている場所に漢字を入れている。詳細は付録2を参照。

リスト 7-5-2　メイン関数初期化部の詳細

```
/******** メイン関数 *********************/
void main(void)
{
    // Initialize the device
    SYSTEM_Initialize();
    // タイマ0 Callback関数定義
    TMR0_SetInterruptHandler(TMR0_Process);
    // ESP Initialize
    printf("AT+CWMODE=1¥r¥n");          // ステーションモード
    if(getResponse("OK", 1)==false){}
    // OLED初期化
    OLED_Init();
    OLED_Clear(BLACK);
    // 見出し表示　大文字で
    OLED_xStr(0, 0, Title, WHITE, BLACK);
    Flag = 0;
    STFlag = 1;
    Interval = 100;
    // 割り込み許可
    INTERRUPT_GlobalInterruptEnable();
    // Weather センサダミー動作(1回目読み飛ばし)
    Weather_readSensors();
    Weather_getTemperatureDegC();
    Weather_getHumidityRH();
    Weather_getPressureKPa();
```

割り込み関数の定義
Wi-Fi初期化
OLED初期化
見出し表示
センサ空読み

❸ メインループ部

次はメインループ部の詳細でリスト7-5-3となります。ここではフラグチェックで3秒ごとの繰り返しになります。最初にセンサからデータを読み出してsprintf関数で文字列に変換して、OLEDに表示しています。

次に5分ごとにAmbientサーバにPOSTデータを送信します。POSTデータは直前に計測したデータから生成し、4個のJSON形式のデータとして送信します。このあとの送信手順は図7-5-8のとおりとなっています。

●図7-5-3　メインループ部の詳細

```
/******* メインループ **************************/
    while (1)
    {
        if(Flag == 1){                                          // フラグオンの場合
            Green_Toggle();                                     // 目印
            Flag = 0;                                           // フラグリセット
            // Weather センサからデータ取得し表示　大文字で
            OLED_xStr(0, 0, Title, WHITE, BLACK);               // 見出し再表示
            Weather_readSensors();                              // センサ計測実行
            sprintf(DMsg, "%2.1f %1c ", Weather_getTemperatureDegC(), 0xF8);
            OLED_xStr(0, 1, DMsg, MAGENTA, BLACK);              // 温度表示
            sprintf(DMsg, "%2.1f %%RH", Weather_getHumidityRH());
            OLED_xStr(0, 2, DMsg, GREEN, BLACK);                // 湿度表示
            sprintf(DMsg, "%4.0f hPa", Weather_getPressureKPa()*10);
            OLED_xStr(0, 3, DMsg, CYAN, BLACK);                 // 気圧表示
            // CO2データ取得
            CO2 = GetCO2();                                     // 読み込み
```

フラグがオンの場合
BME280センサのデータ読み出し編集OLEDに表示

CO₂センサのデータ読み出し編集OLEDに表示

```
        if(CO2 > 400){                                    // 正常応答の場合
            sprintf(DMsg, "%4.0f ppm", (double)CO2);
             OLED_xStr(0, 4, DMsg, YELLOW, BLACK);        // CO2表示
        }
        /****** 5分判定  Ambient送信 ************/
        Interval--;
        if(Interval <= 0){                                // 5分周期の場合
            Red_SetHigh();                                // 目印
            Interval = 100;                               // 5分再設定
            Error = 0x80;                                 // エラーフラグリセット
            /****** POSTデータ作成 **********/
            // センサデータ文字列変換 4項目
            sprintf(Temp, "¥"d1¥":¥"%2.1f¥",", Weather_getTemperatureDegC());
            sprintf(Humi, "¥"d2¥":¥"%2.1f¥",", Weather_getHumidityRH());
            sprintf(Pres, "¥"d3¥":¥"%4.1f¥",", Weather_getPressureKPa()*10);
            sprintf(CO2D, "¥"d4¥":¥"%4.0f¥"}¥r¥n", (double)CO2);
            // Bodyの作成
            Body[0] = '¥0';
            strcat(Body, Keys);                           // Writeキー
            strcat(Body, Temp);                           // 温度データ生成
            strcat(Body, Humi);                           // 湿度データ生成
            strcat(Body, Pres);                           // 気圧データ生成
            strcat(Body, CO2D);                           // CO2データ生成
            sprintf(Length, "Content-Length: %d¥r¥n", strlen(Body));
            // POSTデータ全体生成
            sprintf(POSTMsg, "%s%s%s%s%s", header, host, Length, Type, Body);
            /****** Ambientへ送信実行 ************/
            /***アクセスポイントと接続  ****/
            do{
                printf("AT+CWJAP=¥"----ssid----¥",¥"?password--¥"¥r¥n");
            }while(getResponse("GOT IP", 10)==false);    // GOT IPが返るまで繰り返し
            /** Ambientサーバと接続 **/
            do{
                printf("AT+CIPSTART=¥"TCP¥",¥"54.65.206.59¥",80¥r¥n");
            }while(getResponse("CONNECT", 5)==false);    // CONNECTになるまで繰り返し
            // TCPでAmbientにPOST送信
            sprintf(CIP, "AT+CIPSEND=%d¥r¥n", strlen(POSTMsg)); // 送信文字数セット
            printf(CIP);                                        // 文字数送信
            if(getResponse(">", 3)==false){Error+=0x01;}        // OK >待ち
            printf(POSTMsg);                                    // POST送信
            if(getResponse("SEND OK", 3)==false){Error+=0x02;}  // SEND OK待ち
            // Ambientからの応答待ち
            if(getResponse("200 OK", 3)==false){Error+=0x04;}   // HTTP/1.1 200 OK待ち
            if(getResponse("CLOSED", 3)==false){Error+=0x08;}   // CLOSED待ち
            __delay_ms(500);
            printf("AT+CWQAP¥r¥n");                             // APとの接続解除
            if(getResponse("OK", 3)==false){Error+=0x10;}       // OK待ち
            // デバッグ用エラーカウンタ送信(0x80が正常)
            sprintf(ErMsg, "¥r¥nError = %X¥r¥n¥r¥n", Error);    // 文字列に変換
            i = 0;
            while(ErMsg[i] != 0){
                UART5_Write(ErMsg[i++]);                        // 文字列送信
            }
            Red_SetLow();
        }
      }
    }
}
```

5分ごと

センサのデータ読み出しPOSTデータに編集

POSTデータ構成

APと接続

Ambientに接続

PSOTデータ送信

送信完了待ち

完了でAPと接続断

エラー情報出力

❹ サブ関数部

残りがサブ関数部で、CO_2センサの読み出し関数とWi-Fiモジュールの受信処理関数となっています。受信処理関数は6-4節と同じなので詳細は省略します。CO_2センサ読み出し関数がリスト7-5-4となっています。

ここでは8バイトのコマンドを送信後、開始時の数十秒間は無応答になるので、応答が返るまで0のデータを返します。応答が返るようになったら、フラグをリセットして通常受信処理を実行します。

応答受信を待ち0xFFが受信できたら、続く計測データを受信して計測値に変換します。計測値が異常な値の場合は0を返し、正常な場合のみデータを戻り値としています。

リスト 7-5-4 CO_2センサからのデータ読み出し関数

```
/*********************************
 * CO2センサからデータ取得
 *********************************/
uint16_t GetCO2(void){
    uint16_t rcv;
    // CO2濃度測定、表示
    for(i=0; i<8; i++)                      // 8バイトコマンド送信
        UART3_Write(CO2Cmd[i]);
    // 開始時の応答待ち
    if(STFlag == 1){                        // 開始時の場合
        if(UART3_is_rx_ready()){            // 応答あり
            STFlag = 0;                     // 開始フラグリセット
        }
        return 0;                           // 0を返す
    }
    else{                                   // 開始後の場合
        // データ部受信
        while(UART3_Read() != 0xFF);        // 0xFF受信待ち
        for(i=0; i<7; i++)                  // 7バイト受信
            CO2Data[i] = UART3_Read();
        rcv = CO2Data[1]*256 + CO2Data[2];
        if((rcv > 10000) || (rcv < 400))    // 異常な場合
            return 0;                       // 0を返す
        else
         return(rcv);                       // データを返す
    }
}
```

以上がプログラム全体となります。これをコンパイルして書き込むと、まず温湿度と気圧の表示が出ます。そしてしばらくすると*CO_2濃度も表示されます。

CO_2センサの起動時間が10秒ほどかかる。

5分後からAmbientへの送信を開始します。送信中はUART5の出力をUSBシリアル変換ケーブルでPCと接続しておけば、接続状況をモニタすることができます。

7-5-6 ケースへの組み込みと使い方

完成した基板をケースに組み込んで完成です。筆者は写真7-5-4のようなケースを3Dプリンタで作成しました。このようなケースではなく透明な樹脂製のケースに組み込んでも良いと思います。

●写真7-5-4　ケースに組み込んだところ

これで6V1.5A程度のACアダプタを接続すれば、あとは自動的に計測を実行し、OLEDに3秒間隔で表示するとともに、5分間隔でAmbientにも送信します。写真7-5-5　がOLEDの表示例*です。

*12×12ドットの大きな文字で表示。

●写真7-5-5　OLED表示例

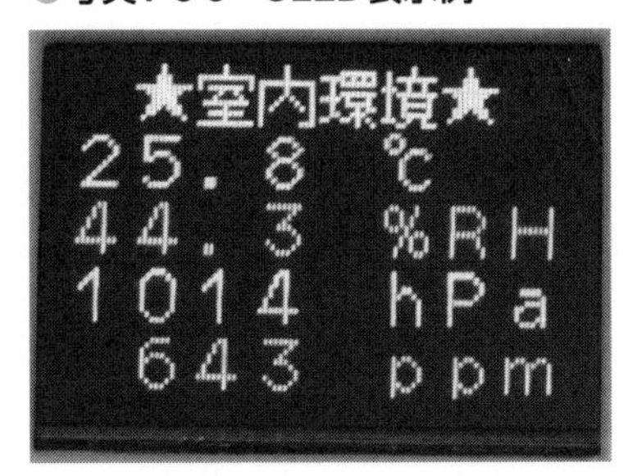

Ambientに送信している間のTeraTermによるモニタの例が図7-5-19となります。この情報でAmbientサーバとの接続状況をすべてモニタできますから、プログラムのデバッグや、通信状況の確認に使うことができます。最後のエラー情報が0x80であれば、エラーなしで通信できていることになります。

●図7-5-19　TeraTermのモニタ例

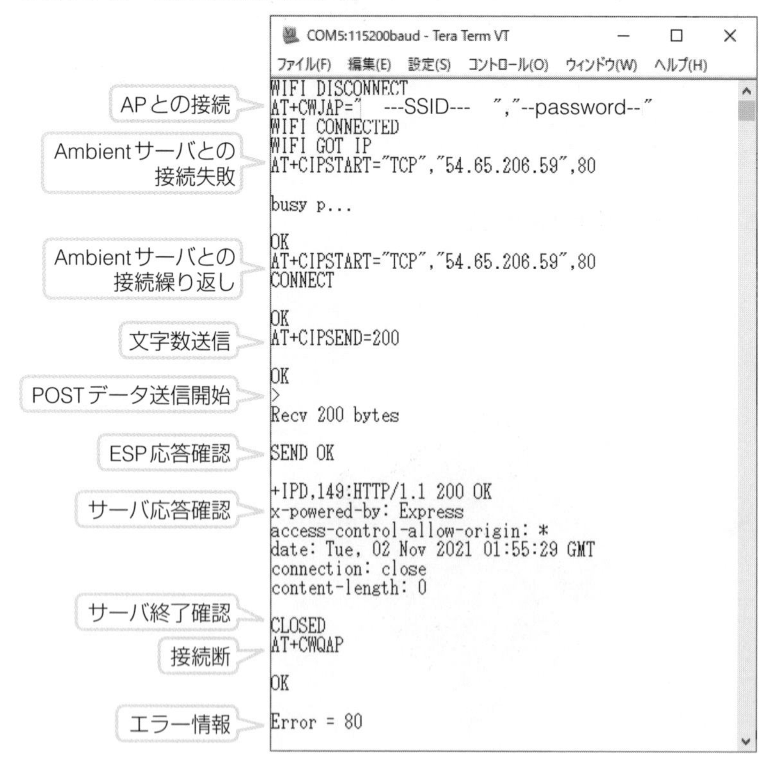

7-5-7　Ambientの設定

実際にAmbientにデータ送信ができるようになったので、さっそくグラフが表示できるように設定します。

1 チャネルの生成

まず、Ambientに登録したあとのログイン画面は図7-5-20*のようになります。ここで最初に[チャネルを作る]ボタンをクリックしてチャネルを生成します。これで自動的にチャネルIDとリードキー、ライトキーが生成されます。このIDとキーはPICから送信する際に必要*となります。

[ダウンロード]をクリックすると、蓄積されているデータを一括でダウンロード*できます。[データ削除]をクリックすると蓄積データを一括削除します。

すでに1つのチャネルを作成している。

図7-5-7のPOSTメッセージの中に記述する。

CSV形式でダウンロードされるので、Excelで開くことができる。

2 チャネルの基本的な設定

左端の名称をクリックするとグラフ画面に移動しますが、その前にグラフ作成には、右端のメニューで[設定変更]をクリックします。

●図7-5-20　チャネルメニュー

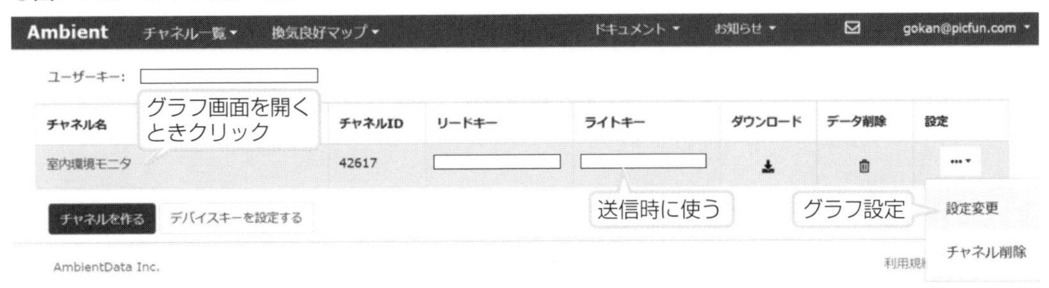

これで図7-5-21の画面となりますから、ここではチャネルの基本的な設定を行います。チャネルの名称とグラフ化するデータの名前と色を設定します。

●図7-5-21　チャネルの基本設定

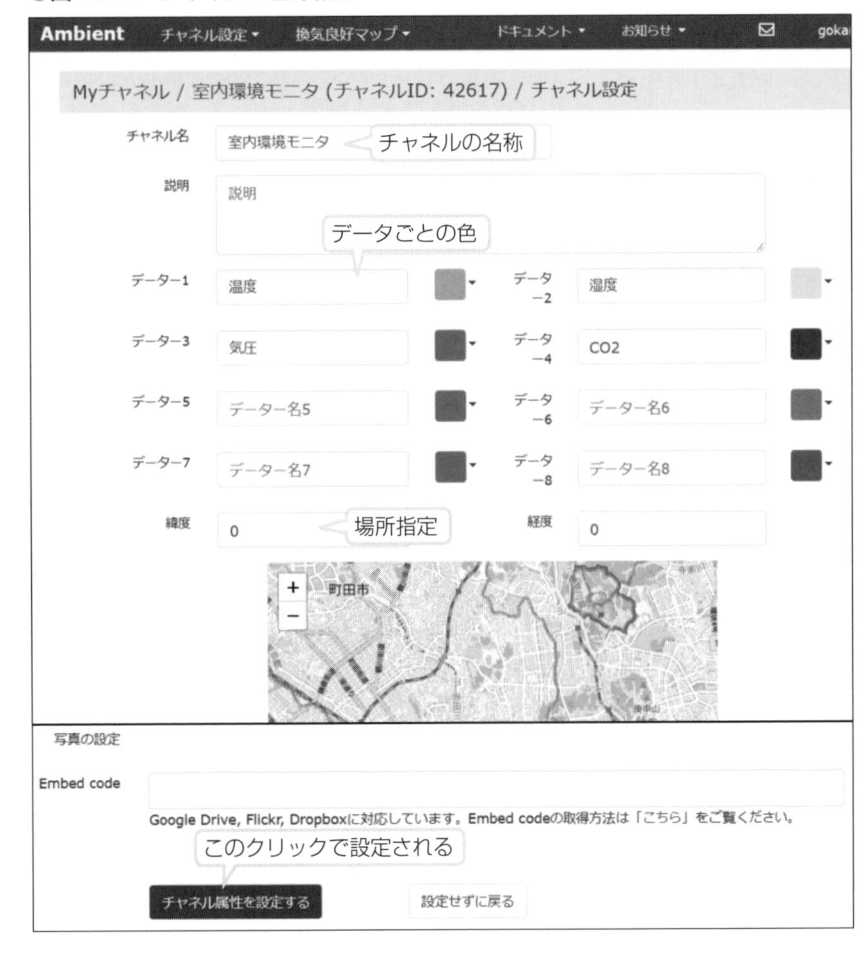

図のようにチャネルごとに最大8個のデータを扱うことができます。さらに測定場所の位置を指定したいときは緯度と経度を入力します。これで地図上に位置がプロット表示されます。

最後に一番下にある[チャネル属性を設定する]ボタンをクリックすれば、設定が適用されます。

3 グラフの設定

これでチャネル一覧画面に移動後、チャネル名称をクリックするとグラフ画面に移動します。移動したら図7-5-22のように一番上にある①グラフ追加のアイコンをクリックし、表示されるドロップダウンで②の[チャネル/データ設定]の部分をクリックします。

●図7-5-22　グラフ作成開始

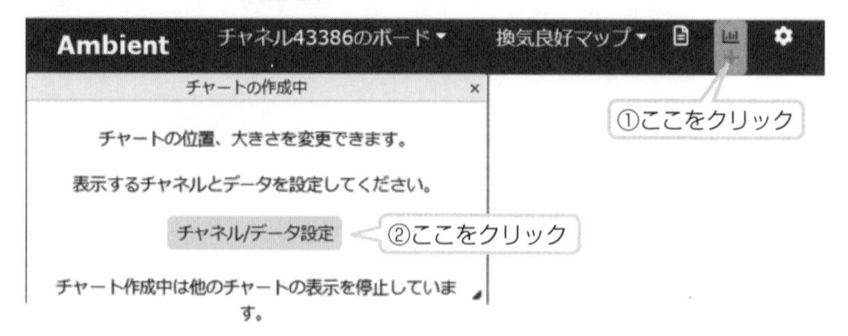

これで図7-5-23のグラフの設定画面となりますから、必要な設定を行います。

ここでは、温度、湿度、気圧、CO_2濃度の4項目がありますが、温度と湿度は1つの縦軸で表示できます。しかし、気圧とCO_2濃度の値の範囲が大きく異なりますから、2つの縦軸で4つ同時にグラフ化するには無理があります。このため、温湿度と気圧を表示するグラフと、温湿度とCO_2濃度を表示するグラフを分ける必要があります。

まず、温湿度と気圧のグラフを作成することとし、図7-5-23のように設定しました。

グラフの見出しの名称を①で入力し、②でグラフの種類を指定します。種類は図の右上のようなドロップダウンリストから選択できます。次に③のように8個のデータのうち、どのデータをグラフにするか、左右の縦軸のどちらを使うかを指定します。色は前の図7-5-21で指定したものとなります。

続いて④で左右の縦軸の表示範囲の値を指定します。補助線が自動的に表示されるので、左右の縦軸の値の範囲で同じ補助線が使えるように調整すると見やすくなります。⑤はグラフとして表示する横軸のプロット数で、最大は6000です。これはあとから表示されたグラフで任意の値に変更できますから、適当な値で大丈夫です。最後に⑥[設定する]ボタンをクリックすれば完了で、実際にグラフ画面が表示されます。

データが無い場合は補助線だけの表示となりますが、データが追加されると自動的にグラフ描画が実行され、リアルタイムで更新されていきます。

●図7-5-23　グラフの設定

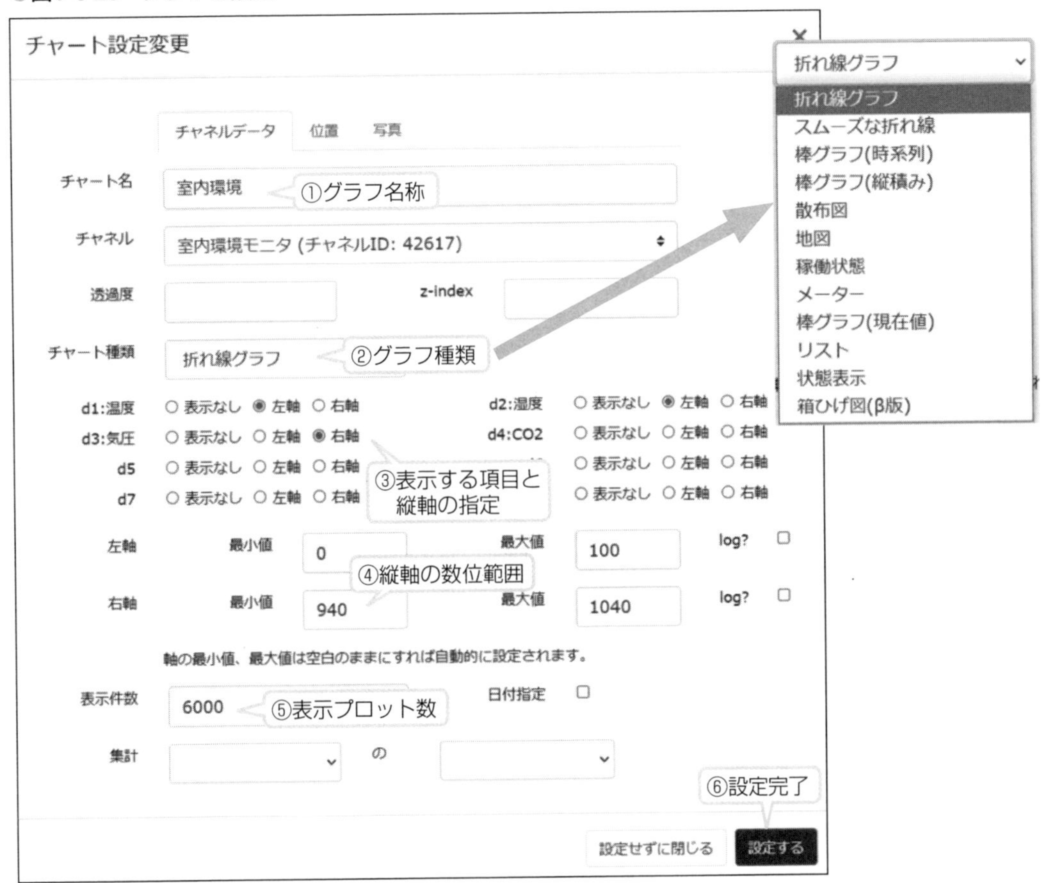

これで温湿度と気圧のグラフができました。温湿度とCO_2濃度のグラフを同じようにして追加して設定します。これで2つのグラフが表示されることになります。グラフのサイズや位置はドラッグドロップで自由にできます。

実際に数日間室内に放置したあとのIoTターミナルのグラフが図7-5-24となります。このデータは秋の晴天が続いたときのもので、温湿度は毎日同じように上昇と下降を繰り返していて、CO_2濃度は部屋に人がいると増加し、いなくなると減少していくのがよくわかります。

データ数が多くなって見にくくなったときは、右上のプロット数を小さくすると拡大表示され、左右の矢印でグラフを前後に移動させることができるようになります。

●図7-5-24　実際に使用したときのグラフ例

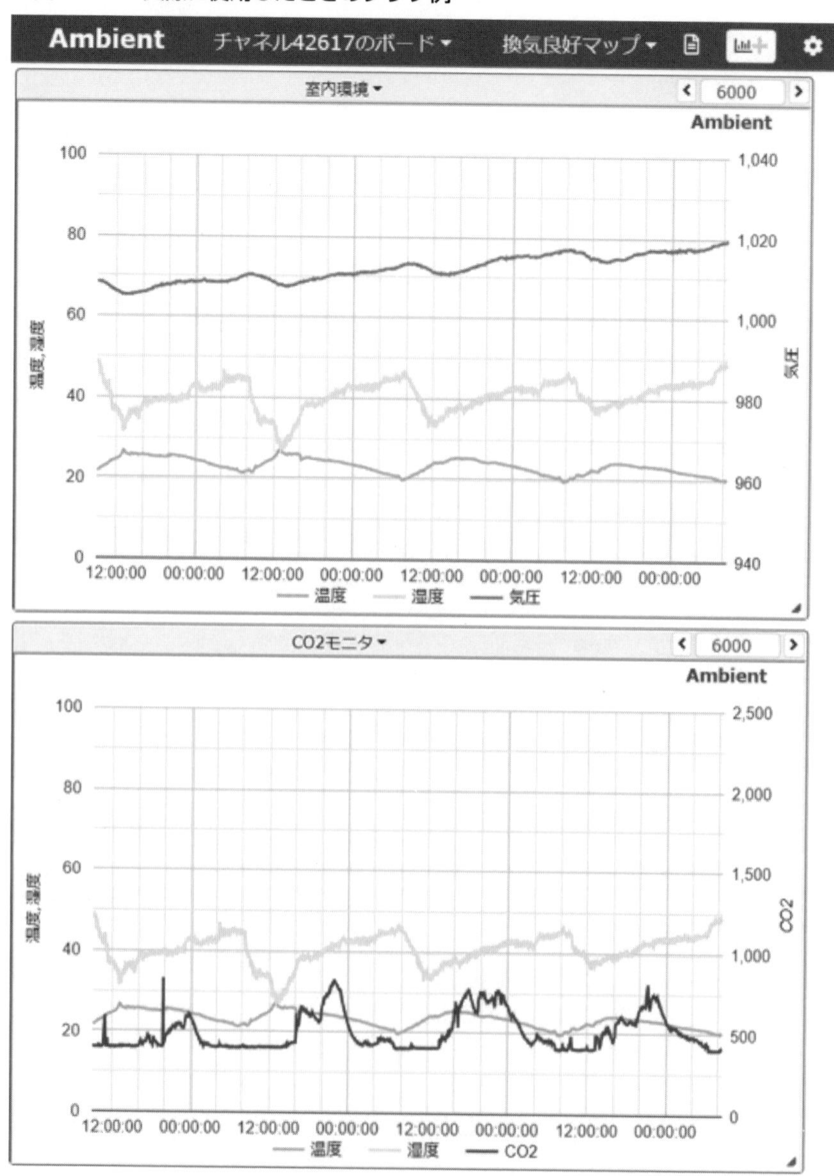

以上でIoTターミナルの完成です。データを蓄積して簡単にグラフ化できますから、いろいろな応用ができそうです。

付録

付録1 Eagle CADと基板発注方法

本書での製作例では、すべてのプリント基板をAutodesk社のEagleというECADで設計し、seeed社が経営するFusionにプリント基板の製作を発注しています。

ここではEagleを使ってFusionにプリント基板を発注する手順を説明します。

なお、本書の製作例のガーバーファイル*は、技術評論社のサポートサイトからダウンロードできます。

プリント基板製作を発注するのに必要なデータをまとめたファイル。規格化されている。

1 Eagleを使って回路図とパターン図を作成する

この手順は他に参考となる書籍*があるので、本書では省略します。パターン図までが製作できたものとします。

「Eagleによるプリント基板製作の素」技術評論社。

2 EagleでFusion向けのガーバーファイル*を生成する

Eagleでは、この特定の基板メーカー向けのガーバーファイル生成が簡単にできるようにテンプレートが用意されています。

基板の製造に必要なデータのファイル。
https://www.fusionpcb.jp/

●図A-1-1 既存テンプレートの選択

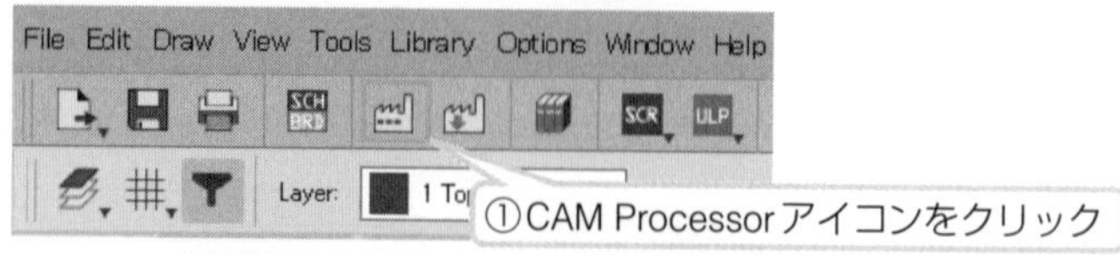

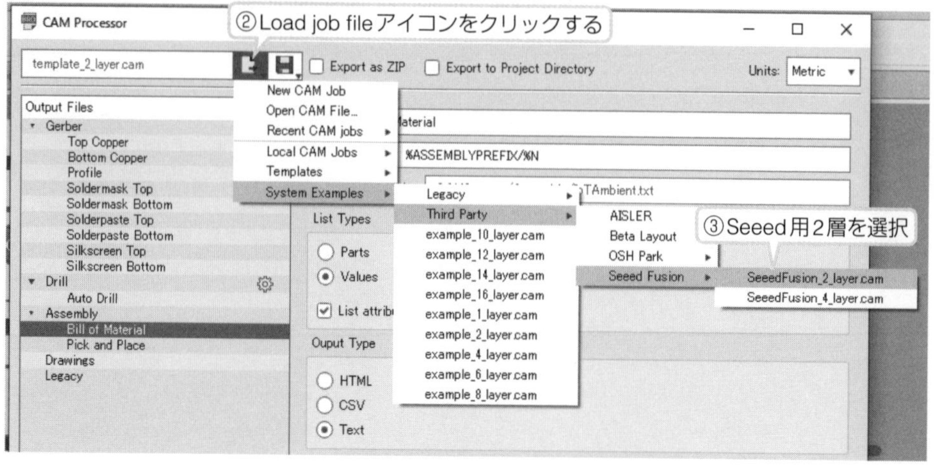

パターン図エディタの画面で図A-1-1のようにメインメニューから①［CAM Processor］アイコンをクリックします。これで開くダイアログで②［Load job file］アイコンをクリックします。これでドロップダウンリストが表示されますから、［System Example］→［Third Party］→［Seeed Fusion］→［SeedFusion_2_layer.cam］と順次選択します。

これで次の図A-1-2のダイアログとなりますから、ここでは何も設定変更せずに、いきなり［Process Job］ボタンをクリックします。

●図A-1-2　ジョブの実行

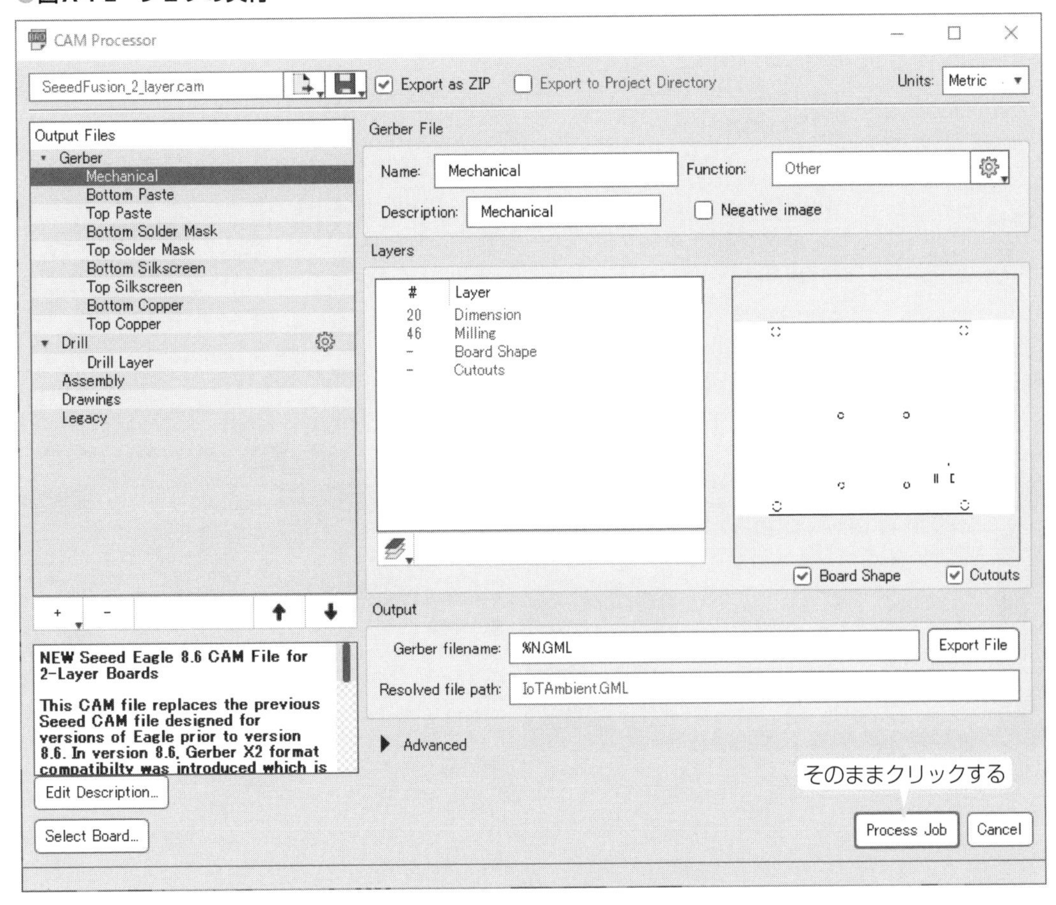

次にファイルダイアログが表示されて、生成するガーバーファイルの格納フォルダの選択になります。ここではデフォルトでEagleのプロジェクトのフォルダが指定されているので、そのまま［保存］ボタンをクリックします。

これで図A-1-3のダイアログが出れば正常に生成処理が完了しています。完了すると、「プロジェクト名_日付.zip」という名称でガーバーファイル一式がzip形式の圧縮ファイルとして生成されます。Seeed Fusionではこのzipファイルのままプリント基板を注文することができます。

●図A-1-3　ジョブの完了

3 Seeed

プリント基板を実際に発注する手順です。まずFusionのウェブサイト(https://www.fusionpcb.jp/)を開き、最初は図A-1-4のように[新規ユーザー登録]ボタンをクリックしてメールアドレスとパスワードを入力後[新規ユーザー登録]ボタンをクリックして登録します。このあとからはログインで入ることができます。

●図A-1-4　ユーザー登録

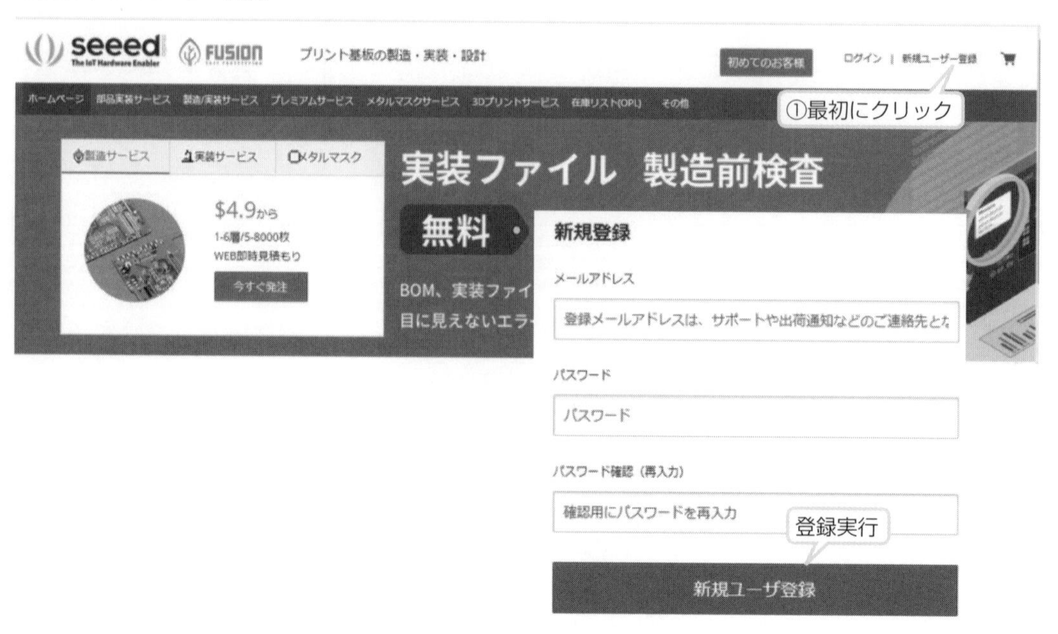

登録完了したら早速発注します。ログインしてから左側の［今すぐ発注］ボタンをクリックします。これで図A-1-5の画面になりますから、①［ガーバーファイルを追加］ボタンをクリックします。これでファイルダイアログになりますから、②先ほど生成したzipファイルを指定します。

●図A-1-5　発注開始

次に同じ画面で基板の寸法だけ、実際に発注する基板の寸法を入力します。他の項目は、そのままで問題ないですが、基板の板厚、レジストの色などは自由に選択できます。これらを入力したら図A-1-6のように同じ画面の右側にある［カートに追加］ボタンをクリックします。これで画面右上にあるカードに「1」と表示されたら、②カートアイコンにマウスオーバーすると表示される［お支払いに進む］ボタンをクリックします。

●図A-1-6　カートに追加

次の図A-1-7の画面で[安全に支払い]をクリックすると配送先住所の設定になりますから、英語で住所を入力します。登録後[この住所に配送]ボタンをクリックすると次の画面となります。

●図A-1-7　配送先住所の登録

次では配送する運送会社の選択となります。選択は自由ですが、筆者はDHLをよく使っています。①運送会社を選択するとその下に日本語で宛先情

報を入力するように指定されますから、②ここには日本語で郵便番号、住所、氏名、電話番号を入力します。ここにできるだけ詳しく書くことで、間違いなく配送されます。入力したら③［続く］ボタンをクリックします。

●図 A-1-8　運送会社の選択

次の画面で支払い方法の指定となりますから、PayPalかクレジットカードを指定します。入力後画面右側の［お支払い手続きに進む］ボタンをクリックすれば支払いが完了して手続きの完了となります。このとき過去に発注したことがあるとクーポンが送られてきているので、そのクーポンを指定すると5ドルの値引きが行われます。実質基板代は無料で、送料だけということになります。

以上でSeeed Fusionへの基板発注が完了し、2週間程度で10枚の基板が送られてきます。

付録2 日本語フォントとLCDライブラリの使い方

320×240ドット。

本書ではQVGAサイズ*のフルカラーグラフィック液晶表示器を使っています。そこに12×12ドットのかな漢字を表示させるため、JIS第一水準の日本語フォントを使っています。これらの詳細な使い方を説明します。

漢字として比較的視認性のよい最小のものは、12ドット×12ドット構成の漢字です。そこでこの12ドット×12ドットの漢字のフォントデータを作成する方法と、それを表示する方法について説明します。

付録2-1 フォントデータの作り方

12ドット×12ドットのシフトJIS漢字フォントを、自分で全部作るのは流石に無理ですので、ここはフリーで提供されているフォントデータを使わせていただくことにします。

下記サイトでフリーのフォントデータをバイナリファイルに変換して提供しているので、ここから12ドット×12ドットのフォントの「M+」をダウンロードします。

「CJKOS Japanese Fonts」(http://palm.roguelife.org/cjkos/)

ファイル名が「Mplus_12.zip」という圧縮ファイルをダウンロードして保存します。保存後解凍すると「mplusgothic_12.pdb」というファイルが生成されますが、これがフォント本体のバイナリファイルです。

バイナリのままではちょっと扱いにくいので、これを16進のテキストファイルに変換します。変換はちょっと面倒なので、Visual Basicで簡単な変換プログラム(FontConv2.exe)を作成しました。技術評論社のサポートサイトからダウンロードしてお使いください。

使い方は、フォントを解凍したファイルがあるフォルダにこの変換プログラムをコピーしてからプログラムを実行します。これで図A-2-1の左側のフォームが表示されるので、[変換開始]ボタンをクリックします。ファイル選択ダイアログが表示されるので、フォントのバイナリファイル(mplusgothic_12.pdb)を選択指定して開始します。

ファイル名は固定。

あとは自動的に変換し、結果のテキストファイル(Font12.txt)*を同じフォルダ内に生成します。

●図 A-2-1　フォント変換プログラムの使い方

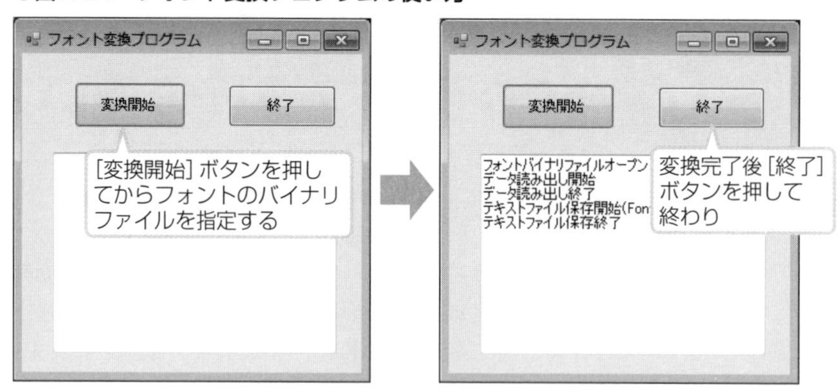

このフォントファイルは約7900文字分のJIS漢字を含んでいます。ファイルをテキストエディタで開くと、図A-2-2のような構成となっています。つまり、1文字分の18バイトが、中括弧で括られたC言語の2次元配列データとして使える形式となっています。

●図 A-2-2　変換後のテキストファイルの内容

```
 94 {0x0,0x0,0x40,0xA,0x1,0x10,0x20,0x84,0x4,0x80,0x24,0x4,0x20,0x81,0x10,0xA,0x0,0x40},↓
 95 {0x0,0x0,0x40,0xE,0x1,0xF0,0x3F,0x87,0xFC,0xFF,0xE7,0xFC,0x3F,0x81,0xF0,0xE,0x0,0x40},↓
 96 {0x0,0x0,0x0,0x7F,0xC4,0x4,0x40,0x44,0x4,0x40,0 … C0,0x0},↓
 97 {0x0,0x0,0x0,0x7F,0xC7,0xFC,0x7F,0xC7,0xFC,0x7F … F,0xC0,0x0},↓
 98 {0x0,0x0,0x0,0x4,0x0,0xA0,0xA,0x1,0x10,0x11,0x2 … 0x0},↓
 99 {0x0,0x0,0x0,0x4,0x0,0xE0,0xE,0x1,0xF0,0x1F,0x3 … C0,0x0},↓
100 {0x0,0x0,0x0,0x7F,0xC4,0x4,0x20,0x82,0x8,0x11,0x1,0x10,0xA,0x0,0xA0,0x4,0x0,0x0},↓
101 {0x0,0x0,0x0,0x7F,0xC7,0xFC,0x3F,0x83,0xF8,0x1F,0x1,0xF0,0xE,0x0,0xE0,0x4,0x0,0x0},↓
102 {0x0,0x0,0x40,0x4E,0x42,0x48,0x11,0x4,0xA4,0xE4,0xE4,0xA4,0x11,0x2,0x48,0x4E,0x40,0x40},↓
103 {0x0,0x7,0xFC,0x0,0x0,0x0,0x0,0x7,0xFC,0x4,0x0,0x40,0x4,0x0,0x40,0x4,0x0,0x0},↓
104 {0x0,0x0,0x0,0x2,0x0,0x10,0x0,0x80,0x4,0xFF,0xE0,0x4,0x0,0x80,0x10,0x2,0x0,0x0},↓
105 {0x0,0x0,0x0,0x8,0x1,0x0,0x20,0x4,0x0,0xFF,0xE4,0x0,0x20,0x1,0x0,0x8,0x0,0x0},↓
106 {0x0,0x0,0x40,0xE,0x1,0x50,0x24,0x84,0x44,0x4,0x0,0x40,0x4,0x0,0x40,0x4,0x0,0x40},↓
107 {0x0,0x0,0x40,0x4,0x0,0x40,0x4,0x0,0x40,0x4,0x4,0x44,0x24,0x81,0x50,0xE,0x0,0x40},↓
108 {0x0,0x0,0x0,0x0,0x7,0xFC,0x7F,0xC7,0xFC,0x0,0x7,0xFC,0x7F,0xC7,0xFC,0x0,0x0,0x0},↓
109 {0x0,0x0,0x0,0x0,0x0,0x0,0x0,0x0,0x0,0x0,0x0,0x0,0x0,0x0,0x0,0x0,0x0,0x0},↓
110 {0x0,0x0,0x0,0x0,0x0,0x0,0x0,0x0,0x0,0x0,0x0,0x0,0x0,0x0,0x0,0x0,0x0,0x0},↓
111 {0x0,0x0,0x0,0x0,0x0,0x0,0x0,0x0,0x0,0x0,0x0,0x0,0x0,0x0,0x0,0x0,0x0,0x0},↓
112 {0x0,0x0,0x0,0x0,0x0,0x0,0x0,0x0,0x0,0x0,0x0,0x0,0x0,0x0,0x0,0x0,0x0,0x0},↓
```

1文字が18バイトで構成された2次元配列構成のテキストファイルとなっている

これをすべて使えるようにするには、18バイト×7900＝142200　となって約140kバイトのメモリ空間が必要になり、PIC18F Qシリーズの128kバイトのメモリでは実装は不可能です。

そこで、このファイルからJIS第一水準に対応する部分*だけを抜き出します。シフトJISの文字コード表を参考にすればどこから第二水準かはわかるので、ここから第二水準以降をすべて削除します。

* 0x8140～0x989Eのコード。

こうして12ドット×12ドットのJIS第一水準のフォントデータができます。このファイルのサイズは約80kバイトとなりPIC18 Qシリーズでも実装可能なサイズとなります。

しかし実際に使う場合、XC8コンパイラの制限による問題があります。間接アドレッシングで漢字コードを取り出そうとすると、アドレス空間が64kバイトまでという制限により80kバイト全空間をアクセスすることができません。そこでやむを得ず80kバイトを2つに分けて64kバイト以下になるようにしています。漢字コードが0x94で始まる部分を後半部としています。

付録2-2　漢字の表示プログラム

次に実際に液晶表示器で漢字を描画する方法を説明します。まず、12ドット×12ドットのフォントファイルの1文字分の18バイトの内容は、図A-2-3のような配置となっていて、文字フォントデータがベタでバイナリデータとして並んでいます。本書ではこのデータをそのまま、18バイトごとの2次元配列データの形式でROM定数として確保するようになっています。

●図A-2-3　フォントの内容

この3バイト単位の
繰り返しで扱う

1バイト目	2バイト目
2バイト目	3バイト目
16バイト目	17バイト目
17バイト目	18バイト目

例えば下記の並びの場合は下図の漢字となる
0x0,0xF,0xFE,0xA,0x0,0xA0,0x7F,0xC4,0xA4,
0x4A,0x44,0xA4,0x7F,0xC0,0xA0,0xA,0xF,0xFE

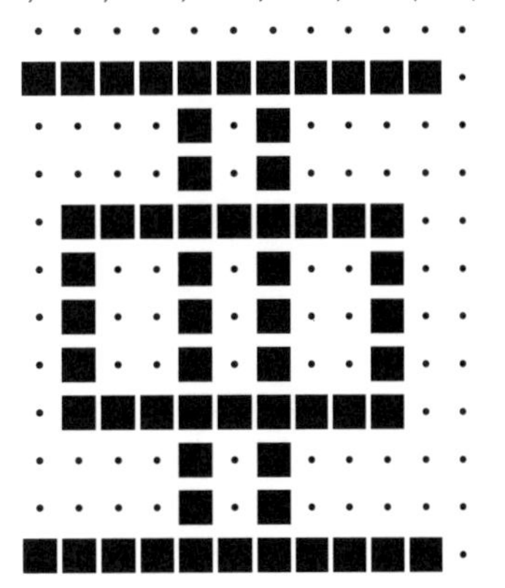

この漢字データを描画するためのプログラムが、リストA-2-1となります。シフトJISコードで指定された文字を指定された行、列に指定された色と背景色で表示します。

文字の表示制御は、フォントデータの並びが図A-2-3のように、3バイトごとの繰り返しとなっているので、3バイトの表示処理を6回繰り返しています。各バイトの処理では、ビットが0か1かで色をフォントの色と背景色とを切り替え、場所を計算で求め、Pixel関数を使って1ドットごとに描画しています。

まず、最初に漢字コードの上位バイトが0x94より大きいか小さいかで2つに分けた漢字コードを切り替えています。表示では、1バイト目の8ドットを

1ライン目の前半に表示、次に3バイト目の8ドットを次のラインの後半に表示し、次に2バイト目の上位4ビット、下位4ビットの順でドットを表示しています。これを6回繰り返せば表示が完了です。

リスト A-2-1 1文字表示プログラム

```
/************************************
* 漢字表示　コード指定で表示
*   2バイトコードで指定
*  ShiftJISコード
*************************************/
void KanjiCode(int16_t colum, int16_t line, int16_t upcode, int16_t lowcode,
    (上行より続く) uint16_t Color1, uint16_t Color2)
{
    int16_t upper, lower, i, j, k;
    uint8_t Mask, font_data[18];
    // 漢字コードから配列インデックス計算(0x9440より前か後ろで配列を切り替え)
    if(upcode < 0x94)                                          // 94より前の漢字
        upper = (upcode -0x81)*188;                            // xxFC-xx40+1-1(7F分)
    else
        upper = (upcode - 0x94)*188;                           // 0x94以上の漢字
    if(lowcode < 0x7F)                                         // コード7Fはスキップ
        lower = (lowcode - 0x40);
    else
        lower = (lowcode - 0x41);                              // 7Fコードの1文字分を引く
    for(k=0; k<18; k++){                                       // 1文字分18バイトを取り出し
        if(upcode < 0x94)
            font_data[k] = KanjiFont12b[upper+lower][k];       //0x9440より前
        else
            font_data[k] = KanjiFont12bb[upper+lower][k];      // 0x9440以降
    }
    // 漢字表示出力  3バイトの2ラインずつを6回繰り返す
    for(j=0; j<6; j++){
        // 8ドット連続部の表示
        Mask = 0x80;
        for(i=0; i<8; i++){
            // 1ライン目前半8ドット表示
            if((font_data[j*3] & Mask) != 0)
                lcd_Pixel(colum*12+i, line*14+j*2, Color1);
            else
                lcd_Pixel(colum*12+i, line*14+j*2, Color2);     //背景色
            // 2ライン目後半8ドット表示
            if((font_data[j*3+2] & Mask) != 0)
                lcd_Pixel(colum*12+i+4, line*14+j*2+1, Color1);
            else
                lcd_Pixel(colum*12+i+4, line*14+j*2+1, Color2); //背景色
            Mask = Mask >> 1;
        }
        // 分割部4ドットずつ表示
        Mask = 0x80;
        // 1ライン目後半4ドット表示
        for(i=0; i<4; i++){
            if((font_data[j*3+1] & Mask) != 0)
                lcd_Pixel(colum*12+i+8, line*14+j*2, Color1);
            else
```

```
                lcd_Pixel(colum*12+i+8, line*14+j*2, Color2);    //背景色
            Mask = Mask >> 1;
        }
        // 2ライン目前半4ドット表示
        for(i=4; i<8; i++){
            if((font_data[j*3+1] & Mask) != 0)
                lcd_Pixel(colum*12+i-4, line*14+j*2+1, Color1);
            else
                lcd_Pixel(colum*12+i-4, line*14+j*2+1, Color2); //背景色
            Mask = Mask >> 1;
        }
    }
}
```


付録2-3　12×12ドットのASCIIコード

このフォントファイルには、第一水準のかな漢字以外に、5×7ドットと12×12ドットのASCII文字フォントが別途独立に含まれています。

5×7ドットのASCII文字は標準的なASCIIコードのままですが、12×12ドットのASCII文字には、ASCIIコードで空いている部分*に特定の漢字コードも含まれています。この漢字についてはASCIIコードだけで表示できます。必要な漢字が少なくJIS第一水準までは不要だという場合には、この空いている部分に漢字フォントのデータをコピーすれば、ASCIIコードのフォントだけで必要な漢字が表示できます。

したがってこのASCIIコード部だけをコピーして取り出せば最小の容量*で漢字を扱うことが可能になります。

漢字をASCIIコード内に作成する方法は簡単で、コードで0x00が18個並んでいる空きコードの部分を漢字のデータに置き換えるだけです。この漢字コードは、変換作成したフォントのテキストファイル*からコピーします。

目的の漢字の行を探す方法は下記のようにします。まず使いたい漢字のシフトJISコード*を求めます。これを元にして下記計算で行番号を求めれば、対応する行が目的の漢字のフォントデータです。

*0x00～0x1F、0x80～0x9F、0xE0～0xFFの部分で96文字分が空いている。

*5×7ドットASCIIで192×5＝960バイト。12×12ドットASCIIで256×18=4608バイト。

*Font12.txt

*下記サイトで検索。
https://uic.jp/charset/show/cp932/
https://www.proface.co.jp/otasuke/files/manual/soft/cpackage/sjis01.PDF

リスト A-2-2　漢字コードから配列インデックスを計算する方法

```
/** upcode:漢字コードの上位  lowcode：漢字コードの下位バイト
upper = (upcode - 0x81)*188;          //xxFC-xx40+1-1(7F分)
if(lowcode < 0x7F)                    // コード7Fはスキップ
    lower = lowcode - 0x40;
else
    lower = lowcode - 0x41;           // 7Fコードの1文字分を引く
    LineNo = upper + lower + 1;       // フォントファイルの先頭からの行番号
```

例えば、「温」という漢字の場合を求めてみましょう。温の漢字のシフトJIS

コードは、漢字コード表から、89B7です。したがって

upper = (0x89 − 0x81) × 188 = 1504
lower = 0xB7 − 0x41 = 118
LineNo = 1504 + 118 + 1 = 1623　したがって1623行目となります。

Font12.txt

変換したフォントファイル*をテキストエディタで行番号付きで表示させてみると、1623行目付近は図A-2-4のようになっていて、「温」の字に相当する行が確かにあります。

●図A-2-4　1623行目付近

```
1618 {0x0,0x8A,0x8,0xA0,0x8F,0x88,0xA7,0xEA,0x8,0x20,0x83,0x88,0xE0,0x82,0x8,0x20,0x82,0x7E},↓
1619 {0x0,0x7,0xF8,0x0,0x80,0x10,0x2,0x0,0x40,0x8,0x1,0x0,0x20,0x44,0x4,0x40,0x43,0xF8},↓
1620 {0x1,0x2,0x10,0x3F,0xE4,0x44,0x49,0x2D,0xFE,0x69,0x24,0xFE,0x49,0x24,0xFE,0x41,0x4,0x1E},↓
1621 {0x40,0x4,0x0,0x7D,0xE9,0x12,0x91,0x2F,0xD2,0x11,0x21,0xD2,0x91,0x29,0x12,0x9D,0x6E,0x10},   //御↓
1622 {0x0,0x7,0xFC,0x44,0x45,0xF4,0x44,0x44,0xA4,0x51,0x47,0xFC,0x4,0x1,0x24,0x50,0x28,0xF8},   //恩↓
1623 {0x0,0x0,0xFC,0x88,0x44,0xFC,0x8,0x48,0xFC,0x40,0x0,0xFE,0xA,0xA2,0xAA,0x4A,0xA9,0xFE},   //温↓
1624 {0x0,0x1,0xFE,0xE5,0x22,0x54,0x2F,0xEF,0x2,0x2F,0xE6,0x2,0x6F,0xEA,0x50,0xB4,0x42,0x7A},   //隠↓
1625 {0x4,0x0,0x40,0x7F,0xC1,0x10,0x11,0xF,0xFE,0x0,0x3,0xF8,0x20,0x83,0xF8,0x20,0x83,0xF8},   //音↓
1626 {0x0,0xF,0xFE,0x4,0x0,0x40,0x4,0x0,0x70,0x4,0xC0,0x40,0x4,0x0,0x40,0x4,0x0,0x40},↓
1627 {0x2,0x1,0x20,0x12,0x2,0x22,0x22,0x46,0x28,0xA3,0x2,0x20,0x22,0x2,0x22,0x22,0x22,0x3E},↓
```

この1行をコピーしてASCIIコードの中に張り付ければ、そのコードが「温」の漢字を表示するコードとなります。

本書の中で使用している12×12ドットのASCIIフォント部分は、図A-2-5のように漢字コードや特殊記号が入っています。

●図A-2-5　本書で使っているASCIIコード表

	0	1	2	3	4	5	6	7	8	9	A	B	C	D	E	F
0			SP	0	@	P	`	p	電	距		ー	タ	ミ		室
1			!	1	A	Q	a	q	圧	離	。	ア	チ	ム		内
2			"	2	B	R	b	r	流	高	「	イ	ツ	メ		環
3			#	3	C	S	c	s	年	曲	」	ウ	テ	モ		境
4			$	4	D	T	d	t	月	名	、	エ	ト	ヤ		
5			%	5	E	U	e	u	日	バ	・	オ	ナ	ユ		
6			&	6	F	V	f	v	時	ン	ヲ	カ	ニ	ヨ		
7			'	7	G	W	g	w	分	ド	ァ	キ	ヌ	ラ		
8			(	8	H	X	h	x	秒	衛	ィ	ク	ネ	リ		℃
9			)	9	I	Y	i	y	Ω	星	ゥ	ケ	ノ	ル		☆
A			*	:	J	Z	j	z	μ	刻	ェ	コ	ハ	レ		★
B			+	;	K	[	k	{	∞	顧	ォ	サ	ヒ	ロ		○
C			,	<	L	¥	l	|	緯	客	ャ	シ	フ	ワ		●
D			-	=	M	]	m	}	度	受	ュ	ス	ヘ	ン		◎
E			.	>	N	^	n	~	径	信	ョ	セ	ホ	"		◇
F			/	?	O	_	o		間	待	ッ	ソ	マ	°		◆

付録3 コンフィギュレーションビット

コンフィギュレーションビットは、PICのハードウェアの基本動作を決めるものです。PIC18FxxQ43シリーズのコンフィギュレーションレジスタのメモリ配置は、図A-3-1のようにフラッシュメモリの0x300000番地からの10バイトで構成されています。

●図A-3-1　コンフィギュレーションレジスタのメモリ配置

0x300001	CONFIG2	CONFIG1	0x300000
	CONFIG4	CONFIG3	
	CONFIG6	CONFIG5	
	CONFIG8	CONFIG7	
0x300009	CONFIG10	CONFIG9	0x300008

このコンフィギュレーションビットで設定する内容は、次のような項目となっています。

①クロック発振モード指定
②リセット時の動作指定
- パワーオンリセット（POR）
- パワーアップタイマ（PWRT）
- ブラウンアウトリセット（BOR）

③デバッガ使用、スタック関連の割り込みの許可／禁止
④ウォッチドッグタイマの許可／禁止
⑤フェールセーフクロック監視の許可／禁止
⑥メモリ、コードのプロテクトをする／しない
⑦ICSPモード指定

1 レジスタの内容

以下にPIC18F Qシリーズの中の代表例として、PIC18FxxQ43の各コンフィギュレーションビットの詳細を図A-3-2から図A-3-11で説明します。

PICマイコンのシリーズごとに異なっている部分もあるので、設定変更する場合にはデータシートで確認をしてください。

●図A-3-2　CONFIG1レジスタの内容（0x300000）

Reserved	RSTOSC[2:0]	----	FEXTOSC[2:0]

RSTOSC：電源オン時の発振モード
111＝EXTOSCで指定したモード
110＝HFINTOSC 1MHz
101＝LFINTOSC
100＝SOSC
011＝予約
010＝EXTOSC 4xPLL
001＝予約
000＝HFINTOSC 64MHz

FETXTOSC：主発振モード指定
111＝ECH　8MHz以上
110＝ECM　500kHz～8MHz
101＝ECL　500kHz以下
100＝不使用
011＝予約
010＝HSモード　4MHz以上
001＝XTモード　500kHz～4MHz
000＝LPモード　32.768kHz

●図A-3-3　CONFIG2レジスタの内容（0x300001）

----	----	FCMEN	----	CSWEN	----	PR1WAY	CLKOUTEN

FCMEN：
FCMの有効化
1＝有効　0＝無効

CSWEN：
クロック切替有効化
1＝有効　0＝無効

PR1WAY：
PRLOCK設定
1＝1回のみ
0＝繰り返し可能

CLKOUTEN：
クロック出力有効化
1＝無効　0＝有効

●図A-3-4　CONFIG3レジスタの内容（0x300002）

BOREN[1:0]	LPBOREN	IVT1WAY	MVECEN	PWRTS[1:0]	MCLREN

BOREN：BOR有効化
11＝常に有効
10＝実行中有効
01＝SBOREN依存
00＝無効

IVT1WAY：
IVTLOCK有効化
1＝1回のみ
0＝繰り返し有効

PWRTS：
Power Up Timer選択
11＝なし　01＝16ms
10＝64ms　00＝1ms

LPBOREN：
低電力BOR有効化
1＝無効　0＝有効

MVECEN：
ベクタ割り込み有効化
1＝有効　0＝無効

MCLREN：
リセット有効化
1＝有効　0＝汎用ピン

●図A-3-5　CONFIG4レジスタの内容（0x300003）

XINST	----	LVP	STVREN	PPS1WAY	ZCD	BORV[1:0]

XINST：
拡張命令有効化
1＝無効　0＝有効

STVREN：
スタックオーバーリセット
1＝リセットする
0＝リセットしない

ZCD：ZCD有効化
1＝無効　0＝有効

LVP：
定電圧書き込み有効化
1＝有効　0＝無効

PPS1WAY：PPS有効化
1＝1回のみ有効
0＝繰り返し有効

BORV：BOR検出電圧指定
11＝1.95V　01＝2.7V
10＝2.45V　00＝2.85V

●図A-3-6　CONFIG5レジスタの内容（0x300004）

----	WDTE[1:0]	WDTCPS[4:0]

WDTEN：WDT有効化
11＝常時有効
10＝Sleepビット依存
01＝SENビット依存
00＝無効

WDTCPS：WDT周期指定
11111＝2s
11110～10011＝1ms
10010＝256s　10001＝128s
10000＝64s　01111＝32s
01110＝16s　01101＝8s

01010＝1s　01001＝512ms
010000＝256ms　00111＝128ms

00001＝2ms　00000＝1ms

付録

●図A-3-7　CONFIG6レジスタの内容（0x300005）

----	----	WDTCCS[2:0]	WDTCWS[2:0]

WDTCCS：WDTクロック選択
WDT用ポストスケーラビット数指定
111＝ソフト制御
110～011＝予約
010＝SOSC
001＝MHINTOSCの32kHz
000＝LFINTOSCの31kHz

WDTCWS：WDT窓オープン割合選択
111＝100%変更可
110＝100%変更不可
101＝75%　100＝62.5%
011＝50%　010＝37.5%
001＝25%　000＝12.5%

●図A-3-8　CONFIG7レジスタの内容（0x300006）

----	----	DEBUG	SAFEN	BBEN	BBSIZE[2:0]

DEBUG：デバッグ有効化
1＝無効　0＝有効

SAFEN：Flashデータ保存有効化
1＝無効　0＝有効

BBEN：ブートブロック有効化
1＝無効　0＝有効

BBSIZE：ブートブロックサイズ
111＝512　110＝1024
101＝2048　100＝4096
011＝8192　010＝16384
001＝32768　000＝なし

●図A-3-9　CONFIG8レジスタの内容（0x300007）

WRTAPP	----	----	----	WRTSAF	WRTD	WRTC	WRTB

WRTAPP：APブロック保護
1＝無効　0＝有効

WRTSAF：SAF領域保護
1＝無効　0＝有効

WRTD：EEPROM保護
1＝無効　0＝有効

WRTC：Configuration保護
1＝無効　0＝有効

WRTB：ブート領域保護
1＝無効　0＝有効

●図A-3-10　CONFIG9レジスタの内容（0x300008）

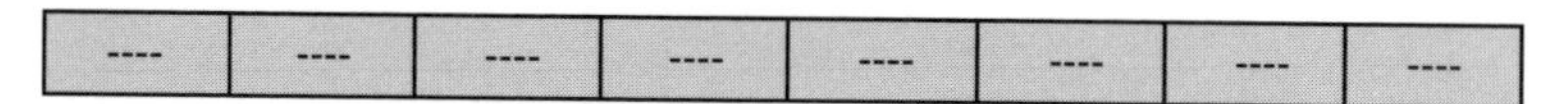

----	----	----	----	----	----	----	----

●図A-3-11　CONFIG10レジスタの内容（0x300009）

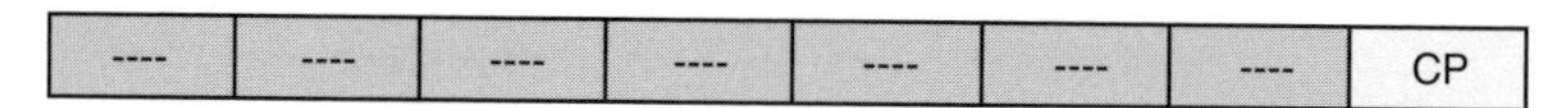

----	----	----	----	----	----	----	CP

CP：コード保護
1＝無効　0＝有効

2 MCCでの設定

これらのコンフィギュレーションビットの設定は、デフォルト値がすべて「1」となっていて*、通常の場合、MCCの［System Module］の［Easy Setup］で行うクロック以外は、設定変更する必要がないようになっています。

［Easy Setup］でクロック以外にウォッチドッグタイマとICSP方法の設定がありますが、ほとんどの場合そのままで問題ありません。

あえてコンフィギュレーションビットの設定変更をする場合は、MCCの［System Module］の設定で［Registers］タブをクリックすると、すべてのコンフィギュレーションビットの設定ができるようになっています。

* Flashメモリをイレーズすると1になるため。

●図A-3-12　MCCのコンフィギュレーションビットの詳細設定

Easy Setup | Registers
System Module
①Registersタブをクリック
Register: CONFIG1 0x4
FEXTOSC Oscillator not enabled
RSTOSC HFINTOSC with HFFRQ = 64 MHz and CDIV = 1:1
Register: CONFIG2 0x2B
CLKOUTEN CLKOUT function is disabled
CSWEN Writing to NOSC and NDIV is allowed
FCMEN Fail-Safe Clock Monitor enabled
PR1WAY PRLOCKED bit can be cleared and set only once
Register: CONFIG3 0xF7
BOREN Brown-out Reset enabled , SBOREN bit is ignored
IVT1WAY IVTLOCKED bit can be cleared and set only once
LPBOREN Low-Power BOR disabled

索引

■アルファベット

■あ行

■か行

■さ行

■た行

■な行

■は行

■ま行

■ら行

■わ行

参考文献

1. 「ESP8266 AT Instruction Set　Version 3.0.3」

2. 「PIC1827/47/57Q43 Data Sheet」 DS40002147F

3. 「Curiosity Nano Base for Click boards」 DS50002839B

4. 「PIC18F57Q43 Curiosity Nano Hardware User Guide」 DS40002186B

当社サイトからのダウンロードについて

以下のWebサイトから、本書で作成したデバイスのプログラムや演習ボードの回路図・実装図・基板作成用のガーバーデータをダウンロードできます。

https://gihyo.jp/book/2022/978-4-297-12681-0/support

● Hardwareフォルダ

7章で作成するデバイスの回路図・パターン図・ガーバーデータが節ごとに収録されています。例えば、Sec7-1ならば、GPSLogger_BRD.pdf（実装図）、GPSLogger_2021-05-13.zip（基板発注用のガーバーデータ）、GPSLogger_SCH.pdf（回路図）の3つが収録されています。

基板については付録1をご覧ください。

● Programフォルダ

本書で作成したマイコン用のプログラムです。各プロジェクトごとにフォルダにまとめられています。プロジェクトフォルダの中に、C言語によるソースファイルや、コンパイル済みのオブジェクトファイル、ライブラリなどがすべて納められています。すでにプロジェクトとして構築済みなので、MPLAB X IDEで開くことができます。

プロジェクトを開くには、メインメニューから[File]→[Open Project…]で開きたいプログラムがあるフォルダに移動し、「○○.x」というプロジェクトファイルを選択して[Open Project]をクリックします。[Files]タブで構成するファイル群を確認できます。

Addフォルダには、付録2で説明しているフォントデータやテキストファイルコンバートツールが収録されています。

■著者紹介
後閑 哲也　Tetsuya Gokan
1947年　愛知県名古屋市で生まれる
1971年　東北大学　工学部　応用物理学科卒業
1996年　ホームページ「電子工作の実験室」を開設
子供のころからの電子工作の趣味の世界と、仕事として
いるコンピュータの世界を融合した遊びの世界を紹介
2003年　有限会社マイクロチップ・デザインラボ設立
著書　「PIC16F1ファミリ活用ガイドブック」「改訂新版 電子工作の素」
「PICと楽しむRaspberry Pi活用ガイドブック」「電子工作入門以前」
「C言語によるPICプログラミング大全」「逆引きPIC電子工作 やりたいこと事典」
「SAMファミリ活用ガイドブック」「Node-RED 活用ガイドブック」ほか

Email　gokan@picfun.com
URL　http://www.picfun.com/

●カバーデザイン　平塚兼右（PiDEZA Inc.）
●カバーイラスト　石川ともこ
●本文デザイン・DTP　（有）フジタ
●編集　藤澤奈緒美

電子工作のための
PIC18F Qシリーズ活用ガイドブック

2022年5月11日　初版　第1刷発行

著　者　後閑　哲也
発行者　片岡　巌
発行所　株式会社技術評論社
東京都新宿区市谷左内町21-13
電話　03-3513-6150　販売促進部
03-3513-6166　書籍編集部
印刷／製本　昭和情報プロセス株式会社

定価はカバーに表示してあります。

ISBN978-4-297-12681-0 C3055
Printed in Japan

■注意
本書に関するご質問は、FAXや書面でお願いいたします。電話での直接のお問い合わせには一切お答えできませんので、あらかじめご了承下さい。また、以下に示す弊社のWebサイトでも質問用フォームを用意しておりますのでご利用下さい。
ご質問の際には、書籍名と質問される該当ページ、返信先を明記して下さい。メールアドレスをお持ちの方は、併記をお願いいたします。

■連絡先
〒162-0846
東京都新宿区市谷左内町21-13
（株）技術評論社　書籍編集部
「電子工作のための PIC18F Q シリーズ活用ガイドブック」係
FAX番号：03-3513-6183
Webサイト：https://gihyo.jp/book